中国体育建筑150年
1840—1990

钱 锋 喻汝青 著

图书在版编目（CIP）数据

中国体育建筑 150 年：1840—1990/ 钱锋，喻汝青著 .-- 上海：同济大学出版社，2021.2
 ISBN 978-7-5608-9785-1

Ⅰ. ①中… Ⅱ. ①钱… ②喻… Ⅲ. ①体育建筑—建筑史—研究—中国— 1840-1990 Ⅳ. ① TU245-092

中国版本图书馆 CIP 数据核字（2021）第 028366 号

中国体育建筑 150 年　1840—1990

钱　锋　喻汝青　著

责任编辑：徐　希
责任校对：徐春莲
排版制作：朱丹天
封面设计：完　颖

出版发行：同济大学出版社
地　　址：上海市杨浦区四平路 1239 号
电　　话：021-65985622
邮政编码：200092
网　　址：http://www.tongjipress.com.cn
经　　销：全国各地新华书店
印　　刷：常熟市华顺印刷有限公司
开　　本：889mm×1194mm　1/16
字　　数：688 000
印　　张：21.5
版　　次：2021 年 2 月第 1 版　2021 年 2 月第 1 次印刷
书　　号：ISBN 978-7-5608-9785-1
定　　价：150.00 元

本书若有印刷质量问题，请向本社发行部调换。

＊ 版权所有　侵权必究

序

中国体育建筑在1840年至1990年的发展过程中,特别是在体育文化、体育建筑的转型方面,受到西方文化、西方体育建筑形式的影响很大。中西方的体育建筑从互相排斥到互相协调、互相融合,从学堂、学校的室外体育场地,到全社会及全国各地区的体育场馆,近现代的中国体育建筑得到蓬勃发展。本书的研究对厘清中国体育建筑发展线索以及对未来发展政策的建议具有重要意义。

本书论述了中国体育建筑在五个历史时期的发展演变。中国体育建筑从操场等室外体育场地逐渐演变成为多功能的体育场馆,体育建筑的功能空间从单一空间发展为复合空间,结构类型从平面结构发展为空间结构等。此外还研究了近年来国民经济快速发展带来的中国的城市更新,以及列举了中国举办奥运会、冬奥会、全运会等世界级、全国性赛事的良好实践经验。

本书作者钱锋教授在同济大学建筑与城市规划学院长期从事体育建筑研究工作,已培养体育建筑研究方向硕士和博士百余名,并主持设计了奥运会、全运会、省运会等体育场馆项目百余座。

本书是一本很好的体育建筑工程方面的技术专著,值得一读。

中国工程院院士

魏敦山

2021年3月

目 录

序

第 1 章 引 言 001

第 2 章 萌芽孕育时期（1840 年前） 004
2.1 中国古代体育的历史追溯 004
2.2 中国古代体育建筑的类型及特征 007
2.3 中国古代体育场地的布局及工艺 018
2.4 传统哲学潜移默化的风格形式 021
2.5 中国古代体育建筑受到的制约和迟滞的根源 022

第 3 章 体育建筑的被动输入（1840—1911） 024
3.1 体育建筑空间布局特征：从租界到华界 024
3.2 为学校和租界侨民服务的体育建筑类型及特征 031
3.3 跑马场的功能空间和使用模式的类型特征 042

第 4 章 体育建筑的吸收移植（1912—1949） 050
4.1 体育建筑空间布局特征：从学校到大众 051
4.2 近代体育竞技和学校教学的体育建筑类型及特征 058
4.3 结构的类型特征：西方技术文化冲击下的结构体系的剧变 087
4.4 功能空间和使用模式的特征：场地形制的萌芽 097
4.5 "古典主义"和"现代主义"的建筑思潮 117

第 5 章 体育建筑的开基创业绘新图（1949—1978） 134
5.1 体育建筑空间布局特征：从"大城市"到"中小城市" 135
5.2 作为计划经济体制体育设施的体育建筑类型及特征 138
5.3 结构的类型特征：从反对结构主义到技术革新 164
5.4 功能空间和使用模式的特征：竞赛空间的成熟和场地的扩大 170
5.5 "苏维埃风格"和"民族形式"的建筑思潮 194

第 6 章　体育建筑的融合转型（1978—1990） ... 209
6.1 体育建筑的空间布局特征：从集中式到分散式 ... 210
6.2 作为市场经济体制体育设施的体育建筑类型及特征 ... 212
6.3 结构的类型特征：结构理性主义到结构表现主义 ... 241
6.4 功能空间和使用模式的特征：场地利用的多样化与综合化 ... 245
6.5 "时代特色、民族特色、地方特色"：功能和结构形式主导下的风格形式 ... 258

第 7 章　体育建筑的关键转折（1990 年） ... 270
7.1 亚运会建筑的空间布局 ... 270
7.2 亚运会体育建筑的类型及特征 ... 271
7.3 亚运会体育建筑结构的类型特征 ... 276
7.4 多元化建筑思潮的开端：百花齐放的建筑形式 ... 285

第 8 章　中国近现代体育建筑发展演变的影响因素解析 ... 290
8.1 文化动因：西方体育文化的传播与吸收 ... 290
8.2 社会动因：体育先决的业界波澜 ... 294
8.3 社会动因：设计理想和设计需求的发展与提升 ... 297
8.4 主体动因：学术研究的务实发展 ... 306
8.5 政治动因：体育建筑政策的完善 ... 312

参考文献 ... 320
图片来源 ... 328

第 1 章 引 言

体育建筑是中国近现代建筑的一种典型类型，从1840年鸦片战争开始，在西方体育运动的影响下，中国近代体育建筑经历了中国体育建筑的传统形式与西方体育建筑形式从相互排斥到相互吸收的转变过程。在转变过程中，传入了容纳田径、游泳、体操等运动的体育建筑，体育建筑的建设标准也逐渐完善。中国传统球类、武术类的体育建筑悄然转变。在社会经济、政治制度、科学技术、体育运动、建筑风貌等多重因素的影响下，中国近现代体育建筑呈现出新风貌。体育建筑的发展与城市建设、城市经济、城市形象密切相关，它是一种承载了体育休闲和体育竞技功能的实体。本书研究中国体育建筑从1840年至1990年的发展过程，对充分认识中国体育建筑的转变有重要的价值。

中国拥有源远流长的体育文化，中国传统体育建筑是近代体育建筑发展的开端，中国近代体育建筑转型和发展过程中的矛盾和困惑都由此而来。唐代以后的宫殿建筑周围或禁苑里多半都筑有打球场地，如唐朝长安宫城内的球场亭、西苑的梨园、大明宫的东内苑、龙骨池（填池为球场）等。另外，宋朝的便殿、宝津楼，元朝的常武殿，明朝的东苑都可以打马球。与西方规范而理性的体育场所相比，中国古代的体育场地缺乏相当的规范性和独立性。例如在马球运动盛行的唐代，宫殿内马球场所仅仅是在大殿前铺设的千余步表面平整的场地。

中国近代体育建筑形式是中国体育建筑的传统模式在1840年鸦片战争之后，受到西方体育建筑的影响，接受并吸收了西方体育建筑模式，而发展形成的新体育建筑模式。中国体育建筑的传统模式指的是1840年之前承载武术等身体训练和注重健身养性、阴阳平衡的蹴鞠等球类运动的建筑形式，多表现为校场、演武场、体育学堂、武厅、球场等体育建筑类型。

西方体育建筑在中国的传播发展有着独特的路径，是伴随着列强的坚船利炮，打破了中国发展了数千年的传统体育建筑模式，在中国建立和发展的以"西方文明"为载体的体育建筑的形式。尽管中国传统体育建筑在中国得以继续传承和发展，然而西方体育建筑在1840年之后长期占据了主导地位，经历了与中国传统体育建筑从排斥到互相调和、被吸收的过程。

半封建半殖民地时期的中国近代体育建筑蹒跚发展，在上海的租界等地区出现了许多供外国人使用的体育场，它们大多以经营赌博场所谋取利益，以至于社会上将其称之为"赌场"，失去了体育场的形象。供中国人使用的近代体育场馆最早出现在学校中，从19世纪末到20世纪初，多数新式学校设立了供田径、球类使用的体育场地，如南洋公学、圣约翰书院等。

体育建筑作为公共建筑的一种新类型，突破了传统的木构架建筑体系的框架，代表中国建筑走向现代化。1949年前，中国建造了许多具有世界代表性的近代体育建筑，如被称为"东亚首屈一指"的上海市体育场，民国期间最具规模、影响力最大的南京中央体育场，被誉为"第一个现代化的学校体育场"的东北大学体育场，还有举办过民国全运会和华北运动会的国立杭州体育场、天津河北体育场、青岛市体育场等。伴随着这些代表性的体育建筑的兴建，大跨度结构在体育建筑中使用，新型材料和设备如钢筋混凝土、通信设备、暖通设备等被应用其中，体育建筑看台视线设计和交通疏散设计也反映了较高的水平。它们代表了当时世界范围内的先进技术和理念，具有一定的世界影响力。

1949年后，体育建筑从全国百废待兴的状态逐步进入蓬勃发展时期。1953年，中国开始第一个五年计划，建设新体育建筑的条件已经成熟，许多城市开始建设体育场馆。20世纪60年代，体育场馆从规模、容量、设备到建造水平，远远超过了50年代的体育场馆。而70年代的体育建筑在数量和质量上更上一个台阶，中国参加比赛和交流的机会越来越多，国内赛事水平也越来越高，建设了更多的综合体育中心，体育建筑类型更加多样，体育规范和标准也逐步完善。

综上所述，本书对中国体育建筑的历史发展演变进行研究，具有如下目的和意义。

1. 厘清中国近现代体育建筑发展的线索

1840年鸦片战争后，中国进入半殖民地半封建社会，中国的体育建筑开始大变革：从传统走向现代化。一方面是中国传统体育建筑的延续，另一方面是西方体育建筑的传播。两种体育建筑的体系互相作用，构成了中国近代体育建筑发展的主线。本文试图把输入的西方近代体育建筑体系作为切入点，把中国近现代体育建筑的更新演变作为线索，同时兼顾不同历史时期的背景研究。

对中国近现代体育建筑的发展演变研究不能简单理解为历史研

究，我们不但要回顾和整理体育建筑本身的发展历程，而且要把握体育运动在中国的传播过程中的主要特点和趋势。在方法论的层面上，把握和揭示相关历史时期的社会风貌对体育建筑发展的影响，阐述在历史发展过程中，体育建筑是如何随着社会、经济、技术的时代背景发展演变。

2. 从方法论的角度研究中国近现代体育建筑发展的史学问题

对体育建筑的研究需要关注方法论的问题。对于中国近现代体育建筑史的研究并非简单局限于已有的相关研究的综述，而是应该对其在方法论、史学研究的基础上全面研究，关注发展史。

可得出结论：对体育建筑的设计方法的研究越深入，就越需要方法论的统帅。对体育建筑发展演变的深入细致的梳理作为一项专题研究，有助于推动学科的整体发展，归纳总结中国近现代体育建筑的发展演变。由于学科的限制，现阶段关于体育建筑的发展状况的专门研究尚不够完善，多集中在体育史和建筑史的研究探索中，这种局限性是显著的。尽管偶有研究文章提及，但尚未有综合性和系统性的成果，这也从侧面显示了中国近现代体育建筑史研究的方法和方向难以把握。

3. 总结中国近现代体育建筑发展演变的影响因素

本书围绕中国建筑、中国体育建筑、社会发展的三个方面的互相影响展开，以中国体育建筑的历史背景作为主要线索，中国建筑潮流的更替和社会发展作为影响因素。每个阶段都是中国建筑史的一个组成部分，而社会发展和中国建筑本身又是对中国体育建筑的历史演进最深刻的影响因素。中国近现代体育建筑受到文化、社会、科技等因素的影响，体育建筑的功能逐步得到发展和完善，而大跨度空间结构的发展促使体育建筑屋盖类型多样化。体育工艺因国内赛事的标准化、国际化，逐渐产业化。随着时代发展，体育建筑的内容和功能愈发丰富。

社会文化对中国近现代体育建筑的发展起到重大作用。体育建筑的规模和类型不同，其建设的目标和使用的主体也不尽相同。随着中国体育事业的发展，政府主导型、市场主导型和两者兼而有之的体育建筑相继出现。不同模式主导下的体育建筑与世界建筑的发展趋势趋同。本文旨在探讨在体育和建筑的双重因素影响下，中国近现代体育建筑发展演变如何受到影响。并从社会、政治、主体、客体、技术、经济等多个角度探讨体育建筑的发展动因。

第 2 章　萌芽孕育时期（1840 年前）

在近现代中西方体育的交融过程中，中国体育建筑的发展与变迁只有与古代体育建筑的文化背景、体育历史，及与体育场地的工艺与布局等相对比，才能得到充分的认识。因此，若要勾勒中国近现代体育建筑的演变历史，不得不对中国古代体育建筑的发展轮廓概略描述。

中国古代体育建筑的长期性似乎可用"迟滞"一词形容。中国古代社会的长期性并不意味着古代体育发展的停顿，古代体育总是在变化中的，体育建筑及体育场地也在变化，但这种变化比较微小，在封建社会晚期的明清时期直至鸦片战争之前，中国体育建筑并没有出现明显的转折。总体而言，中国古代体育建筑的发展没有突破社会发展的桎梏。

2.1　中国古代体育的历史追溯

中国球类运动丰富，包含了蹴鞠、马球、徒步以杖击球的捶丸以及板球、手球等运动形式。球类项目随着历史发展成为民间娱乐、军队训练、竞技的重要内容。中华武术是集实战、表演和健身于一体的较为广泛的传统体育活动。中国古代的射箭形式多样，主要包括了习射、射侯、战射、弋射、弩射和猎射六个大的类型。射箭不仅是一项民间竞技活动和军事训练项目，同时也是人们日常娱乐和学校体育教育的主要内容之一。古代的水上活动，主要包括游泳、跳水、潜水和龙舟竞渡等水上运动形式。军事活动提高了水上活动的技术水平，民间节日活动丰富了水上活动的形式。中国古代的冰雪活动，源于寒冷的北部地区。这类活动在中国古代兴起比较早，盛行于明、清时期。这个时期的北方，以速度滑冰、花样滑冰、冰床以及各种雪上运动为主要形式。到了清代，冰嬉的作战功能减弱以后，演化为体育娱乐项目，分化出花样滑冰、冰上杂技运动等（图 2.1）。[1]

---

[1] 崔乐泉：《图说中国古代体育》，兴界图书出版公司，2007 年，第 1-139 页。

（a）明代《宣宗行乐图》卷——蹴鞠
（b）清代《隋唐演义》插图——蹴鞠
（c）清代郎世宁《木兰围猎图》
（d）古代赛龙舟
图 2.1　中国古代的体育活动

2.1.1　中国古代体育

2.1.1.1　中国古代体育的诞生

中国古代体育历史悠久。蹴鞠运动可追溯到远古时期，据说起源于中国人的祖先"黄帝"。春秋战国时期，齐国民间就盛行蹴鞠。马球运动大约起源于汉代，甘肃省的汉代马圈湾烽隧遗址和嘉峪关市长城附近的汉代遗址中均出土了当时的马球实物。马球在古代中国是如何发展起来的，目前尚无定论。有人认为是由波斯（今伊朗）传至吐蕃（今西藏地区），而后才于中原地区流行的，故有"波罗球"（Polo）之称；另有学者认为是古代中国人自己创造的。马球在古代中国称"击球""打球""击鞠"等，[①]"击鞠"一词最早出现在曹操的儿子、大文学家曹植在公元3世纪写的讽刺曹丕纵情行猎作乐的《名都篇》中，有诗句"联翩击鞠壤，巧捷惟万端。"《名都篇》可能是此运动最早的文字记载。由此可以推断击鞠于东汉时期就已经出现。古代的水上活动及射箭、武术分别源于原始人类的渔猎生产及狩猎活动等生产、生活的社会事件。

2.1.2.2　中国古代体育的发展

中国古代体育源远流长。早在夏、商、周时期，中国就形成了以体育为主导的武士教育；在战国、秦、汉时期又形成了以养生怡情为主要价值取向，以消闲娱乐活动为主要内容的运动形式；从两晋到唐宋，休闲娱乐体育日渐繁荣；但从明清至近代，中国传统体育则发展缓慢，步履蹒跚。回顾中国传统体育发展的历程，可以说，

---

① 任海：《中国古代体育》，商务印书馆，1996年，第34页。

具有强烈娱乐特征和地域特点的传统体育为中国传统体育建筑文化注入典型的封建社会的体育精神。

2.1.2 中国古代体育建筑的特征

2.1.2.1 中国古代体育建筑是军事竞技的主要场所

中国古代体育虽然没有形成自己的体育体系，但却出现了不同形式的竞技体育项目，当然，这些项目不能以现代国际竞技[①]的标准衡量，它们是供少数人娱乐和为不公平竞争存在的竞技体育。可将中国古代竞技项目按目的划分为两类：①供军事技能训练；②以"寓教于体，寓教于乐"为原则，追求在竞争中实现道德的培养与升华，如礼射、投壶、木射等。中国古代体育建筑的建造基本上以军事竞技训练作为主要目的。

近代体育是19世纪末才传入中国的，"体育"这个词也是那时才出现的。我们现在所说的体育场都是进行近代体育活动的场所。可是在"体育"这个词出现之前，体育活动在中国实际上一直在开展，尤其是武术和骑射，它们一直结合军事需要而进行。各地政府根据驻军的需要设立了演武场（也称校场或者教场）、演武厅，其实这些场所就是中国早期的官办体育场或者体育馆，只是专供军人使用。

2.1.2.2 中国古代体育建筑是礼系观竞技的主要场所

中国古代传统体育的竞技性完全不同于西方的形式，不带有强烈刺激性，即具有礼系观[②]和实用观的竞技。"射礼"作为一种规范化的射箭竞技运动，按照礼仪程序和等级规定形成"大射""宾射""燕射""乡射"四大类，其依据就是等级规定。这种受礼系观影响的竞技特征对中国古代传统体育产生的影响是深远的。而西方的古代体育则受到古希腊宗教的影响，据近代考古挖掘证明，公元前776年，在希腊奥林匹亚举行的第一届奥林匹亚运动会上，各种体育建筑物都与神庙连在一起，著名的四大运动竞技赛会的奥林匹亚体育场与宙斯神庙在一起，匹兹亚体育场是阿波罗神庙一部分，伊兹密亚体育场是波塞东神庙一部分，尼兹米亚体育场是赫克力斯神庙一部分。

2.1.2.3 中国古代体育建筑的发展是一个娱乐性增强、竞技性减弱的过程

中国古代的体育场所竞争性弱，娱乐性强。如蹴鞠运动，从最初的练兵手段逐渐发展为上层娱乐活动、民间娱乐活动直至完全低落，且蹴鞠多在民间娱乐场所中进行。中国古代体育场所和游艺场

---

① 西方古代重视身体的训练的独立性体育实践活动。从古希腊时代开始，西方古代体育建筑就带有强烈的对抗性和竞争性，如古罗马的斗兽场。

② 礼系观和嬉戏观是对中国民族体育文化发展影响最深刻的思想。前者把体育运动纳入到道德培养和教化民心的轨道，要求体育在"礼"的节制下发展。后者将体育运动归为人们闲暇之时的娱乐节目。

所结合在一起，宋代的"瓦肆"就是城市中的综合游艺场所，为市民提供体育娱乐。这种物质空间载体反映了体育活动朝着表演化方向发展的趋势。

中国古代体育的发展是一个竞技性减弱、娱乐性逐渐增强的过程。随着社会和经济的逐渐发展，传统体育活动的娱乐性愈发重要，尤其是公元前8世纪春秋时期以来，统治阶层的体育活动显著变化，"礼"对体育的束缚逐渐被冲破，军事竞技体育活动中分化出许多富有技巧表演性、艺术观赏性的项目。这种发展在公元前3世纪秦汉时期之后进一步强化，当时的贵族体育娱乐活动十分丰富，如蹴鞠、击鞠、射箭、赛马等。

2.2 中国古代体育建筑的类型及特征

中国经历了几千年的传统社会，政治上高度集权，缺少滋生公平竞技的土壤环境。森严的等级制度决定了体育竞技和娱乐活动在少数上层阶级中开展，所以中国体育竞技性较弱。中国古代受到宗教礼法的约束，较少考虑市民大众的公共城市空间需求，市民也乐于在家中过着封闭的生活，这从需求上排除了建设全民竞技的体育设施的可能。从先秦到明清时期，中国体育的审美价值观逐渐走向了衰弱，这也是造成中国古代体育建筑发展迟滞的主要原因之一。

2.2.1 因军事竞技而兴的古代体育建筑

2.2.1.1 军训和官方竞技场所——马球场

马球[①]（图2.2）与古代骑兵的发展有直接的关系，它是一种训练骑兵骑术的军训手段。古代的马球场严格按照宫廷、军队、百姓的不同等级进行级别区分，不同级别的马球场建设标准和工艺各不相同。通常出于军事竞技或宫廷内部人士的私人竞技、外交竞技等目的使用的马球场会按照一定的等级或者规模在宫苑或是军事营地内部建设，且符合当时竞技场地标准。《辽史·地理志》记载："（燕京）皇城内有景宗、圣宗御容殿二……球场在其南"，小小皇城内就有一个马球场。古代马球场还可以多功能使用，据《资治通鉴·唐纪二十五》载，唐代的"梨园毬场"除了马球比赛外，还举行过内侍臣之间的拔河竞技。

公元813年，福州冶山建设了福建省最早的马球场[②]，这也是中国考古发掘出的第一个唐代马球场遗迹。它是由福州刺史裴次元建造的集军事训练、体育活动、风景游览的三合一场地。据估计，福

（a）唐代章怀太子墓壁画·马球图

（b）宋代打马球砖雕

（c）"毬场"石志

图2.2 历史上的马球活动

① 对于马球的发源地，主流的说法有三种，分别是起源古波斯（伊朗）、吐蕃（中国西藏）和三国时期。马毬，古代称为"击鞠"或者"击毬"，也简单称为"打毬"，也写成"打球"。

② 冶山即今福州屏山，福州作为唐代重地，应朝廷要求扩大招募和训练军队和建造为军队服务的马球场。

州市中山路东西两侧方圆几公里内都是原唐代马球场的范围，其球场面积不小于两个足球场。利用冶山自然优势，以青山绿水为景在花草树木中错落有致地建有几间亭台楼阁作为球场看台。历史变迁，曾经的马球场现在只遗存下残碑和石刻。马球场的发掘印证了南宋《淳熙三山志》[①]记载的福州曾有两个马球场及泉山摩崖石刻"唐裴刺史毬场故址"的准确性。

唐代长安宫城及禁苑里出现了正规的马球场地，多处设有"毬场"或"毬场亭"。《西京·三苑》中有"毬场亭子殿"和"毬场亭子"的描述，它们指的应当是唐朝三个大型苑囿——西内苑、东内苑、禁苑内的马球场，而"毬场亭子殿"应当是在苑内殿中。唐长安宫城内的大明宫含光殿球场、麟德殿、中和殿及雍和殿的球场，宋代大明殿、元代的常武殿和明代的东苑球场也都是历史上著名的马球场。[②]考古发现佐证了这一说法——1956年，考古工作者在西安唐长安城含元殿遗址中发现了一块"毬场"石志[③]，上刻"含元殿及毬场等，大唐大和辛亥岁乙未月建"。这表明唐代的含光殿不仅建设了马球场，而且宫殿与马球场建筑工程并重，马球场工程规模应是巨大的。

唐代的太极宫苑林区以三个大水池——东海池、南海池、北海池为主体构成水系，围绕这三个大水池建造了一系列殿宇和楼阁，还有一处比赛马球的球场，《长安志·卷六·西内》："又有功臣阁在凌烟之西，东有司宝库。凝阴殿之北有毬场亭子。"（图2.3）

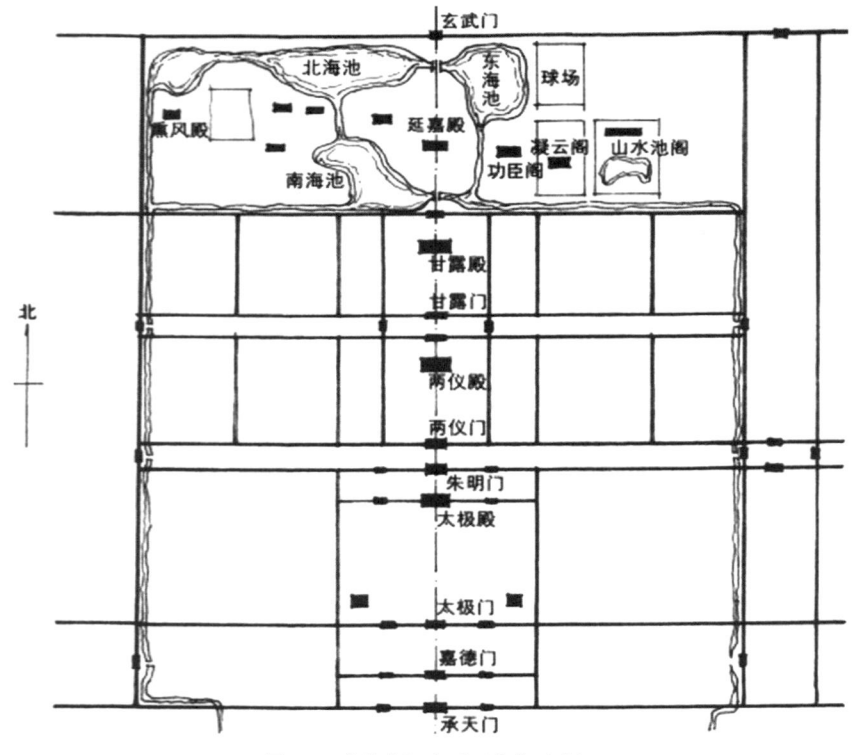

图2.3 唐代太极宫平面中的马球场

[①] 《淳熙三山志》是南宋期间的一级方志，原是由陈傅良编写，但署名的是梁克家，书完成于淳熙九年（1182年）。

[②] 崔乐泉：《图说中国古代体育》，第40页。

[③] 不仅唐代宫殿中建设了马球场，唐代长安城内的王公贵族私宅内也辟有球场，京城内马球运动风靡一时，此后又由京城传入各镇，并在军队中流行，往往军旅所至，马球运动随之兴盛。

唐代的华清宫是长安城的缩影，中央为宫城，东部和西部为行政、宫廷辅助用房，南面为苑林区。唐代华清宫的宫廷区北面平面坦荡，除少数民居之外均为赛球、赛马、练兵的场地，四圣殿以北有包括讲武殿、舞马台、大毬场、小毬场等。唐玄宗曾在这观看兵阵演练，参加马球比赛（图2.4）。唐代不仅在京城长安建设较多的马球场，地方上也有很豪华的马球场，军队中也盛行马球比赛，历史上的徐州大将张建封就曾在徐州城外的大型球场打球。韩愈在《汴泗交流赠张仆射》中描述了这一景象。

(a) 华清宫毬场

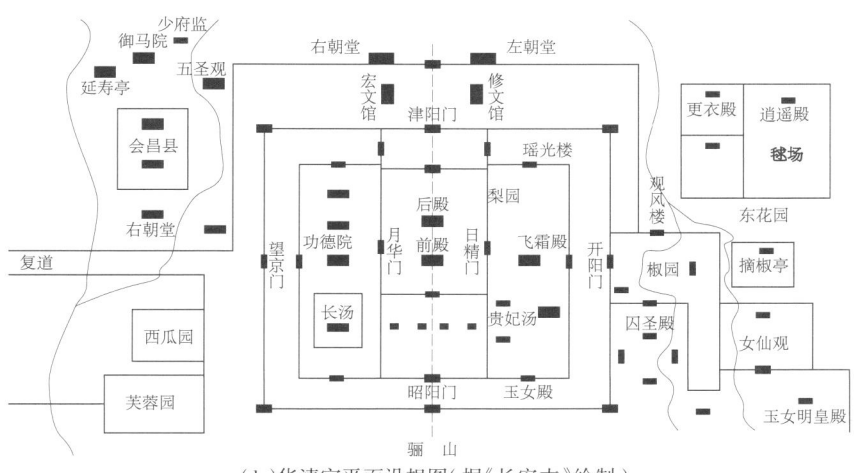

(b) 华清宫平面设想图（据《长安志》绘制）

图2.4 唐代华清宫马球场

2.2.1.2 中国古代武术竞技选拔的主要场所——大教场与演武场

中国的传统制度明确界定了文和武的界限，国家设置的大教场提供给古代武将运动竞技使用，一般民众没有公共竞技或是健身学习的机会和场所。古代的体育设施与军事设施密切相关，城池内外大多数都由官方设置了大教场满足武术竞技、骑射等体育活动的需求。城市内或者城外的空场都可用于建设大教场与演武场。《说文解字》记载："场，祭神道也。一曰田不耕，一曰治谷田也。"大教场是面积较大的平整的空地。张驭寰先生所著《中国城池史》书中有关于大教场与演武场的介绍：大教场与演武场两项设施都是军队实战演练及武术竞技选拔的主要场所，中国古代的主要城池为了驻军守护的需要，设置大教场（图2.5—图2.7）。

军队习武操练、检阅兵卒必须有一个宽敞的地方，很多城镇都有这样的教场。南宋时期的城池里就设置了教场，宋代陆游所著的《老学庵笔记》写道："淳熙己酉十月二十八日，车驾幸候潮门外大校场大阅。"[1]南宋建康行宫西北一区有小射殿、大射殿、凉馆、御教场等，这一区的建筑布局自由，院落中有花木、小山，其与御苑划为一区，称为"御苑区"[2]。直至清代，近代体育还未出现，主要城池里都有规模较大的教场，特别战略要地也有教场。清代部队检阅和练武都是在教场进行。晚清时期武汉练新军引进兵操，因

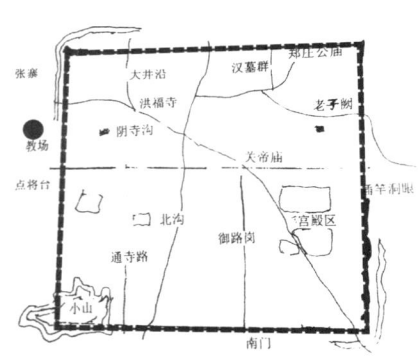

图2.5 《郑国京城平面图》中的教场

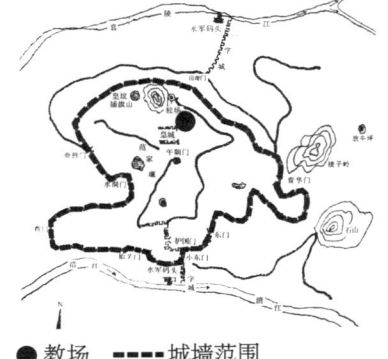

图2.6 《南宋钓鱼城平面图》中的教场

图2.7 《明代凤阳城平面图》中的教场

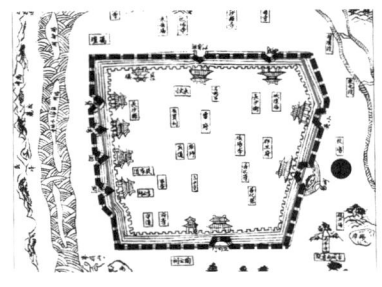

图2.8 明崇祯十二年（1639年）《长沙府志》中的教场

[1] 张岚：《上海旧校场版画考》，《都会遗踪》2010年第2期。

[2] 郭黛姮：《南宋建筑史》，上海古籍出版社，2014年，第123页。

（a）团城演武厅教场图　　（b）团城演武厅外景

图 2.9　团城演武厅

而三镇有大小操场多处，武昌阅马场、汉口操场角等地名流传至今。湖南协操坪是清代相当一个旅的军队操练场。在清乾隆《长沙府疆域图》中，小吴门—东屯渡一线之南有演武厅的标记，而明崇祯《长沙府图》在小吴门—新开门一线之东统统标为校场，这些地域均大于后来的协操坪[①]，其中靠南一部分又称为校场坪（图2.8、图2.9）。

中国古代的演武场在近代不同程度演变成为公众性的公共体育场或学校体育场。如厦门大学演武场前身是郑成功开辟的军士演武场，郑成功在起兵不久，就在厦门港顶澳仔开辟了一块大平地作为军士的演武场。1655年，他又命冯工官在演武场中建筑了演武亭楼台，建成后在此检阅军事训练，每日督操，总面积有5万 m^2。《从征实录》中写道："三月，冯工官起盖演武亭。先时，日夜出督操练，往返殊难，命冯工官就沃仔操场，筑演武亭楼台，以便驻军。"[②] 1680年，被郑经焚毁，乾隆年间又重建。该演武场背靠五老凌峰，下有南普古刹，自唐以来石刻遍布。演武场后有跑马、高尔夫球等比赛，成为洋人体育娱乐交流中心。1919年，被陈嘉庚改为厦大演武场（图2.10）。

明景泰五年（1454年），总督马昂在广州建设演武厅，明万历四十八年（1620年），改建武亭，亭前竖牌坊一座，上书"演武"二字。演武场长宽百余丈（今广东省人民体育场长306m，宽142m。明代演武场较之大近三倍）。清康熙二十二年（1683年）重新修复，改建后称东教场。据《驻粤八旗志记载》："东较（教）场长1135尺，宽1280尺，东面是普济院，西面是东城墙，北面、南面都是禾田。"[③]

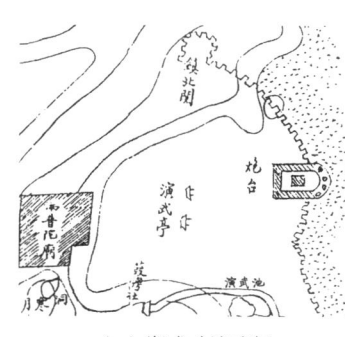 

（a）郑成功演武场　　（b）1880年，成为洋人赛马场的演武场

图 2.10　郑成功演武场

[①] 协操坪与湖南的运动会有很多因缘：从1905年到1948年湖南省举办过17届运动会，其中7届是在协操坪举行的。

[②] 厦门大学历史系考古组编《厦门史迹：中国考古专题》，厦门大学出版社，1979年。

[③] 广东省人民体育场编《走过百年——广东省人民体育场史1906—2006》，广东省人民体育场，2006年，第1页。

2.2.1.3 古代水军军事演习的主要场所——自然或人工水域

中国古代专门的河域成为军队训练的主要场所，如曹操在邺城铜雀台南八公里的位置挖掘了一个人工湖，即"玄武池"。汉代的政治军事格局将战事从陆地转移到了水域，汉武帝为了扩大疆土，训练水军与"西南夷"作战，在长安特意开凿了一个人工湖，即"昆明池"，作为水军训练基地。三国时期的孙权、东晋元帝司马睿、南朝宋孝武帝刘骏、宋明帝刘彧等先后将南京玄武湖作为演习水军的场所。历史上最大的一次水军阅兵式就是在此举行的。

为了满足皇帝等人检阅水军演习兼顾观赏竞渡活动的需求，水域旁边特意建设了大型宫殿。宋咸平年间，宋真宗就在金明池旁的"宝津楼"观看水军的划船竞渡。据《河南通志·开封府》载："金明池，在府城西郑门外西北，……宋太平兴国七年（982年），太宗尝幸其池，阅习水战。徽宗于池内建殿宇，……曰宝津楼。楼之南有宴殿。殿西有射殿，南有横街、牙道、柳径。车驾临幸，观骑射百戏于此。"[①]文中描述的金明池旁边的宝津楼就是专门为皇帝检阅水军及欣赏竞渡建造的专门宫殿，如果金明池相当于今日的水上竞技场地，那么宝津楼这座宫殿则是相当于今日体育场地附设看台的功能，满足观众欣赏体育活动的需求（图2.11）。

 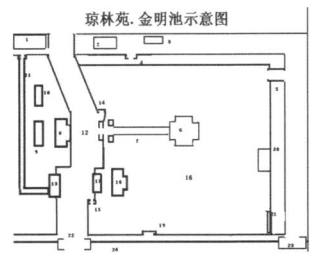 

（a）《金明池争标图》　　（b）金明池平面图　　（c）元代王振鹏《龙池竞渡图卷》中的宝津楼

图2.11　金明池平面及宝津楼

2.2.1.4 古代军队军事训练及冰嬉的主要场所——人工冰场

清代初年，冰嬉一度进入兵家，冰上活动被视为军事训练，设冰鞋处专门管辖。久之，军事训练的目的逐渐淡薄，游艺性慢慢显现。清代画家金昆、程志道、福隆安等绘制的《冰嬉图》使我们直观了解了冰嬉活动（图2.12）。这时期的冰雪体育设施主要是人工浇筑的冰场，开辟的雪道。在人工浇筑室外冰场的基础上，室外的冰雪设施逐渐增加了看台、换装间、观众休息区、旗门、篱墙等辅助设施，提升了比赛设施和观众的观看环境。看台从土石堆筑演化成竹木等轻质结构，并在看台上方增加了遮阳棚。当然，由于大跨度空间技术的限制，冰雪设施仍然极度依赖自然环境。[②]

清代宫苑的太液池[③]在冬季也是清代军队进行滑冰和冰球运动

---

① 李季芳等：《中国古代体育史简编》，人民体育出版社，1984年，第305页。

② 孙逊：《冰雪体育建筑生态化设计研究》，哈尔滨工业大学，2014年，第26页。

③ 现为北京的北海和中南海。

的重要场所之一（图2.12）。它是天然水面形成的冰面，面积足够广阔。清王朝每年在冬至到"三九"时期检阅一次八旗滑冰，一般在太液池观看从各地挑选来的上千名"善走冰"的能手表演。"每冬太液冰坚，令八旗与内府三旗简习冰嬉之技，分棚掷采，互程捷，并设旌门，悬的演射，娴步伐止齐之节，皆轮番阅视，按等行赏，以为常例。"①冰嬉在清代发展至鼎盛，这项军事检阅的规模巨大，兼有娱乐性质。清代的画作《冰嬉图》就描绘了皇帝及大臣、妃嫔观看冰嬉比赛的场景（图2.13）。太液池四周通常会搭起彩棚，插上彩旗并悬彩灯，而作为最高统治者的皇帝则会在冰场前面的宫殿内观看，当年乾隆皇帝就是在如今的北海漪澜堂观看溜冰（图2.14）。

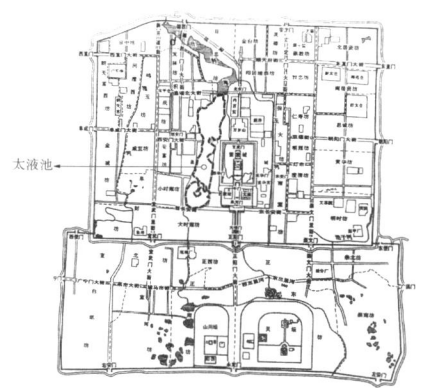

图2.12　明代《北京城图》中的太液池

图2.13　清《冰嬉图》

图2.14　北海漪澜堂之遥望

2.2.2　以服务上层阶级为主的古代大众体育建筑

2.2.2.1　上层阶级的球类娱乐场所——皇家宫苑中的球场

"鞠城"应当是中国古代最早的较为正式的体育场。早在战国时期民间就产生了蹴鞠这项运动，当时固定的蹴鞠场地设施还没有产生。史书记载汉高祖刘邦将蹴鞠引入宫中，曾在自己的宫苑内建造了规模很大的鞠城。汉代的蹴鞠场地按使用类别分两种：一种是宫苑中建造的豪华的"鞠城"，一种是野外比较简陋的球场。这两种鞠场是为上层阶级及军队士兵使用的。根据体育项目和军事训练的关系分析，宫苑内的"鞠城"是作为定期校阅用的。汉代宫苑内建造了一定数量规模的专业鞠场，西晋陆机《鞠歌行序》里："汉宫门有含章鞠室、灵芝鞠室。"民间的贵族和百姓也有建造鞠场的，因而汉代的长安城有大量像样的蹴鞠活动场地。

① 章乃炜：《清宫述闻》，古籍出版社，1988年，第150页。

除蹴鞠外，唐代有多种球类娱乐活动，如步打球、捶丸等。在寒食节等大型节日宫中会在宫殿前面的场地上分两朋（对）举行步打球比赛，步打球场地的建设要求略逊于马球场地。王建的《宫词》云："殿前铺设两边楼，寒食宫人步打毬。一半走来争跪拜，上棚先谢得头筹。"宫中有时也会开展捶丸运动，其场地要求也不高，它不像步打球是两边互相射击球门的方式，它是在凹凸不平的有高低错落的地形变化的场地中设置一些球洞，类似于今天的高尔夫球，球洞旁边插上旗帜。用赘木敲击球入球洞计分，计分高者获胜。

2.2.2.2 上层阶级娱乐的场所——水殿

大型水域除了可以举办军队的军事竞技及训练活动，还可以在相对安全与平静的水域进行龙舟竞渡或冰嬉——满足上层阶级的娱乐需求。古代宫苑还专门建造了水殿。当然，"水殿"一词有两层含义，一是指皇帝等人乘坐的游船设施，如唐朝的水殿是指观看龙舟比赛的设施。唐代的皮日休在《汴河怀古》中写道："若无水殿龙舟事，共禹论功不较多。"二是指毗邻水域建造的宫殿。作为观看大型水上运动的建筑水殿出现于宋代，并异于其他的体育场地。今日的水上运动中心包括了水域、看台、辅助用房等设施，而宋代的水上运动中心的组成却是由宫殿（临水殿）与大型水域（金明池）构成的。据孟元老《东京梦华录》卷七"驾幸临水殿观争标锡宴"条，缭当有水上赛事时，"殿前出水棚，排立仪卫。近殿水中，横列四彩舟，上有诸军百戏"，"水殿前水棚上一军校以红旗招之，龙船各鸣锣鼓出阵，划棹旋转，共为圆阵，谓之'旋罗'……"宋代名画《清明上河图》中绘制的临水殿坐南面北，是皇帝观看水戏的地方，视线绝佳，可以饱览金明池中的美景景象，相当于今日水上中心的看台。临水殿是由两个宫殿组成的，分别是宣和殿和宣德殿，两个宫殿造型宏伟，其功能类似于今日的体育场包厢，而水心榭用桥梁与大殿连接，直面水域，能够直视水面的各种情况。

2.2.2.3 中国体育场馆设施发展最原始的雏形——平民娱乐的瓦舍

从周朝到北宋，中国城市平民居住区一直实行里坊制度，坊内没有体育休闲设施。从中唐年间开始，发展的商品经济打破了这种制度，北宋年间出现的街巷制取代了里坊制，体育娱乐场所这时在街巷内产生。宋代蹴鞠有竞技及娱乐两种形式，以表演蹴鞠为主的体育艺人在瓦舍（肆）和宴会上表演。宋代的瓦舍十分发达，是古代体育竞技娱乐场所发展的巅峰，它是面向数量巨大的平民百姓的。瓦舍可以说是中国民间最早的原始的体育馆雏形。它是一种固定的、商业性的综合游艺场所，是商品市场经济的产物。它不仅提供给市民体育活动，如蹴鞠、相扑、举重等，还提供杂技、舞蹈等技艺表演。它是深受中国传统文化影响下建造的体育建筑与综合游艺场所的结合。瓦舍中有体育活动的观演区域，设置不同数量的看棚，类似于今日的看台，当然它比看台简陋，它是用绳子和茅草编织起来的，起到简单围合的作用，看棚和表演场地之间用栏杆分隔开来。它表现了中国古代体育建筑不规范、随意性的特征。

2.2.2.4 第一个人工游泳池

虽然中国古代游泳及水军训练多在自然水域中进行，史书记载的第一个建造专门游泳池的人叫杨戬。"中贵杨戬于堂后作一大池，环以廊庑，扃鐍周密。每浴时，设浴具及澡豆之属于池上，乃尽屏人，跃入池中游泳，率移时而出，人莫得窥。"① 他建造了一个四面有廊屋的游泳池，当然文中并未描述这个人工游泳池是否有顶棚覆盖，也无法断定是不是室内游泳池，但它却是历史上有记载的第一个人工游泳池。②

2.2.3 教授"六艺"的古代学校体育建筑

2.2.3.1 中国古代射礼竞赛场所——射宫

中国学校的体育教育历史悠久，西周时期学校主要教授"六艺"——即诗、书、礼、乐、射、御。《射义》说："射者，仁之道也，求诸正己，己正而后发。"六艺中的"射"应当是一项体育运动，射箭是中国最早的体育竞赛及古代体育竞赛的代表。中国古代学校的发源地也是射礼赛会的场所，即古代学校场所自诞生起就承载了体育竞技场所的使命，也是学生接受教育的场所，西方古希腊的民众竞技场——奥林匹亚竞技场亦是如此。中国古代殷商时期最早是在野水则处、垣水举行射礼的，后来发展到周代不同级别的射礼——包括大射和乡射等都在城市中专门建筑的场所中举行——辟雍、射宫等人工的建筑物。《周礼·夏官·大司马》中注曰："大射，王将祭，射于射宫。"③ 中国古代都城专门建造射宫作为君王和臣子们射箭竞技使用。最早追溯到商代的甲骨文中就描述了射礼的竞赛场所——接近水泽的地方④。

西周时期由水所环绕的建筑被用作学校，也用于教习射礼。《礼记正义》载："天子将祭，必先习射于泽。已射于泽而后射于射宫。"⑤ 文献中描述的泽宫和射宫应当是在水边练习射箭用的建筑场所，也是最初的学校的原型。这表明早期的作为古代学校的辟雍和射宫的建筑形式是被水围绕的，外界出入军事防御的目的仅在其中一面架设桥与其相通，后来学校不需要防御外敌，就保留了其特殊的布局方式——三面被水环绕，仅留一面和外界交流。

---

① 该文节选自陆游《老学庵笔记》，文中内容记载的是杨戬在自家游泳池洗澡的情况，这个人工游泳池也有点类似人工澡堂。

② 陈昌怡、谭华编《古代体育寻踪》，人民体育出版社，1990年，第186页。

③ 张波：《古代中国和希腊体育竞赛历史文化研究——以先秦射礼竞赛与古希腊竞技会为例》，上海体育学院，2013年，第93页。

④ 宋镇豪：《从新出甲骨金文考述晚商射礼》，《中国历史文物》，2006年第1期。

⑤ 阮元校刻《十三经注疏·礼记正义》，中华书局，2009年。

2.2.3.2 古代学校学生射箭的场所——射圃、射殿及箭亭

射圃是古代开展民族、民间体育的固定体育场地之一，供学生练习射箭、习武或从事其他体育训练。射圃属于教学空间，当时的学校内设有射圃，就如同今日的学校内设有运动场一般。南宋临安太学和建康府学皆有射圃。1382 年，位于鸡笼山下的国子监建成。在国子监西，英灵坊东建有射圃，六堂师生在此练习射箭（图 2.15）。

后宫禁苑提供了为皇帝等人练习射御健身和检阅射御的专门场地——射殿。射殿只是说明宫殿的用途，并不是说该宫殿名字一定叫射殿，每个朝代的射殿都可以有不同的名字，比如唐代兴庆宫中有新射殿，《两京城坊考》记载："宫廷区共有中、东、西三路跨院。中路正殿为南薰殿；西路正殿为兴庆殿，后殿大同殿内供老子像；东路有偏殿新射殿和金花落。"① 北宋的射殿就叫射殿，而南宋的射殿正式名称是选德殿。同样的还有宴殿，用于皇帝摆宴之用，北宋的宴殿叫集英殿。《东京梦华录》卷七"驾幸宝津楼宴殿"条："宝津楼之南，有宴殿。殿之西有射殿，殿之南有横街，牙道柳径，乃都人击之所。"②（图 2.16）

清朝的乾隆皇帝射箭的箭亭③位于左翼门外："箭亭，广五楹，周以檐廊，中高宝座。东卧碣一，恭刊乾隆十一年上谕。有'十五善射'。"④ 这里所述的箭亭并不是亭台之意，而是宫殿的名称。紫禁城的箭亭是皇家习武之地，清初建造。面阔 5 间、进深 3 间，歇山顶，四面有回廊。武进士殿试时，皇帝在此阅技勇。清代皇帝在箭亭或是射殿练习射箭，有时也会扩展一些军事用途，如供进士选拔之用——武试选拔、奖励将士、检查武备情况等。

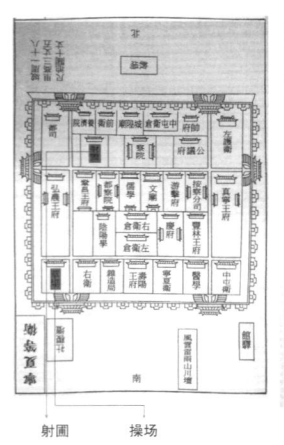
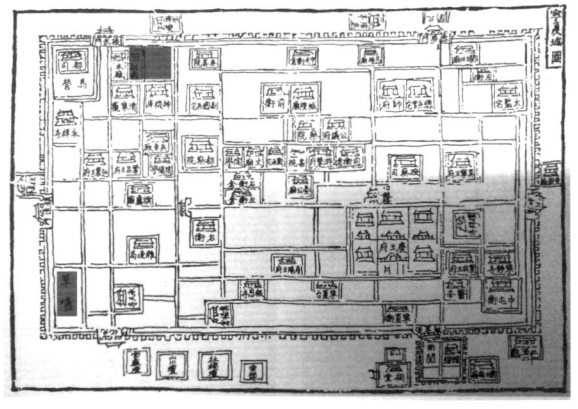

图 2.15 《宁夏卫城图》中的射圃和操场

① 周维权：《中国古典园林史》，清华大学出版社，1990 年，第 70 页。

② 体育文史资料编审委员会编《体育史料第六辑》，人民体育出版社，1982 年，第 45 页。

③ 箭亭位于北京紫禁城东部景运门外、奉先殿南一片开阔平地上，清朝顺治四年（1647 年）初建，当时该殿名曰"射殿"。改建于清雍正八年（1730 年），并改名为"箭亭"。

④ 章乃炜：《清宫述闻》，古籍出版社，1988 年，第 141 页。

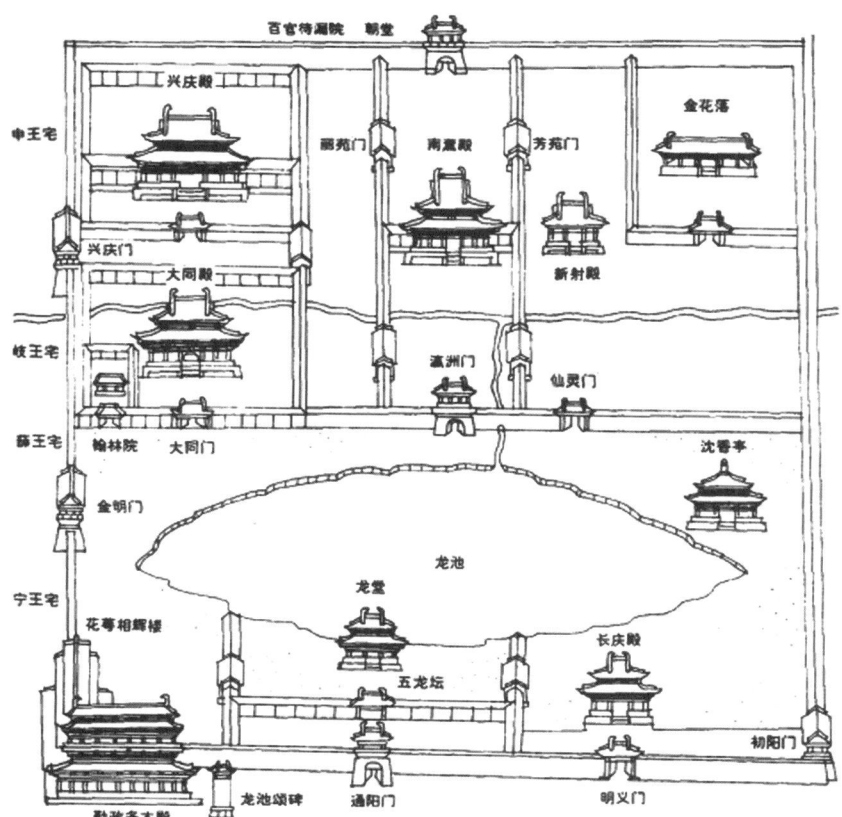

（a）唐代《兴庆宫苑图》中的射殿

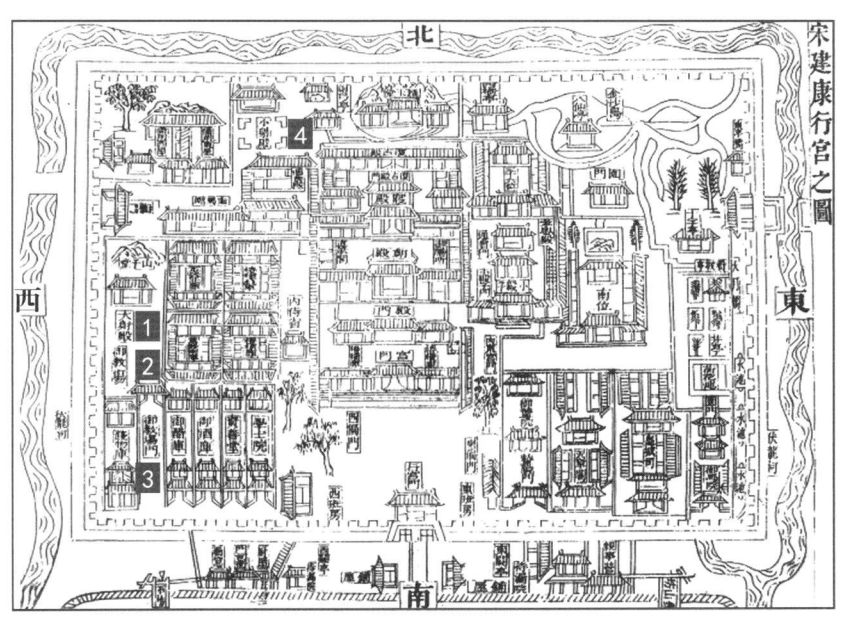

（b）《宋建康行宫之图》中的教场和射殿

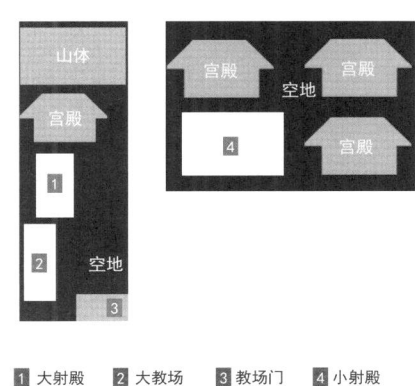

1 大射殿　2 大教场　3 教场门　4 小射殿

（c）教场和射殿布局示意

图 2.16　教场和射殿

2.3 中国古代体育场地的布局及工艺

2.3.1 三面围合、单面看台的格局

从汉代宫苑中的"鞠城"，到唐代的"毬场"，再到清代盛行的大教场，中国古代体育建筑的布局形制一直都是以场地为中心，用建筑形成围合界面。当然这个围合的界面数量不等，如"鞠城"、马球场都是用三面用短墙围护，长边的主面设置宫殿、亭、楼作为看台。除汉、唐时期的"毬场""鞠城"面向场地布置宫殿、楼台亭作为看台外，中国古代的大教场采取的也是类似布局：军队的武将及官员办公所需的办公场所和阅兵台建筑围合成院落式布局，而体育场地则在院落的前面或是侧边布置建设。院落大门布置有台基，挂旗的旗杆台就放置在台基上。大教场布置的旗台座数量不等，有一个、两个之分，还有的大教场会设置四柱牌坊（图2.17）。

汉代宫苑中专门建造的鞠场呈长方形，一般为东西向，四周有围墙，称为"鞠城"，汉代足球场设计已考虑了观众的因素，供皇帝等上层阶级人士观看蹴鞠比赛的大殿一般设置在南面，朝向北面。大殿的作用类似于今天体育场中的观众看台，或者说是主席台更加贴切。唐代长安城的体育设施更加完善，一般选择宫殿前面的平坦开阔的空地修建带看台的马球场，一般采取的是三面短墙围绕，一面为殿、亭、楼台作为看台的围合式的建筑格局。《唐两京城坊考·西京·宫城》载："其北有海池、凝云阁、毬场亭子环之。"由此可见，唐代长安建造的鞠城采取的也是以宫殿、亭子、楼台作为看台，面向场地的布置。场地的四面用插彩旗或者红旗的方式。当然周围还修了一些附属建筑，除了亭台长廊作为观看球赛的看台外，还有球手使用的休息室。韩愈笔下的《汴泗交流赠张仆射》诗里"汴泗交流郡城角，筑场千步平如削。短垣三面缭逶迤，击鼓腾腾树赤旗。"正印证了这种推测，除了主宾席一面以及楼台、亭子、宫殿等建筑为观赏之处外，其余三面均修筑泥土矮墙。马球场的泥土矮墙起到了分隔界限的作用——作为球场边线。如果球手击鞠力量过大可能会导致球离开场地边界，而矮墙正好可以起到阻挡的作用。文献记载古代马球场的矮墙有石砌、土砌筑、锦缎围护多种方式。

图2.17　体育史学者唐豪绘《汉代宫苑内检阅蹴鞠竞赛示意图》

如《资治通鉴·后梁记》载："龙德元年，蜀主（王衍）常列锦步障，击球其中。"以锦缎筑饰的矮墙可以避免人马受伤，并可以使球场建筑显得更加富丽。而现代马球场同样设矮墙，但它是由高25cm、厚3cm的木板围绕球场筑成，成为球场的边界线。

古代体育建筑除了采取四周围护的手段，宋代球场顶界面也采取了围护构件，获得类似今天的有罩棚体育场或是室内体育馆的室内环境，摒弃了气候影响球场内的体育竞技的这项不利因素。宋朝岳珂《桯史·隆兴按鞠》写道："时召诸将击鞠殿中，虽风雨亦张油帝，布沙除地。"描述了下雨天宋孝宗在宫苑的球场中打球时采用"油帝"作为防雨材料，这种防雨的帷帐在下雨天设置，而天气晴朗的时候可以撤除。油帝的设置阻挡了风雨，保证了比赛和训练的正常进行。

2.3.2 体育场地的规模与布局

中国古代马球竞技比赛需要正式的马球场地，而马球场地的面积规模不容小觑。《资治通鉴》记载了唐代长安的梨园球场所占的面积"在光化门北，光化门者，梨苑南面西头第一门，在芳林、景曜门之西也。"文中描述该马球场占据了芳林门和景曜门之间一坊的地块，充分说明了梨园球场占地面积巨大。虽然史料并未记载古代马球场的详细尺寸和面积，但韩愈的诗"筑场千步平如削"，陆游的诗句"打球筑场一千步"，陈元晋的诗句"筑场千步柳营东"，以及明管时敏的诗句"毬场千步平如削"等可知古代球场的周长大约一千步。从古今马球场赛场上容纳的人数上可以得知，现今马球场占地面积略逊于古代的马球场。因为现代马球场竞技比赛时8个人8匹马，而古代马球场竞技比赛时可以容纳20个人20匹马，更有甚者，皇帝打马球赛或者观看球赛时，马球场可以容纳百人，愈加说明了古代马球场占地之广。现代标准足球场长105m、宽68m，汉代的足球场也不小，甚至大于现代球场。据《鞠歌行序》，东汉将军马防在家里专门建造了一处球场，马防家的大宅子靠着街道，"鞠城弥于街路"。表明球场很大，阔及街边。

汉代蹴鞠运动多和军事运动相结合，出现了具有比赛规则的对抗性强的正规蹴鞠比赛，产生了规范的场地形制。汉代的《史记》《汉书》就记载了军队营地建设鞠城进行蹴鞠竞技。汉代蹴鞠的竞技性更强，对场地及竞技规则的要求更高。官方或宫廷主导建设的竞技性的蹴鞠场地在特定区域建设，这种蹴鞠场地比蹴鞠表演场地的要求更高、面积更大、布局也更加规范。蹴鞠场地是随着时代的演进、规则的完善持续发展的。

东汉人李尤在其《鞠城铭》中，记载了对抗性的多球门蹴鞠竞赛的场地、比赛规则等，反映了这一时期的蹴鞠竞赛已有比较完备的体制。书曰："圆鞠方墙，仿象阴阳，法月冲对，二六相当；建长立平，其例有常，不以亲疏，不有阿私，端心平意，莫怨其非，鞠政犹然，况乎执机。"诗歌说明了鞠城的形状是方形的，而蹴鞠本身的形状是圆的。鞠城和鞠是依照自然界天圆地方的阴阳规律而设计的，月形的球门相对的布置在鞠城的两侧，每边有六个。这描述的应当是专门建造的"鞠城"。另一种是在野外的比较简陋的球场上进行，没有围墙，在地上各挖六个土坑作为"鞠室"。西汉大将霍去病在远征匈奴时，就曾命令士兵在野外辟出一片球场，练习蹴鞠。[1]

2.3.3 马球场地的施工工艺

马球场地很讲究，它对场地环境及场地施工工艺的要求比蹴鞠运动更高。首先为了马匹在运动中不被场地中的杂石等绊倒，场地必须保持平整光洁并且最好寸草不生。作为专用马球场地的"鞠壤"，需要对场地进行除草、除尘、防摔与照明等处理。一般有泥土球场、草皮球场、沙地球场三种。文献《桯史》卷二载："时召诸将击鞠殿中，虽风雨亦张油帘，布沙除地。"可见，沙地球场实为因下雨而用油布遮雨，以细沙垫地的防止积水的应变场地。在此种球场击球，不受风雨影响。

泥土球场表面压制得十分平整，就如同镜子一般。阎宽的《温汤御毬赋》云："平望若砥，下看犹镜。微露滴而必闻，纤尘飞而不映"。这首诗反映了马球场地的完成质量和场地建设的水平。泥土球场是用经过细细筛选的泥土多次夯实再压实制成，它的缺点就是马球比赛时容易扬起尘土，油浇球场能够解决这个问题。它是用融合了油的泥土多次夯实压制而成，它使用了多道拍实的工艺，这种高级球场平整度高、结实，且光洁耐磨、不扬尘土。经过油和泥夯筑过的马球场地面结实平滑，不容易开裂。据考古发现，大明宫的球场在修建时，场地中的泥土里掺有油质。有些奢侈腐化的王公贵族，为了夸耀自己的财富，在营建马球场时，不惜财力。唐刘悚《隋唐嘉话》记述："景龙中，妃主家竞为奢侈，驸马杨慎交、武崇训，至油洒地以筑球场。"

草皮球场一般采用天然草坪辟建，也有原球场上长了丛草的。明代王绂笔下《端午观骑射击球侍宴》载："球场新开向东苑，一望晴烟绿沙软。"亦可印证古代曾有草皮马球场。《唐国史补》卷中记载："人言卿在荆州，球场草生，何也？""死罪，有之。虽

---

[1] 见《史记·卫将军骠骑列传》中记载。

然草生，不妨球子往来。"这段皇帝和臣子之间的对话表明了皇帝对马球场的严格要求。

2.4 传统哲学潜移默化的风格形式

2.4.1 以宫苑建筑为主要场所

古希腊初步形成了体育建筑的形制，并表现出定型化的趋势。而中国古代并没有形成固定形制的体育建筑。古希腊的体育建筑是围合性的空间模式，而中国古代体育建筑以皇家宫苑作为主要载体，皇家宫苑不仅有体育和军事功能，还有政治和居住功能。中国的皇家宫苑是体育运动最活跃的地区之一，对社会有深远影响。对宫苑的多功能设计和对体育功能的发挥，能够满足宫苑的多层次人员的需求。

2.4.2 以天然场所为辅助载体

由于中西方的体育建筑具有不同的价值取向，中西方的体育建筑走着不同的道路。中国古代体育建筑的主要特征之一是利用天然场所，统治阶层在儒家思想的引导下，注重人与自然、社会的统一，充分利用自然环境。中国古代体育建筑注重讲究价值和精神情感，追求休闲养身，致使竞技体育没有得到很好的开展，但民间的休闲体育得到了较好的发展。古人强调体育运动的场所应和自然环境融合为一体，中国国土开阔，南北方的地域和气候特征不同，产生了不同的体育形式。大量的传统项目并不需要专门的体育设施，主要依靠自然环境或在适当的季节选择合适的天然场所，如在河道中进行龙舟比赛。即使是在宫苑之中，大都利用现有场地，如唐代在大殿前铺设马球场，清代在太液池的五龙亭和中海的水云榭前进行滑冰运动，这些项目活动都是结合特定的自然优势开展的。古代还常常利用野外的地形特点，以打猎的形式进行练兵，是人工教场在空间意义上的延伸。宋人辛弃疾在《破阵子》中写出的"沙场秋点兵"的盛况"八百里分麾下炙，五十弦翻塞外声"，点明了大教场地域阔大的特点。

2.4.3 尚未形成固定风格与形制

中国古代体育注重对传统伦理的追求和对养生哲学的感悟，形成中国古代独特的体育理论，并以此来解释、指导体育实践，这是中国古代体育的一个突出特点。传统体育文化根据"天人合一"

的理论，认为人和大地保持协调，人是自然的一部分。中国古代体育对古代哲学的依赖导致建筑发展缺乏独立性，没有形成固定风格和形制的体育建筑，有历史记载的体育设施和场所也呈现不规范和随意的特征。中国古代体育建筑在空间形态、物质特征、人文内涵等方面与西方古代体育建筑大相径庭，没有形成理性和规范的体育建筑形制。但它反映了中国传统文化的内涵，如马球场的场地就是一块平整的场地，而百姓可以将房屋围成的道路、广场作为运动场所。中国古代体育建筑呈现不固定性和自然性，源于在"中庸"的古代中国，不具备现代体育建筑形成的条件。所以，一直到鸦片战争前中国都没有现代化的体育场所，而是以练兵场、舞台、空地等形式存在。

2.5 中国古代体育建筑受到的制约和迟滞的根源

2.5.1 传统文化制约古代体育建筑的竞技性发展

与中国传统体育文化讲究修身养性不同，古希腊的体育发展本身充满战争的硝烟。古希腊的练身场为青年们军事训练提供了场所，古希腊举行了众多的体育竞赛。以奥运会为代表的体育竞赛和中国古代体育显著不同，它充满了竞技精神，正是这样的文化环境孕育了包括古希腊竞技场在内的有成熟形制的体育建筑。与此相反，中国古代体育受到程朱理学的影响，体育运动在封建时期受到了一定的歧视，体育活动大都在娱乐的范围内进行。历经2000多年的儒家思想的文化熏陶，导致中国传统的箭术、蹴鞠、马球等体育活动，到明清时期失去了原有的竞争精神和形式，注重道德教化而非体格发展，追求休闲享受而非物质获取。在不同的文化基底上，中西方最终产生了完全不同形式和内容的体育之果。

中国传统文化中和平文弱的文化品格和崇尚竞争的体育文化在本质上有区别，直接影响了中国古代体育文化的品格，因而中国古代没有形成西方古代奥林匹克那样竞争激烈的赛场竞技，而是追求娱乐性的发展。中国传统的体育文化源自中国古代文化，早在战国和秦汉时期，中国的体育文化就以修身养性为导向，随着中国迈入近代，中国的传统体育发展十分缓慢，呈现强烈的娱乐特征和地域特点。古代希腊的奥林匹亚城内有着完整的体育中心、健身房、奥林匹亚竞技体育场等初具形制的体育建筑。而中国体育在崇尚天人合一的文化指导下，体育建筑只能借助天然场所或借助宫苑建筑作为体育场馆，没能形成固定的风格和形制，和西方体育建筑相比，中国古代的体育建筑缺乏规范和独立的发展。

2.5.2 生产模式制约古代体育建筑的专业性发展

虽然自夏朝中国古代体育建筑就开始萌芽，但中国古代是农业社会，体育活动处于相对次要的地位。在小农经济和严苛的社会制度的影响下，农业性的生产模式对中国古代的体育建筑有着建设时间和建设场地的制约，呈现独特的风格。农闲时节为了应对某些特定节日需要选择性建设体育场地，如为了满足端午节划龙舟的需求开辟和修建河道，开辟农闲场地以满足射箭的需求。这些体育场地的开辟修建是建立在应对农业生产的模式之上。体育场地这种随意的建设方式，反映了古人忽视体育运动的环境，强调和自然环境合二为一的理念。

从另一个角度而言，农业生产的模式具有季节性、间歇性的特点。针对天然场所进行季节性的改造和专业建设就能满足中国体育场地的需求，当然这种模式还存在一定的弊端，就是缺乏规划性、可持续性和专业性。中国古代场地的封建社会和农业社会并存发展，这种业余性质的体育场地满足了中国以休闲养生和娱乐性质为导向的运动需求，导致中国没有产生如西方那样有系统性、有形制的体育建筑。

2.5.3 社会等级制约古代体育建筑的大众性发展

中国古代封建社会存在时间长，制约了中国古代体育建筑的普及。由于中国体育运动主要存在于上层阶级中，呈现小众的特征。受到宗法礼制和等级思想的制约，中国古代体育建筑的建设和使用不以底层阶级的意志为转移，其建设模式、使用习惯较大程度受制于包括皇室人员在内的上层阶级。这种森严的等级制度从根源上排除了大众性体育建筑兴建的可能性。

中国古代的宗法统治制度，包括强调父权的等级制度，传统的体育项目只能在贵族和士大夫的阶层中开展，有的只能局限在宫苑之中，这种社会等级制度某种程度上限制了中华民族的个性，制约了中国体育的发展。由此，中国古代的体育始终无法得到进一步发展，专业的体育建筑也就无法产生。

第 3 章　体育建筑的被动输入（1840—1911）

> 体育既是一个独立的领域，也是对日常生活的暂时搁置。然而，它更是其所处社会的高度象征，植根于广阔的政治、经济和社会文化潮流之中。[1]
> ——约瑟夫·马奎尔，凯文·扬《理论诠释体育与社会》

西方体育传入伊始，"体育"并不是一个专有名词，1904 年，清朝政府颁布执行的《奏定学校章程》中，体育课的名称还叫作"体操科"。直到 1923 年北洋政府公布中小学《课程纲要草案》之时，才把"体操科"改为"体育课"。西方体育运动传入中国近代教会学校及新式学堂，它们在意义和功能上与传统的中国体育运动产生了根本性的断裂，为相对自主的体育运动场所的形成与构建提供了机会。

体育史的研究者一般将中国近代体育史的开端定调于鸦片战争。中国体育发生显著改变起始于西方近代体育[2]的传入，而中国近代体育建筑也由此产生，并由被动输入渐渐转为国人的主动发展。体育建筑作为一种新的功能类型，逐渐取代了以教场、瓦舍等为代表的古代中国传统体育场地类型。体育场地的自主形成是一个相对理性化的过程，与体育的发展有密切联系，同时也有国人的参与助力。

3.1　体育建筑空间布局特征：从租界到华界

鸦片战争之后的中国，古代体育场地与西方体育场地之间的空间障碍比以往更容易超越，中国社会的体育格局发生了变化。中国古代体育没有完备形制的体育场地，而西方体育场地已经历了几千年的累积。如果将中国体育建筑的发展进程放置在中国社会发展与中西体育文化交融的大背景下，横向比较得出的结论是，西方体育建筑在鸦片战争后随着帝国主义列强的炮舰大规模进入中国，进而在中国的商埠城市中克隆和传播，对中国近代体育建筑产生巨大影响。主要分为几个阶段：首先是在开埠城市中建造的供西方侨民使

---

[1] 约瑟夫·马奎尔，凯文·扬：《理论诠释体育与社会》，陆小聪译，重庆大学出版社，2012 年，第 2 页。

[2] 西方近代体育是资本主义文化的一部分，开始出现于 17 世纪 40 年代至 18 世纪末，形成于 19 世纪的早、中期。欧洲大陆的体操、英国的户外活动和竞技运动是西方近代体育的基本内容。

用的竞技及大众型体育建筑，其次是洋务运动中创办的新式学堂中的体育场地，再次是教会学校及基督教青年会建设的体育建筑及会所，此处包含了运动场、体育馆、基督教青年会会所等（图3.1）。

西方体育建筑进入中国的传播渠道不同，导致不同阶段发展的体育建筑也不相同。首先，殖民地式的体育建筑经历了一个从兴盛到式微，乃至被改变、消失的过程，因其单一的建筑模式不能满足日益发展的中国近代体育建筑复杂的功能要求。其次，洋务运动中新式学堂的体育场地较为简单，以满足军事训练为主。再次教会体育建筑的发展与中国近代体育建筑同步发展，受社会发展变化的影响最大，是中国近代体育建筑发展上最有代表性的类型之一，是中西体育建筑交融的重要载体。这几个渠道以教会体育建筑发展与近代社会的发展紧密关联最大，中国近代体育建筑的发展受到其影响最大。殖民地式的体育建筑次之，社会渠道最后。中国的近代体育建筑具有良好的保护价值（图3.2）。

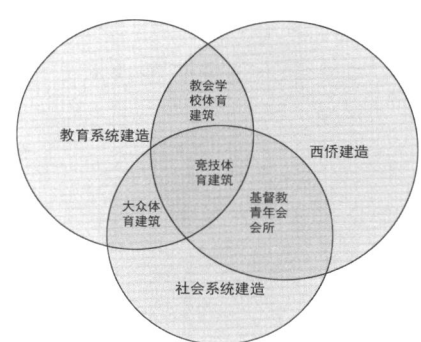

图3.1 近代体育建筑的类型

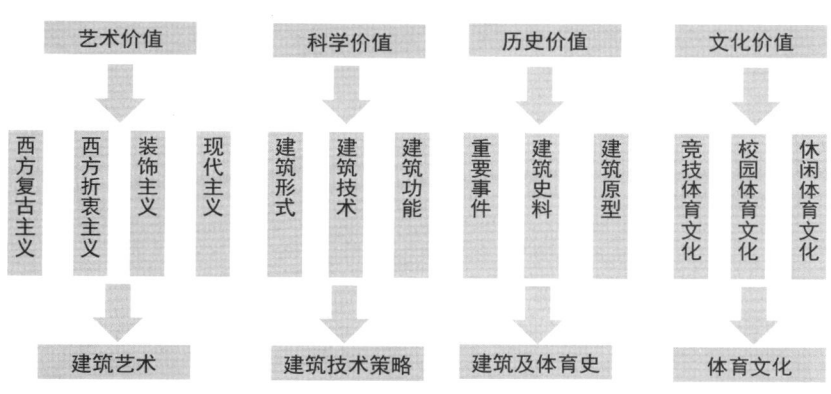

图3.2 近代体育建筑的保护价值

3.1.1 租界内扩散的体育场地

体育运动的机构化是随着固定运动场的设立而开始的，19世纪下半叶，中国的开埠城市上海、天津、汉口等地陆续设立了许多租界，形成了新的城市区域，为了适应侨民的生活习惯，要建造一定数量的体育场地，体育建筑的建筑类型因此传入，如跑马厅、田径场、游泳池、高尔夫球场等。英国人、美国人等先后在外侨众多的上海、天津、汉口等地建立起大批的体育场地，如上海的"抛球场"、汉口的西商跑马场、天津的佟楼赛马场。这些体育建筑只供外国人使用，且以资本主义的方式管理，如上海的跑马场、回力球场、逸园等都是以经营赌博求得盈利。

（1）网球场

20世纪初，网球运动传入上海、天津、广州等沿海大城市。

1861年，广州沙面被划为英、法租界，在此建造了广州最早的网球场。后来日本侨民又把沙面东桥至西桥中间一段空地作为网球场，至1925年，沙面共有14个网球场。1885年前后，网球运动随着教会学校传入北京，汇文书院和协和书院先后修建了网球场。1911年前后，基督教青年会、高等院校等也陆续修建了网球场。

（2）体育公园

1896年，上海工部局购地28公顷，建造"靶子场"。1909年全部建成，取名为"虹口娱乐场"，是上海最早的体育公园和早期侨民开展体育比赛的主要场地之一，是靶场、运动场和花园结合的综合性体育场[①]。它是租界园地监督麦克利按照英国最新式的格拉斯哥城体育公园为模板设计建造（图3.3）。因该场占地较少，不够建大型球场，所以设置了一个9洞的小型高尔夫球场。还有草地网球场75个，硬地网球场8个，足球场3个，草地滚球场5个，其他曲棍球场、篮球场和田径场。《上海研究资料》《上海通》等书籍介绍虹口公园时说："与其说它是一个花园，毋宁说它是一所运动场来的评价公允。"虹口公园体育设施早于1915年的当时上海县政府建造的斜桥公共体育场，也早于1909年上海基督教青年汇建造的运动场。至1906年，它成为和跑马厅齐名的上海最著名的两处娱乐场之一。

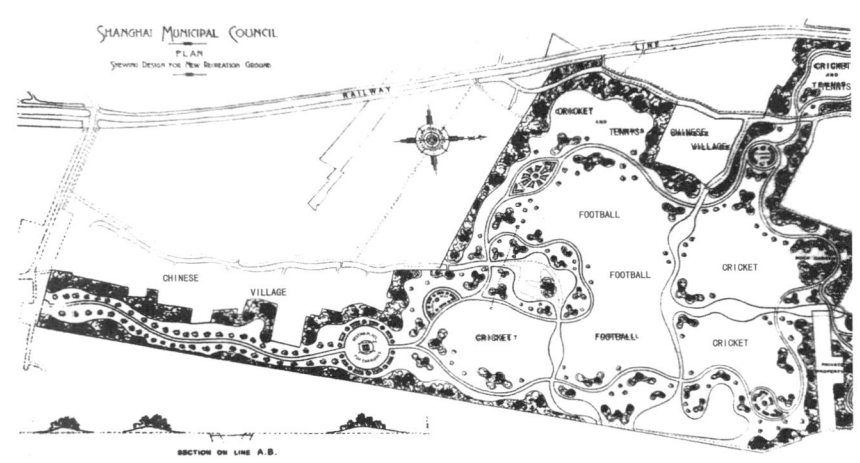

(a) 虹口娱乐场设计平面图（1903）

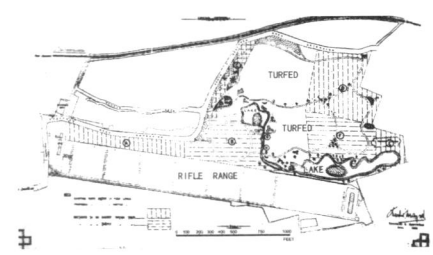

(b) 虹口娱乐场修改平面图（1908）

(c) 虹口娱乐场设全景图

图3.3 虹口娱乐场的历史演进

[①] 虹口娱乐场，又称"新公园""靶子场公园"。虹口娱乐场的位置包括了今天的虹口公园及虹口运动场全部。它的起源应追溯到19世纪末叶，租界的武装万国商团为了训练枪法，先在武进路与海南路交界处建立了一个打靶场，为此武进路在1943年之前一直叫老靶子场。

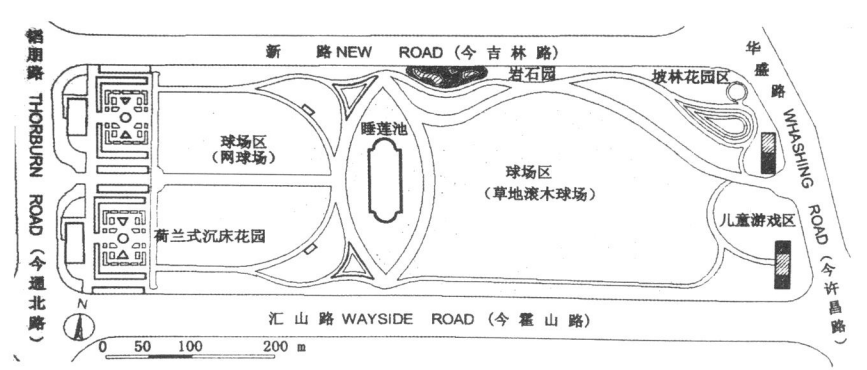

图 3.4　汇山公园设计平面图

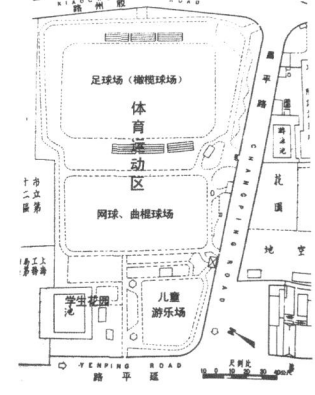

图 3.5　20 世纪 30 年代末的胶州公园平面图

图 3.6　《点石斋画报》绘"西人抛球"

图 3.7　虹口娱乐场内的少年高尔夫球俱乐部部址

1911 年之后，租界内又陆续建设了逸园、胶州公园、汇山公园等以体育娱乐为目的的公园，这些公园主要都是西侨使用（图 3.4、图 3.5）。

（3）高尔夫球场

1894 年 1 月 10 日，上海高尔夫球俱乐部正式建立，并在跑马厅内建设了上海最早的高尔夫球场（图 3.6）。后相继在虹口娱乐场、江湾跑马场、虹桥等地建成大型高尔夫球场（图 3.7）。20 世纪 20 年代，小型高尔夫球传入上海，可在室内或花园中设小型场地，因而一些大型俱乐部增设了小高尔夫球场。

（4）划船总会

苏州河和黄浦江都是上海航运的主河道，要在这里开启划船运动很困难。1860 年，侨民在上海成立划船总会（Rowing Club），不久就在舢板厂桥南建造了会所和停船房，乘航运稍空时在苏州河水面上训练。直到 20 世纪初，划船总会才迁到外白渡桥南侧（图 3.8）。

（5）跑马场

1902 年，汉口的英国人开始筹建跑马场，后得到德、法、俄、日、比五国洋商的响应。他们强行收买汉口东北角刘歆生所有的大片土地，于 1905 年建成西商跑马场。马场西北至今惠济路，东南至今解放大道，东至永清路，占地八百多亩（图 3.9—图 3.11）。[1]

---

[1] 杨秉德：《中国近代城市与建筑》，中国建筑工业出版社，1993 年，第 145 页。

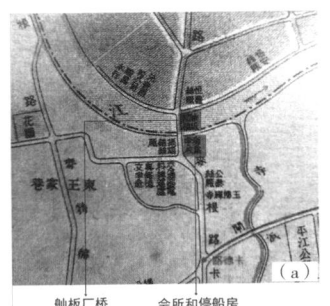
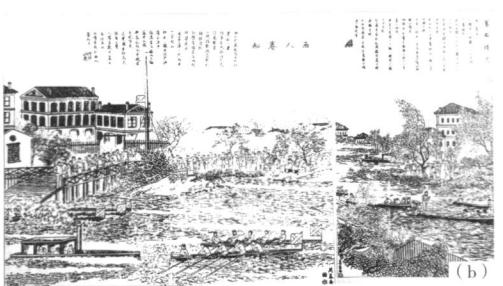

（a）19世纪80年代上海划船总会区域位置
（b）19世纪80年代上海《点石斋画报》绘"西人赛船"
图3.8　19世纪80年代的上海划船总会和"西人赛船"

（a）青岛竞马场在城市中的位置
（b）武汉城市中分布的赛马场
图3.9　赛马场在城市中的位置

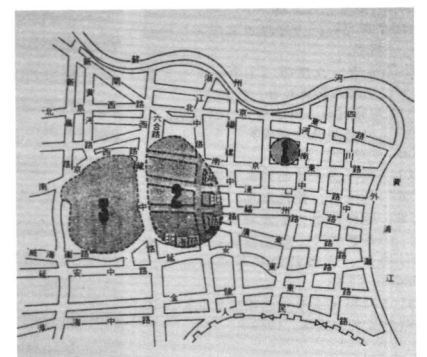
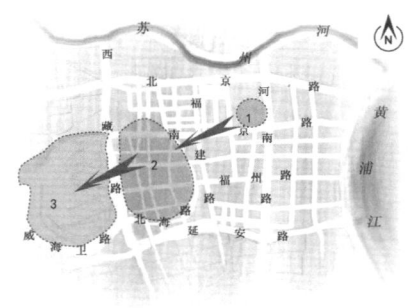

图3.10　上海跑马场场地范围示意　　图3.11　上海跑马场场地变迁示意

（6）滑冰场和自行车场

鸦片战争后，1890年，俄国在哈尔滨修筑中东铁路，并将中东铁路局设在哈尔滨，一大批俄国铁路员工来到哈尔滨，于是修建了道里体育场，跑道一周为260m，两端弧形跑道圈外有坡形自行车跑道。主要项目是田径、自行车比赛，也组织篮球、排球、网球等比赛。入冬以后，道里体育场的田径场地，放水浇成滑冰场。[1] 1949年前的哈尔滨市有五个运动场。道外八区运动场有400m正规跑道，每年除冬季外为田径场地，冬季浇成滑冰场。道外八区棒球场四周有土看台。南岗铁路运动场有400m正规跑道，冬季浇为冰场，主要是给铁路系统的日本员工使用。[2]

[1] 体育文史资料编审委员会编《体育史料第七辑》，人民体育出版社，1982年，第2页。

[2] 体育文史资料编审委员会编《体育史料第七辑》，第5页。

3.1.2 依托基督教青年会的体育场地

中国兴建大众体育建筑的起步晚于竞技体育建筑和学校体育建筑。基督教青年会会所及附属的场地设施开创了中国大众体育设施建设的先河。基督教青年会会所可称之为早期的体育馆，当时还称作健身房。早期青年会开展体育活动，常从开辟、修建运动场地，增置设备做起，因为在这之前中国没有现代体育设施。条件好的青年会，如上海、南京、杭州、重庆等还有室内游泳池，这些都是当时各城市最早最现代的体育设施。1920年，全国各地青年会已有体育馆9处，到1923年有体育馆26处。全国各地参加青年会举办的各种体育活动、培训的人数"恒在百万以上"。

天津青年会于1897年在北洋大学附近建成会所，内有运动场等体育设施。上海青年会于1900年在老靶子路成立时也曾租空地修建运动场，于1906年在四川中路599号建成会所时，就有健身房、弹子房、墙手球房等全国最早的室内体育设施。1905年，福州市基督教青年会建立健身房和游泳池，开展球类和游泳活动。1910年，美国人谢安道（Robert Service）在四川组织成立成都青年会，于文庙街附近占地数十亩设置足球场、网球场、棒球场，开展活动。1913年，还修建了一座体育馆。谢安道是美国春田大学体育专业的毕业生，他亲自设计修建了成都地区最早的正式足球场。1912年，厦门市基督教青年会体育部成立。1910年，"中国第一届全国运动会"举办后，汉口青年会内设有篮球房、健身房等体育设施，是湖北最早的室内体育设施之一。杭州青年会于1922年开辟了公共体育场，天津青年会于1936年开辟了滑冰场。1914年，广州基督教青年会会所建成，这个健身房当时是广州最先进的。内有篮球、排球两用球场，还有双杠等。楼上有竞走场，亦作看台用。此外还有童子部、乒乓球室、桌球室等。健身房外有露天操场、手球场，一侧还有15m×25m的游泳池，铺设白瓷砖，有跳台、跳板，还有浴室、更衣室、休息室、管理室、办公室等（表3.1）。

表3.1 中国基督教青年会会所

年代	名称	场所内体育设施	结构	设计者	建筑风格
1906	上海四川路青年会会所	有宿舍、沐浴室、弹子房、游戏室等，健身房及墙手球房是全国首创	砖混结构	爱尔德洋行	古典主义
1915		会所后面增设五层大楼	砖混结构		
1914	北京基督教青年会会所	北京最完善体育设施的场所，最早的保龄球房，会所内有礼堂、体育馆、浴池	砖木结构	永固工程公司	欧洲古典风格
1914	广州基督教青年会会所	篮排球两用球场、双杠、双环、等设备，童子部品乒球室、桌球室、露天操场、游泳池	钢筋混凝土结构	何士与伯捷洋行	/

续表

年代	名称	场所内体育设施	结构	设计者	建筑风格
1914	天津基督教青年会东马路会所	建筑面积4000m²，可以打排球、羽毛球、室内垒球等。室内还设有吊环、单杠、双杠、拉力等体育健身设备	外墙混砖结构，内部以木结构为主	/	/
1916	福州基督教青年会会所	建筑面积8156.40m²，福州唯一的室内篮、排两用球场和一个长25 m的有跳水台的游泳池	外部红砖砌筑，内部砖木结构	美国的沙塔克—何塞建筑事务所	/
1929	上海八仙桥青年会会所	建筑面积10422m²，弹子间、体育部、更衣室、淋浴室、健身房、举重房	十层钢筋混凝土结构	赵深、李锦沛和范文照	中西合璧

3.1.3 依托教会学校和新式学堂分布的体育场地

上海的大学体育建筑及场地建设得最早，如圣约翰大学是最早建造了正规田径场的大学之一。南洋公学①于1897年建造了体育场，并于1898年召开了第一次校运会。1861年，汉口开辟为商埠后，教会学校逐步把西方近代体育中的足球、棒球、田径等传入湖北。武汉正规体育运动场出现于1898年的汉口博学书院，同年，在文华书院将原来的操场改建为田径场，并建设了体育训练房。清末，武汉三镇有正规足球场、篮球房、运动场和小型运动场各1个，其余为旧式操场和赛马场及附属球场。19世纪末20世纪初，广州的真光、培英、培道、培正等教会学校均先后设置不等规模的操场。1872年创办的真光书院是广州最早开展近代体育活动的学校。1879年，广州培英书院是最早设置足球场的学校（表3.2）。这些学校主要分布在中国大中型对外开放的口岸城市中。

① 上海交通大学前身为南洋公学，创建于1896年。交大运动场（现称田径场）约于1897年建成。

② 1码≈0.9144米。

表3.2 近代中国学校的体育场地

所在地	所在大学	体育场地	建造年代	体育设施
上海	圣约翰大学	网球场	1895	钟楼前开辟网球场
上海	圣约翰大学	足球场	1900	在梵王渡口，租了一块土地作足球场
上海	圣约翰大学	田径场	1909	建造了正规的体育场，并购苏州河东北面的土地84亩，开辟了一个田径场，四周440码跑道，设有6个分道的220码直道，场中有不规则足球场②
上海	南洋公学	体育场	1897	位于老图书馆及体育馆之间，内设跳远及跳高沙坑一个，土质简易跑道及不正规足球场一片
汉口	博学书院	大足球场	1898	国际标准修建。长110m，宽70m，并设有草坪和400m的环形跑道
汉口	文华书院	田径场	1898	原操场改建为田径场，还有个体育训练房
广州	培英书院	足球场	1879	广州最早设置足球场地的学校
广州	格致书院	网球场	1888	广州最早设置网球场地的学校，另有标准的足球场、游泳池、排球场、垒球场、操场等体育设施
广州	培正书院	体操场	1888	体操场
广州	东山培道女子学堂	运动场	1903	运动场
广州	岭南学堂	田径场	1904	辟田径场，1924年正式建成一个有400m煤渣跑道的田径场

3.2 为学校和租界侨民服务的体育建筑类型及特征

近代体育建筑并不是凭空而来，它吸收了中国传统体育建筑的优点，并没有完全生搬硬套西方体育建筑。换言之，中国近代体育建筑的诞生是西方体育建筑改造和中国传统体育建筑的基础上产生的有生命力的东西。这种发展规律普遍存在于艺术的发展史，中国近代体育建筑的诞生也反映了这一点。中国近代体育建筑是体育建筑发展过程的重要转型时期，它与古代传统体育建筑不同，逐步形成了现代化体育形制。不论是体育建筑的设计思想、设计方法、建筑艺术、建筑技术都走向了新的道路。尽管这时期的体育建筑还处于萌芽时期，有许多缺憾，但这是时代的局限造成的，难以避免。这时期的建筑布置很简单，大都直接模仿西方建筑形式，为采用一到二层砖木结构的古典式建筑。

3.2.1 近代体育竞技的先河：跑马场

"中国近代建筑虽然处于承上启下、中西交错、相互影响、新老并存的过渡阶段，但跑马场之类，在中国传统建筑中尚无先例。"[①] 鸦片战争后，中国开埠的主流城市经历了一段较长的西方近代体育的输入和中国传统体育融合的时间，逐步形成中国的体育体系。受到西方近代体育观念的传入、租界内侨民的体育运动的兴起、传播及各地建立的侨民俱乐部的示范效应，国人开始自己尝试建设类似跑马场及其他非正式的公共运动场地，跑马场起到了"示范"的作用。

3.2.1.1 中国最早的体育建筑类型：跑马场

西方体育文明进入中国后比较有轨迹可循的产物应当就是跑马场，跑马场是中国近代城市最早出现的且影响最大的体育建筑类型（图3.12）。它以上海、天津、汉口、青岛等地传入的跑马场建设作为起点，转入中国内陆城市，包括北京、哈尔滨等城市。1905年，汉口西商赛马会建成了西商跑马场[②]，是汉口最早的近代大型体育设施，它是由宋裕记、李培记、明昌裕等营造厂施工的。跑马场产生于租界，后对华界产生影响，中国近代的体育建筑晚于跑马场的出现。最初西方侨民出于文体生活的目的建立跑马场，并未完全用于体育竞技，后期跑马场具备了现代体育场馆的基本功能，可以举办专业体育竞技比赛和大型运动会。

国人最早自己修建的体育建筑也当是跑马场。建于1862年的上海跑马场是上海开埠后的第三个跑马场。它是上海开埠后至1941

① 李治镇：《百年欧式俱乐部建筑——原汉口西商跑马场调查纪实》，《武汉春秋》，2001年第1期。

② 西商赛马会的全称为"汉口西商赛马体育会"，通称"西商跑马场""英商跑马场"，也称"洋商赛马会"，因为除英国外，还有法、德、俄、日、比等国参加，故又称"六国洋商跑马场"。它位于原城市建成区以外的京汉铁路西北面段，现在的汉口解放公园一带。

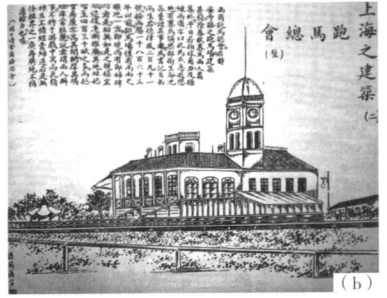

（a）上海跑马总会大楼
（b）上海跑马总会大楼
图 3.12　1862 年建成的上海跑马总会大楼

（a）早期的跑马场，始建于 1851 年
（b）早期的跑马场还只有一条简陋的赛道
（c）1910 年左右的南京路、跑马场
（d）1920 年左右的跑马场看台
（e）20 世纪三四十年代的跑马场看台
（f）1932 年左右的跑马场
（g）1934 年从跑马场看国际饭店
（h）20 世纪 40 年代的跑马场看台及办公楼
图 3.13　上海跑马场的历史变迁

（a）汉口西商跑马场跑道
（b）汉口西商跑马场鸟瞰
图 3.14　汉口西商跑马场

年太平洋战争爆发期间上海体育赛事最频繁的重要公共体育娱乐场所之一，举办了许多西人重要的赛事和职业球赛（图 3.13）。1905 年的哈尔滨马匹繁殖组织租借中东铁路管理局的一块土地建设了哈尔滨的第一个跑马场，也是东北的第一个跑马场，也是中国唯一的轻驾赛跑马场。该跑马场有 1600m 跑道和看台。1908 年，汉口华商体育运动会集资购买义门铁路外地皮并建成了华商跑马场。罗汉《汉口竹枝词》有《西人跑马场》一首云："分道扬镳各自有，此风原是创西欧。莫轻驰骤夸先进，合算华人胜一筹。"1909 年，武汉人自己建造的华商跑马场完全模仿了西商跑马场（图 3.14），这也是武汉人建造的属于武汉自己的第一个体育设施建筑。由此开始了西

方建筑模式带给这座城市的直接改变。

国内其他开埠城市陆续建设了跑马场，1863年，赛马活动传入天津，先后建设了几座小型赛马场。1886年，海关税务司德璀琳在城南佟楼养心园附近修建了一座新赛马场，于1900年义和团运动中被毁。翌年重修，扩建了木结构看台。1925年春，新建三座宽敞的混凝土看台。经过两次重建的赛马场呈椭圆形，方圆5里，看台、公证亭、跑道、马厩、护栏及其服务设施都达到了国际标准，堪称"远东一流"。

早在清代光绪二十二年（1896年），清政府和俄国签订了《中俄密约》，俄国巧取豪夺了哈尔滨大面积土地，先后开辟和修建了尼古拉广场（现哈尔滨市南岗体育场及其毗邻的空旷地）、赛马场（现哈尔滨绝缘材料厂）和自行车场兼田径运动场（现哈尔滨道里红星体育场）。1915年，日本和中国政府签订了丧权辱国的"二十一条"。1919年9月，日本人抢占尼古拉广场，修建打靶场。1922年，占用自行车兼田径场，同年，又挤进"万国赛马协会"控制了赛马场。从此，日本帝国主义取代了沙皇俄国，主宰了哈尔滨各个体育场所。[①]

3.2.2 本土化的现代游泳场所：室内游泳池

现代奥运会初期的游泳竞赛大多选择在自然水域中进行，直到1924年巴黎奥运会托勒斯游泳池的诞生才改变了这个状况。这是一个真正的现代游泳池，它改善了自然水域带来的不可控的水质、温度、水速、光线等干扰竞技成绩的因素。这个游泳池设计了泳道分道及必须的观众看台，采用18m×50m的尺寸，池水经过加热和过滤，有助于提高运动员的成绩。中国古代体育的游泳比赛多在自然水域中进行，19世纪末期竞技性的游泳运动才传入中国，广州的沙面游泳池应该是中国历史上最早的室内游泳池。

3.2.2.1 中国最早的室内游泳池——沙面游泳池

沙面游泳池南北向布置，长25m，宽10m。南端浅水区深0.7m，北端深水区1.8m。设4条泳道，6个上下梯。整个室内游泳池由钢结构屋架遮盖，2层屋面。上下层屋面之间设通长天窗，可透水汽和采光。屋面板采用轻质波纹镀锌铁板。钢结构屋架的工字钢立柱的柱距为3.7~3.8m。每榀屋架跨度为13.1m，下弦杆呈拱形，最高点5.8m，最低点为2.7m。南北山墙为砖墙。它是在沙面近代建筑中仅存的大空间钢结构建筑。[②]

19世纪晚期以竞技为主要特点的近代游泳运动传入中国，最先在沿海城市发展起来。1859年，英法两国强租沙面，在租界先后建

[①] 国家体委体育文史工作委员会，全国体总文史资料编审委员会编《体育史料第14期》，人民体育出版社，1989年，第102页。

[②] 汤国华：《广州沙面近代建筑群——艺术·技术·保护》，华南理工大学出版社，2004年，第254页。

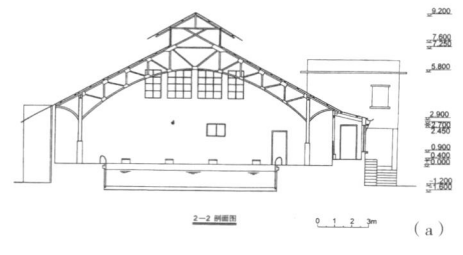
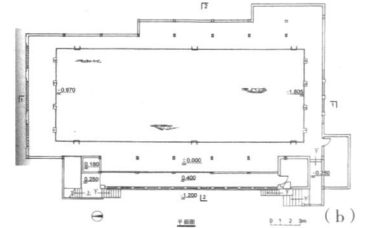
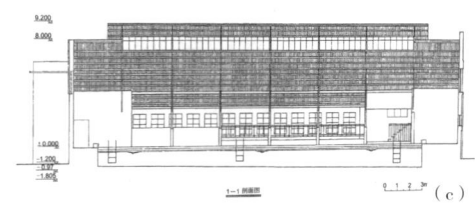

（a）沙面游泳池剖面图
（b）沙面游泳池平面图
（c）沙面游泳池立面图
（d）沙面游泳池透视图
图 3.15　沙面游泳池

游泳池、网球场、桌球室等体育设施。1887年，英国人在沙面组织了广州俱乐部，修建了广州第一批体育设施，包括修建了网球场和游泳场。广州第一个游泳池[①]是1887年由沙面广州俱乐部兴建的沙面游泳池，是只供外国人使用的室内游泳池（23.3m长，15m宽）。位于广州沙面岛上，设有跳板、滑梯、水上吊环等设施，这是广东最早的室内游泳池，原为外国商人及各国驻华使馆人员的俱乐部。该游泳池为近代大空间单层建筑，南北向长方形平面，建筑占地700m²，总高9.2m，采用重檐双坡顶，屋顶采用钢结构覆盖波浪形镀锌铁皮屋面（图3.15）。

3.2.2.2　开埠城市的游泳池类型特征

（1）建造数量最多

纵观中国1949年前的体育建筑数量，赫然发现游泳池是最多的一种类型。晚清时期建设的游泳池大都由租界内的工部局建设，不向中国民众开放。上海最早的游泳池应当是1892年由游泳总会建设的位于跑马厅内的游泳池[②]，里面有更衣室、酒吧间、热水淋浴室等附属设备，1907年，在四川北路又建设了一个公共游泳池，"公共"二字指的当是西方侨民。1909年，基督教青年会设置在健身房的游泳池也只对会员开放，直到1928年，工部局办的两座游泳池才对中国人开放。

（2）始建跳台

1905年，美国基督教青年会在福州南台苍霞洲建起一座设有跳台的室内游泳池，开展训练和组织比赛，1912年厦门青年会在鼓浪屿建海边游泳场。1902年，英租界工部局修建和平游泳馆（原天津第一公园游泳池）位于保定道23号，占地面积1179m²。光绪三十二年（1906年），天津浮水会曾在此举办"孟勘师杯"游泳赛。《天津商报每日画刊》中描述第一公园游泳池"池之建筑，极其讲

---

① 1956年进行大改建，把原池23.3m×15m码改建为25m×10m，拆除跳板、滑梯、吊环等设备。在池外装上锅炉，使之成为广东第一个室内温水池（1971年因严重腐蚀，拆除温水设备，同时改善更衣设备）。1969年增建20m×2.5m，深0.8m室外儿童池一个。

② 今人民公园游泳池。这个池一直用到20世纪70年代，在中华人民共和国成立前只允许参加游泳总会的西方侨民入池游泳，该池至今犹存，只是早已多年失修。

究，池底与其四壁，悉砌筑瓷砖，四岸平铺洋灰方格子板，深水之短，岸上置有种种跳跃设备，内外行见之，皆称其美。"①

3.2.3 中国最早的运动场：操场

3.2.3.1 教学学校的操场

学校中最早出现了真正供中国人使用的体育建筑。在中国开办的大中小的教会学校一般都设置了体育课程，如上海的圣约翰书院、北京的汇文书院和北通州的协和书院的体育场地。然而该时期的近代体育场地还只是在学校中流行，社会体育场地还远远不够。早期教会学校在办学经费拮据的情况下，依然将建设体育场地放在重要位置。如草创时期的岭南大学虽然只盖了两座小木屋，但是两栋长"凹"形木屋南北对峙，把中间形成的空地用作小运动场。教会学校修建的操场是最早的运动场来源之一，随着体操、田径、球类等近代项目的输入，不少学校在19世纪末就辟有田径运动场，并逐步修建了包括网球场、足球场、篮球场在内的简单的体育场地（图3.16）。

这些体育设施逐渐从最初简单的运动场地发展成为标准田径场，从风雨操场逐渐发展成为室内体操房、健身房、球类场馆。当然这些运动会场地设施较为简陋，尚未形成标准田径场，更遑论风雨操场、健身房等设施。丰富的体育活动促进了配套体育建筑和运动场地的建设。

3.2.3.2 新式学堂的操场

新式学堂的操场和教会学校的操场一样，是中国最早出现的真正供中国人使用的体育场地，是中国最早的运动场之一。这些体育场地的设施较为简陋，没有固定的形制，配套用房也十分简单。1902年1月，清政府派刑部尚书张百熙为官学大臣，倾力规复和整

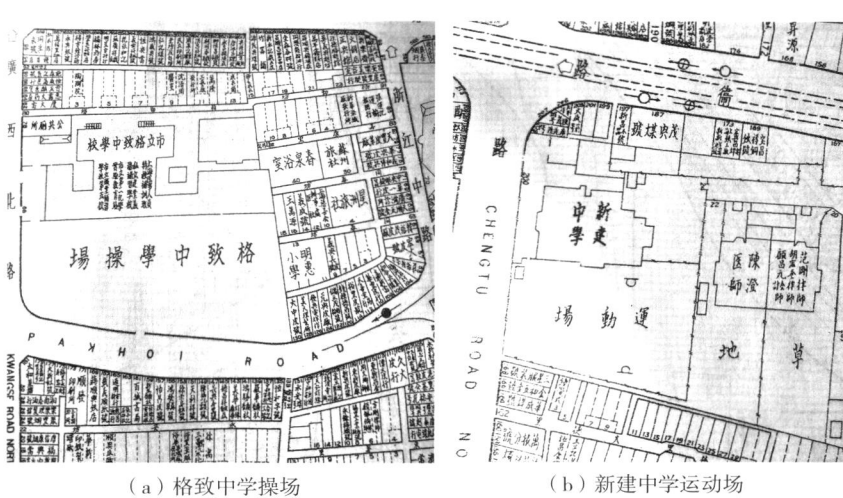

（a）格致中学操场　　（b）新建中学运动场

图3.16 教会学校的操场

① 竹村毅成：《第一公园游泳池开幕专页：记天津第一公园游泳池开幕》，《天津商报每日画刊》1936年第19期第21卷。

顿了京师大学堂。他主持了一套由清政府批准的《钦定大学堂章程》，第八章的"建置"中也涉及了体育场馆建造："京师大学堂建设地面，现遵旨于空旷处所择地建造。所应备者……体操场（体操场分两处，一处为屋外体操场，一处为屋内体操场）……体操之各种器具标本模型，皆随时购置，以应各科之用。"京师大学堂的总平面中东侧的一大片空地标明为操场，供学生进行体育活动（图3.17）。1905年5月28日，在京师大学堂简陋的操场上举行了第一次运动会，开创了中国高校运动会之先河。[①]

洋务运动期间开办的新式学堂的操场也是最早的运动场之一。清华学堂1914年的总平面图中显示，在校园的西北角也设置了供学生使用的室外体操场（图3.18）。1864年创办的广州同文馆是广东最早开设体育课程的学校。1887年8月的广东水陆师学堂也开设了兵式体操课程。其建有"操厂一座、操场一区、演武厅一座……洋木马一座"。[②] 1888年，张之洞在广州创办的广雅书院也开设了体操课程。1905年，创建于广州的南武学堂开辟了四个大操场。东操场为中型足球场及200m跑道；北操场为排球、篮球场；西操场和中操场均为田径运动场。

1909年建成的云南陆军讲武堂是近代著名的军事院校，占地7万m^2，主要建筑有主体建筑四合院、内外练兵操场、兵器库、大礼堂、盥洗房、照壁、马厩等。主体建筑面积7600m^2。共有内外操场，四合院中间围合布置室外操场，占地7400m^2，在教学和训练中有重要作用（图3.19）。

19世纪末和20世纪初，中国各大城市陆续兴办了新式学堂。所有这些学堂，除少数小学堂外，均按照清廷于1904年颁布的《奏定学堂章程》的规定，开设体操课，因此各学堂一般都有大小不同的"操场"，算是逐渐有了自己的运动场地。《奏定学堂章程》中规定体育作为各级学堂通习得一门学科，以"体操"命名。体操的场地叫操场，储存器械的房屋叫操房（图3.20）。如果把操场和操

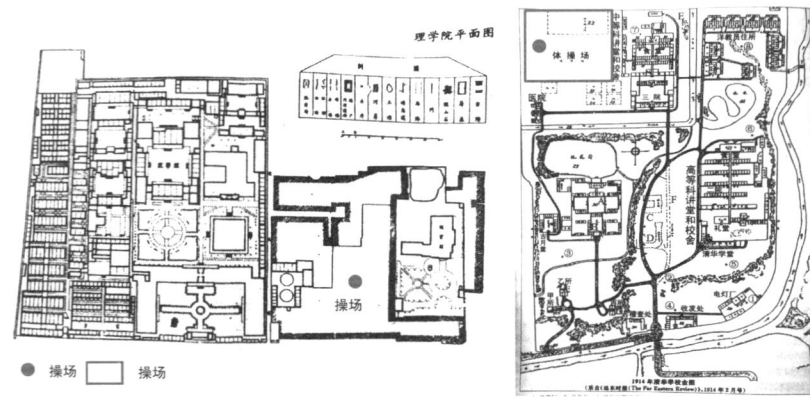

图3.17　京师大学堂总平面图　　图3.18　清华学堂1914年前的总平面图

① 金汕：《当代北京体育场馆史话》，当代中国出版社，2015年，第5页。

② 高时良，黄仁贤：《中国近代教育史资料汇编·洋务运动时期教育》，上海：上海教育出版社，2007年，第472页。

(a) 云南讲武堂整体布置　　(d) 内操场透视

图 3.19　云南讲武堂整体布置及操场

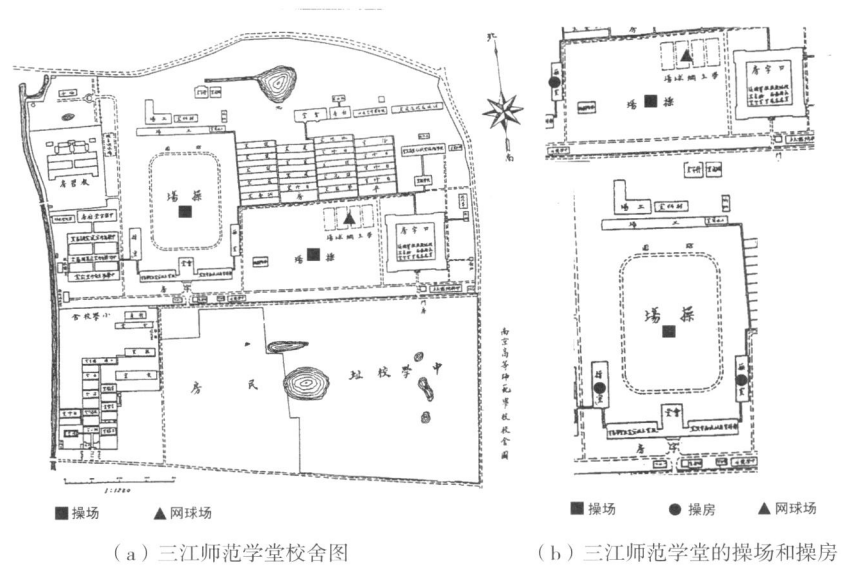

(a) 三江师范学堂校舍图　　(b) 三江师范学堂的操场和操房

图 3.20　操场和操房

房同今天的体育建筑比较的话，那么操场就是简易的体育场，而操房就是简易的室内体育馆。

3.2.3.3　基督教青年会操场

晚清的基督教青年会举办的运动会大多在青年会的操场中进行，这时期的操场并未形成标准的田径场地及附属设施，设施及器材也相对简陋，容纳对场地要求不高的体育活动项目，如赛跑、跳高、跳远、掷铁饼等。1899 年天津基督教青年会发起组织了天津最早的学校联合运动会，从 1903 年到 1925 年的共 21 届天津学校体育联合运动会大部分都是在青年会操场举行的。

3.2.3.4 操场的类型特征

（1）室外室内两处操场

1905年，贵州省贵阳次南门雪涯洞的贵州省中学堂改名为贵州通省公立中学堂，该堂《总览》专册规定了场地和设备，"操场一处，占地面积2250方尺，食堂七间（敞厅）雨天充室内操场，操房藏体操器械"。设备有"天桥、秋千、爬竿、吊绳、平台、木马、单杠、双杠、浪木等。器械有：哑铃、球竿、步枪等8种。"[①]辛亥革命之后，四川省教育当局对体操科作了一些规定："体操场分屋外屋内两处，屋内操场视地方情形得暂缺之。"[②]

（2）区域设施规范且多样

操场面积相对学校整体的占地比率也在逐渐上升，20世纪20年代中期的天津南开中学校舍占地三百余亩，其中男女中教学用地房舍不足百亩，其余二百余亩均为体育设施场地，整个学校的场地设施规模在当时国内已经是名列前茅。当然，这时期操场并不是只设置了简单的体育设施，它内部的各种设施区域逐渐规范化和多样化。沪江大学大操场是一片不规则的400m跑道的长方形田径场，场地平坦漂亮，中间为绿茵草坪足球场。南开中学的操场体育设施丰富，有田径场、篮球场、排球场、棒球场等，甚至是国内少见的冰球场。至20世纪20年代为止，学校有15个篮球场、17个网球场、6个排球场、5个足球场、3处器械场和2个400m跑道的运动场。

（3）存在时间较长

民国时期已经有风雨操场、体育馆等室内场所，但风雨操场仍然是主要的体育建筑类型之一。同济医工学堂最早并无体育场，1914年建成占地7000m²的操场，并有一间小体育室。沪江大学除了室内体育馆和女子健身房外，建设于1914年前后的沪江大操场也是主要的类型之一。南开中学的南开大操场是当年天津最大的运动场。

（4）早期运动会的主要场所

学校的体育运动操场可用于运动会的开展，南开中学、北洋大学、汇文中学等学校均在各自的操场举办过校际的联合运动会。南开学校的操场设施最好，具有完备的体育设施和器材，还设置了各种球场。南开中学操场多次举办大规模的运动会，如第三届、第五届、第九届华北运动会。北京的体育场地很少，大型体育运动会一般都借用第四中学或汇文中学、清华学校等学校的场地。

3.2.4 现代体育馆的萌芽：操房和基督教青年会会所

体育建筑起源于古希腊的奥林匹亚城，公元前776年的为奥林

---

① 贵州省地方志编纂委员会编《贵州省志·体育志》，贵州人民出版社，2001年，第394页。

② 体育文史资料编审委员会编《体育史料第六辑》，人民体育出版社，1982年，第16页。

匹克运动会准备的体操馆是历史上最古老的体育馆。中世纪的城堡和大殿中的大堂可视为体育馆的前身。而 1811 年"体操运动之父"德国人弗里德里克·杨（Friedlich Ludweig Jahn，1778—1852）①在柏林附近修建了第一座健身房。这也许是世界近代史上最早的体育馆之一，健身房内设置单杠、双杠、鞍马、平衡木等器材，只用于体操运动。它是高竞技体育需求和结构技术的发展的产物。中国晚清时期开始出现专门为体育运动而修建的建筑：体育馆是西方近代的一项发明，也是传入中国近代的一项重要发明。现代体育馆的标志之一就是体育项目的室内化，将体育运动从礼堂、展厅等空间中释放出来。这时的体育馆跨度和规模较小，如 1928 年阿姆斯特丹奥运会的拳击与击剑馆，只能容纳对场地规模要求不高的项目——如举重和摔跤。由于建筑技术水平的限制，"二战"之前的大部分体育项目还是选择在室外比赛，少数比赛场地较小的项目选择小型的室内体育馆，直到"二战"之后室内体育馆才增多。

晚清时期学堂的操房、体育室和基督教青年会会所内的健身房诞生时间稍晚于西方现代体育馆，还不能称之为现代意义上的体育馆。当然，严格而言，还只是健身房，不是真正意义的现代体育馆。基督教青年会会所的体育室确实是专门为体育运动而修建的，在修建之初就明确了其使用功能。广州基督教青年会会所内设置的室内田径场、运动空间就如同体育馆一般，可以满足大众的体育运动需求（图 3.21）。

《体育建筑概论》一书中对体育馆的定义为"体育馆是除在馆中进行手球、篮球、排球、网球、羽毛球、拳击、摔跤、武术等运动竞赛外，还能兼作一般性音乐会、演唱会、文艺汇演等多功能综合性使用的室内体育建筑。"其中说明两点：①体育馆满足多项目竞赛；②室内体育馆多样化要求。上文提到的柏林健身房就严格意义而言，场地没有严格要求，也不满足运动项目多样化要求。所以它只是体育馆的雏形，不是现代意义的体育馆。基督教青年会会所和操房以及柏林健身房一样，可以认为是现代体育馆的雏形。体

① 欧洲大陆体操主要由瑞典体操和德国体操两大体系构成，德国体操出现在 19 世纪初。

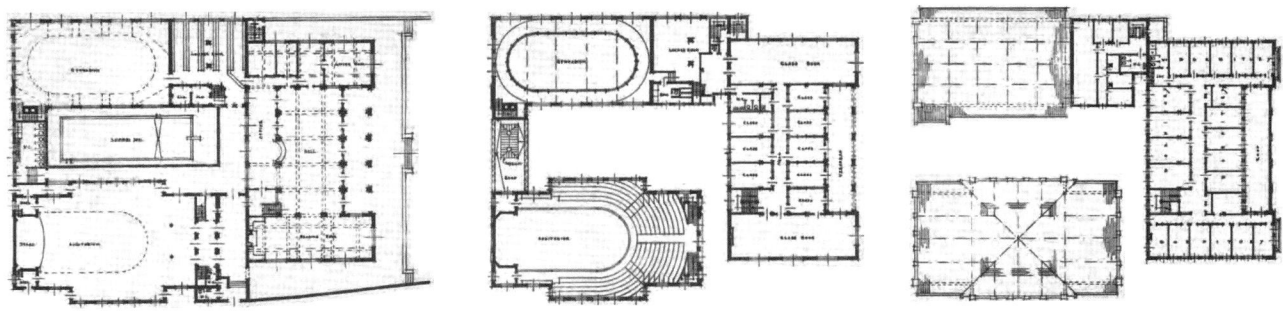

图 3.21　广州基督教青年会会所首层平面、二层平面、三层平面

建筑中将露天场地称为"场",如体育场、滑雪场、田径场,而室内场所称为"馆",如体育馆、游泳馆、田径馆。

3.2.4.1 中国最早的室内篮球场——天津青年会会所

天津青年会共四层,底层位置幼童部、更衣处、沐浴室、抛球房、弹子房、食堂、汽机室,第一层位置普通接待室、事务所、公事房、阅报室、游戏室、特别接待室、体操室、演说室,第二层位置7班教室、演说堂、赛跑圈、讲堂,第三层位置7班教室21间、寄宿室。①

1895年12月,天津基督教青年会成立,1896建立了第一个中国基督教青年会的会所,② 近代中国第一个篮球馆就设在天津青年会内,可以说这里是中国篮球运动的发源地(图3.22)。之后不久,北京、上海等地的基督教青年会也开始开展篮球运动。天津基督教青年会会所于1914年10月16日落成,建筑共四层,坐北朝南,东临东马路,南北原与民宅相接,西与文庙相邻,内部设有能容纳六七百人的礼堂和乒乓球室、篮球场、排球场、地球房、阅览室、会议室、宿舍、教室等,是当时较完善的体育活动基地。它的主体是一个不标准的室内篮球场,这是中国最早的室内篮球场。在这里也可以打排球、羽毛球、室内垒球等,室内还设有吊环、单杠、双杠、拉力等体育健身设备。天津基督教青年会会所内没有设置独立的看台座席。篮球场的楼上建有坡形的环形跑道,设有围栏,可作为参观比赛的地方。地下室有乒乓球桌十几张、台球桌两张,有一间保龄球室和一间淋浴室。

3.2.4.2 中国首创的健身房、手球房——上海四川路青年会会所(上海第一个室内游泳池)

上海四川路青年会会所内有个小健身房,可做体操、篮球、排球、游戏、手球、器械操等活动。但仅有一小楼台作为看台,另有一小间为手球房(是对墙拍打的手球)。游泳池、淋浴室、更衣室均连成

① 《青年界:天津青年会之新会所》,《青年(上海)》1913年第10期。

② 1891年,由中国青年会第一任总干事来会理先生(Willard Lyon)首先将篮球运动介绍给天津青年会。1895年12月5日,天津青年会正式开展篮球运动,于会所操场围墙背后进行,当时在健身房里设有我国第一个室内篮球场,是近代篮球运动传入中国的第一站。

(a)天津基督教青年会室内篮球场
(b)天津基督教青年会室内篮球场
(c)天津基督教青年会外景
(d)天津基督教青年会正立面
(e)天津基督教青年会左侧立面
图3.22 天津基督教青年会

一片。以上设备，面积虽不大，但相当紧凑。[1]

1900年，上海基督教青年会创立，并建设了最初的运动场，在老靶子路租了一片空地做操场。1906年，建立了四川路的青年会会所，此会所设有宿舍、课堂、健身房、淋浴室、大礼堂、会议室、游戏室、弹子房、墙手球房及办公室等，其中健身房及手球房是全国首创。1909年5月，在施高塔路购地一方，计25亩（1.67公顷），辟为运动场。1915年在会所西面空地上兴建童子部大楼，内有上海市第一个室内游泳池。1916年，上海基督教青年会童子部增设了乒乓球房并添置了球台。1929年，四川路会所不敷使用，在社会的捐助下建造了上海八仙桥青年会会所。

1906年建成的上海四川路青年会会所是古典主义风格，立面采用清水红砖砌筑，主入口处一至三层立面做重点处理，顶部置白色断裂式山花，并饰以精致的壁柱。按照国际青年会统一标准模式建造的天津青年会会所是典型的欧美教会式风格建筑，平面整体是正方形，正立面入口筑高台阶，两侧装饰了双半圆立柱，一楼前厅宽敞，后部为礼堂。二、三层楼设"德、智、体、群"等部分。建筑墙体以红色缸砖砌筑，平顶，四面出檐，外檐简洁庄雅，门窗高大开阔，建筑别具特色。北京基督教青年会是红砖砌成的三层楼房，面积不大，占地只有360m^2，是美国建筑师设计的仿欧洲的古典式建筑物，当然其由于是中国工匠施工，细部融合了一些中国建筑手法，是独具特色的融合中国建造特点的西式建筑物。

3.2.4.3 北京最早的室内体育建筑——北京基督教青年会体育馆

1913年，北京市大街路西落成北京基督教青年会会所，为红色欧式砖木结构，地上三层，半地下一层。大楼内设有体育馆、健身房、地球（保龄球）房、淋浴室、礼堂、书报阅览室、西餐厅、办公室、寄宿室和多间教室等。体育馆内有健身房、保龄球房、淋浴室等，配有单杠、双杠、吊环、吊绳、跳马、哑铃、举重、垫上运动等各种体育器械，还有篮球、排球和羽毛球场，楼上有环形坡状跑道，可做平时体育锻炼之用，也可供参观比赛之用。以后又在青年会会所对面的梅竹胡同开辟了室外运动场，北部有篮球场、排球场、网球场，冬天可改做滑冰场，南部设有儿童游戏场、滑梯、压板、秋千、单杠、双杠等器械，是"当时北京体育设备最完善的体育馆"。这些体育设置在当时的中国都非常先进，并且最重要的是它不仅局限于基督教会或青年会会员，而是面向整个社会。

北京基督教青年会体育馆是北京最早的室内体育建筑。它是当年北京唯一对外开放的篮球馆，可举办各种球类比赛。地下一层和地上一、二层分布体育训练和健身功能。主入口有处高台阶，从台

---

[1] 体育文史资料编审委员会编《体育史料第十辑》，人民体育出版社，1984年，第70页。

阶进入一层就是木制地板铺成的没有边线的篮球训练场，篮球馆还可用作羽毛球训练。篮球架钉在北墙上，室内光线不好，仅西墙有几个窗户。球场四周上方的一圈走廊当年可作篮球馆的看台，也可作为身体训练的跑廊。地下是健身房和两条球道的地滚球场，还有2张台球场和乒乓球训练场地。青年会体育馆外还有一处露天体育场，场内有两片网球场，冬季可做滑冰场。

3.3 跑马场的功能空间和使用模式的类型特征

3.3.1 跑马场的场地布局及构造

跑马场通常是环形的，四周开辟成马道，中间的空地是运动场。近代的跑马场一般由三个部分组成，一是最外部的用于赛马的跑马圈，二是跑圈内侧的体育场地，可以用于不同项目的体育运动，三是体育场地的附属用房，包括跑马场的看台、办公楼等建筑。这几个部分通常属于不同部门，如上海跑马场最内部的公共体育场属于由上海运动事业基金会，跑马圈及附属建筑属于跑马总会。

3.3.1.1 跑马场的场地布局

跑马场以综合性竞技作为场地特征。内部不仅设置跑马草道，中央的空余场地都开辟成为不同项目的运动场地以便西侨体育娱乐和竞技，如足球场、高尔夫球场、板球场等。万国体育馆建造的中外合资的江湾跑马厅仿造上海跑马场的格局，中间是一座18洞的大型高尔夫球场，还有网球场、棒球场等场地。但由于地处郊区，活动人数较少（图3.23）。

（青岛）汇泉跑马场跑道内除东半部有高尔夫球场所建房屋外，其余地面极为广阔，分为高尔夫球、美国足球、大足球、小足球、马球、曲棍球、网球、棒球、小田赛、跑道、儿童游戏场等各种运动场，道路平整，并修筑桥梁，布置花草，各项设施完备后，"市区内之运动益形活跃矣"。①

以青岛汇泉跑马场为例，跑马场最外圈是跑道，跑道内部除了高尔夫球的房屋外，内部的大片场地布置了足球、马球、曲棍球、棒球、

（a）江湾跑马厅　　　　（b）改名后的万国体育场

图3.23　江湾跑马厅

① 青岛市工务局编《青岛名胜游览指南》，青岛市工务局出版，1935年，第22页。

田径、高尔夫球、儿童游戏场等多种体育场地。场地之间还添置了各种绿化和花草,各种体育场地的设施十分完善,满足人们的体育运动需求。

上海跑马场中央布置的不同场地使用栏杆分隔开来,避免它们互相影响,不同场地内部还建设了相应的俱乐部用房。但是总体情况是球场和附属的建筑物集中布置在跑马场的公共运动场的北部区域,方便在设置的看台上观赏。上海通社记载:"在公共运动场中,左面的建筑物是游泳池,是游泳总会所有的。它旁边的门是板球场的入口处;右面的屋子是高尔夫球总会,它有一个九洞的球场在这里。再往右的屋子是板球总会的。板球场是公共运动场中最早布置的场地,沿边是一个棒球场,是较后布置的,绕着右面走可见草地滚球会的球场(一九一三年布置)及运动总会会所。上述各总会及其球场,租用公共运动场地,都按年纳租金。在这些总会和跑马场之间的广大地亩,是免费的分给许多网球板球及足球会用。"①

(a) 1934年上海跑马场总会及周围的航拍

(b) 19世纪80年代的跑马场

1863年11月,上海运动事业基金会用12500两银子买下上海跑马场中央430亩(28.7公顷)土地,建成了一个综合性体育场。布置了不少体育场地,场地被多个外侨运动总会租用。1894年10月建成的上海第一个高尔夫球场是一个9洞高尔夫球场,按照球场标准布置了球道和障碍物,球场内部还建设了几间平房作为总会办公使用,这也是跑马场内占地最大的体育场地,它还可以季节性使用,高尔夫淡季时节场地可以租给足球、网球等其他运动项目使用。东南角有棒球场,其他有足球场、板球场、草地滚球场、草地网球场等。场内西面设置两个1861年至1862年间建设的供西侨观赛的看台,1909年,跑马总会设置了一座华人看台,供中国人入内观看。1925年,重建钢架结构、水泥台阶的新看台。1933年,建成新的跑马总会大楼。上海跑马场的高尔夫球场是民国至1949年前上海使用时间最久的一个场地(图3.24)。

(汉口)西商赛马会外场全貌分为两个中心,一个为野外高尔夫球场,占地约百亩以上,有十八穴;另一中心则是位于公证亭正北的两圈马道,马道中心的空旷地带修建了足球场、网球场、游泳池、橄榄球场,"凡是会员们喜爱的运动设施,样样齐备"。②

根据历史记载,汉口西商跑马场设备完善,有各种运动设施。齐全的设施能够和上海跑马场和天津跑马场相媲美。跑马场的布局是外圈为一条跑道,内部为足球场、游泳池、网球场,中央还有18洞的高尔夫球场。这里还有各个国家的会员俱乐部,包括德国、俄国俱乐部,建于1878年的汉口高尔夫球俱乐部是当时最早的俱乐部,俱乐部内有完备的设施,包括图书馆和弹子房(图3.25)。

上海江湾跑马厅全场占地700亩(46.7公顷),后扩至1300余

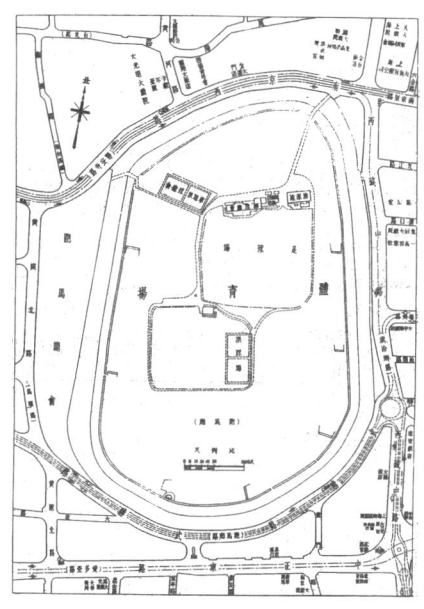
(c) 20世纪30年代末的上海跑马场布局
图3.24 上海跑马场总会

① 上海通社编《上海研究资料》,上海书店,1984年,第469页。
② 袁继成主编《汉口租界志》,武汉出版社,2003年,第345页。

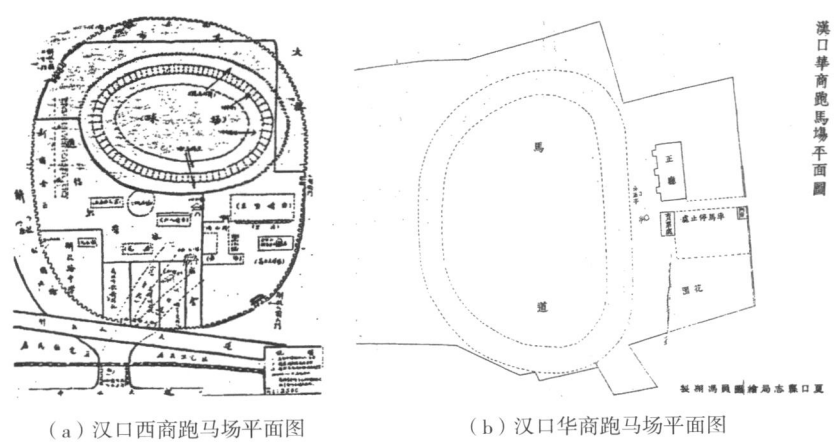

（a）汉口西商跑马场平面图　　（b）汉口华商跑马场平面图

图 3.25　汉口西商和华商跑马场平面图

亩（86.7公顷）。除了赛马跑道外，另在场内建有高尔夫球场、网球场、棒球场等。青岛赛马的主要场所汇泉跑马场面积约 30 万 m^2。[1] 汉口西商赛马会占地约 800 亩（53.3 公顷），其中房屋建筑约 $5000m^2$，其余则为外球场、跑马道及其他用地，不包括场外通行的马路。

3.3.1.2　跑马场的场地构造及跑道长度

上海跑马场的周围十余里"树以木栏，栏外濬沟"，场内"填以砂土，细草芊绵，一望无际"。[2] 跑马圈的四匝栏杆分开了三条跑道，最外圈的是总长近 2km 的草地跑道，每年春秋在这进行跑马大赛，非赛马期间租给各团体作为临时草地网球场使用。第二圈是细碎煤渣铺设的泥地跑道，会员日常在此骑马练跑，运动会时这里作为田径跑道。最内圈是跳浜跑道，供越野障碍赛等比试技巧的比赛使用（图3.26）。

跑马场外圈跑道在 1000~2000m 左右，如天津万国跑马场的椭圆形跑道周长为一英里半（2400m）。西商赛马会的马道为两圈，外圈围长约 1 英里（约 1600m），宽 30m。圈外围植矮冬青，内圈设有 1m 高的白木栅栏。外圈是正式跑马道，沿途竖有里程标杆。1862 年的上海跑马场的场地外圈草地跑马道长 1.25 英里（2011.7m）、

（a）1860 年的上海跑马场　　（b）上海跑马场跑道

图 3.26　1860 年的上海跑马场及跑道

[1] 青岛市工务局编《青岛名胜游览指南》，第 22 页。

[2] 葛元煦，黄式权，池志征：《沪游杂记 淞南梦影录 沪游梦影》，上海古籍出版社，1989 年，第 105 页。

宽60英尺（18.3m）。江湾跑马场场内建有三个跑道，长1.5英里（2414m）。华商跑马场的马道周长约1500m。

3.3.2 跑马场的群体组合和单体特征

最初的跑马场只有简单的观赛看台和跑道，随着跑马场的普及和规模的壮大，跑马场跑道以内增加了其他类型的运动场地，如上海跑马场。它的配套设施也逐渐丰富，增加了跑马俱乐部以及其他运动场地的附属用房。跑马场是综合性的建筑形式，它将巨大的建筑体量消解为独立的小体量。汉口西商跑马场、华商跑马场都采用了线性布局，连廊连接了看台和楼栋，建筑保持了自己的独立性，又在跑马场正厅的主导下统领全局。

3.3.2.1 跑马场的观赛看台

最初的上海跑马场零星布置了一些临时的看台，随着跑马总会的发展，房舍数量增多。《点石斋画报》绘制的跑马场建筑可以看到，1884年以前，跑马场旁边就已经建有几栋建筑，以二层楼为主，中心的主要建筑悬挂了跑马总会的会旗，有石廊柱和阳台，和当时采用了西洋廊柱式的砖木结构建筑是同样的范式。① 为了观看赛马，房屋面向着跑马圈的一侧还会建造看台，抑或单独搭建看台，如"番人番妇则于圈内建高台观之""场角还有瞭望的楼台"。②

1886年，天津海关税务司的英籍人德璀琳在佟楼以南占据了大片土地，修建了赛马场，刚建成时只有一个砖木结构的看台，后被烧毁。③ 1901年赛马场重建仍采用砖木结构的看台，竣工后命名为天津英商赛马场，看台前面有廊，规模不大。1925年建成钢筋混凝土大看台（图3.27）。北京与天津差不多同时间建设了跑马场，北京西绅总会修建了占地约300余亩（20公顷）的跑马场，包括约一英里（1609m）的跑道、三座观众看台、一座会员看台，还有餐厅、骑马师休息室、过磅室和马房数十间。

① 《赛马志胜》，吴友如等《点石斋画报·大可堂版》（第1册），上海画报出版社，2001年，第2页。

② 黄懋材：《沪游胜记》，上海通社编《上海研究资料》，上海书店，1984年，第560页。

③ 崔世昌：《天津小洋楼》，天津科学技术出版社，1995年，第66页。

（a）第一座赛马场看台1900年被义和团毁坏后的样子
（b）1901—1924年间的第二座赛马场看台，1925年被拆除
（c）新赛马场看台和被拆除前的旧看台
（d）天津赛马场的新混凝土看台，摄于1925年

图3.27 天津赛马场看台

天津赛马场除了建造了和上海跑马场一样的钢筋混凝土看台。还有售票、休息、餐厅、酒吧、马房、骑马师休息室等附属用房。看台背面设置3个出入口，每个出入口都有2条防滑缓坡道，可以疏导观众，还能使优胜的马登上看台。中间是正对马厩的出入口，可将赛马穿过看台牵入赛马场。

（汉口）华商跑马场有一个圆形的马道子，周长约1.5km，在马道的终点两旁，设置看台三部，这三部看台都能看清马场赛马的情况：一部是专供马师和内部职员观看的，入口有人把守，非马师和内部职员不得入内；另外两部是供场内眷属及外来有钱的商人观看的。在跑马场的四周，有茶座、冷饮室、中西餐馆，每当赛马期，在这些茶馆酒肆中，常常都是座无虚席。①

跑马场通常设有多座看台。汉口华商跑马场的建筑设施与西商跑马场大致相同，但是华商跑马场不分等级，自由出入。跑马场有一个圆形的马场（也称马道子）。马场的跑马终点两旁有三座看台观看赛马，马场周围还有中西餐厅、冷饮室、茶室等。天津万国跑马场有看台3座，分别为会员及来宾看台（第一看台），距赛马场决胜点输赢杠最近，在公证亭上方，位置最佳。特别看台（第二看台），接近第一看台，入场券昂贵。普通看台（第三看台）离输赢杠较远，入场券较便宜（图3.28）。②

3.3.2.2 跑马场的主体建筑

汉口西商跑马会的主体房屋部分占地约5000m²，占地较广，但不够集中。建筑的风格为西式建筑风格，外廊式风格带有英国乡村庄园的味道。立面采用清水红砖外墙，坡屋面上覆红瓦，形式活泼。采用木质屋架，屋顶正中建有四坡锥形尖塔，屋面起伏不定，形态活泼。马厩为深灰色木板材建构。

① 答恕之：《汉口华商跑马场》，《武汉文史资料》，1983年第2期。
② 天津市地方志编修委员会《天津通志·体育志》，天津社会科学院出版社，1994年，第510页。

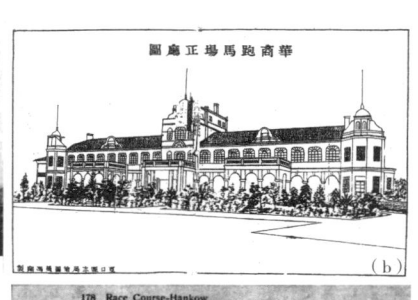

（a）汉口华商跑马场
（b）汉口华商跑马场正厅图
（c）汉口华商跑马场跑道
（d）汉口华商跑马场
图3.28 汉口华商跑马场

主要的建筑有写字楼、酒吧间、舞厅、游泳池、大看台、赛马委员会、公证亭。总建筑面积约7000m²（不含酒吧间等底部2.2~2.5m高的2000m²架空层）。酒吧间的东边是占地约2000m²的大看台，大看台48m长，21m宽，三层混合结构，下层为台阶式看台，顶层为平台，可容观众近万人。酒吧间的西边临近围墙，主要建筑为长排马房（厩），长约1200m，能容马近二百余匹。酒吧间的下方正北200m处建有双层公证亭，公证亭位于马道终点处，是赛马决定胜负的终止处。裁判人员在上层监视竞赛全景，下层主要用作摄影。亭旁建有小型看台供洋人使用，另有侧门供华人出入（图3.29）。

汉口华商跑马场的建筑设施系统是模仿西商跑马场建立的。主要建筑有跑马场、正厅、看台、售票处、看台、门房、公正亭等。马场半圆形，正厅为双层建筑。配套用房内还有餐厅、弹子房、壁球房、理发室、浴室等。

上海跑马场的西北角布置了1933年建成的跑马总会大楼，大楼是英商马海洋行设计的，余洪记营造厂建造的。大楼风格是西方晚期古典主义和折中主义结合的风格。大楼4层高，建筑面积2.1万m²。大楼一、二层和大看台连接，一层设售票处，二层为会员俱乐部，有阅览室、游戏室、咖啡厅、弹子房等用房。一、二层之间夹层有保龄球场。三层有会员包房和餐厅，四楼有职工宿舍。西北转角处布置了一座平面正方形的钟楼，钟楼53m高，是跑马总会的独特文化符号。

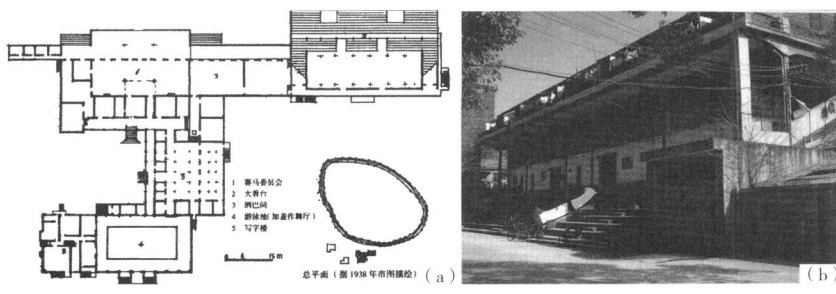

（a）西商跑马场平面图
（b）西商跑马场大看台
（c）西商跑马场鸟瞰
（d）西商跑马场俱乐部西翼
（e）西商跑马场俱乐部东翼

图3.29 西商跑马场

3.3.3 跑马场多样化的使用模式

英人每到一处，便急于建立赛马场地，英人认为运动不仅能锻炼体魄、陶冶性情，更能培养出耐劳、自律、尊重规则、高贵诚实等绅士必备的品德……①

不同于中国古代的竞技体育是以满足军事训练为主，中国近代竞技体育首先是在租界的西方侨民中开展。外国租界中很早就出现田径比赛活动，《申报》以"赛力"之名予以称呼，"西人在跑马场中赛力，由三点钟起至日落止，所赛者跑、跳、投掷不等，共有二十五项。"② 到19世纪末20世纪初，西方租界中的侨民体育活动逐渐形成固定的体育赛事，据《上海体育志》记载，从1902年到1908年，上海西方租界逐渐形成了"上海万国竞走赛""上海万国越野赛跑""上海万国足球锦标赛"等固定赛事。这些赛事持续举办至20世纪30年代，深刻启示了中国近代体育的竞赛形式。

跑马场并不只为侨民提供单一的赛马活动，它还是西侨体育健身和其他竞技体育的活动场所。赛马的季节性特征决定了它全年的跑马竞技时间只有44天左右，如果不安排其他的比赛，跑马场难以维持正常的运营。如汉口的西商、华商、万国跑马场除了赛马外并比演各种武技（图3.30）。

实质上跑马场是近代中国出于赛马和赌博目的，专为洋人使用的，具有殖民性质的体育场所。1840—1924年间，外侨建造的赛马场接连举办大型赛事。1840年香港赛马场、1850年上海赛马场、1862年天津赛马场、1902年汉口西商跑马场、1907年华商跑马场、1905年哈尔滨赛马场、1924年万国跑马场陆续开赛，其中全国数量最多的赛马赛事使汉口获得了"赛马之都"的称号。赛马曾是武汉三镇的重要标志之一。1844年，香港将跑马场建设在黄泥涌的一块平地上，该赛马场最初只建设了一条赛马道，举办了香港的第一次赛马，后来赛马场附近又陆续建设了一些建筑物。这就是著名的"快活谷"或"跑马地"。1848年，上海的英租界就建设了被侨民们称为"抛球场"的第一个跑马场。各国总会先后在这里开辟过抛球场、滚球场、高尔夫球场、棒球场和足球场等。

① 张宁：《从跑马厅到人民广场：上海跑马厅收回运动(1946—1951)》，《中央研究院近代史研究所集刊》，第48期。

② 《跑人》，《申报》，同治癸酉年(1873年)四月二十三日。

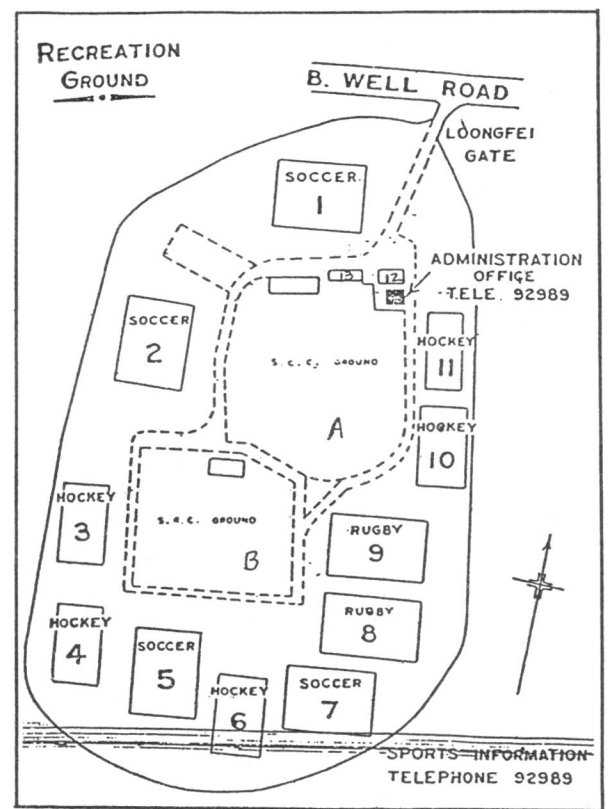

说明：1，2，5，7为足球场，3，4，6，10，11为曲棍球场，8，9为橄榄球场，12-游泳总会，13——高尔夫球总会

如图：A-足球总会及板球总会，B-足球总会及橄榄球总会 高尔夫球和其他球类活动时间相错开，凡高尔夫球活动时，其他球类均停止活动。高尔夫球活动时间为：星期一、二、五、六、日的黎明到下午2时，2时以后为其他球类活动，星期三全日为高尔夫球活动，星期四黎明至中午12时为高尔夫球活动，下午为其他球类活动

（a）30年代西侨公共体育场10月至次年5月场地安排

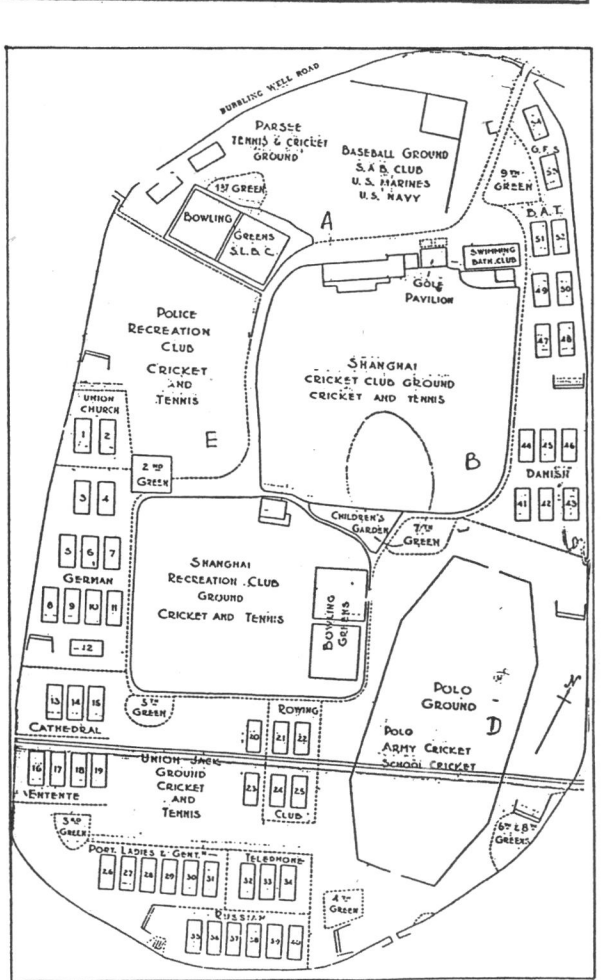

说明：原来的足球场及高尔夫球场划出许多板球场或网球场出租

如图：1-2教会承租　3-12德侨承租 13-15大教堂承租　16-19已定给各国 20-25划船总会承租 26-31葡侨承租　32-34电话公司承租 35-40俄侨承租 41-46丹麦人承租　47-52 B、A、T承租 53-54 G、F、C承租
中心区场地：A：棒球俱乐部 S、A、B 俱乐部，美国海军陆战队，印度教徒，共同租用 B：板球俱乐部租用 C：运动事业基金会广场 D：马球场 E：警察体育总会

（b）30年代西侨公共体育场6月至10月场地安排

图3.30　20世纪30年代西侨公共体育场场地安排

第4章 体育建筑的吸收移植（1912—1949）

体育运动在传入初期只是中国精英阶层所喜欢的一种消磨时间的游戏，它为国人提供了对西方理想主义的一种体验。政府希望向世界展示它们的强大，因而极力推动体育场馆的建设。这时期大部分的体育建筑体量较小，功能单一，社会影响力不够。从严格意义上说，还不属于现代体育场馆的范畴，但是这些体育设施通过改建、搬迁，成为日后大型体育场馆布局的主要地点。这段时期中国体育场馆和现代建筑文化同步发展，随着钢筋、混凝土等现代材料的使用和外来传教士、体育家、建筑师等将先进的思想传入中国，中国诞生了第一代现代体育场馆。

随着体育制度化，体育运动的时间、空间要求被固定下来，体育有了固定的设备和设施。1912年，中华民国政府成立之后，推动了体育场地的建设，近代体育运动体制开始在中国建立。1915年，教育部曾通令各府筹建体育场，在这一指令下，体育场地得到迅速发展。1917年，上海公共体育场的建成标志着上海的近代体育由校园走向了社会，体育由自然环境向固定竞争场所的发展。在这样的历史背景下，中国近代体育建筑的发展迎来了一个高潮，无论在数量上，还是质量上，都是以往任何一个历史时期无法相比拟的。这些体育场馆的兴建为现代西方体育项目走向社会、走向市民提供了物质基础。

1927年，南京国民政府成立，为近代体育建筑的发展提供了条件。从1928年到1937年的十年是中国近代体育和中国近代体育建筑发展的快速时期。这一时期国内开展了许多国际性、全国性和各省市级的运动会。全国各省的运动场和体育设施得到了修缮，修建了许多符合国际规范的体育建筑。

1936年，全国公共体育场有2863所，达到了旧中国体育场馆建设的高峰期，之后公共体育场数量大幅度下滑。至1949年，全国遗留下的场馆仅有132座，场馆数量严重不足。当时体育建筑的设备简陋，就连被誉为"远东第一"的上海市体育场也由于经费不足，设施简陋，在举办"中国第七届全运会"时发生看台坍塌事件，田径场、球场、游泳池等多处不合格。全国其他县市的体育场仅有不规则门架布置在足球场两端,有的体育场只有一片杂草丛生的草坪或一个不合规格的篮球场。

这时期的学校体育和体育师资的发展促进了体育建筑的建设。虽然大多数大学的体育科系设备简陋,借用公共场所或是社会团体的体育场馆,但仍有学校为了系统化培养人才,在校内设置合格的运动场地。如当时的国立中央大学体育系(科)在校内设置的运动场包括了四百码跑道、足球场、篮球场、排球场和网球场,还有室内体育馆、女子健身房及游泳池等。建筑内的设备在当时也是很先进的。体育建筑的相关建造和设计方法得到了特别的重视,值得一提的是毕业于南京高等师范学校体育专修科的吴蕴瑞所著的《体育建筑及设备》一书,吴先生此书较为系统地介绍了古代体育建筑历史,竞技运动场地的建设标准,以及各种类目的中小学校的体育设施,为当时对体育建筑研究的一个重要突破。

4.1 体育建筑空间布局特征:从学校到大众

4.1.1 古代演武场原址分布的近代公共体育场

古希腊奥林匹亚城的体育场呈敞开的狭长形,它在形制、规模、结构上都达到了古代世界的最高峰。古罗马的体育场为圆形或椭圆形,巨大的环绕型空间容纳成千上万的观众,观众席采用骨架结构,是超大尺度的建筑。欧洲中世纪体育运动衰落。直至19世纪初,随着体育运动的复兴才使体育建筑在工业时代获得新生。虽然19世纪中叶的英国遍及"足球热",但体育建筑仍旧比较简陋,只有简单的场地和看台。1896年到1912年奥运会的举办推动了体育建筑的发展,诞生了现代意义上的第一代体育场。体育场仍旧简陋,缺乏必需的服务性辅助用房和观众体验的舒适度。没有明确规定体育场地跑道和场地布置、观众看台的规模和形式。不过它优于古代体育场,钢结构罩棚覆盖了观众看台,比赛中使用了电子计时器及终点摄影等电子设备。1920年到1936年间体育场地布置、观众看台及辅助用房设计等方面有所提高。趋于稳定的奥运比赛项目使得体育场场地的关键部分——跑道长度、布置方式及其他类别比赛的区域基本确定,观众看台座席质量得到提升,体育场罩棚获得了更大的悬挑距离,这是第二代体育场时期。

面对西方体育建筑强韧持久的输入趋势,中国体育建筑逐渐放弃了保守防范的抵拒姿态。"宁可求全关不开"也不再能够表达中国对西方文化的疑忌姿态,中国的晚清遗留下来的大教场也得到急速的利用发展。晚清时期,大教场随着社会的动荡变迁及城市发展的变化被闲置弃用，为了节约场馆建设的开支费用，民国政府将大教场作为场馆建设的首选区域，部分随着新式体育项目的传入转化成为公共体育场。上海的吴淞、崇明、嘉定、闵行等地的早期公共体育场就是直接由大教场演变而成的。这种场地类型的转换方式是自然的，它是中国古代的体育建筑的典型代表。大教场好比今天的体育场，而演武厅则好比体育馆，水师操场勉强可以类比成为游泳池。新体育的盛行确实推动了它们转换为公共体育场以为民用。这种转换见证了中国体育事业的发展，提升了中国古代体育场地的使用范围和功效。当然，由于古代的大教场大部分距离城市中心相对较远，因此，这一部分新建的体育场馆主要分布在城市郊区的位置。

杭州"第四届全国运动会"的选址大营盘从南宋以来就是屯兵之所，附近还有操演场；清代以后，大营盘更名为"楚军营盘"；民国初年，大营盘是军队的操练场，挖有战壕，兵士们经常在此举行演习；国民军陆军第一师的师部就设在大营盘。1930年落成国立杭州运动场[①]（今浙江体育场），内有田径、足球、网球、篮球、棒球、排球场各一处（图4.1）。

晚清教场最初承担了举办运动会的功能，如1908年四川省教育会在成都南教场举办"四川大运动会"（实际是四川省第二次运动大会），"运动场的设备：有椭圆形的跑圈，跑圈外沿立有竹栏杆，栏杆外面有利用城墙斜坡布置的男女观众看台；场正面搭有高级官员的看台，场中竖立高耸的旗杆。沿城墙原有的气桥、平台、假城、木马、浪桥、杠架等器械，都修整如新，沙坑里装满了松沙。"[②]

原有的演武场也逐渐转化为近代的公共体育场，1916年，广东省省长朱庆澜呈文北洋政府大总统《拟请拨地设立公共运动场以提倡军国民教育恳饬部立案》，其中提到了关于将东校场设立为公共体育场的内容："此项运动场既为多数国民操练而设，不能不择一相当地点以立基础而树风声。查勘再三，苦无适宜之地。惟附城东郊校场，本从前八旗操兵之所，前清末年粤防于场内建筑楼房，经咨议局提议认为有碍该局眼，请即拆毁。入民国后，咨议局改为省议会，仍不准任意建筑。查该场内容：由东至西六百六十五尺，

[①] 1930年第四届全国运动大会闭幕后，国立杭州运动场的场地、器械等被浙江省教育厅接收保管，后经中央政府决议通过，将其拨归浙江省教育厅，改设省立体育场，场舍由陈柏青主持规划，审美设计公司设计绘图，中南建筑公司承造，场舍计划至1935年前后实施。

[②] 体育文史资料编审委员会编《体育史料第六辑》，人民体育出版社，1982年，第9页。

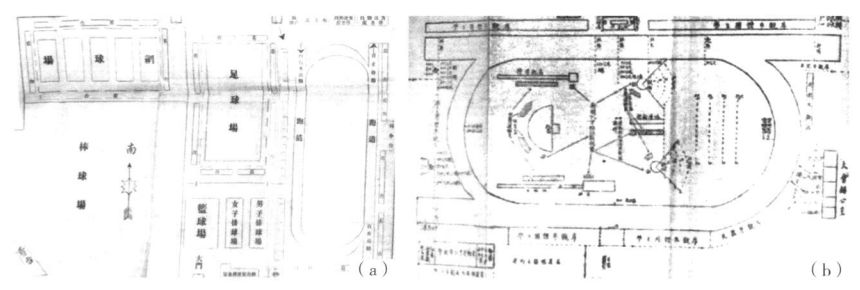

(a) 浙江省立体育场平面图
(b) 浙江省立体育场"田径赛运动场全图"（1935年）
图4.1 浙江省立体育场

由南至北一千一百二十尺，地址宽阔，以之开作公共运动场最为适合……所以拟请拨地开设公共运动场。"① 此后由于种种原因该体育场直到20年代末才建设。

1906年1月，"广东省大运动会"②（后称广东省第一次运动大会）是在演武厅演变而来的东校场举行的。"当年的新军练武场——荒芜的东校场中央用石灰划一个不规则的约300码的椭圆形跑道作为比赛场，场中心设跳高、跳远两个沙坑。场西搭盖简陋的竹棚作为临时大会主席台和观众席看台，观众则按照身份分为甲、乙、丙三个等级分别入座。"③

随着租界体育和校园体育的兴起，中国建立了自己的第一个公共体育场。"据体育史学家的研究，1913年民国教育部建设了中国最早的自行修建的公共体育场——京师通俗图书馆附设公共体育场。这个图书馆是第一个为大众服务的图书馆，里面附设了一个公众体育场，置备一些铁杠、浪木、庭球、跳绳、秋千、铁哑铃、木哑铃、踢球等体育用品，并修建了一个球场。"④ 中国人在1913年京师通俗图书馆附属体育场建成之前都没有一个完善的体育场。

此后，教育部陆续通令各省在省城筹设体育场。1917年3月30日，占地28亩（1.87公顷）的上海公共体育场⑤率先建成，意味着中国的近代体育从租界侨民和学校走向了社会。上海公共体育场出现了简单的跑道和辅助用房，有两座办公楼，一片足球场，300m跑道，一座健身房，还有篮球、排球、网球和妇孺活动等场地（图4.2）。1925年，南昌举办"第三届华中运动会"也是选定顺化门外的大校场改建为临时的运动场。条件简陋，围墙是用芦席做的，400m跑道由煤渣铺设，看台用木料搭成。

4.1.2 政治意图驱使分布的特定城市区域

1908年，在伦敦举行的第4届奥运会在白城建造体育场，把主体运动场、赛车场、游泳池、拳击场等体育设施集中在一起，可以称是近代体育中心的鼻祖。1928年阿姆斯特丹奥运会首次出现了体育中心的概念，它配套的为观众服务的大型设施，如餐饮

① 广东省人民体育场《走过百年——广东省人民体育场史1906—2006》，2006年，第15页。

② 这是中国人主办的率先全国的近代体育运动会，之后的广东省第三、四、六、七、十二、十三、十四、十五次省运会均在东校场（1931年改名为省立体育场）举行。

③ 广东省人民体育场《走过百年——广东省人民体育场史1906—2006》，2006年，第1-12页。

④ 《各省公共体育场及国术馆统计表》，《第一次中国教育年鉴》1933年第10期。

⑤ 根据上海档案馆馆藏档案：全宗号Q6-18-21，《上海社会局关于第一公共体育场留职停薪滞留上海职员名册》，第2页记录。1915年10月，上海县知事沈宝昌委托县教育会会长吴馨等筹集经费，筹办公共体育场事宜。吴氏选定小西门外大林路、方斜路和大吉路交接处的一块三角地（今方斜路515号）作场址，面积共24亩7分5厘8毫。它是今天沪南体育场的前身。

（a）上海市立公共体育场建成时全貌

（b）1917年4月的二层楼房

（c）1928年的市立公共体育场

图4.2 上海市立公共体育场

空间、停车场等非常便利，体育场使用了更多电子设备，包括广播系统、大型电子信息牌、带有打字机的新闻席等。中国直到20世纪80年代之前，体育建筑的布置都没有体育中心的概念。当然，虽然没有出现"体育中心"这个专有名词，但民国时期集中建造的南京中央体育场建筑群、上海市体育场都可以看作是早期的体育中心的雏形，有完整的整体规划、道路体系及分别建造的体育中心。

据中国第二历史档案馆馆藏资料《民国二十年全国运动大会筹备经过报告》考证，该届运动会的比赛体育场建筑地点是以"经国务会议指定"，位于中山门外，总理陵墓（中山陵）以东，灵谷寺南为建筑地点，共建有"田径赛场、游泳池、棒球场、篮球场、排球场、国术（武术）场、网球场、跑马道等。全场占地约1000亩（66.7公顷）。"（图4.3）南京中央体育场建筑群总体以田径场东西轴线为中轴线，左右不完全对称排布。田径场位于整个南京中央体育场主入口轴线的尽端，同时田径场主入口位于西侧，正对建筑群主入口，田径场西入口区为主要标识、导向、人流集散区域。篮球场和国术场位于田径场西侧，对称分布于入口轴线两侧。再往西延伸，轴线两侧分别是足球场和配套设施区域。棒球场斜向位于东北角。场馆布局以满足功能为主，力求达到紧凑合理。

上海市体育场布置了体育场、体育馆、游泳池三个场馆，还计划加建网球场和棒球场。体育场总占地三百亩，以适应阳光和交通便利为主要原则。体育场布置在淞沪路上，即南北大道，游泳池和体育馆为了避免观众出入拥挤，设置在国和路和政通路上（图4.4）。

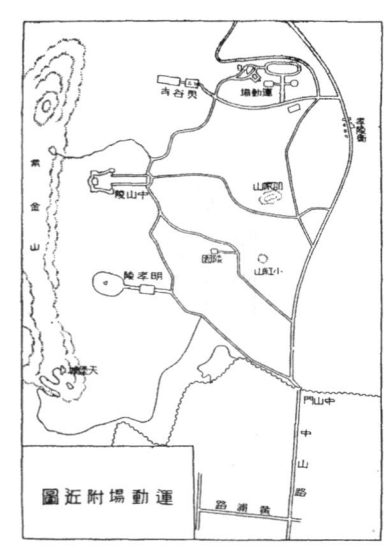 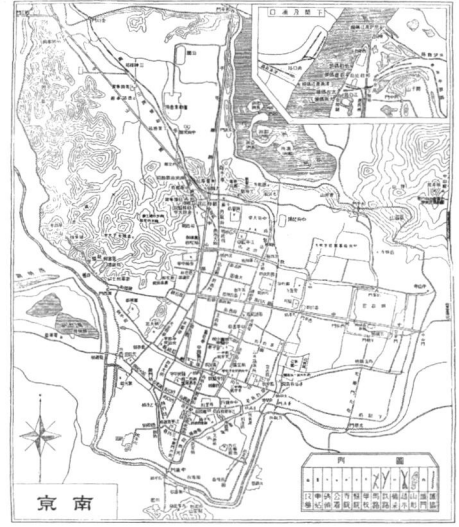

（a）中央体育场附近图　　　　（b）中央体育场区域位置

图4.3　南京中央体育场所处的城市区域

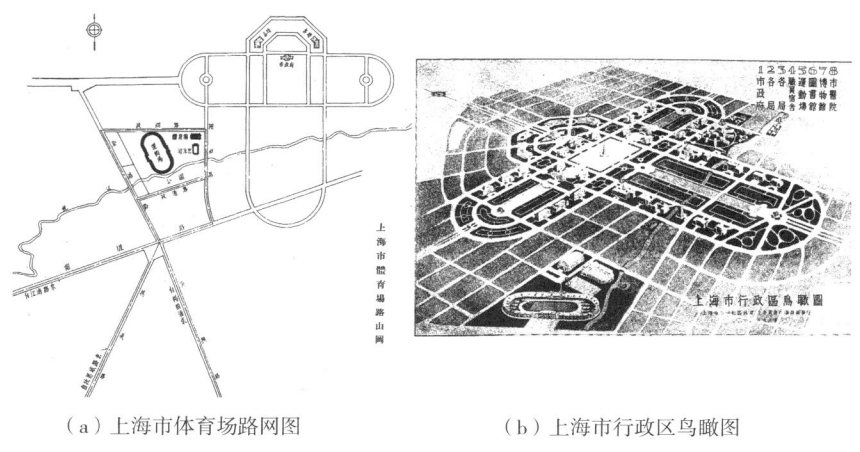

（a）上海市体育场路网图　　（b）上海市行政区鸟瞰图

图4.4　上海市体育场所处的城市区域

4.1.3　教育系统驱使分布的学校体育建筑

至于设备方面，近年来之成绩，亦有可观。上海南洋大学、圣约翰大学，以及南京东南大学之体育馆，华东学校体育进步之基础也。此外上海光华、复旦等大学建设体育馆之计划，现正在进行中。闻旅外华侨，对于此种建筑经济上之帮汉族，非常踊跃。此华东学校体育发展中之好现象也。至于华北方面，则有北京清华学校之体育馆。该馆建设之完美，虽之欧美普通学校中，亦不可得。全国各大学之友体育馆者，固不仅此。惟以上所述，系较完美者耳。女子学校体育建设成绩，虽未显著。然上海中西女塾、南京金陵女子大学、福州华南女子大学中之体育馆，已为华东华南女体育发展中之基础矣。此外北京燕京女子大学，体育馆之石基已立。将来完成之后，更能助华北女子学校体育之发展。虽然，此种设备上之进步，固不必认为发展学校体育中之最要条件。然实为中国学校体育圆满发展中，不可少之工具也。①

上述文字描述了民国时期中国主要的大学在体育事业方面的建树，以及全国各地，包括华北、华东、华南等地的学校体育馆的发展状况，明确指出了体育馆是今后学校发展体育事业不可缺少的物质条件。由此可见，全国不少高校都普及建设了体育场馆。设计者根据校园的整体规划确定体育场馆的空间布局，按照校园的布局和空间结构梳理体育场馆的空间和功能，强调体育场馆作为高校重点节点在校园中的整体布局，缺乏对学校体育设施的系统的网络化的布局方式。这段时期学校的校园规划有均质式、分散式、线性式、集中式等类型，体育场馆作为校园的形象中心，位于主要的主轴线或是节点上，很大程度影响了学校的区域形象。

武汉大学坐落在珞珈山上，建筑师凯尔斯利用一块三面环山西向开口的低洼地作为校区的下沉式花园和运动场，凭借三面山势

---

① 郝更生：《十年来我国之体育》，国家体委体育文史工作委员会、全国体总文史资料编审委员会编《中国近代体育文选·体育史料第17辑》，人民体育出版社，1992年，第151页。

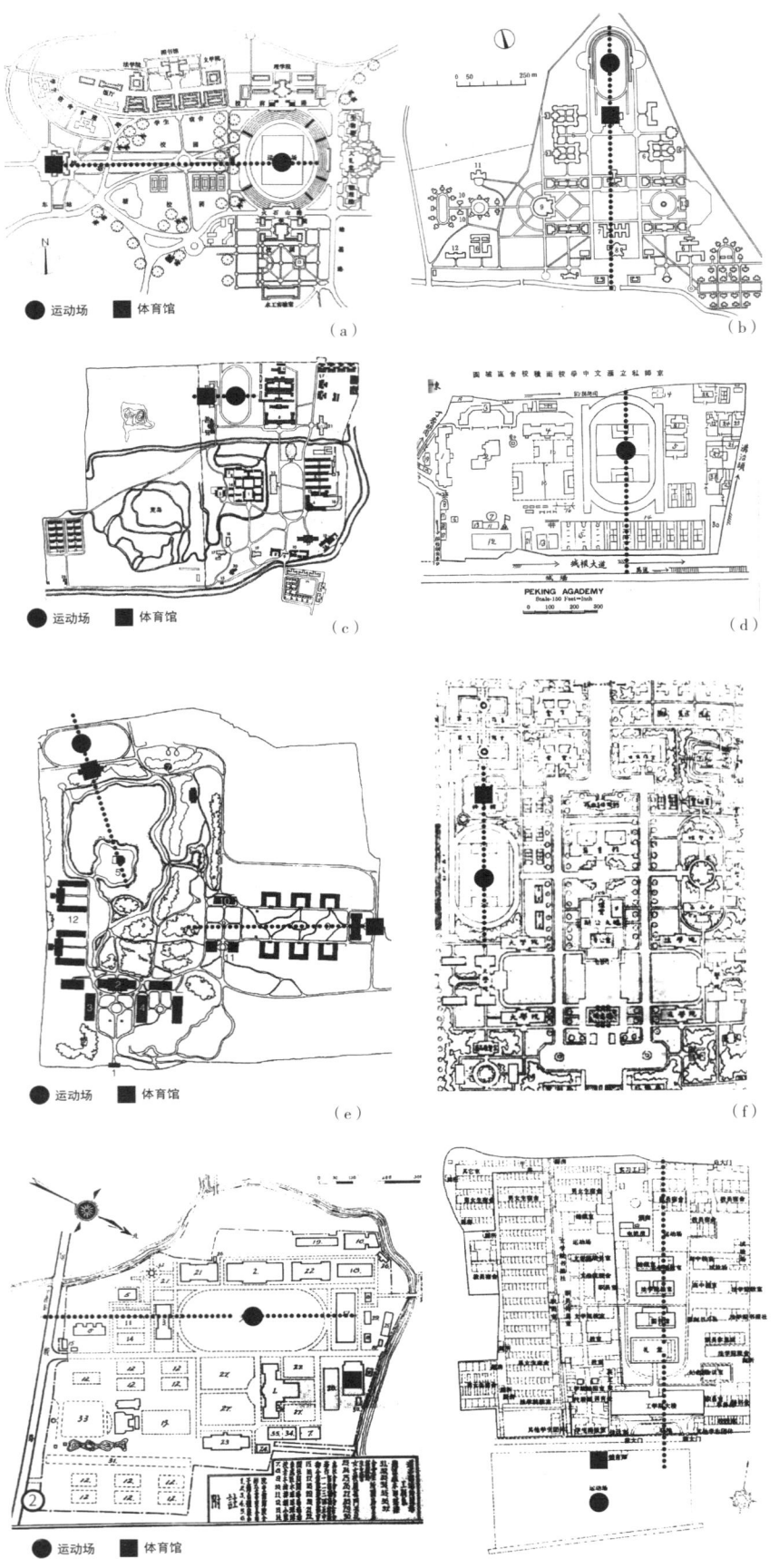

（a）武汉大学体育场和体育馆的空间分布
（b）东北大学体育场和体育馆的空间分布
（c）清华大学体育场和体育馆的空间分布（1911—1928）
（d）汇文学校体育场的空间分布
（e）燕京大学体育场和体育馆的空间分布
（f）国立四川大学皇城校区体育场和体育馆的空间分布
（g）复旦大学体育场和体育馆的空间分布
（h）山西大学体育场和体育馆的空间分布

图 4.5　民国时期学校中体育场馆的空间分布特征

布置主体建筑群，各组建筑形成对景，扩大环境空间的层次。东北大学校园整体用"中"字形构架校园，体育场和设想中的体育场和理工学院、图书馆、理工实验室一起构成了校园的南北轴线。根据1927年清华大学校园的规划显示，体育场和体育馆和学生会所和餐厅形成了宿舍区的学生活动区，是校园东部的南北向主轴线的收束。汇文学校的运动场在学校整体规划中占据主要位置，每部还有一个标准的足球场，体育场和学校的灰色教学大楼交相辉映。1936年，杨廷宝先生对国立四川大学的皇城校区设计的总体规划，足球场和体育馆布置在左侧的次要轴线上，偏离主轴线一侧。当然，还有一些学校将体育场和体育馆放在偏离主轴线的位置上。如复旦大学的运动场虽然位于学校的中心位置，但其体育馆却在远离运动场的角落。山西大学更是在校园的最下端单独布置了体育场和体育馆（图4.5）。

4.1.4 伪满洲国内分布的体育建筑

伪满洲国（1932年3月1日—1945年8月17日）是日本占领中国东三省后建立的傀儡政权。国民政府和中共政权对其政权不予承认，因而被称作伪满洲国或伪满。首都设于原新京（今吉林长春）。领土包括现今的辽宁、吉林和黑龙江三省全境（不含原关东州），以及内蒙古东部、原热河省（河北省承德市）。

1931年"九一八"事变后，日本占领东北地区，成立伪满洲国傀儡政权，并将长春改名为新京。日本关东军将长春定位为"军政中心"和"消费中心"。根据《大新京都市计划》，行政中心安排在顺天大街一带，这里建设的有伪满洲国的"新帝宫""国务院"及"政府"各部。城市中心位于大同广场。文教区位于南岭及协和广场，建设当时亚洲最大的动植物园和综合体育中心。日本人娱乐区设于开运街，建设有高尔夫球场、赛马场等（图4.6）。

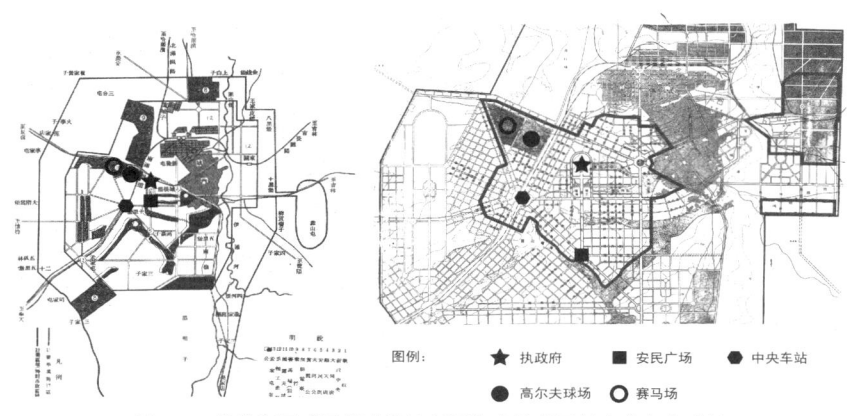

图4.6 伪满洲国《国都建设计划图》中的赛马场和高尔夫球场

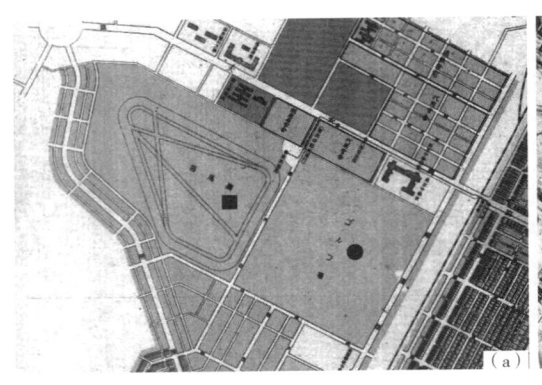

■ 新京赛马场　● 新京高尔夫球场

(a) 伪满康德六年（1939 年）新京市街地图上的新京高尔夫球场和赛马场
(b) 1942 年 4 月，高空拍摄的新京市街，左侧是赛马场和高尔夫球场的位置
图 4.7　新京高尔夫球场和赛马场

早在长春建成新京高尔夫球场之前，哈尔滨、大连和奉天（今沈阳）等城市都有相应的球场。而 1932 年伪满洲国成立后，作为"首都"，当然不能缺少这样的场所。于是在《国都建设计划》的规划中，规划建设了 18 洞的高尔夫球场。伪满洲国的主要城市，共建设了 9 处赛马场，最大的是"奉天国立赛马场"。新京赛马场（时称"竞马场"）位于新京兴安大路与翔运街（今长春市西安大路与翔运街）交汇处南方大片区域。高尔夫球场在东，赛马场在西，两者以赛马街（现普阳街）为分界线（图 4.7）。

4.2　近代体育竞技和学校教学的体育建筑类型及特征

民国时期大部分的学校都没有体育建筑，只有少数体育事业发展较好的圣约翰大学、南洋公学、沪江大学在内的学校建设了一些小型体育馆和游泳池。这时期的体育建筑的数量不多，规模较小、功能比较简单、设施也比较简陋、结构类型也不够丰富，建筑风格也不够显著。这是学校体育建筑的诞生时期。这时期的学校体育建筑不追求大型体育比赛对体育场馆的具体要求，其目的主要是为了满足高校体育训练和课堂训练的需求，为学校的学生提供室内运动场所，它具有典型的风雨操场的特征。风雨操场的诞生是晚清时期室外田径场地的演化升华。

4.2.1　华灯初上：学校体育场馆的尝试

4.2.1.1　小型体育馆的诞生

中国的体育馆最初诞生于学校之中。民国时期，中国众多的教会学校、国立大学都建设了小型体育馆，当然这时期体育馆的总体水平仍然不高，但总算是从纯粹的室外场地演变成室内场所，小型体育馆主要是指室内体操房、球类馆、健身房等。这个阶段的体育馆规模不大，形制也尚不成熟。体育馆内部的场地尺寸大小不一，基本上都铺设了木地板。空间的基本模式是底层的大空间上设回廊，既可以作为跑道，也可作为看台，如清华大学西体育馆。还有部分体育馆单独设置看台，如复旦大学体育馆（表4.1）。

表4.1 近代中国学校体育馆（1912—1949）

所在地	大学	体育馆名称	建造年代	体育设施
上海	圣约翰大学	顾斐德体育室	1919	建筑面积881m²，游泳池及附属设施
苏州	东吴大学	司马德体育馆	1934	前部是体育馆，后部是游泳池
上海	沪江大学	沪江大学北体育馆	1917	建筑面积369m²，运动场、游泳池及附属设施、办公室
上海	沪江大学	沪江大学南体育馆	1932	建筑面积423m²
北京	燕京大学	华式体育馆	1931	原为男子体育馆
	燕京大学	鲍氏体育馆	1933	原为女子体育馆
厦门	集美学校	集美学校大操场	1920	400m田径跑道和标准足球场、篮排球场、网球场、器械区等
	集美学校	东西风雨操场	1920	风雨操场，综合性健身、锻炼场地
	集美学校	游泳池	1922	游泳池，包括泳道、跳台、更衣室
	华中大学	翟雅阁健身房	1921	建筑面积996m²
	厦门大学	演武运动场	1921	400m田径跑道和标准足球场、各类球场、游泳池、器械区等
南京	东南大学	体育馆	1923	建筑面积2317m²，举重室、乒乓球室、运动场、看台
上海	南洋公学	体育馆	1925	建筑面积2957m²，室内篮球场、台球房、看台
上海	复旦大学	体育馆	1928	建筑面积1100m²，三面看台、一面主席台
北京	清华大学	清华大学西体育馆前馆	1916	建筑面积2848m²，运动场、看台、游泳馆及辅助用房
北京	清华大学	清华大学西体育馆后馆	1931	建筑面积1003m²
武汉	武汉大学	宋卿体育馆	1936	建筑面积2748m²，室内篮球场、看台、健身房
广州	中山大学	体育馆	1937	建筑面积2905m²，室内运动场

小型体育馆在教会大学和国立大学中集中建设，这两类学校的体育建筑能够直接反映当时的建设状况。当时中国共有13个教会大学，其中比较著名的几所大学主要集中在华东地区，史称"华东八大学"。[①] 许多学校为了满足学生体育运动的需求，都设置了小型的学校体育馆和体育室，其中上海圣约翰大学的体育事业发展最为著名，它也是最早建设了体育馆的学校之一。1897年，圣约翰大学利用校长旧宅拆下的砖瓦在后操场北面建了一个简陋的体育室，内设有几座木制双杠。1919年11月15日，圣约翰大学体育馆建成正式开放，被命名为顾斐德体育室[②]，顾斐德体育室是中国第一个现代化大学体育馆。圣约翰运动场占地80亩（5.3公顷），也甚为客观。圣约翰还曾是当时中国唯一拥有高尔夫球场的大学。清华四大建筑之一的清华大学老体育馆位于清华第一个运动场西大操场的西侧。

① "华东八大学"包括圣约翰大学、南洋大学、东吴大学、之江大学、金陵大学、复旦大学、东南大学、沪江大学。

② 顾斐德体育室以圣约翰理科教授顾斐德（F.C.Cooper）命名。顾斐德体育室基地面积421m²，建筑面积881m²，建筑和购置运动器械耗资四万八千九百美元。

体育馆分前、后馆，前馆建于1916—1919年，后馆建于1931—1932年，两部分衔接得浑然一体。体育馆设备先进，当时的中国高校甚至美国高校都难以比肩（图4.8）。虽然这些体育场馆不能和今日的体育场馆相提并论，但在当时的历史条件下，这些体育馆代表了最先进的建造技术，反映了最流行的建筑风格，容纳了最潮流的体育运动。

（a）圣约翰大学健身房
（b）顾斐德体育室
（c）沪江大学北体育馆
（d）之江大学体育教研室
（e）司马德体育馆
（f）复旦大学体育馆
（g）燕京大学华式体育馆
（h）南洋公学体育馆
（i）清华大学体育馆
（j）z宋卿体育馆
（k）东北大学体育馆（未建成）
（l）华南理工大学老体育馆

图4.8 近代中国学校体育馆（1912—1949）

郝更生1927年于《十年来中国之体育》一文中指出："至于建设方面，学校当局，则又视为具文。每设一二球场，（足球场居多数），圈以跑道，聊壮观瞻。间或有所谓风雨操场者，亦仅规模较大经济较裕之学校有之。盖当时学校当局，对于体育练习，既不努力提倡，则学生体育设备上之需要，当然稀微。总之十年前学校体育，虽具雏形。但其影响学子生活之能力实少。"[1]

由《十年来中国之体育》一文我们可以看出从1917—1927年十年间中国只有规模较大、经济实力较强的学校才建设了风雨操场（小型学校体育馆），这时期的学校体育馆设施简单，仅能满足学生的运动需求，而大多数的学校只是简单建设了足球场等室外场地。

4.2.1.2 学校游泳池的诞生

圣约翰大学游泳池长60尺，宽24尺。1919年11月15日启幕。沪江大学游泳池在该校体育馆后，落成于1922年，池由该校教职员学生集资建造，以几年当时校长魏馥兰博士（Dr. F. J. Wbite）。交通大学游泳池1924年6月开工，11月造成，池长25公尺，宽7.3公尺，最深处2.55公尺，最浅处1.35公尺，容水量6万8千加仑。跳板、跳架子、小看台咸备。调水设备有抽水电机、自流井及砂滤器。总建筑面积39公尺×13公尺。清心中学玉麟游泳池，该校校董张蟾芬为几年其公郎玉麟捐资建设。池身用水门汀及瓷砖建造。长40尺，宽20尺，最深处8尺，最浅处5尺。[2]

虽然大多数学校并没有建设游泳池，然而圣约翰大学、南洋大学、沪江大学等教会学校内的游泳池的规模设施一点不输给世界一流的游泳池（图4.9）。上海第一个大学游泳池是1919年建成的圣约翰大学游泳池。顾斐德体育室底层的东侧设置了游泳池，还设置了配套的浴室和更衣室。游泳池的上方架设了玻璃天棚，南面布置了来宾席，就像剧院内的包厢席一样。游泳池的尺寸是60英尺×20英尺（18m×6m），池底和池壁铺设白色瓷砖，1925年的远东运动会的游泳项目的预选赛在此举行。这些学校的游泳池大都附设在学校的游泳馆内。如1929—1930年间建成的苏州地区仅有的司马德体育馆游泳池，是中国"东南各池之冠"。司马德体育馆由体育馆和游泳池两部分组成，游泳池位于体育馆后方。清华大学西体育馆有室内游泳池，实行池水水源消毒。馆内还有暖气、热气干燥设备。还有部分学校建设了独立的室外游泳池，如1919年陈嘉庚在集美学校内增设师范和中学，因为水产科教学的需要，将养殖池改为泗水池，进而辟为游泳池，成为集美学校第一个游泳池。国内包括同济大学、交通部吴淞商船专科学校等也建设有自己独立的室外游泳池（图4.9）。

[1] 郝更生：《十年来我国之体育》，第148页。数据保留原书单位，其中"尺"意为英尺，1英尺＝0.3048m；"公尺"意为米。

[2] 上海通社：《近代中国史料丛刊三编》，《上海研究资料正集1》，（台湾）文海出版社，1998年，第466页。

（a）南洋大学的游泳池
（b）圣约翰大学游泳池
（c）司马德游泳池
（d）集美游泳池
（e）同济大学游泳池（20世纪30年代）
（f）交通部吴淞商船专科学校游泳池（20世纪30年代）
图4.9 中国近代学校内的游泳池

4.2.1.3 学校运动场的延续发展

20世纪初，学校运动场的体育活动勾勒出了中国早期体育运动的形式和特征，展示了有别于同时期的租界内体育活动的社会性。由于20世纪初至20世纪中期的历史风云变迁，学校的运动场地经历了初兴的发展阶段。而在1937年日本发动侵华战争后，学校运动场和公众体育场成为军国主义者的争夺对象，成为权利主体书写的文本。

1930年出版的《东北大学理工学院概览》一书中在"建筑与设备"的栏目中，描述了东北大学体育场，"体育场为一极大马蹄铁形之洋灰铁金（筋）建筑，价值现钞二十万元。有奇其阶级座次——可容万余人，田径赛圈周围六百米突，运动员预备室、沐浴室、休憩室无不具备，乃中国北部唯一最大运动场也。"[①]

东北大学体育场是由天津基泰工程公司承建，著名建筑家杨廷宝主持设计，它是中国学校内的第一座现代化体育场。位于东北大学北端，是椭圆形钢筋混凝土和砖混结构，占地10万m²，建筑面积3960m²，内设400m跑道和2条100m跑道。中央为标准足球场，周围设万人看台。东西看台各设司令台一处，外观为砖砌城楼箭雉式样（图4.10）。

早在20世纪30年代，陈嘉庚先生创办的集美学校的体育设施

---

① 东北大学史志编研室编《东北大学校志（第1卷上1923.4—1949.2）》，东北大学出版社，2008年，第78页。

(a) 体育场现状

(b) 体育场鸟瞰　　　　　(c) 体育场旧影

图4.10　东北大学体育场

就享誉全国。校园内有一座标准足球场合400m跑道田径场的大操场，一座长90尺、宽40尺的体育馆，2座雨盖操场，1座器械运动场，2座游泳池，一批露天篮球场。[1]

集美学校最早创办的中等教育是师范、中学，继而增设水产、商业。1918年3月，集美师范、中学开学时，宿舍立功楼前就已建成一座雨盖操场，面积537.3m^2，建筑费7000银元。1920年，宿舍立言楼前又建成另一座雨盖操场，面积620m^2。两座雨盖操场分别位于大礼堂东西面，分别称为东雨盖操场和西雨盖操场。三立楼后面还开辟了一个面积4.4万m^2的大型操场，俗称大操场。集美学校大操场是举行球赛和全校运动会的地方，有400m周长的跑道，场中央是个大足球场，跑道外有篮球场、2个网球场，还有跳高、跳远等功能[2]。集美中学操场是在大操场和约礼楼前的2个水泥球场，还有上述两个雨盖操场。集美学校公有操场约15处（图4.11）。

厦门大学最早的体育设施位于群贤楼前方，建于20世纪20年代。校史记载："五楼廊宇相连，其直如矢，值前者为体育场"。群贤楼一字排开，达到348m宽，规划留出充裕的场地建造了400m跑道、足球场、篮球场、排球场、网球场、游泳池，以及田径和健身设备等。运动场举办过闽南联合运动会等。群贤楼和运动场体育设施结合布置，充分利用场地资源，取得了良好的视觉效果（图4.12、图4.13）。

当时的学校体育运动分为室内与室外、球类与田径及军事体操，大多数学校运动场不够大，甚至没有足球运动的机会。一些私立或国立大学建设了体育场，体育场上设置了体操运动的设施，面积相对较大，有的可以达到足球场地的标准，两端设置球门就可以进行足球比赛。但是当时的体育场相对简单，场地构造、跑道、设施摆布还未形成一定的标准（图4.14）。

---

[1] 福建省地方志编纂委员会编《中华人民共和国地方志·福建省志·体育志》，方志出版社，1993年，第98页。

[2] 郑高萩编《集美》，中央文献出版社，2005年，第168-169页。

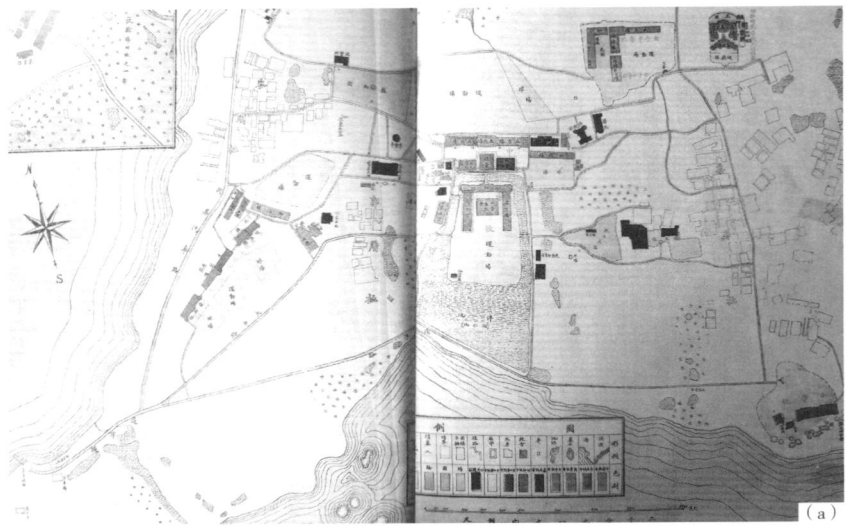

（a）集美学校全图（1933）
（b）集美学校春季运动会（1947）
（c）约礼楼前的球场
（d）文学楼前的操场

图 4.11　集美学校的体育场地

图 4.12　厦门大学运动场　　　图 4.13　厦门大学群贤楼前的运动场

（a）大夏大学田径场
（b）中国公学大学部体育场
（c）中国公学大学部体育场
（d）中国公学大学部体育场

图 4.14　中国的学校运动场

4.2.1.4 体育专科学校的体育设施

近代中国开设了许多体育专科学校，包括上海东亚体育专科学校、私立浙东体育专科学校、北平市立体育专科学校、上海东亚体育专门学校、两江女子专科学校、广东省立体育专科学校，这些体育专科学校建设了类型丰富的体育场地。

上海东亚体育专门学校创建于1919年，是当时全国一所比较正规的体育专门学校。初始建校于方斜路庆安里，当时学校场地较小，除本校上课外，上海公共体育场上田径、足球课和学生每天的课外锻炼。

上海东亚体育专科学校初创时期，场地设备因陋就简，在仅有一块"人"字形空地的西边建成篮球、排球、垒球三项公用的球场，球场西面设一铅球投掷区，南面设一跳高、跳远、撑竿跳高区级单、双杠兼用的沙坑；东南边搭建芦蓬一座，作为雨天操场。芦蓬以便存放运动器材。需用较大场地的运动项目，如径赛和铁饼、标枪以及足球运动等，借用学校附近的南市公共体育场上课。后来全国各地学生数量增加，校舍设备不敷应用。于1928年勘定的上海卢家湾鲁班路草圹街新校址上，兴建西式教室楼房一座，宿舍楼三座，健身房一座，雨天操场一座，简易田径场包括足球场一片，篮、排球场四片和器械体操区等。①

私立浙东体育专科学校校址在兰溪县城内东门外的严家祠堂，体育场地设施简陋，据浙江医科大学体育组何志镐先生回忆：

1930年春，义乌中学曾组织足球、篮球队在兰溪与该校比赛，当时体校的设备简陋，篮球场设在房子的天井内，足球场在兰溪江沙滩的平地上。室外有单双杠、木马，还有刀、枪、剑、棍和木制步枪等。教学注重武艺和兵士体操。②

北平市立体育专科学校创建之始，缘于北平市政府以体育为国民健全之根本国家图强民族复兴之必经途径……二十三年六月，奉令将先农坛平民农牧场拨作校址，当经接受旧房五十六件，旋复添盖教室及改建旧房共得八十一间，院内地面宽阔，足敷分划各项运动场所之用……③

两江女子专科学校初创阶段，抗战前10多年的办校过程中校舍搬迁了10次之多，体育场地多是借用临近的公共体育场，如第8次搬迁就是新建一座四层的教学大楼，还可以借用旁边的公共体育场，但后来公共体育场被征用后只好再次搬迁。第10次搬迁到上海市体育场附近新建了占地数十亩的完整校舍，经过几年的投资建设，学校终于设置了篮球、排球、垒球等专用场地，开辟了400m跑道田径场，还造起一座25m×10m的游泳池，另外还有礼堂、健身房、宿舍、教室、练琴房等建筑。④

① 体育文史资料编审委员会编《体育史料第十辑》，人民体育出版社，1984年，第8-10页。
② 体育文史资料编审委员会编《体育史料第七辑》，人民体育出版社，1982年，第18页。
③ 北平市立体育专科学校编《北平市立体育专科学校概览》，北平市立体育专科学校，1936年。
④ 体育文史资料编审委员会编《体育史料第六辑》，1982年，第7页。

广东高等师范学校体育班1918年开办，运动场设有一个250m椭圆形跑道的田径场，场内设有足球场、棒球、垒球场及跳高、跳远和推铁球等田赛场地，在跑道外场，设有肋木架、双杠、单杠等器械设备。上篮球、排球课时，则借用长提青年会的健身房。[①]

1935年，广东省第一所公立大专体育学校——广东省立体育专科学校在省立体育场创办，省立体育场成为当时的体育课堂和课外训练基地。省体育委员会部分办公楼作为临时校舍和课室，同时省政府拨款三十多万元在东面空地兴建校舍、课室和室内篮球场，便拥有校舍、课室四座，室内篮球场一座，正规田径场、足球场各一个，室外篮球场、排球场、网球场各两个。像这样的规模和设备，在当时的国内也是一流水准。[②]

4.2.1.5　学校体育设施的类型特征

（1）体育场地空间的多重使用

学校体育馆中可以进行多项运动，《东吴大学简史》一书中是这样描写司马德体育馆的："本校有足球场二、网球场六、篮球场三，以及关于田径赛之种种设备。校场中设有铁杆云梯等。体育馆一所，可为篮球、队球、室内垒球等运动，并有平行杠、铁环等。国术部备有中国武器多种。"从这段描述中，我们可以看到当时的体育馆不仅可以进行篮球、室内垒球等运动，还可以进行体操运动。

近代中国学校体育馆不仅是体育教学和运动的场所，还举行重要的学校活动。学校体育馆有丰富的历史和文化价值，场馆中举行过一些重大的历史事件，具有重要的历史价值（表4.2）。

表4.2　近代体育馆中发生的历史事件

时间	地点	事件
1919	清华大学西体育馆前	举行全校大会回应反帝爱国的"五四"运动
1919	清华大学西体育馆	举行"国耻纪念会"宣誓"愿牺牲生命以保护中华民国人民、土地、主权"
1926	南洋公学体育馆	举行工业展览会庆祝建校30周年
1937	南洋公学体育馆	京剧艺术家周信芳先生在体育馆内进行校庆演出
1948	南洋公学体育馆	著名小提琴演奏家马思聪在体育馆二楼举行小提琴演奏会

（2）形式多变的体育设施

广州市格致学校是广州第一个有网球场的学校，1915年广州市立师范学校篮球场挂网就充当网球场。20世纪20年代，广州市内对网球运动的兴趣增高，岭南大学有5个场地，培正中学2个，中山大学、协和女子中学、培道中学、真光中学都有设置。

北京大学、辅仁大学、北京师范大学等学校当时也建有可供田径、足球、棒球、垒球、网球以及篮球和排球训练、比赛的场地。中学

---

① 体育文史资料编审委员会编《体育史料 第四辑》，1981年，第21页。

② 广东省人民体育场《走过百年——广东省人民体育场史1906-2006》，2006年，第29页。

以潞河、汇文、育英、四中、志成等的体育场地较好。其余一些高等院校，有的校园很小，有的空地虽然不少，但没建成标准跑道的体育场。一般中小学只有小型操场。1949年前的重庆大学有400m田径场（有石阶看台）、足球场（田径场中是足球场）、5个篮球场、4个排球场、2个网球场、1个器械操场、1个健身房、军事障碍场（在田径场400m跑道上临时安设），此外还有办公室、大讲室、寝室、洗澡间等（表4.3）。[1]

表4.3 近代中国学校丰富的体育场地（1912—1949）

所在地	大学	建筑年代	体育设施
北京	清华学校	1918	标准体育场，并建成体育馆，内设30m×18m的篮球场1个，25m×20m室内游泳池1个
北京	燕京大学	1926	1个400m跑道的标准田径场（兼用于足球、棒球）、2个篮球场、6个网球场和2座体育馆及未名湖冰上运动场
北京	燕京大学	1930	2座体育馆，东侧有足球场，环以400m跑道，跳高、跳远的沙坑和掷铁饼、铅球、标枪的场地，适楼（Sage Hall）旁，有10个比较正规的网球场
北京	北京体育专科学校	1934—1949	设施简陋的体育训练场、田径场、体操场、棒垒球场、武术场、体操房、武术房、网球场、篮球场、排球场等
北京	辅仁大学	1930	购进大量民房辟为运动场
上海	圣约翰学校	1919	圣约翰已拥有2个棒球、足球场地，18个网球场（其中11个硬地、7个草地），以及1个可容纳500人的操场
上海	圣约翰学校	1921—1929	1921年添建了3个网球场和1个篮球场。1929年建成交谊室大楼，楼上有正规的球场和看台，底层还有会议室、乒乓球室、器械操室、琴房和提供给学生各个社团活动场地

（3）教学—礼堂—体育馆的结合模式

近代很多教学楼将体育馆放置在一层，空间层高大的健身房被放置在地坪下1~1.5m的标高，十分经济，也方便设置独立出入口。体育馆还可兼做学校礼堂使用（图4.15—图4.17）。沈阳奉天平安小学校（现铁路实验中学）在主教学楼后部设有体育馆性质的较大跨度和层高的房间，一边和教学楼相连，可以从教学楼内部直接进入；另一个出入口设置在其他方向，直接通往户外，并与室外露天体育设施形成联系[2]。同泽女子中学的半地下室设置了室内的独立操场，而在二楼及以上对应的部分功能改为礼堂，教学楼的南侧部分是小空间的办公室和教室。抚顺东七条小学校北侧相对独立的部分也设置了室内操场兼礼堂使用，大连工业学校教学楼的首层平面也设置了室内的体育馆。

4.2.2 校园到社会：公共体育场馆的初展

4.2.2.1 公共体育场的建设

全国公共体育场之增加——全国各城市中，除个人或团体所建设之各种运动场不计外，公共体育场之建设实有日新月异之势。即

[1] 体育文史资料编审委员会编《体育史料第六辑》，1982年，第13页。

[2] 陈伯超，刘思铎，沈欣荣，哈静：《沈阳近代建筑史》，中国建筑工业出版社，2016年，第93页。

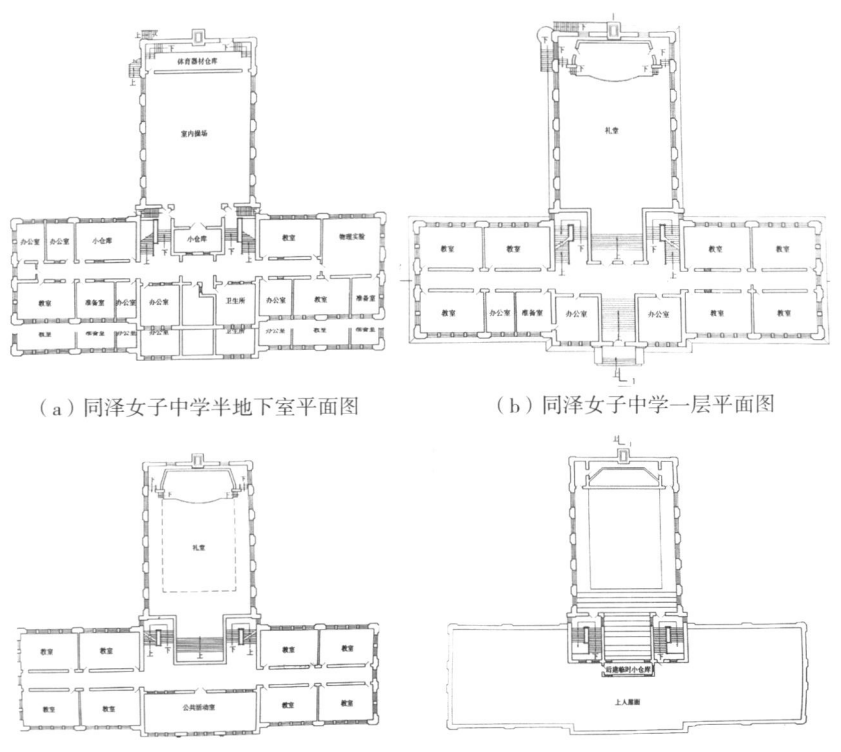

图 4.15　同泽女子中学平面图

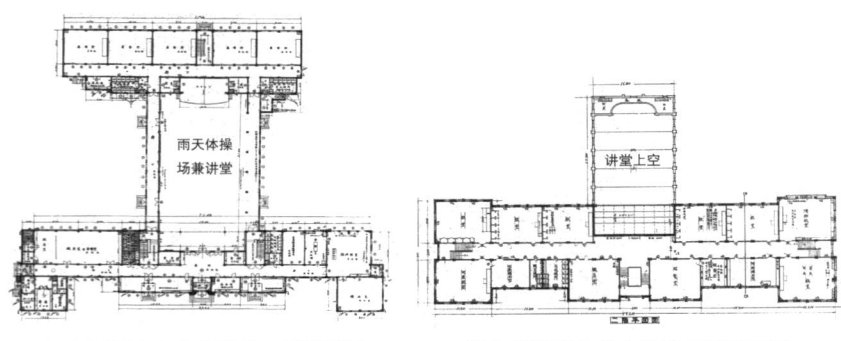

图 4.16　抚顺东七条小学校平面图

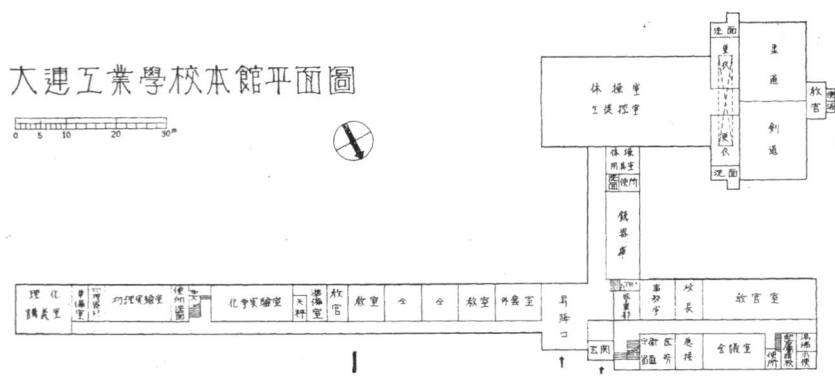

图 4.17　大连工业学校首层平面

（a）民国初年的江苏省立公共体育场　　（b）2000年的江苏省立南京公共体育场

图4.18　江苏省立公共体育场

以江苏一省论，各县公共体育场之成立者，今已四十余县之多。此虽不能认为社会体育发展中之伟大成绩，然各地社会人士今日对于体育设备上需要之情形，可窥见一斑矣。[①]

上文描述证明了中国各大城市开始了公共体育场的建设，仅江苏一个省就建设了40多个体育场。1918年竣工的江苏省立公共体育场是南京历史上最早的公共体育场，民国初年的重要集会活动和体育比赛都在这举行，1947年江苏省政府将该体育场移交给南京市，市政府整修改造，同年7月举行了开放仪式，1986年成立了南京市体育运动学校（图4.18）。

广东省立体育场面积约13万 m^2，东面是田径场、足球场、篮球场等，西面是储备用地。田径场是400m标准的煤渣跑道，中间设足球场，两端各设篮球场，还拥有可容纳数千观众的三合土看台。广东省体育专科学校（省体专）成立后，陆续在东西场地建有省体专教室、校舍、篮球馆和网球场等。[②] 中华全国体育协会北京分会在东单练兵场修建体育场，当时北平的公共体育场仅有一个，且地处城外，位置偏僻不便。而东单地处市中心，修建体育场方便市民锻炼。安徽省立公共体育场在安庆市，分场在东门外，本场在城内黄家操场，分场距离居民较远，本场设备较佳，大部分活动在场内（图4.19）。

建筑内有办事处、阅览室、职员宿舍、更衣室、器械室、室内篮球房等数座，均属新造，另建看台，司令台，幼稚部房舍，足球，篮球，排球，网球，橡皮球，各场沙坑跑道具备，且以时修葺，器

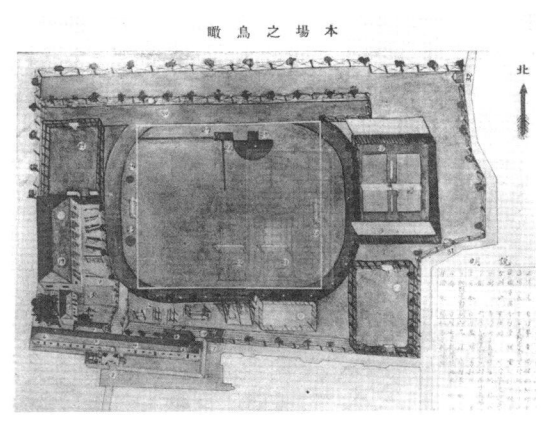 

（a）安徽省立公共体育场总平面图　　（b）体育场内的滑冰场和看台

图4.19　安徽省立公共体育场

[①] 郝更生：《十年来我国之体育》，1992年，第157页。

[②] 广东省人民体育场：《走过百年——广东省人民体育场史1906—2006》，广东省人民体育场，2006年，第70页。

械运动分成人儿童幼稚三部，设备亦全，场之四周栽植花木，壁上绘画运动姿势，殊增美感。①

上文描述足以证明安徽省立公共体育场设备齐全，吸引来访的运动者。除了建设必备的球场和跑道，2年内又新建了司令台，砌筑了砖砌看台。又设立了成人部、儿童部、幼稚部三大部，内部共有约50种运动器械。后又新建了一座滑冰场，一块女子篮球场，一座篮球房，都用木制栏杆围起来。如果举行大规模运动会，秩序井然。其他的田径、球类的运动器械，应有尽有。如表4.4所示。

① 安徽省立公共体育场编《两年来之安徽省立公共体育场》，安徽省立公共体育场，1934年，第27页。

② 1927年7月，上海改为特别市后定名为"上海市第一公共体育场"。1928年又增建1幢大楼，内设弹子房、乒乓球房，规模庞大的上海公共体育场成为当时申城市民开展体育运动的主要场所。

表4.4 安徽省立公共体育场的设施

篮球房	幼稚部房屋	女篮球场	滑冰场	砖砌看台	永久司令台
一所	三大间	一方	一所	长三十丈高十四层一座	三大间
1934年春	1933年春	1933年秋	1933年秋	1932年秋至1933年年秋	1932年秋

国民政府时期建设了许多公共体育场，按照教育部1929年（民国十八年）发表的统计：全国公共体育场共计247个。全国重要的城市几乎都建立了省立体育场（表4.5）。上海、南京、安庆、南昌、西安、镇江、北京等城市相继建立了公共体育场。这些公共体育场大都比较简陋，设置了300m或400m的跑道，跑道长度尚未固定，配备有简易足球场。田径场还同时配备了篮球场或排球场，中间设置了木马、秋千、滑梯等简易设置，有的体育场还设置了妇孺活动场及儿童乐园。

表4.5 中国近代公共体育场（1912—1949）

地点	体育馆名称	建设时间	体育设施
上海	上海第一公共体育场②	1917	2座办公楼，1个足球场，300m跑道，1座健身房，还有篮、排、网球和妇孺活动等场地
南京	江苏省立公共体育场	1918	中部为足球场，其四周围6条300m跑道，2片篮球场，2片网球场。足球场东端，辟有女子和儿童运动场一大片，其中有秋千、廊木、滑梯、独木桥等体育设施
安庆	安徽省立公共体育场	1918	300m煤屑跑道及1个篮球场、1所简易篮球房
南昌	江西公共体育场	1919	场地狭小，设备简陋，仅有1条全长约300m的跑道和1个小型足球场
南昌	江西省立体育场	1933	400m篮曲式跑道，2个足球场，4个篮球场，2个排球场，2个网球场，1个障碍物赛跑场，1座儿童乐园
西安	北大街公共体育场	1922	场内设有梯城、木马、双杠、浪桥、平台、秋千、轮子秋、拳术场、击准场、篮球场、足球场、网球场
南宁	省立第一公共体育场	1926	400m跑道的田径运动场，1个足球场，2个篮球场，2个排球场，1个网球场，还有乒乓球室、木马、浪桥、滑板等器械
西安	革命公园公共体育场	1928	只划有篮、排、足、网球场
广州	广东省立体育场	1932	8条400m塑胶跑道，足球场，篮球场，可容纳观众2.5万人
镇江	省立镇江公共体育场	1933	有500m田径场、1个足球场，2个篮球场，2个排球场，4个网球场、1座健身房（今体操房）、1座办公楼，内设乒乓室和弈棋室
南昌	江西省立公众体育场	1933	内有1个400m篮曲式田径场、1个专用足球场、6个篮球场、2个排球场、2个网球场、1个儿童乐园、1个国术场、1个障碍跑场地、1个小型游泳池
兰州	甘肃省立公共体育场	1936	内有400m跑道的田径场、足球场各1个，篮球、排球场各2个，网球场和体操场各1个。场南建有可容3000人座位的看台及司令台，有平房14间
北京	北平公共体育场	1937	内有田径场、篮球场、排球场、网球场、摔跤场、运动员宿舍等，可容纳观众15000人

4.2.2.2 公众游泳池和总会游泳池的普及

（1）公共游泳池

这里指的是由租界当局或政府办的向公众开放的游泳池。这些泳池初时大都只对西人开放，其规模在当时尚属庞大一流。占地面积较大，设施相比其他的小型泳池也较为齐备。上海历史上首个对公众开放的公共游泳池当为由工部局于1922年建造的虹口游泳池，它是大型露天循环水流的泳池（图4.20），还有1935年上海市政府在上海市体育场造的江湾游泳池。天津则有1925年英租界工部局建造的天津第二游泳池[①]，天津第二游泳池占地面积达1万 m²。南昌1935年建成的位于赣江边上下沙窝游泳池，在当时的南昌首屈一指。1932年北京建成的中南海游泳池是北京向社会开放的第一座游泳池。

（2）海滨浴场

国内一些自然条件优越的城市主动利用自然资源开辟海滨浴场。上海高桥海滨，滨江临海，距离上海市中心仅20km，是上海第一个海滨浴场。1932年夏天，上海市工务、卫生、公用三局集体决议，由市轮渡公司开发，同年7月正式营业（图4.21）。

图4.20　虹口游泳池

（a）高桥海滨浴场　　　　（b）高桥海滨浴场中的泳客

图4.21　高桥海滨浴场

（3）私人投资兴建的向公众开放的游泳池

中国的城市租界建有一定数量的私人投资的泳池，如建于1938年的上海法租界的兰园游泳池、建于1938年的上海的大都会游泳池（图4.22），上海第一个正规的海滩浴场——1932年建于川沙高桥的高桥海滨浴场。私人投资兴建向公众开放的游泳池的设施较公共泳池豪华。1938年6月12日落成开幕的"大陆游泳池"当时堪称"远东第一"。它是由著名建筑师杨锡谬设计。游泳池门面模仿古希腊奥林匹克运动场的造型，在大门与二门之间的空地上，造有6个喷头的圆形大喷水池，夜间配以灯光照明。主楼高2层，二楼大厅是舞厅，有酒吧等设施。游泳池就在大楼北侧，池长50m，宽20m有余，分为浅、中、深三个水区，其西侧各设一个儿童游泳池，在儿童嬉水区中央设有蘑菇形喷泉。[②]

[①] 位于今西安道66号。1953年，市人民政府投资将游泳池改建为长50m、宽20m、深2m的平底标准竞赛用游泳池。

[②] 沈福煦，沈燮癸：《透视上海近代建筑》，上海古籍出版社，2004年，第261页。

（a）兰园游泳池门景
（b）兰园游泳池开幕
（c）大都会游泳池
（d）上海丽都游泳池

图 4.22　上海近代私人建设的游泳池

（4）实行会员制的总会游泳池

这种游泳池为会员制，属高层次小圈子内的，清一色都为洋人所享受。如游艇总会游泳池、法国总会游泳池、西侨青年会游泳池和基督教青年会游泳池，还有天津乡谊俱乐部的游泳池（图4.23）。法国总会游泳池与其他最大不同是，它的尺寸不按公制单位，而固执地用法式计量单位来计算，整个泳池呈狭长形，故而不能用以作赛池。1939年6月建成的位于天津市南京路哈密里4号的天津市第三游泳池，占地面积3190m²。

（5）社团内的游泳池

1932年秋，南宁乐群社在商埠邕江河上建水上游泳池一座，分内池、外池，内池以木板作底，水深约1.4m，池长25m，宽16m。外池设有高低三道软板跳台，高度分别为1m、3m、5m。游泳池设有更衣室、衣物保管室等。

（a）清末在沪外侨游泳俱乐部的游泳池　　（b）天津乡谊俱乐部游泳池

图 4.23　会员制的游泳池

4.2.3 杂糅与西化：运动会体育场馆的开拓

1924年8月，中华教育改进社发起组织中华体育协进会。协进会章程第三条规定："本会会员，以区为单位，暂分华东、华南、华西、华北、华中五区。"1914年，华北体育联合会组建，华南定期举行六大学运动会。1919年，华东成立华东八大学体育联合会，由东南、南洋公学、复旦、圣约翰、沪江、东吴、之江、金陵八大学组成，定期举行运动会。1923年3月，华中运动会筹备处成立。

4.2.3.1 华北运动会体育场馆——从操场到体育场

华北体育联合会是领导筹划华北运动会的机构。当时的华北包括辽宁、吉林、黑龙江、热河、察哈尔、绥远、河北、山西、山东、陕西、河南11个省和北平、天津、哈尔滨、青岛4个市。运动会每两年在各省、市轮流举行一次，后来改为每年举行一次（表4.6）。

表4.6 历届华北运动会体育场地简况一览

第一阶段（以学校为参加单位）

届数	举办时间	地点	体育设施
1	1913	天坛	天坛并无体育场地，由于体育场匮乏，在天坛公园南部的空地上举办过全国运动会和华北运动会
2	1914		
3	1915	南开学校运动场	第10届运动会会场布置整齐，场地四周用苇席圈起，操场前搭彩牌楼一座
5	1917		
10	1923		
4	1916	汇文学校运动场（操场）	第8届华北运动会时，操场很大，四周空地较多。田径场西北角用席围起来，开设两个入口处，南口为普通入口，北口为特别来宾及运动员入口。第13届华北运动会时运动会的沙土却十分瘠薄，比地面还低
8	1920		
13	1928		
6	1918	保定东关校场	操场成"C"形，西面操场面积最大，为运动会主会场
7	1919	太原小五台	400m跑道+席棚主席台
9	1921	沈阳小河沿	参观席+运动员休息更衣处。场中极平坦，南北百余码；入场门在场地西北隅，木制门上悬"第九次华北运动会"匾额
11	1924	西北运动场	500m跑道+席棚看台。场址不宽，周围约有10余里
12	1925	山东省体育场	400m田径场+1个篮球场，主席台是用木构架搭建的遮阳篷

第二阶段（以地区为单位参加）

届数	时间	地点	占地面积（m²）	建筑面积（m²）	体育设施	设计者
14	1929	东北大学体育场	10万	3189	400m跑道，2条100m跑道，2个篮球场，2个网球场，2个排球场，3万人看台	杨廷宝
15	1931	山东省体育场	20846	16800	3万人砖石看台+主席台1座+看棚10间+风雨棚10间+办公室10间	未知
16	1932	开封公共体育场	81900	未知	田径场+球类场+8级看台+办公大楼	未知
17	1933	青岛市体育场	87156	4200	1个田径赛场，6个网球场，4个排球场15000人看台	宋君复
18	1934	河北体育场	20万	4.5万	田径场，中间有国术场、足球场、排球场、垒球场各1个，场的东部和西北部有6个网球场、4个篮球场、4个排球场、1个足球场、1个棒球场，容纳3万人	基泰工程司 关颂声

1912—1927年北洋政府和1927—1949年的国民政府可以分为两个阶段。

（1）操场时期：简陋的体育设施（1912—1927）

第一个阶段的体育设施较为简陋，由于参加的单位都是以学校为单位，没有正式建设相关的体育场或体育馆，多采用学校及社会场地举办运动会，如汇文学校和南开学校的操场、社会场地如保定东关校场[①]、沈阳小河沿[②]、天坛的运动场地。会场的布置已经体现了运动员、贵宾、普通观众的分区，出现了参观席、席棚主席台、运动员休息室等竞技性体育建筑必需的用房。席棚主席台是木构架搭建的主席台，与之后的有棚有座位的钢筋混凝土的主席台不同。此时跑道也不甚规范，拥有多种形制。

（2）体育场时期：完备的大型体育场（1927—1949）

1927年以后，国民政府建设了一批正式的体育场馆。以1929年举办第十四届华北运动会的北陵体育场作为开端，建设了包括山东省体育场、河南开封公共体育场[③]、山东青岛体育场[④]、河北体育场为代表的专业型的体育场，其中尤其以山东青岛体育场的建设为鼎盛的代表之作。体育场多以钢筋混凝土和砖石材料建造，考虑的是能够赛后同时作为永久性的大众型公共体育场，规模巨大，代表当地最高建筑水平。华北地区体育场的修建满足了当地对大型正规体育场的需求，如第十九届华北运动会由北平承办任务，但北平自1930年以来，一直没有修建正规的体育场。袁良市长决定在先农坛修建北平市公共体育场。

4.2.3.2 全国运动会完善建设标准和拓宽建筑类型

随着中国近代体育的进一步发展，定期召开运动会、全运会促进了体育场馆的建设。20世纪初期是全运会的开端，历时40年，共举办了七届。随着全运会规模的扩大和名声的增加，参加单位和参加人数、比赛项目（表4.7—表4.9）、观众人数增多。全运会的场地也逐渐完善，体育场地的设计标准也从无到有。最初租借的室

表4.7 全运会的比赛项目

届数	比赛项目
1	男子田径、足球、篮球、网球四项
2	男子田径、排球、足球、篮球、网球、棒球六项
3	男子设田径、游泳、篮球、排球、足球、网球、棒球，女子设篮球、排球、垒球
4	男子设田径、游泳、篮球、排球、足球、网球、棒球、全能，女子设田径、篮球、排球、网球等项目
5	男子同上增加国术表演，女子同上加上垒球、游泳
6	同上
7	同上加乒乓球、举重、拳击，女子同上加乒乓球

---

① 保定陆军军官学校（习称保定军校）大操场，亦称保定东关大教场。

② 小河沿体育场位于沈阳市大东区小河沿附近，初名奉天公众体育场，百姓俗称小河沿体育场，这是奉天城第一个正规的大型公众体育场。1920年，第九届华北运动会拟在奉天省城举办，这是奉天第一次举办大型体育赛事。小河沿体育场不仅是人们强身健体的地方，也是奉天军政各界举行大型活动的场所。

③ 1931年开始建造，当年9月落成。华北体育场占地面积8.19万㎡，由田径场、球类场、八级看台、办公大楼及南大门等组成，初名河南省公共体育场，是当时国内最大的体育场之一。1932年10月10日至13日，第十六届华北运动会在此举行。

④ 青岛第一体育场原称"汇泉体育场"，始建于1933年3月，同年6月全部建成。该场是为承办第十七届华北运动会而在当时青岛市市长沈鸿烈允许下修建的。

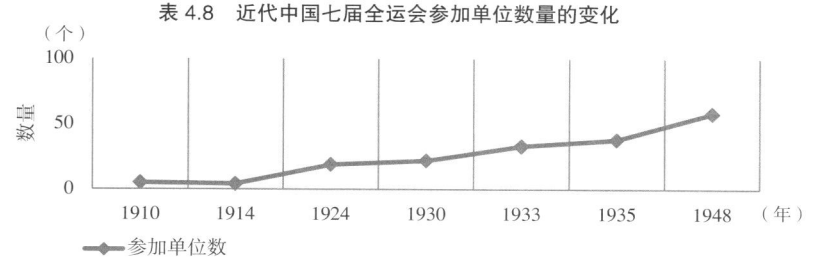

表 4.8　近代中国七届全运会参加单位数量的变化

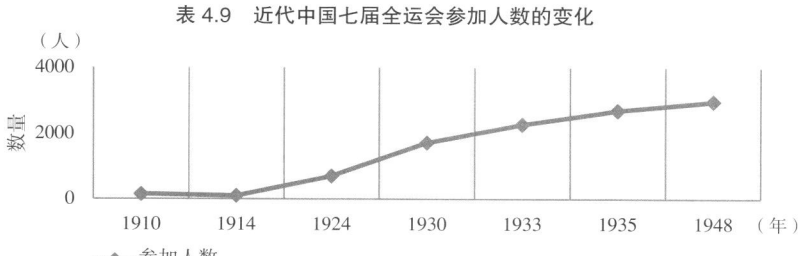

表 4.9　近代中国七届全运会参加人数的变化

外简易空地演化成设计师精心设计的接近国际标准的体育场馆。全运会的召开推动了南京、上海等地的体育建筑的建设，也促进了其余省市地区体育建筑的兴建。各个地区纷纷建设体育建筑，举办全运会的预选赛，体育建筑成为民族体魄的场地象征。

近代中国全运会的体育建筑建设可以分为两个历史时期：①临时借用的场地（1910—1924），②国人自建的体育场馆（1924—1949）。以民国第三届全运会为历史分界点，国人首次承办的运动会和自建的大型体育场——武昌体育场作为过渡，自此中国的体育场馆迎来了规范化、有固定形制的历史时期（表 4.10）。

表 4.10　民国全运会体育场馆（1912—1949）

届数	举办时间	举办地点	体育设施	设计者	筹办者
1	1910-10	南京南洋劝业场	场地临时借用	未知	基督教青年会
2	1914-05	北京天坛公园	场地临时借用	未知	基督教青年会
3	1924-05	湖北省立公共体育场（武昌体育馆）	田径场（包括400m椭圆形跑道和200m直线跑道），草地足球场、排球场、篮球场各1个、网球场6个、游泳池和1所健身房、体育场办公室	郝更生	中华业余运动联合会
4	1930-04	杭州梅东高桥体育场（国立杭州运动场）	场地南北长约243m，东西宽约380m，场内有标准田径场，足球场、棒球场、网球场、排球场各1个，木制看台容纳12 000名观众，运动员宿舍 之江大学游泳池	舒鸿	全国体育协进会
5	1933-10	南京中央体育场	35 000座田径场，游泳池，4000座棒球场，5000座篮球场，5450座国术场，10 550座网球场，排球场	杨廷宝	国民党政府成立筹委会
6	1935-10	上海市体育场	60 000座体育场、5500座体育馆、游泳池	董大西	国民党政府成立筹委会
7	1948-05	上海市体育场	60 000座体育场、5500座体育馆、游泳池	董大西	国民党政府成立筹委会

(1) 临时借用的场地（1910—1924）

毫无疑问，1910年在南洋劝业场的"第一次全国运动会"和1914年在天坛的"第二次全国运动会"在比赛场地、赛事安排和过程上都表现出了初步尝试的特征。这两次比赛场地均是临时借用的，并不完全符合比赛要求，赛事在空地上举行，赛事组织者也没有搭设观众看台。虽然最后1910年劝业会场的全运会被定性为第一次全运会，但还是得用"不完善"一词形容这些体育场地。当然，尽管这两处体育场地并不适合观看，这些问题在1910年还是得到包容。

(2) 国人自建的体育场馆（1924—1949）

中国人自己首次承办的运动会是在1924年的"第三届全国运动会"，中国人首次建造了大型运动场地——武昌体育场。武昌体育场仍有许多不足：选址位于老城内，导致场地局限，田径赛场和足球场被迫做成东西向，不符合规则标准，空隙地太小，不能容纳大多数观众使用。财政经费不足、缺乏经验，跑道内的沙坑跳道任意布置，毫无章法，足球场的空间被占据，主场内不能进行足球比赛。田径场跑道范围狭窄，场地没建设永久的混凝土座席，而是被廉价的露天长条凳包围。游泳池的漏水问题严重，导致游泳比赛延迟，赛后泳池因换水及卫生问题难以使用。

1930年2月，浙江大学舒鸿教授设计的国立杭州运动场落成。赛后场地日渐荒芜，场地被国民政府命令浙江省教育厅接收，改设省立体育场，1931年9月12日举行奠基典礼，三个月内竣工。场地设施有1个足球场、1个棒球场、5个网球场、1个篮球场、2个排球场、1个田径赛场，全场可容纳20万观众。场舍由场长陈柏青主持规划，审美设计公司设计绘图，中南建筑公司承造。[1]

杨廷宝设计的南京中央体育场篮球场的南面是国术场，因中国拳术有八卦之称，且考虑到视线的要求，采用正八角形平面，最远的视距18.2m。国术场朝北的正门有牌坊和北面的篮球场相对应。篮球场的式样和国术场相称，八角形平面，挖出的盆地作为赛场，球场是木地板，四周的看台用土坡砌筑。平台下有运动员的入场通道，两侧是运动员更衣室和浴厕等。棒球场用山坡作看台，呈小于90°的扇形看台，场地半径为85m，看台利用原地的东北两面山坡建造，以免妨碍观众视线。内运动员休息室地坪低于室外地面。场地四周围以铁丝围栏，入口正对木垒，由两牌坊门道至场内。网球场与国术场、棒球场成一中线，而与进场大道，成直角。每一赛场，均设高铁丝网，分别间隔。更衣室居南面高岗上，内分男女更衣、淋浴、厕所各室，并有茶点室一所，以备平时人往来能得休息之地（图4.24）。[2]

[1] 杭州市体育局，中国体育博物馆杭州分馆主编《杭州体育百年图史》，杭州出版社，2008年，第280-282页。

[2] 南京工学院建筑研究所：《杨廷宝建筑设计作品集》，中国建筑工业出版社，1983年，第19-53页。

（a）田径场入口大门外观

（b）田径场司令台全景

（c）田径场内景

（d）游泳池正面

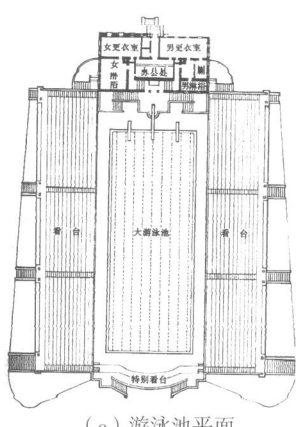
（e）游泳池平面

（f）篮球场内景

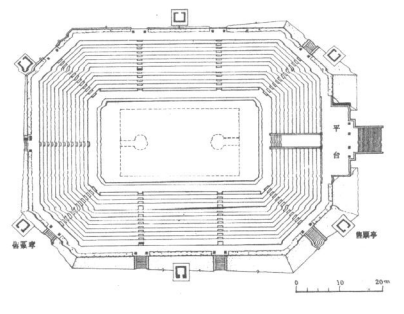
（g）篮球场平面图

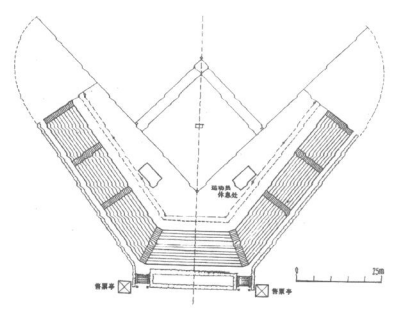
（h）棒球场平面

（i）国术场内景

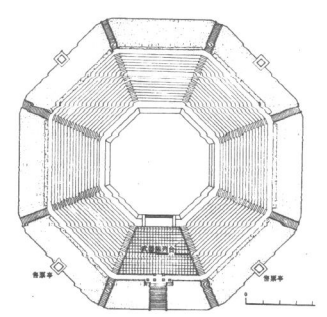
（j）国术场平面图

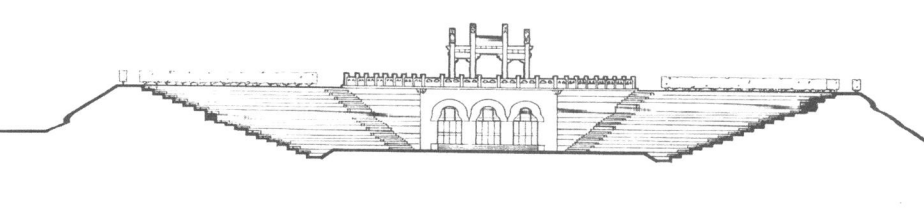
（k）国术场剖面图

图 4.24 民国第五届全运会比赛场馆

举办了民国第六届、第七届"全运会"的体育场馆——上海市体育场建成于1935年（民国二十四年），占地约300余亩（20公顷）。"上海市体育场建筑之伟大、范围之广袤，其于体育场之地位，目下远东殆无与匹。"上海市体育场整个体育场由建筑师董大西主持设计，将中国古典元素糅合进现代体育场馆，既宏伟又典雅。上海市体育场全部参照当时欧美最先进的标准，功能性也十分强大，被称为"远东第一体育场"。上海市体育场由运动场、体育馆、游泳池三大建筑组成，运动场由田径场和看台组成，为体育场的主体。1937年（民国二十六年）的"八一三"事变后，体育场沦为了日本的军火库，遭到了严重的破坏（图4.25）。

（a）上海市体育场鸟瞰

（b）上海市体育场

（c）上海市体育馆

（d）上海市体育馆室内

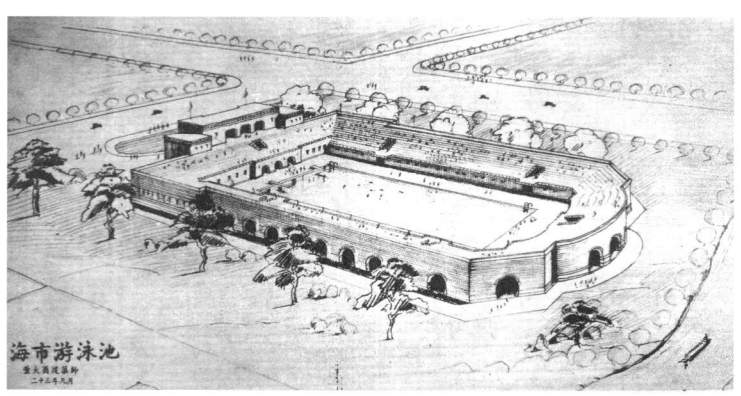
（e）上海市游泳池

（f）上海市游泳池内部

图 4.25　上海市体育场

4.2.3.3 华中运动会体育场馆发展概况

1921 年上海举办第五届运动会时,执行委员规定全国分华东、华北、华中、华南等运动区,各区定期举办运动会。1923 年 3 月,各省的代表齐聚武昌,推定了湖北、湖南、安徽、江西的华中体育联合会的委员。并商定了同年 5 月在武昌举行第一届华中运动会,以后在各省轮流举行[①](表 4.11)。

表 4.11 民国时期的中国华中运动会体育场馆(1912—1949)

届数	举办时间	地点	体育设施	比赛项目
1	1923-03	湖北省立公共体育场	体育场、游泳馆、体育馆、网球场、篮球场、排球场、棒球场	男子田径、篮球、排球
2	1924-05	湖南省立公共体育场	200m 直径跑道、800m 圆圈跑道各 1 条,跑道内有足球场、田赛场,还有 6 个篮球场、4 个排球场、1 个网球场、1 座游泳池	男子游泳、足球、网球
3	1925-04	南昌顺化门外大会场	煤渣铺了有一个 400m 跑道的田径场,用芦席做围墙,木料搭建了简易看台	增加男子棒球、女子篮球、网球、垒球
4	1930-03	安徽省立公共体育场	400m 跑道、游泳池、篮球、足球、排球场、棒球、网球场	始设女子田径
5	1934-05	湖北省立公共体育场	体育场、游泳馆、体育馆、网球场、篮球场、排球场、棒球场	增加女子游泳、垒球
6	1936-10	湖南省立公共体育场	网球场、游泳池、球场和篮球场各 2 个	同上届

1930 年,安庆为了筹备第四届华中运动会,把东门外五里庙标营旧址辟为省立公共体育场,并将原省立体育场改为分场。新建的省立公共体育场修建了 400m 跑道、游泳池、室外篮球、足球、排球场、棒球与网球场等,设备略具规模。因东门外新设的体育场地点偏僻,使用不方便,仅开过第四届华中运动会。[②]

4.2.3.4 江南第一次联合运动会会场

1898 年,北洋大学堂主办,水师学堂、武备学堂和电报学堂等学校参加的校际运动会是中国最早的校际运动会,形成了 1902 年起的天津各校联合运动会。1907 年南京举行的江南第一次联合运动会是当时规模最大的一次校际运动会,亦称"宁垣学界第一次联合运动会",它标志了现代体育在中国各级各类学校初步实施成果的展示。当时共有 80 多所学校联合举行,比赛项目有竞走、球类、舞蹈、武术、马术、体操表演等 69 个项目,既有兵式体操,也有西式竞技运动,会场设在小营前空旷之地,折射了当时学校体育运动的情况,是中国传统体育和西方体育的混合(图 4.26)。

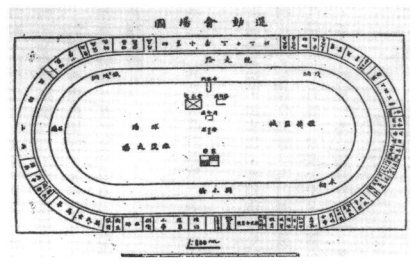

(a)江南第一次联合运动会会场图

(b)江南第一次联合运动会会场鸟瞰

图 4.26 江南第一次联合运动会会场

4.2.3.5 第八届远东运动会体育场馆

1921 年上海举办第五届远东运动会,上海中华基督教青年会体育部干事葛雷(J. H. Gray)承租下劳神父路的地皮,希望将此地建成华人的体育娱乐中心以及全国和国际体育竞技比赛的中心,且希

---

① 体育文史资料编审委员会编《体育史料第 9 辑》,人民体育出版社,1983 年,第 12 页。

② 体育文史资料编审委员会编《体育史料第七辑》,人民体育出版社,1982 年,第 10 页。

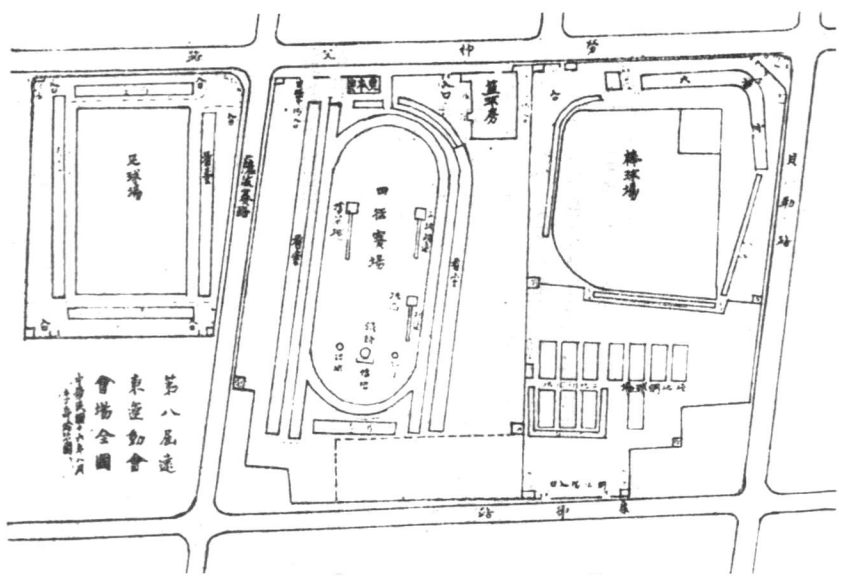

（a）中华运动场平面图（1927年）

（b）中华运动场的运动员们

（c）中华运动场的木板篮球房

图4.27　中华运动场

望在这举办第八届远东运动会。后中华全国体育协进会将此地的网球场、篮球房、田径场、足球场和棒球场等五个运动场收归名下，统称"中华运动场"。中华全国体育协进会在此建设了标准体育场，四周为跑道，中间为足球场，并建有网球场、篮球房等，建有1个可坐2万人的看台（图4.27）。此处后举办了1926年的华东、华南足球分区赛、江南大学第一届运动会、第一届万国运动会等比赛及1927年的第八届远东运动会。

4.2.3.6　运动会场馆的类型特征

中国的最早期的全国性运动会仍存在许多缺陷：①运动会的设项不稳定，变化大、随意性强。以全国运动会项目为例，第一、二届项目的设置只有男子四项和六项，从第三届运动会开始分成男女项目设置从10项增至19项，项目保持增多趋势。②运动场地标准性不够，功能和规模没有产生规范的标准。跑道长度有的400m，有的500m。主体育场的规模和体育建筑的场地工艺也不一致，体育场主场地内设国术场等，游泳池长度也不够规范，整体呈现出不够统一的面貌。③比赛缺乏统一的规范和标准。④经费短缺，经费成为运动会的障碍。

（1）以国际标准建造

20世纪二三十年代的国际奥运会的体育场馆为中国竞技性体育场馆提供了设计理念和建造方法。第五届、第六届的全运会场馆以世界奥林匹克体育场馆作为参照。南京中央体育场设计之初就考虑要举办远东或者世界性的运动会。上海市体育场的"各种比赛场地、尺寸均合世界运动会标准"。1924年的巴黎科龙布运动场、1932年的洛杉矶运动场均为中国体育场馆提供了良好的范本。

（2）罩棚的产生

体育场罩棚的诞生使得观众可以全神贯注观看比赛。露天体育场中自然光线不受约束地直接照进赛场，影响了观众的视觉感受。体育建筑的宏大体量通过敦厚的基座和轻盈的顶棚构造得到完善，罩棚的诞生使得体育场形象更加完善，静谧的建筑有时看上去像是个朝拜的圣地，有时却像伫立的罗马万神庙一样雄伟壮丽。由于观众的参与，整个现场气氛都会被他们的情绪、呐喊声和举动所感染而变得热烈起来。

4.2.4 延续与分异：租界与伪满洲国体育场馆的发展

租界内和伪满洲国内的一批新的体育场馆重构了中国的体育建筑的版图，综合性体育场馆、赛马场、高尔夫球场是此股建筑浪潮最重要的代表。这些体育场馆的特征鲜明，以大跨度、高科技的特征宣告了体育场馆新时代的来临。这些体育场馆是设计者精心筹划的产物，是体育运动在中国传播的结晶，而其建造者和推动者，则是生活在租界和伪满洲内的西方殖民者，这是中国过去几千年内没有出现过的局面，殖民者的疆域扩展为体育场馆的扩张和聚集提供了土壤。

4.2.4.1 综合性体育场馆

伪满洲国国立新京综合运动场，俗称"南岭综合运动场"，是由日本的建筑师中山克己设计的。体育场包括了田径场、自行车比赛场、足球场、棒球场、网球场及简易的篮排球场（图4.28）。还规划日后建设万人的体育馆和游泳馆。后者由于日本战败未能实现（图4.29）。

整个体育场占地面积巨大，主运动场（陆上竞技场）始建于1933年9月，东西向布置，占地8.75万m^2，由8条400m标准跑道组成，每道宽1.25m。场内布置105m×70m的足球场。跑道由块石、碎石、砖石构成，表层铺设透水性良好的火山岩。田径场南面正中有主席台，四周是土坡看台。后陆续建造了足球场、自行车场等体育设施。

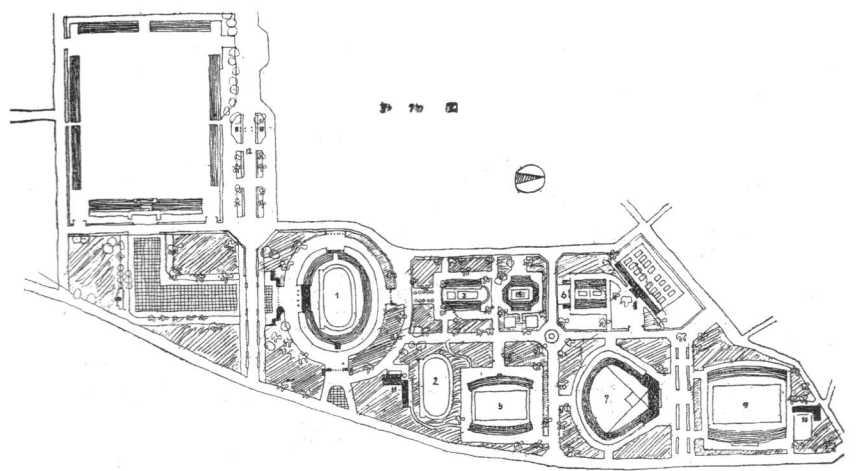

1. 陸上競技場　　5. 蹴球競技場　　9. 馬術競技場
2. 同 練習場　　6. 庭球競技場
3. 水泳競技場　　7. 野球競技場
4. 籠球競技場　　8. 庭球練習場

图4.28　新京综合运动竞技场

图4.29　新京体育馆

图4.30　奉天体育馆

1944年，该田径场被整修成可容纳4万名观众的水泥看台的标准田径场。

新京综合运动竞技场建成后，每年一次的"建国纪念运动会"和每两年一次的"（伪）满洲国体育大会"都再次举办。"（伪）满洲国建国十周年"纪念典礼开幕式也在新京综合运动竞技场举行，且在此举行了阅兵式（图4.31）。

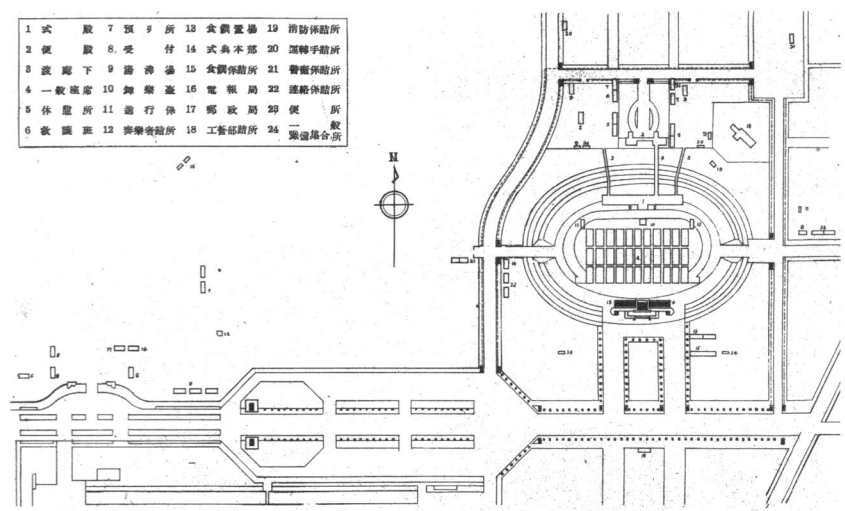

（a）举办"（伪）满洲国建国十周年"会场平面

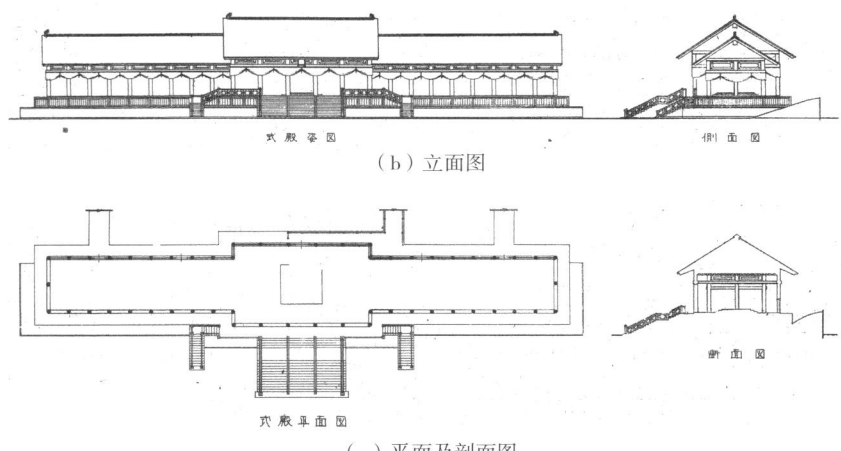

(b) 立面图

(c) 平面及剖面图

图 4.31 "(伪)满洲国建国十周年"的新京综合运动竞技场

大连体育场占地面积 6.6 万 m²（两万坪），场内面积 4.6 万 m²（一万四千坪），跑道周长 400m，直线距离 200m，露天泳池长度 50m，有高度 1m 和 3m 的两种跳台。总体座席 1.5 万席。总花费 33 万日元。整个建筑主要是两个部门设计，运动场正面看台和泳池看台由满铁建筑课设计监督，对方看台和陆上竞技设施是由关东厅土木课设计监督（图 4.32）。

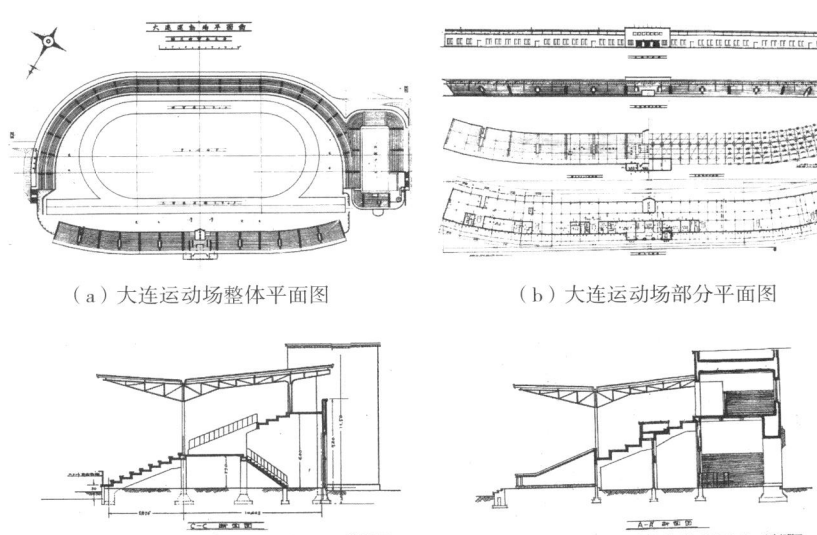

(a) 大连运动场整体平面图　　(b) 大连运动场部分平面图

(c) 正面看台的侧部剖面图　　(d) 前面看台的中央部剖面图

(e) 对面看台及竞技设施　(f) 正面看台　(g) 正面看台的中央贵宾席

图 4.32 大连运动场

第 4 章 体育建筑的吸收移植（1912—1949）　083

4.2.4.2 赛马场和高尔夫球场

新京赛马场，前身为新京赛马俱乐部。1935年9月，赛马设施落成。赛马场的看台为两层的砖混结构建筑，长约100m，高8m左右，45°起坡，能容纳千余人，看台座椅为木制，上面有钢支架的遮雨棚，遮雨棚覆盖了整个看台，细部贴有酱色瓷砖（图4.33）。

图4.33 新京赛马场

4.2.4.3 回力球场

回力球场并不是以体育运动为目的，而是以赌博为目的。旧中国有三种大型的赌博形式，即跑马、跑狗和跑人。回力球场的正式名称为"中央运动场"，英文为"Auditorium"。它是经法国外交部批准，上海的法国领事签发开业执照开设的。1929年，上海在亚尔培路霞飞路建造了回力球场，雇佣外籍球员进行回力球比赛。球场东、南、北三面是墙，西面是看台。看台上装了铁丝网，场地宽约18m，长约90m，球员20余名。1934年建成的新球场可容纳2500名观众，看台座席是弹簧皮面的靠背椅。[①] 建筑占地面积2709m^2，建筑面积6435m^2。1949年后整修改建为上海市体育馆，球场面积55m×14.5m，1975年改名为卢湾区体育馆，20世纪90年代大部分被拆除，建造巴黎春天大厦（图4.34）。

（a）上海回力球场外景　　（b）巴黎春天百货大厦

图4.34 上海回力球场

之后，天津也兴起了回力球赌博。1933年，意大利建筑师鲍乃弟（Bonettl）和瑞士建筑师凯思乐（Kessler）共同设计了天津的回力球场，它被正式命名为"天津意商运动场"，它是钢筋混凝土结构，主入口有高达36m的塔楼，建筑面积1963m^2，窗间刻有竖向线条[②]（图4.35）。

① 沈福煦，沈燮癸：《透视上海近代建筑》，上海古籍出版社，2004年。

② 陈久生：《近代天津风貌建筑》，天津古籍出版社，2005年，第65页。

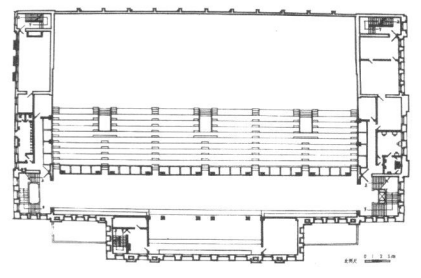 

（a）天津回力球场二层平面图　　（b）天津回力球场二层平面图

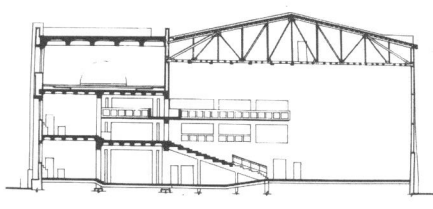 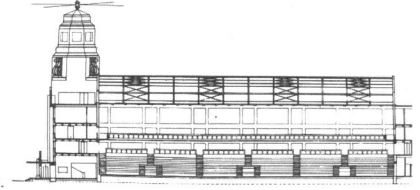

（c）天津回力球场横剖面图　　（d）天津回力球场横剖面图

图 4.35 天津回力球场

4.2.4.4 神武殿

日本人为纪念"皇道纪元 2600 年"在长春建造了神武殿，它是政治性建筑，是长春的日本人祭祀天皇和习武的场馆。它是由专业的武道场馆设计师"（伪）满洲国武道会技术宫地二郎"设计的，外观采用日本庙宇的传统样式，由钢筋混凝土建造。一层建筑面积 2829m²，半地下室 2189m²。神武殿是日本人举办武道大会和练习剑术和柔道的场所（图 4.36）。[①]

（a）神武殿立面图　　（b）神武殿剖面图

图 4.36 神武殿

租界内矗立起令人惊讶的雄伟壮观的体育建筑的同时，中国人正体验着受压迫的痛苦。这些建造在中国土地上的西方体育建筑，昭示了西方资本与政权对租界空间的控制，象征了西方体育文化在中国的殖民权威（表 4.12）。这些体育建筑蕴含了复杂和矛盾的意义，它们有时被作为中外力量角逐的政治性场所，像虹口公园等被用作重大纪念庆典活动及文艺演出的舞台。在这个过程中，这些体育建筑的使用功能渐渐超出了原先的体育功能，做出了调整，成为当地侨民的文化场所，成为一种向民众灌输的政治符号。

---

① 王新英，崔殿尧，宋志强：《长春建筑寻踪》，清华大学出版社，2014 年，第 62 页。

表 4.12 中国近代租界和伪满洲国体育场馆（1912—1949）

地点	体育馆名称		建设时间	体育设施
天津	民园体育场		1926	场内西侧建有不足百米的木制和水泥看台，看台前修了 6 条 200m 的直线跑道，并开辟 6 条 500m 跑道的田径场地和两个足球场
上海	逸园跑狗场		1928	6 条跑狗跑道，内圈为标准足球场，并有舞厅、小高尔夫球场、旅馆、餐厅等
上海	回力球场		1930	建筑面积 6435m²，球场为 56m×13m 的狭长场地，2500 座看台
天津	回力球场		1933	首层有观众休息厅、茶座厅以及带淋浴的运动员更衣室、厕所等。二至四层是各种游艺厅和彩票房。除室内活动场所外，屋顶还建有 540m² 的露天游艺场
上海	西侨青年会		1932	建筑面积 6.5 万 m²，楼内有更衣室、体操市、理发店、游艺室、阅览室、图书室、弹子房、裁缝店及客房，还有体育馆、游泳池等
上海	虹口公园		1896	筑起了简易的靶垛，形成了最早的虹口靶子场，商团武装经常在这荷枪实弹、纵马飞奔
			1909	扩建公园运动场，仿照英国最新的格拉斯哥城体育公园，园内有 9 个孔的高尔夫球场一座，草地网球场 75 个，硬地网球场 8 个，足球场 3 个，草地滚球场 5 个，还有曲棍球场、篮球场和田径场
			1921	娱乐场南端建造露天游泳池
			1932	园的东北部建造 2 号曲棍球场，其间辟有可供 8000 名观众的场地
			/	靶垛山上砌筑保护墙，使靶场和公园分离
沈阳	奉天国际运动场		1930	建筑面积 1.6 万 m²，占地面积 10.5 万 m²，6 条 400m 环形跑道，中间设标准足球场，1.1 万个钢筋混凝土看台，在主场东侧，设有 2500 人看台的棒球场
大连	大连市体育场		1925	占地面积 9.2 万 m²，8 条 400m 跑道、10 条 200m 跑道，跑道内是长 102m、宽 65m 的黄土足球场、露天泳池长度 50m，带有 1m 和 3m 高两种跳台
长春	南满铁路运动场	棒球场	1924	占地面积 1.97 万 m²
		田径场	1927	占地面积 3.38 万 m²，冬季为滑冰场，内含足球场，长 100m，宽 75m
长春	新京高尔夫球场		1935	标准 18 洞的高尔夫球场
长春	新京赛马场		1935	两层砖混结构的看台，长约 100m，高 8m 左右，容纳千人
长春	国立新京综合运动场	田径场	1934	占地面积 8.75 万 m²，9 条 400m 跑道，跑道用火山岩铺设，四周有土坡看台，中央有简易主席台
		足球场	1933	占地面积 1.74 万 m²，田径场内有长 105m、宽 70m 足球场，有土坡看台
		网球场	/	/
		棒球场	1933	占地面积 3 万 m²
		自行车比赛场	1942	占地面积 5.94 万 m²，有土坡看台，内有足球场一个
长春	神武殿		1939	柔道剑术场、相扑场、小道场、半室外射箭场等
长春	儿玉公园	陆上竞技场	1924	建筑面积 3.38 万 m²
		棒球场	1924	建筑面积 1958m²
		滑冰场	1934	建筑面积 3775m²
长春	大同公园	游泳场	1937	1 个游泳场，建筑面积 1150m²
		网球场	1937	2 个网球场，建筑面积 1800m²
		篮球场	1937	2 个篮球场，建筑面积 2000m²
		排球场	1937	2 个排球场，建筑面积 2000m²
长春	白山公园	网球场	1937	2 个网球场，建筑面积 2000m²
长春	顺天公园	网球场	1927	3 个软式网球场，建筑面积 2000m²
长春	白菊路公园	白菊路游泳场	1934	1 个游泳场，建筑面积 1064m²
长春	东光胡同	电业足球场	1934	1 个足球场，面积 5000m²
		电业棒球场	1934	1 个棒球场，面积 16 800m²
		电业软式网球场	1934	2 个软式网球场，面积 1800m²
		电业室内游泳场	1934	1 个室内游泳场，面积 250m²

4.3 结构的类型特征：西方技术文化冲击下的结构体系的剧变

4.3.1 从砖木混合到钢筋混凝土的主体结构体系

体育建筑作为中国近代一种新的建筑类型，冲破了几千年几乎没有变化的中国古建筑的体系，使中国的建筑体系发生了巨大的变化，实现了一个新的飞跃。中国古典建筑以木结构为主，层数少、跨度小。这种特征应用于体育建筑的新功能要求下建造房屋有一定的矛盾。而19世纪对于体育建筑的意义在于它提供了体育建筑发展所需要的技术保证——大跨度空间结构技术。由于建造技术的限制，当时主要采用砖木结构，少量采用钢筋混凝土结构，结构形式简单。砖木混合结构是对中国传统木构架结构的第一次冲击。传统的建筑材料与结构形式必然令场地尺寸受到一定的限制，而且在建筑形式上也和其他建筑没有多少差别（表4.13）。

表4.13 中国近代三种结构类型对比

结构体系	砖木结构	钢筋混凝土框架结构	砖墙钢筋混凝土混合结构
承重性能	砖为主要承重构件、木材为次要构件	钢筋混凝土梁柱承重、墙体不承重	砖墙为主要承重，局部采用钢筋混凝土承重
抗震性	抗震性较差	抗震性较好	抗震性较差
造价	造价低廉、营造速度快	造价相对较高，需耗费较多的钢筋和水泥	造价低，节约了钢筋和水泥的用量
空间特点	虽然面积小，但是空间分割相对较方便。灵活性小于钢筋混凝土框架结构	没有结构墙体的限制和制约，因此能为建筑提供灵活的使用空间	适用于房间面积小，多层和底层的建筑，开间进深较小，房间面积小
层数	一般是平层(1—3层)	能够支撑较高的楼层	层数过多（以6层为标准），墙体变厚，建筑内部有效空间变少
建筑面积	建筑面积较小	层数较多，建筑面积较大	层数较多，建筑面积较大
典型案例	翟雅阁健身所、沪江大学北体育馆、清华大学体育馆、东南大学老体育馆、北京大学第一体育馆、北京大学第二体育馆	武汉大学宋卿体育馆、华南理工大学老体育馆	南洋公学体育馆
建造时间	19世纪末20世纪初	20世纪二三十年代	20世纪二三十年代

4.3.1.1 砖木混合结构

在承重方式上，中国传统建筑是以抬梁式和穿斗式为代表的木框架承重体系，墙在中国传统建筑中的作用是维护结构而非承重结构。西方古典建筑是基于墙承重体系而发展演变形成的建筑形式，墙既属于重要的承重结构也是维护构件。中国近代体育建筑的主体结构完全脱离了中国传统的木梁架体系，19世纪后期，中国本土木结构形式与西方结构形式发生碰撞，受本土建筑结构和建筑材料的影响，木结构与砖石结构的建造方法融合，形成了以砖墙承重、木梁板结构的混合承重的砖木混合结构（砖混结构）。它是近代体育建筑主体结构普遍采用的一种构造方法。直到现代砖混结构和钢筋混凝土建筑普及以后，这种结构方式才逐渐消失。

19世纪末20世纪初的体育建筑主体多采用砖木结构，它是由砖块、石块等砌体作为墙体或柱子竖向承重，木屋架或木梁架入砖墙或砖柱内，上面铺设木屋盖或木楼板来解决承重的结构。近代体育建筑的砖木结构中墙是主要的承重构件，因而墙体一般很厚，墙体表现成为不可或缺的。砖木混合结构一般只能建设1到3层，所以这时期的体育馆多是2到3层。砖混结构的体育建筑比木质结构的建筑显得更加高大坚固，更容易形成标志性空间。1917年建成的沪江大学北体育馆是中国体育史上较早的体育建筑，也是尖顶哥特式砖木结构建筑，采用深红色砖墙和青瓦屋面。1919年动工，1921年竣工的翟雅阁健身所[①]就是二层砖木结构。清华大学西体育馆为2层坡屋顶砖混结构，总建筑面积约4700m^2。1928年建成的复旦大学体育馆由朱森泰营造厂负责建造，为砖木结构。东南大老学体育馆为砖木结构，三层高，建筑面积2316.92m^2，砖墙承重，底层采用木柱、木梁、木楼板及小格栅。室外楼梯为钢筋混凝土结构。二层和三层是木楼板，三层回廊用钢拉杆承重。北京大学第一体育馆坐落在未名湖东岸，坐东朝西，砖混结构。该建筑由三部分组成，中间部分地上一层，地下一层。地上一层为篮球馆，地下一层为健身房。第二体育馆该馆坐南朝北，砖混结构，二层仿宫殿式建筑。1919年由汉合顺营造厂承建的汉口华商赛马总会大楼为砖混结构，地上三层。1906年建成的上海四川路青年会会所也是砖混结构。天津青年会会所建筑高四层，外墙砖混结构，内部木质结构为主，绝大部分的建材都是从美国运来。由此可见，近代体育建筑广泛使用砖木混合结构。

4.3.1.2 钢筋混凝土框架结构

20世纪二三十年代，钢筋混凝土结构与钢结构在中国广泛应用，其中钢筋混凝土结构具有较好的结构安全性，可应用于大跨度结构。董大酉在《中国建筑》上发表的《上海市体育场设计概况》一文中描述了上海市体育场、体育馆、游泳池的建筑结构，均为钢筋混凝土结构："上海市体育场之建筑物用钢筋混凝土作架，红砖砌墙，而以人造石为外墙之勒脚及压顶，东西大门以人造石砌造，其余构造，则均颇简单，以取清雅，而省造价"（图4.37）。[②] 体育场的看台为钢筋混凝土框架结构，总长为760米，宽17米，高10米。

对体育馆的结构描述是："运动厅四周的看台支于坚固之钢筋混凝土及砖墙，宽约11公尺，凡十三级，每级宽66公尺，高36公分至41公分，设计时假定之活载为每平方公尺610公斤，连同静载

① 翟亚阁健身所由基督教美国圣公会投资修建，以当时离任校长翟亚阁的名字命名，是武汉三镇最早的三座体育馆建筑之一。

② 董大酉：《上海市体育场设计概况》，《中国建筑》，1934年第8期。

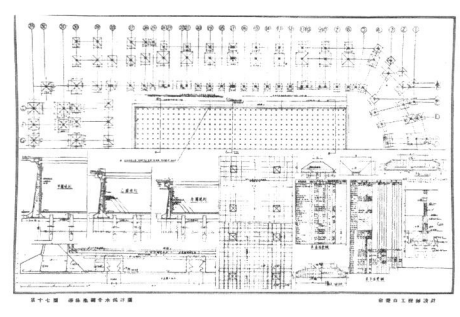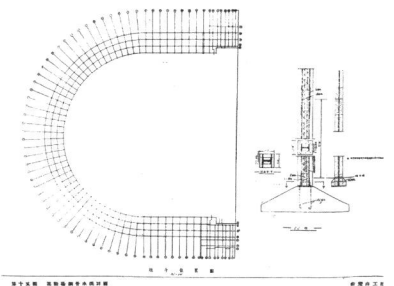

图4.37　上海市体育场游泳和运动场池钢骨水泥详图

每平方公尺120公斤，总计重为每平方公尺730公斤。"① 体育馆的主体结构是钢筋混凝土框架结构。

对游泳池的结构描述是"至池身构造，仅用钢筋混凝土及附水材料。以其足够抵御池水满时之水压及池空时之土压为度。池底打七百二十五根为基。池底及池边均铺白色马赛克。四壁砌白瓷砖，其他池上建筑物之结构材料，与运动场大致相同。"② 游泳池的池身和看台均为钢筋混凝土结构，池底和池边铺设马赛克。

武汉大学宋卿体育馆和竣工于1937年9月的华南理工大学北校区老体育馆主体结构均为钢筋混凝土框架结构。他们采用了西方现代建筑的结构形式和空间布局方式。钢筋混凝土框架结构是指由钢筋混凝土梁（主梁、过梁、圈梁）和钢筋混凝土柱形成的框架作为建筑物的骨架，墙体不承重，楼板采用钢筋混凝土板砌筑或装配而成的结构形式。钢筋混凝土框架结构能够满足体育馆内部大空间的需要，这种结构形式自由，造型丰富且坚固耐用。无论是现代主义风格的建筑、还是西方古典主义，甚至是中国固有之形式的建筑都可采用这种结构形式塑造宏大体量。

中间跨度较大、边跨较小的柱网布局方式可以适应空间布局的要求。中央跨度较大的柱网构成容纳体育场地的大空间，柱距较小的柱网容纳附属用房等小空间。宋卿体育馆采用钢筋混凝土梁、板、柱构成的钢筋混凝土框架体系。体育馆尺寸为35.05m×21.34m。建筑面宽七跨，进深五跨，采用650mm×650mm的柱子划分。附属小空间采用小框架划分，最大跨度5.2m，最小跨度2.8m，柱子尺寸350mm×350mm（图4.38）。

4.3.1.3　砖墙钢筋混凝土混合结构

近代历史建筑中除了三合土、青砖、灰瓦、木材等传统材料外，大量使用包括水泥、钢筋混凝土、玻璃、钢材五金、防水油毡、耐火材料、石膏等外来的先进材料。砖墙钢筋混凝土混合结构的竖向承重构件采用砖墙或砖砌柱子，而房屋的其他受力构件如楼板、楼梯、圈梁、过梁、屋面板等采用钢筋混凝土的结构形式。砖墙钢筋混凝

① 董大西：《上海市体育场设计概况》，《中国建筑》，1934年第8期。

② 同上。

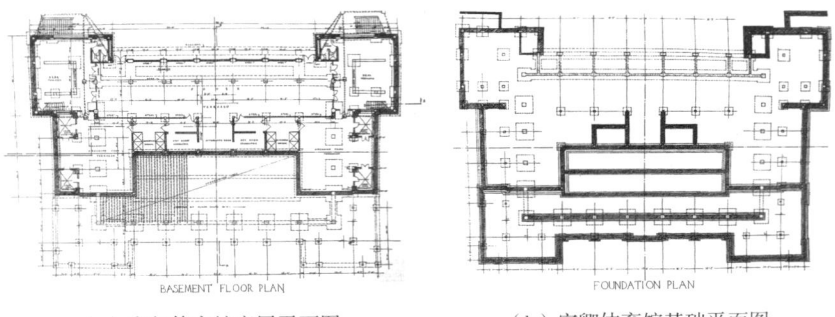

（a）宋卿体育馆底层平面图　　（b）宋卿体育馆基础平面图

图 4.38　宋卿体育馆

土混合结构以主要是以砖墙作为承重体系，局部采用钢筋混凝土承重的结构形式。砖墙钢筋混凝土混合结构早在 1873 年就开始在建筑上得到使用。

1925 年建成的南洋公学体育馆是局部钢筋混凝土框架的砖混结构，总建筑面积为 2957m²。建筑主体二层，局部三层。1932 年建成的沪江大学南体育馆坐落在学校的东南部，是一座钢筋水泥结构，尖顶哥特式二层建筑。建于 1922 年的沪江大学学院最老的游泳池坐落在学校的东北部，也是钢筋水泥结构。

4.3.2　大跨度屋架结构的初步发展

随着工业技术的发展，结构形式产生显著的变化。结构构建的尺寸被显著降低。钢材和混凝土的出现占据了建筑材料的主导地位。结构构建的形式从三维迈向二维甚至一维。实腹梁的部分腹部材料被掏空成为平面桁架，平面桁架逐渐成为空间桁架，进一步发展成平板网架。钢筋混凝土网壳为了降低自重，将钢筋混凝土材料去除，用钢构件代替，形成了钢网壳（图 4.39）。

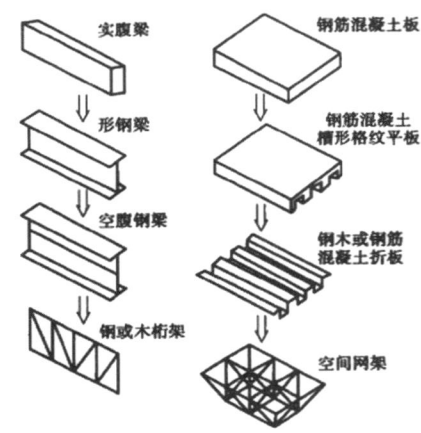

图 4.39　构件的演化

中国传统体育建筑没有产生成熟的室内场馆的形制，因而未采用过传统的木梁构架，近代体育场馆直接采用西式构筑方式。近代中国的大跨度屋架的结构技术是由工业建筑领域向民用建筑领域发展的（图 4.40），屋架是最有技术含量的部分，有多种形式。按照材料可分为钢屋架、钢筋混凝土屋架、木屋架、钢木屋架。按照形状可分为三角形、折线形、抛物线形、梯形、矩形屋架。按照技术类型可分为桁架、三铰拱、钢筋混凝土门架等，其中钢桁架使用量大。①

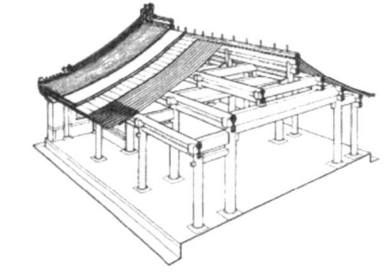

图 4.40　中国传统木框架结构和水晶宫

4.3.2.1　钢桁架、钢筋混凝土桁架、钢木组合桁架

框架结构演变成桁架结构，首先产生钢筋混凝土桁架，后出现钢桁架结构。20 世纪初，钢木屋架、钢筋混凝土半圆拱和钢屋架的相继出现，将结构跨度加大到 20m 左右。始建于 1903 年的哈尔滨

---

① 李海清：《中国建筑现代转型》，东南大学出版社，2004，第 179 页。

中东铁路总工厂机车车间,其组合式钢桁架跨度达 21.33m。1919 年建成的清华大学体育馆(现清华大学体育馆前馆)室内篮球场净宽 18.5m,净长 30m,屋架盖六榀钢桁架,上下弦和腹杆均由一对角钢组成,各节点用铆钉穿过角钢间的钢板连接成整体。上弦为人字形,下弦为弧形,两端支点有竖杆连接上下弦(图 4.41)。这一做法与荷兰早期现代主义建筑大师贝尔拉格(H. P. Berlage)的力作——1903 年建成的阿姆斯特丹证券交易所大跨钢桁架有着惊人的相似之处(图 4.42)。[①]

20 世纪 20 年代以后,桁架结构又有所发展,建于 1922 年的东南大学体育馆坐西朝东,为对称结构,采用的钢木组合屋架跨度达 20m(图 4.43)。南洋公学体育馆二层大空间大的篮球场是设计与建造的难度所在,建筑师采用的现浇梁板结构支承宽大的场地,跨度超过 20m 的横向空间采用钢桁架结构,在斜直上弦上形成自然双坡屋顶,并在双坡屋面上开出两列平天窗,引入天光;下弦杆则采用漂亮的弧线拱,以减轻、减小因大跨度所要求的结构大尺寸,并利用桁架两侧节点吊挂钢拉杆,吊住下部沿墙挑出的回廊跑道;如此建筑技术策略,即使放在今日高技术语境下看也是非常优秀的(图 4.44)。

20 世纪 30 年代后,桁架跨度不断增加,桁架结构选用的材料种类和结构形态也增多。1931 年设计的清华大学体育馆扩建工程使用了尖拱形钢桁架,跨度达 27.4m;建成于 1934—1937 年间的司马德体育馆主体部分屋架采用六榀芬式钢桁架和木制斜梁支撑,两侧

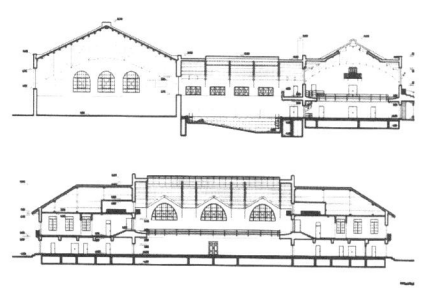
图 4.41 清华大学体育馆前馆剖面图

图 4.42 阿姆斯特丹证券交易所钢桁架

(a)东南大学体育馆内景

(b)东南大学体育馆外景

图 4.43 东南大学体育馆

① 李海清:《中国建筑现代转型》,第 179 页。

图 4.44　南洋公学体育馆室内

的健身房上空则覆盖豪式木屋架。建成于 1937 年的华南理工大学内的老体育馆内部的空间主体部分采用豪式角钢屋架，可以看出钢材显然在增加跨度及适应各种结构形态方面有较大优势。北京大学第一体育馆和第二体育馆内部也都采用的是型钢屋架。[①]

4.3.2.2　三铰拱屋架

随着生产力的提高，拱结构的材料经历了砖石拱、混凝土拱、钢筋混凝土拱、纯钢拱的发展历程，三铰拱的结构随拱技术发展应运而生。三铰拱是三个铰节点组成的拱形结构，两个置于基座处，一个位于拱顶。它比简支梁用料节省，且自重较轻，三铰拱能跨越较大的空间，但它不如简支梁、桁架等结构在选材和形态上具有优势，梁和桁架均可以选用木材，而三铰拱主要承受轴向压力，需选用抗压性能较强的材料，如砖、石等。

20 世纪 30 年代中国开始普及三铰拱结构，当时三铰拱刚架结构在国内乃至世界上都是先进的建筑工艺，它推动了中国近代大跨度结构的发展。中国在 1936 年建成了跨度达 21.5m 的三铰拱结构的宋卿体育馆，而创造中国近代结构单跨跨度最大记录的是上海市体育馆，它的跨度达到了 42.7m。俞楚白发表在《中国建筑》的长文中纪录了这一结构：

体育馆篮球房之屋面高度为一九.九一公尺。跨度四三.九一公尺。盖须头及屋面下不占地位。如用寻常钢构架，不合应用。唯有三支点钢拱架最为合宜。拱架之距离为六.七一公尺。下弦之半径为三十公尺。拱架之载重仅载屋面上风雪之重量，及屋面材料与拱架本身之重量。[②]

建筑师董大酉采用钢三铰拱结构设计并建造了上海市体育馆和武昌体育馆，这两个体育馆的设计遵从了国际标准，其结构原型可以从 1932 年的洛杉矶奥运会的体育场馆找到建造原型，洛杉矶奥运会的剑术馆就是采用了钢三铰拱结构，并在屋盖上使用玻璃砖为室内场地提供采光（表 4.14）。

[①] 方拥主编《藏山蕴海——北大建筑与园林》，北京大学出版社，2013 年，第 122 页。

[②] 俞楚白：《上海市体育场工程设计》，《中国建筑》，1934 年第 8 期。

表 4.14 部分大跨度建筑调查表

建筑名称	建造年代	设计者	施工者	概况
广州沙面游泳场	1887	未知	未知	钢屋架，跨度 13.10m
东南大学体育馆	1922	未知	未知	钢木组合豪式屋架，跨度 20m
上海市体育馆	1934—1935	董大酉、俞楚白（结构）	成泰营造厂	三铰拱刚架，跨度 43.7m
清华大学体育馆扩建工程	1931	沈理源（华信工程司）	未知	钢桁架，跨度 27.4m
宋卿体育馆	1936	凯尔斯	六合公司	钢拱，跨度 21.95m

上海市体育场体育馆屋之前后墙，高出平台以上者，成圆弧形，因随钢屋架之弧势，最高点计高20公尺，两边外墙高约12公尺。屋顶弧架前后排列计八个，相距各6公尺7公寸为三枢纽式钢铁拱形构架其跨度计42公尺7公寸，矢度计19.5公尺，上弦之曲线半径为30公尺。①

由上文董大酉在《上海市体育场设计概况》一文中的描述我们可以看出，上海市体育场体育馆的屋架排列了8榀三铰拱刚架，拱架的跨度是42.7m，每榀之间的距离大约是6.7m。上弦的曲面半径是30m，最高点是20m。这个三铰拱刚架的跨度创造了近代中国建筑结构之最。

上海市体育馆采用三铰刚拱有两个优点：①结构选型合理。三铰刚架最大优点为静定结构，计算简单，温度差与支座沉降差不会影响结构内力。由于上海地区软弱地基较为普遍，建筑易产生不均匀沉降，三铰刚架的这一优点极具实用价值。从使用情况看来，馆屋建成使用至今已近80年，但主体结构未发生异常变化，现仍正常使用。目前已经较大改动是在屋脊处加设了气楼式天窗。②该三铰刚架全部选用型钢作为结构主材，其中上、下弦及腹杆用L形角钢，

① 董大酉：《上海市体育场设计概况》，《中国建筑》，1934年第8期。

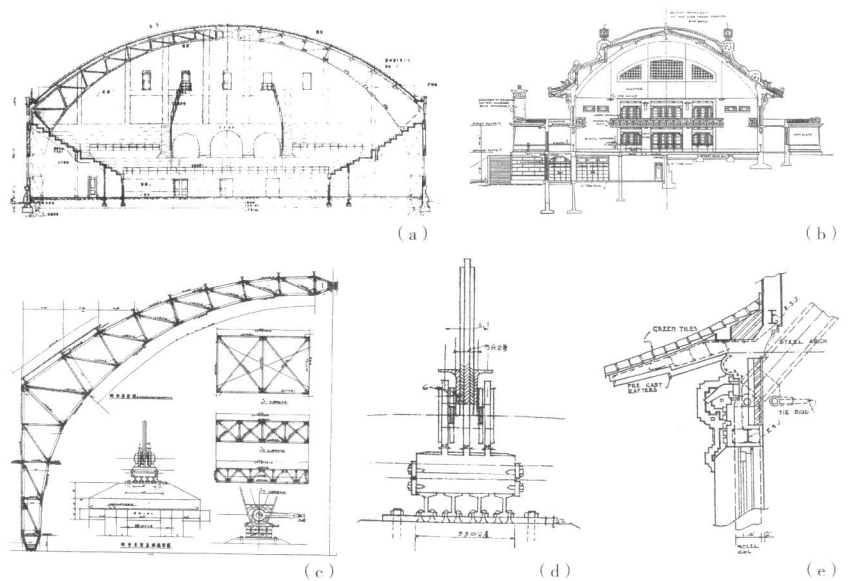

(a) 上海市体育馆剖面图
(b) 宋卿体育馆剖面图
(c) 上海市体育馆三铰拱门架详图
(d) 上海市体育馆三铰刚架支座详图
(e) 宋卿体育馆外墙节点详图

图 4.45 上海市体育馆和宋卿体育馆的三铰拱结构

夹合节点使用钢板焊接，而檩条则用工字钢。每榀刚架之间通过下弦设连续剪刀撑及分别位于屋脊附近和第五节间外侧的四处通长矩形钢桁架加强联系，提高结构整体性，利于抵抗侧向荷载。[1]

宋卿体育馆屋盖采用三铰拱刚架结构，跨度达 22.6m。屋盖由六榀不同开间的刚架组成，最小开间 4.8m，最大的 5.4m，较小的开间不用专门的横向联系构件拉结，刚架直接穿插在屋盖的结构梁上，屋架梁作为建筑的横向联系构件。单个三铰刚拱采用分段钢板铆接整个弧形钢板（槽钢）的方法，每段钢板采用的是两块槽形钢板通过铆钉铆接而成，这种构造的好处是可以根据三重歇山屋顶的折线形布置弧形三铰拱。每榀刚柱拱脚处的连接为通过铰结点和钢柱直接进行连接，三铰拱顶角部的构造节点为锥形钢材连接件通过两个工字钢连接到钢筋混凝土的屋盖上面（图 4.46）。

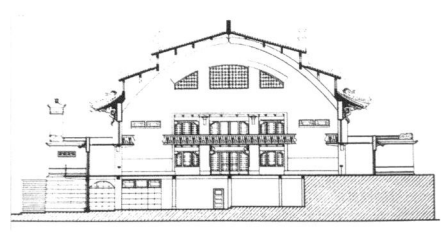

图 4.46 宋卿体育馆三铰拱结构

4.3.3 体育场看台结构

4.3.3.1 土看台

择较高之地中间开低其面积至少能容四百米之跑道为度（至少 180m×100m）。开去之土填场四周作参观之台倾斜之度以三十度为佳，过大则土下泻看客站立不稳场面如能高出外界地平线则出水甚易，用阴沟经台下通外方可也。若低于地平面，则用导管通出，在管委非用风车取水不可，手续较烦。因此此种建筑，所以不得不择较高之地与工也。[2]

如果跑道外面有天然的高岗或者取泥土便利的话可以建设土看台。但建设土看台时要注意出水时的沟渠，要不然下雨会将四面高岗的水向中间流去，泥土说不定会冲入场中，因此需要将木板或者砖泥土做成阶级上面铺些煤屑会好些。这种手法建设较为烦琐，如果在地势较高的地方建设土看台就比较方便了（图 4.47）。

新京综合运动场田径运动场南面正中建有简易主席台和四周的土坡看台。当然，1944 年这座田径场被再次整修，修建了可容纳 4 万观众的水泥看台的标准田径场（图 4.48）。

[1] 李海清：《中国建筑现代转型》，第 185 页。
[2] 吴蕴瑞：《体育建筑及设备》，勤奋书局，1933 年，第 32 页。

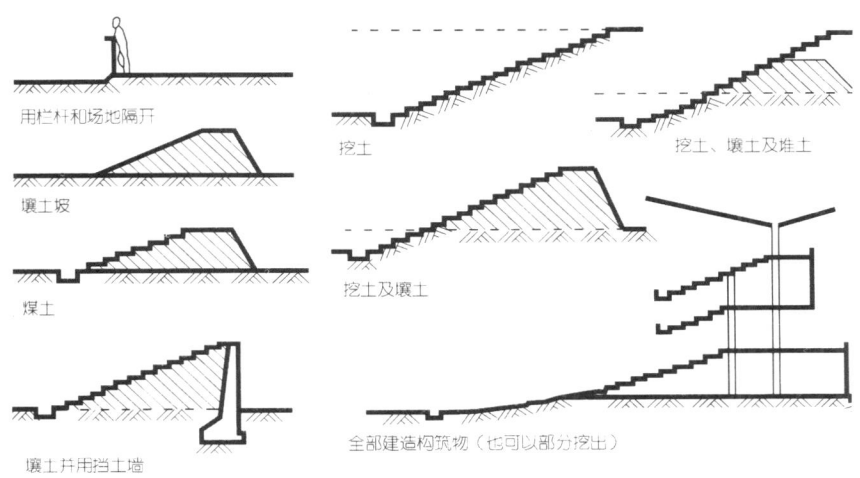

图 4.47 建造看台的几种方式

图 4.48 1936 年的新京综合运动场的田径运动场土坡看台

4.3.3.2 木看台

木看台造价高于其他看台，却比钢筋混凝土看台便宜，木看台优于其他看台之处为可以自由搬运移动。当时的学校较多使用木看台，因为学校经费不是很充足，准备五丈长的两座木看台就可以使用。1927 年修建的复旦大学体育馆，三面有木质看台五排，可立可坐，另一面为主席台，演出时可作舞台之用。整个体育馆包括中央场地加座在内共容纳 1600 余人。木看台可移动的特质方便它在各种比赛包括大型运动会中使用，杭州梅东高桥全国运动会场使用的就是木看台，外面涂上了柏油之类，可使其不至于因阳光雨水腐烂。民国八年（1919 年），山西省政府在太原碾压修建起临时的举办第 7 届华北运动会的"小五台体育场"[①]，它有 400m 跑道和一个用木结构搭起的席棚主席台。上海市体育场三大建筑构成鼎足之势，其间辅以网球、足球、棒球场地，这些场地都建有千余人的木制看台。

4.3.3.3 混合结构看台

混合结构一般以墙承重（多是砖墙），用钢筋混凝土作看台板，架空看台下部有大量空间可以利用。钢筋混凝土看台造价较贵，钢筋混凝土看台倾斜角度在 35 度左右，台下面可以作更衣室或休息室、办公室等用。[②]

---

① 民国三十年（1941 年），日本侵略军占领太原后，体育被利用为日本的军事、文化侵略工具。伪山西省政府为贯彻日军意图，又为举办"华北体育交欢大会"，拨款 21 万元，修建一个有 400m 跑道的田径赛场。看台梯形，周围铺设砖面，容纳 2 万民众。场内有较好的地板和天花板，有运动员更衣室、休息室、浴室，有 6 个篮、排球场，还有日本的相扑赛场，成为当时华北地区仅次于北平先农坛体育场的大型设施，即现在杏花岭体育场的前身。日本投降后，阎锡山重返太原，民国三十六年（1947 年）起，阎下令拆毁杏花岭体育场，将砖石运到城郊修造碉堡，体育场变成了杂草丛生的一片废墟。山西督军阎锡山特将太原市东北城角开辟为运动场，改城墙为看台。

② 王复旦：《运动场建筑法》，勤奋书局，1931 年，第 25 页。

青岛市体育场观众坐板用一二四钢筋混凝土做成，其下为间为室，为运动员休息之所，红砖砌筑，承重墙看台之内外圈围墙，则用白色花岗石砌作冰裂纹，坐板之最低级较地面高出一公尺，其上用砖砌筑为人造石面计高九公寸，所以防观众之逾入场中，看台外墙上复用砖砌成锯齿形，如城堡然，面为人造石。[①]

由上文描述可看出青岛市体育场看台为砖墙承重的混合结构，设有15层钢筋混凝土结构看台，观众席位1.5万个。

东北大学体育场三面有钢筋混凝土看台，南端敞开。周围看台设1万个座席。体育场的看台是钢筋混凝土和砖的混合结构，东、西入口处为三层，正门主要入口是三座高大的拱形门，周边入口各门以《千字文》的头两句（即天、地、玄、黄、宇、宙、洪、荒）分别镶嵌在各门的上方，作为标记和序号，以誉体育场的气势宏大，十分典雅。看台下设有浴池、休息室、仓库等（图4.49）。

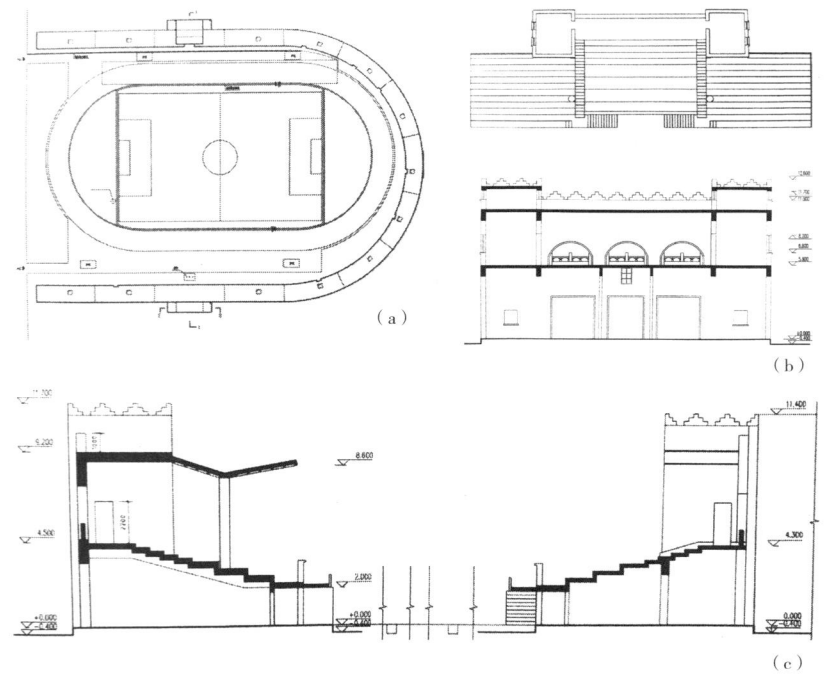

（a）东北大学体育场平面图
（b）东北大学体育场东侧一层平面及司令台剖面图
（c）东北大学体育场司令台剖面图
图4.49 东北大学体育场

4.3.3.4 砖看台和钢筋混凝土看台

1931年的第十五届华北运动会在山东省体育场召开。韩复榘拨款整修了原有体育场，兴建了四周的石砌看台，扩建了球类场地和新建了部分平房。看台的侧墙和下半部分的看台全部用当地青石筑成，共有十一层青石板座席，看台上半部分用红砖砌筑，运动场的开门均用毛石砌筑，建筑材料很有济南当地特点（图4.50）。[②]

1925年建成的天津万国赛马场是钢筋混凝土大看台。由乐利工程司的瑞士人卢甫和英国人杨古共同设计的赛马场呈椭圆形状，跑道2400m，赛马场的看台长160m，高21m，分上下两层，可容纳数

① 见《第十七届华北运动会总报告》。

② 张润武，薛立：《图说济南老建筑.近代卷》，济南出版社，2007年，第375页。

（a）山东省第一公共体育场看台侧墙　（b）山东省第一公共体育场看台由青石板铺成

图 4.50　山东省第一公共体育场

千名观众。这种大型钢筋混凝土悬臂结构当时在天津市独一无二的，可称为新结构运用之首。汉口西商跑马场大看台是地上二层钢筋混凝土结构，占地 2000m²，分上下两层，底层水泥阶梯看台数十级，阶梯看台下部为库房，有通道可由马场直接进入，二层有穿廊，连通二层几个活动室。二层屋面为观马台，可容近万人。有公证亭一座，公证亭上层为裁判监视赛程处，下层为摄影场地。中央体育场所有建筑也采用的是当时最新的钢筋混凝土结构。

（天津）北站体育场门口的《场记》碑文写道："河北省体育场建筑于天津市第五区，地当宁园之东，方三百余亩，中为田赛场，形椭圆，南北二百九十公尺，东北一百三十公尺，环田赛场跑道长五百公尺，宽十一公尺。道外建看台，周围长二千零二十公尺，宽二十余公尺，台斜上，为蹬道十五，以钢骨水泥为之，可容观众三万余人。"[1]

由碑文中我们可以看到，河北省体育场看台的建设材料为钢骨水泥，就是指钢筋混凝土材料。

4.4　功能空间和使用模式的特征：场地形制的萌芽

4.4.1　田径场地形制的初步形成

19 世纪后半叶至 20 世纪二三十年代，西方现代体育建筑发展日趋规范。体育场馆的布局和尺寸随着国际奥林匹克运动会的举办产生了剧烈的变化。1896 年雅典奥运会之后的 30 多年体育建筑的设计处于不断探索之中，规范化的体育建筑原型逐渐形成。西方古代体育场的田径跑道采用 U 形和圆形，现代体育场形成了椭圆形跑道。田径跑道的长度不断变化最终确定了标准长度，1896 年雅典奥运会为 333m，1900 年巴黎奥运会时 500m，1904 年圣路易斯奥运会和 1908 年伦敦奥运会均为 536m，1912 年斯德哥尔摩奥运会时 382m，1920 年安特卫普奥运会体育场首次使用 400m 跑道。1928 年的阿姆斯特丹奥运会正式把体育场跑道周长固定为 400m，并为各国接受，一直沿用至今。

[1] 中国人民政治协商会议，天津市河北区委员会文史资料书画艺术委员会编《天津河北文史（第十辑）——天津河北史辑》，1998 年，第 207 页。

4.4.1.1 跑道长度的逐渐规范

中国近代公共体育场的田径场地跑道很少按照奥运会田径场地标准修建，跑道长度不一，设施不标准。20世纪二三十年代的这段时间内，随着全国运动会、华北运动会、公众体育场等一系列场馆的建设，田径跑道的长度不断变化，有300m、400m和500m的多种形式，它并未随着时间的统一形成一种规范的长度要求。如1917年的上海第一公共体育场和1918年南京的江苏省立公共体育场、1919年的江西公共体育场都是300m跑道，1921年沈阳举行第九届华北运动会，运动会田径比赛安排在小河沿公共体育场。该体育场"新筑土垣高5~6尺，场中平坦，东西宽约百码，南北长百余码"。1924年河南开封举行了第十一届华北运动会，田径比赛在开封公共体育场进行，它的径赛场地为500m的跑道。1932年的广东省人民体育场跑道长度是400m，1933年的省立镇江公共体育场为500m。1934年河北省体育场举行第十八届华北运动会，田径场地为椭圆形，内道（第一道）周长500m、并有200m长的南北向直道，可划分为10条跑道。1935年的上海市体育场和南京中央体育场为500m。

近代体育场的建设仍然受到国际规范的影响。第三届全运会主体育场——武昌体育场的建设对中国近代体育建筑有着深远意义，它是首次以奥林匹克体育场馆为典范建设的第一个公共体育场。该体育场采用400m跑道，反映了设计者"以世界运动会为标准"来建设体育场的愿望。主导体育场设计的是体育专家郝更生①，以郝更生为代表的体育专家和建筑师意识到标准的模式是保证体育竞技的前提。基于对国际体育竞技的认知，郝更生设计的武昌体育场采用了400m椭圆形跑道，场地的平面标准和尺寸基本遵照国际标准。

不得不说的是，在武昌体育场采用400m跑道之后的一段时间内，体育场跑道的长度并未出现想象中的统一，继续维持了对400m、500m跑道优劣的探索。中央体育场选用500m跑道：中央体育场其场之所以取500m跑线而不取400m者，以其能容一标准尺度之足球场，而比赛时，罚踢角球，又可不必走入跑道，更因世界运动会，最近规定跑程，500m以上者，多从500m添加，如此则路程易于计算，将来远东或世界运动会，亦可在此举行，200m直跑道，宽为13m，12人可以用同时并跑，此敷于预赛淘汰时，分配最易。② 全国运动会的中央体育场和上海市体育场作为中国体育场建设水平的最高代表，其跑道长度都选用的是500m。上海市体育场的田径场设计参照欧美早期场地长度，周长500m，8条跑道，东西两边各有一直径跑道，约长200m。

---

① 郝更生在20世纪20年代初就已关注和了解奥运会比赛及场馆。在中国首次正式组团参加的1936年柏林奥运会上，郝担任了中国政府代表兼体育考察团总领队。

② 《首都中央体育场建筑述略》，《中国建筑》，1933年第1期第3卷。

4.4.1.2 五种跑道形式的形成——篮曲式跑道的广泛应用

田径赛场的跑道可分为以下几种：长圆形、长方形、三角形、四边形和鸡蛋形五种。最合适的是长圆形，一圈长度为400m与500m两种最合适。当时篮曲式跑道是主流形式：

青岛市体育场跑道之形式为篮曲式，又名正常式，为德国地姆博士所创，按美国洛杉矶之世界运动场，即采用此式，计直道之部，为一百三十公尺，场宽七十二公尺，沿跑道内圈外三公寸，处丈量之则一周之长度，是为四百公尺，跑道之外周，为十公尺宽之青草地。①

青岛市体育场标准田径场的跑道采用的是德国人地姆博士所创的400m篮曲式跑道，与美国洛杉矶世界运动场相同。它有6条400m一周的弯曲跑道和8条直道。弯道是由三个半径组成的，离心力小，同时因弯道半径短，也便于清晰地观看比赛。跑道内还设置了一个105m长、70m宽的足球场，跑道外为草地及看台。

4.4.1.3 田径赛场内其他场地

中央体育场田径赛场，占地最广，占地约77亩，场内设500m跑圈和两条200m直道，其中500m跑道是按照当时世界运动会的标准设置。场为椭圆形，位向南北，盖利用其马蹄形之天然地势，如此可不特可以节费省时。跑圈内设标准足球场及200m跑道、网球场及跳高、跳远，投掷球等田径赛场。跑圈北面设网球场三个，跑圈南面设篮球场二个，排球场一个，以备将来各项运动的决赛都可以在田径赛场内举行（图4.51）。②

中国早期的综合性体育场场地中央布置标准田径场，内部设置田径设备，中央有一标准足球场。在田径场跑圈的外侧，体育场的南北方向往往还设置网球场和篮排球场地，甚至有国术场。如河北省体育场田径场中设国术场、足球场、篮球场、排球场、垒球场各一（图4.52）。上海市体育场布置宽裕，余地开阔，南北长330m，东西距175m，总面积37 500m²。但南北距离过长，观看比赛的视距较远。田径场跑道内部布置田径设备，两侧设跳跃设施，弯道内设投掷设施和跳高区，中间为一大型草皮足球场。然而其与现代田径场地不同：田径场北部外有网球场，南部武术场。

湖南协操坪体育场东面傍山，西面临近铁路，南北面分别为四十九标、五十标驻地，西向建大门为出入口，大门左角建办公室、器械室、储藏室三间，大门右角网球场与游泳池并列，北向设指挥台，两个排球场，南向设两个篮球场，指挥台前东西向200m直径跑道，800m圆圈跑道。足球场及田赛场均在圆圈跑道内，场地工程质量差，管理也欠完善，跑道未修筑沥水沟，仅地面覆盖煤渣。网、篮、排球场地的地面同为沙土搅拌滚压而成，办公室等房屋建筑也非常简

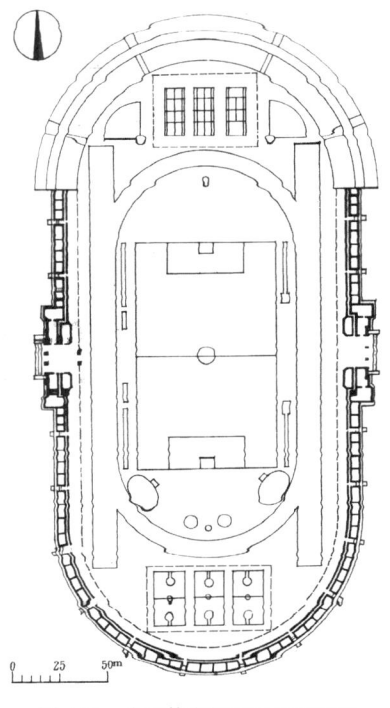

图4.51 中央体育场田径场平面图

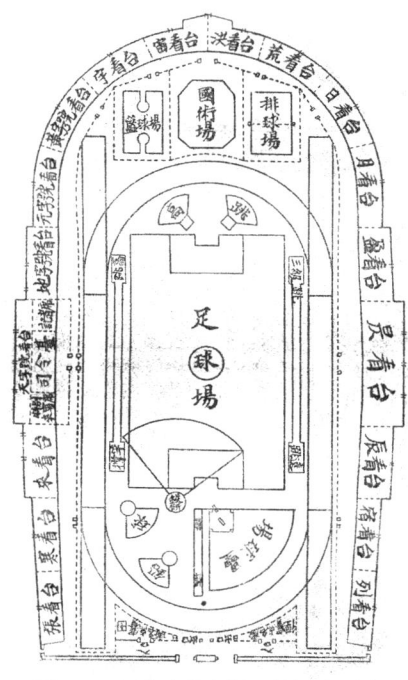

图4.52 河北省体育场田径场平面图

① 《第十七届华北运动会总报告》。
② 《首都中央体育场建筑述略》，《中国建筑》，1933年第1期第3卷。

陋，指挥台系临赛前搭的一个木棚。球类门架、跳高架、栏架、单双杠均临时配置，但就当是而言，在体育、教育两界极力督导下简称的这一竞赛场，仍是湖南省的第一个规模较大、设备比较齐备的公共体育场。①

4.4.2　田径比赛场地的布局方式

4.4.2.1　南北并置

武昌体育场分开布置田径场和球类场。北部布置田径场，内有400m椭圆形跑道和200m直线跑道，场地中央布置跳远、跳高、撑竿跳高、掷标枪、铁饼的综合场地，南部布置体育场办公室。田径场南部布置了多个场地，从东往西分别是1个100码（91.44m）长、80码（72.91m）宽的足球场，1个排球场，1个篮球场，6个网球场，1个游泳池和1个健身房。混凝土建造的游泳池是武昌的首座游泳池，拥有多项室内设施的健身房保障了全天候运动。体育场还有无线电台、电话、扬声器等传播信息的先进科技（图4.53）。

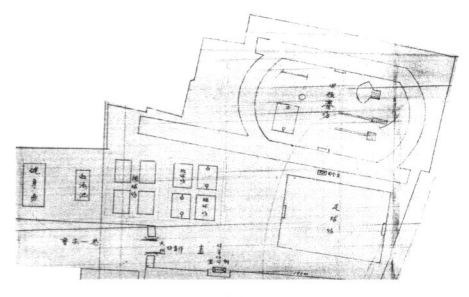 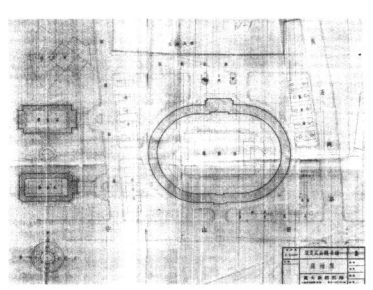

（a）武昌体育场平面图　　（b）1936年武昌体育场扩建平面图

图4.53　武昌体育场新建及扩建平面图

4.4.2.2　东西并置法

体育场地采用东西并置为常见做法之一，将单一占地面积较小的篮球场、排球场、足球场、网球场、手球场等场地集合排列成为一个部分与单一占地面积大的田径场采取东西并置排列的做法，华北运动会的主体育场山东省体育场、河南省体育场、青岛市体育场、河北省体育场等都是采取此等做法。

山东省体育场场地同样约呈正方形，南北约300m，东西约200m。分为东西两个场地布置，分别是田径场和球场两部分。田径场布置在西部，内含长100m、宽66m的足球场。田径场看台共12级，约容纳观众1.2万余人。东部设各种球场，有8个网球场，5个篮球场、4个排球场、1个足球场（不包含田径场内含足球场），另有棒、垒球场各1个（附属于手球场内），克罗开球场1个，器械场1个。在场地北部还设有1个儿童游戏场、1处健身房及游艺室、办公室、浴室等设施。②

① 陶淑：《新中国建立前湖南省运会长沙竞赛场地》，罗兴国主编：《湖南省体育史资料》，湖湘文库编辑出版委员会，湖南人民出版社，2010年，第479页。

② 《第十五届华北运动会总报告》，第188页。

河北省体育场在场之东部及西北6个网球场、4个篮球场、4个排球场、1个足球场、1个棒球场、各区域并设休息室、浴室。凡体育场有之设备无不具备……河北省体育场赛场东部和西北部分别设置了一个足球场、一个棒球场、4个篮球场、4个排球场和6个网球场，各区域均设休息室和浴室。场内还配有当时最先进的无线电播音和电报装置。

河南省体育场场地约呈正方形，划定南北300m多，东西270m多。场地的四周，环易围墙。南面围墙中间设置三对大铁门，进大门向北约30m为办公楼。楼基东西长约40m，南北宽约20m。办公楼四周设花坛四或五处。划为东西两场，东场为田径场，包括400m栏曲式跑道、200m直径跑道、沙坑、投掷场；西场为球类场，场北端并排间设篮球场3个、排球场2个，篮、排球场之南为足球场，再南设网球场4或5个。东西两场之间修两面看台。在看台中间设主席台一座，主席台房檐四角是宫殿式，覆在河北监制的琉璃瓦。主席台下位东西两场交通甬道，甬道南北为储藏室。东场在东南两面修看台，北面无看台。西场在西北两面修看台，南面无看台。看台都为十级（也有可能是八级），[①] 全看台可容2.5万人。妇孺游戏场设在东场南看台之南。大小男女厕所十余处，分布场之四周。沐浴室设在水井之旁。以上是第一期工程。至于第二期工程游泳池、健身房（体育馆当时只称呼）那是以后的计划。但第十六届华北运动会后，没有计划第二期工程（图4.54）。[②]

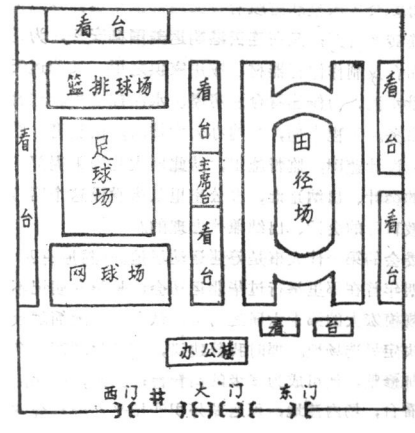

图4.54 河南省体育场总平面图

青岛市体育场场地呈不规则形状，场地的四周，用铁丝围栏围起来，观众入场需经指定路线。田径赛场的北部布置了大门楼，进入大门直接面对的是田径赛场，呈南北布置。可分为东西两场，田径场位于西部。田径赛场的内部是长105m、宽70m的足球场，足球场外为一周400m的跑道，跑道之外为草地，草地之外为看台。网球场、排球场位于东部。田径场东部布置有6个网球场，田径场东北有4个排球场。排球场的木柱是活动装置，可将木柱取下变换成国术表演场。网球场的南面建了锅炉房及一处看守人的住所，烧热水，用铁管导入田径赛场看台下的浴室，以用于运动员沐浴。田径赛场西北部为停车场，它的西北端设置了1个厕所，中山公园内还增设了2处厕所，因为运动会召开时，公园内的游客也增多，原先的厕所也不够使用。网球场地北部，排球场东部的位置有一处宽阔的用地，布置了一个花园，供观众有一处休息（图4.55）。[③]

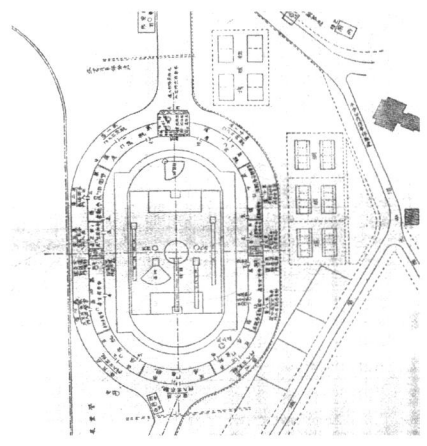

图4.55 青岛市体育场总平面图

4.4.2.3 因地制宜

上海市体育场的总体布局方向以阳光不照射场地的运动员为主要目的。体育场和下午三点的太阳成直角，这样南边的运动员不会

① 李学文，彭富臣主编《开封之最》，中州古籍出版社，1994年，第322页。

② 中国人民政治协商会议河南省委员会，文史资料研究委员会编《河南文史资料第十八辑》，1985年，第180页。

③ 国家体委体育文史工作委员会，全国体总文史资料编审委员会编《华北运动会（1913—1934年）体育史料第15辑》，人民体育出版社，1990，第178页。《第十七届华北运动会总报告》。岛市工务局编印《工务纪要（1934年）》，青岛市工务局出版，1935年，第238页。

第4章 体育建筑的吸收移植（1912—1949） 101

受到阳光的刺激，主要看台的观众也背向阳光。游泳池南北布置，比赛时阳光从东西两侧射来，没有阻碍。体育馆为东西布置，下午三点，光线从西南向照来，屋顶射入的阳光在内部的北面看台，不到达球场地面。综上所述，考虑到阳光和交通的便利，得到目前的场地安排（图4.56）。①

按照《民国二十年全国运动大会筹备经过报告》的考证，其地理位置为："经国务会议指定，位于中山门外，总理陵墓迤东，灵谷寺南为建筑地点"。体育场位于南京孝陵卫灵谷寺8号，位于紫金山南的丘陵缓坡上，面朝玄武湖，四周高，中间平。整体布局因地制宜，周围的人文景观丰富，有灵谷寺、中山陵、明孝陵等。总体占地约1000亩，容纳超6万名观众。它采用分散式的布局，田径场东西轴线是整体布局的主中轴线，不完全对称排布。田径场位于主入口轴线尽端，其主入口位于西侧，为主要的人流集散区域，田径场西侧布置篮球场和国术场，棒球场位于东北角（图4.57）。

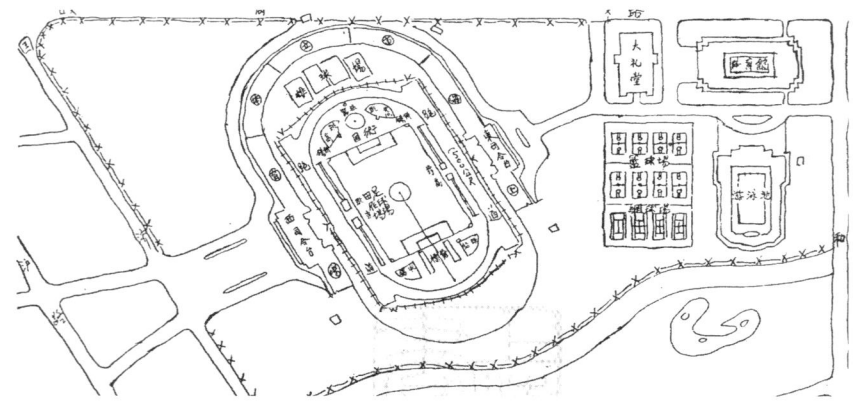

图4.56 上海市体育场总平面图

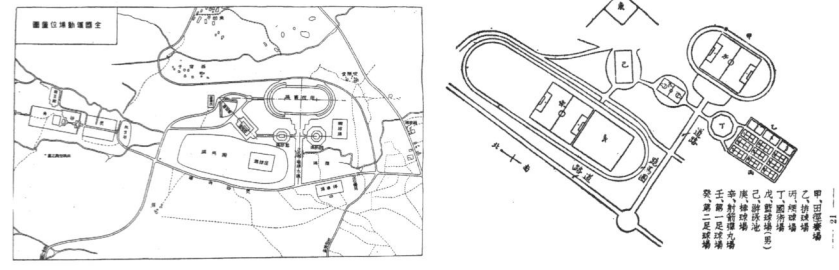

图4.57 中央体育场总平面图

4.4.3 建筑功能空间的萌芽

4.4.3.1 体育场功能结构

体育场主席台经历了从临时搭建的席棚主席台到固定建设的主席台的过程。太原小五台的第七届华北运动会就搭建了席棚主席台。沈阳小河沿的第九届华北运动会北面搭建了高台设席棚作为特

① 董大酉：《上海市体育场设计概况》，《中国建筑》，1934年第8期。

别来宾席，而南面设有席棚作为一般观众参观的地方，场地正中旗杆高，缀以万国旗，评判、揭报、监察、音乐诸班均在场心办事。还设置了运动员更衣处。第十一届华北运动会的主会场西北运动场进行了首次完备的看台席位分区。场地四周有席棚看台，全场能容纳观众四五万人。场中报告亭左方有两个茅亭为军警乐队席，场南设高台为官长席，场南右侧为新闻记者席、女宾特别席、优等席、普通席，场南右侧为新闻记者席、女宾特别席、优等席、普通席，场南左侧为男宾特别席、优等席、普通席，成椭圆形，场地北端为各校团体参观席。场中设报告亭一个，中央高悬国旗。场地东西两端为运动员休息室。第十二届山东省体育场举办的华北运动会用木构架搭建了遮阳棚主席台。第十四届在沈阳北陵举办的华北运动会第一次建设了固定的混凝土看台，东、西、北侧布置了马蹄形的钢筋混凝土看台区，东西看台中部各设司令台一处。场内西部搭席棚8座，分别为长官席、长官眷属席、特别男宾席、特别女宾席、各国领事席、筹委会办公处、奖品陈列处、普通男宾席。第十五届主会场在山东省体育场，北面看台设主席台，东面看台设看棚会场。四面各修砖墙看台十二级，全场可容纳观众五六万人。这次运动会的配套设施更加完善，从南起，设置了纠察处、办公处、事务处及筹备会宣传、记录、救护各股。健身房内为职员及运动员餐厅。警察派出所及小卖部等若干设施。场内南端为运动员休息棚。新办公室设救护部。田赛场内设饮茶处四处。报告台在东看棚前。第十七届的主会场为青岛市体育场，这届是华北运动会主体育场发展的鼎盛时期。看台共15级，可容纳观众15 000余人。看台东西两面为司令台和贵宾席，共3层，顶部建钟楼一座。看台前边为运动员休息室，办公室和会议室设在田径赛场的大门楼上，设有十多间更衣室数、浴室、公共厕所等基础设施一应俱全。河北省体育场各项布置依据以往经验加意改进，如出入口分别设立，避免混乱；墙面用窑口砖较为结实。

（1）流线组织逐渐合理

全运会体育场馆的流线组织逐步合理。虽然第三届全运会时还存在观众和运动员互相干扰的情况，但当第四届全运会时体育场地之间用竹篱隔开并分别设置出入口。到第五届全运会时观众不能到达赛场，只能从大门顺着既定路线入场。体育场流线组织就十分明确，34个出入口，5分钟可疏散观众。虽然观众人数增多，但第五、六届全运会时观众和运动员的分流和集散问题得到了更好的解决[①]。

（2）观众席布置的基本类型

观众看台的布置形状根据观众规模和地形选择不同的类型（图4.58）。

---

① 徐苏斌、伍江、赖德霖：《中国近代建筑史（第四卷）摩登时代——世界现代建筑影响下的中国城市与建筑》，中国建筑工业出版社，2016年，第204页。

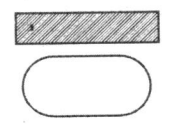 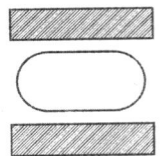 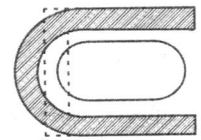 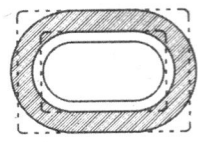

（a）单面布置　　（b）双面布置　　（c）三面布置　　（d）周围布置

图 4.58　观众席布置的基本类型（虚线表示以足球场为主的体育场）

3. 场馆功能布局逐渐走向复合化

全运会体育场馆的功能布局逐渐从单纯的运动场地走向复合化布局。第三届全运会武昌体育场的功能单一，缺少相应的附属用房，食宿在城内的餐馆解决。而第四届将体育场的西部营房作为有 2000 床位的男宿舍，并配有浴室。女运动员住在西湖畔的旅店。当时还建造了 300 座的敞篷餐厅解决运动会期间的饮食问题。这种综合体的解决方式可追溯到 1924 年的巴黎奥运会的科龙布体育场，场边的简易宿舍是后来奥运村的雏形。1933 年的第五届中央体育场的看台下方被充分利用，建造了办公室、运动员宿舍、浴室、厕所等功能用房。看台下被分为两层，上层为宿舍及厕所，可容 2000 余人。地面层在会间作为商店，全运会结束后被改为市立体专教室、体育场图书室、娱乐室、乒乓球室、礼堂等。这表明在"综合体"基础上，设计者开始注意到大会结束后的场馆使用问题①。

4.4.3.2　体育馆功能结构

（1）体育馆的主要空间和用途

民国时期体育馆规模不大，面积普遍只有 1000m² 左右，最大的不过 2000~3000m²。较小的场地尺寸决定了体育馆只能满足当时学校体育课程和训练的需要。顾斐德体育室运动场地为 23m×14m。体育馆场地尺寸大多以一个篮球场地为标准建造，而篮球场地为 28m×15m。学校体育馆的设计受到当时建造技术的限制，场地内部基本没有固定看台，只有临时性看台或者利用夹层空间充当观众看台。小型体育馆在有限的空间内提高使用效率，将篮球、游泳、体操等多项运动综合布置在一起，建设相应的辅助用房（表 4.15）。

这时期体育馆的主要用途有体育比赛和教学、文艺演出、大型展览、大型考试。体育馆除了篮球运动，还可以进行体操等运动（图 4.59）。沪江大学北体育馆场地净空高 9m，馆内有篮球场，馆顶还装有吊环、吊绳等体操设施，该馆是中国健美组织最早的发源地。清华大学西体育馆作为国内最先进的体育馆之一，馆内有篮球场、手球场、80m 悬空跑道、运动器械等。它不仅担当体育课教学任务，直到 20 世纪 80 年代还是各种活动和比赛的重要场所。为适应多功能要求，体育馆中设置舞台或主席台，是学校体育馆多功能使用的

---

① 徐苏斌，伍江，赖德霖：《中国近代建筑史（第四卷）摩登时代——世界现代建筑影响下的中国城市与建筑》，中国建筑工业出版社，2016 年，第 204 页。

表 4.15　中国近代体育馆的比赛空间和服务用房

体育馆	比赛空间	服务用房
顾斐德体育室	建筑面积881m^2，位于二层的场地长23m，宽14m，无室内跑道，场地上设看台，可依栏俯视运动场上球类比赛	一层设游泳池，附属浴室及更衣室，还有来宾接待室、教员办公室、机房、储物室等服务用房
沪江大学北体育馆	建筑面积369m^2，场地南北长23m，东西宽14m，高9m，球场四周离地面4m处建有看台	内设更衣室及淋浴室，服务附近的泳池，二层设体育办公室，三层杂物仓库
沪江大学南体育馆	二层场地，长29m，宽14.6m	女生食堂，底层音乐厅
东南大学体育馆	场地进行篮球、排球、体操、羽毛球等运动，二楼四周建有2000人看台，三楼是160m环形跑道	内设浴室，一层设举重室、乒乓球室、锅炉房
南洋公学体育馆	二层为室内篮球场，篮球场上部的悬挑回廊，作看台，也作室内跑道用，并在转弯处做成倾斜面	地下室设游泳池，卫浴设施南部设50座小看台
清华大学西体育馆	前馆73m悬空跑道，上层为椭圆环形看台，通过楼梯经二层走廊进入，亦可以从设在西侧南、北两端的螺旋楼梯爬上	一层有游泳池，附设卫生间及浴室。一层还有值班室、接待室、教员办公室、器械储备室
宋卿体育馆	建筑面积2748m^2，下层为室内篮球场，可进行篮球、排球、乒乓球、羽毛球等比赛，上层看台	一层四个角落布置有纪念馆等附属用房
华南理工大学老体育馆	场地长36.9m，宽24.7m，最高处8.3m，单层室内运动场铺设在辅助用房后	前部是两层辅助用房
翟雅阁健身所	二层为宽大的室内篮球场	器材存放室、体育教研办公室

（a）顾斐德体育室内景　　（b）顾斐德体育室20世纪20年代学生运动的景象

图 4.59　体育馆的主要用途

最早尝试。

（2）中国近代体育馆功能空间的五种模式

功能单一的重复单元和大跨度的单独大厅，是解决现代社会对建筑新要求的两个极端。体育建筑的长宽高度比通常的建筑大出许多，建筑构件及尺寸也非日常可见。人们在这种空间里，迷失了判断熟悉的建筑构件的能力，造成了大跨度尺度的失衡。在空间中重建应有的尺度，用建筑所需的空间分隔，恢复建筑与人之间的尺度关系。大跨度建筑的"大"成为新的审美原则。近代中国体育馆的功能空间共有五种组织模式，分别是并列式、依附式、围合式、叠加式、分散式，体育馆的主体场地空间及附属功能小空间形成不同的组合模式（图4.60）。

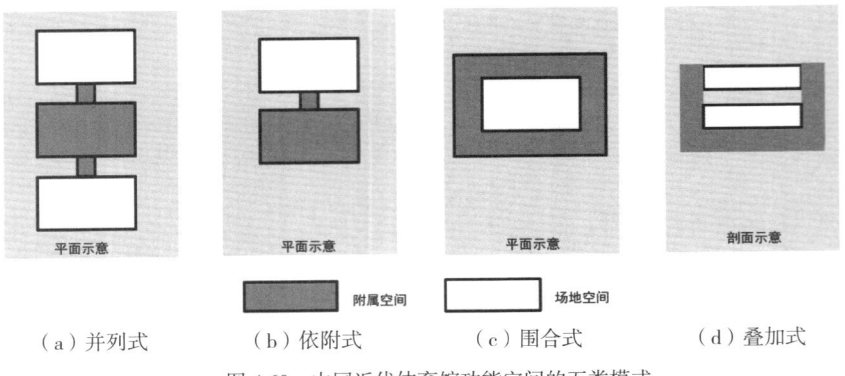

（a）并列式　　（b）依附式　　（c）围合式　　（d）叠加式

图4.60　中国近代体育馆功能空间的五类模式

a. 并列式

并列式是指体育馆的主体场地空间，包括运动场、游泳场等多种运动大空间以并列设置的方式排布在体育馆中，而附属的小型空间则穿插布置在同一水平面中。这种组合方式的优势是场地的组织清晰明确，缺点则在于占地面积过大。清华大学体育馆、奉天体育馆、新京体育馆采用的都是并列式。清华大学体育馆并列布置了篮球场和游泳池，两翼则分别布置了附属用房（图4.61）。而奉天体育馆也是将篮球运动场和游泳池垂直布置，两者中间布置了附属用房（图4.62）。

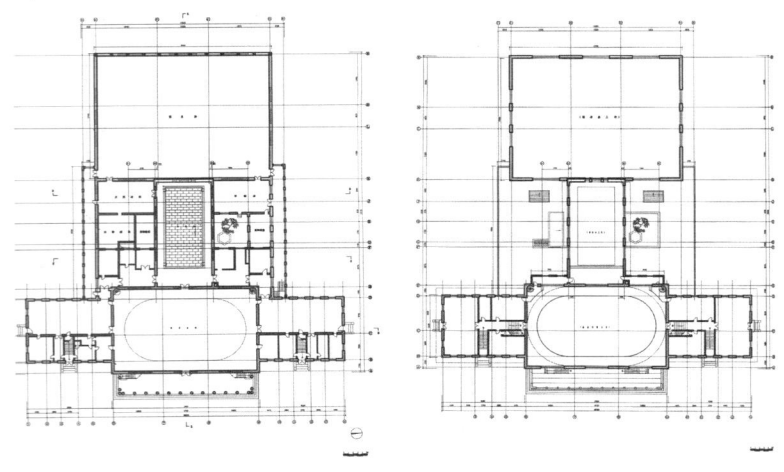

（a）清华大学体育馆首层复原图　　（b）清华大学体育馆二层复原图

图4.61　清华大学体育馆平面图

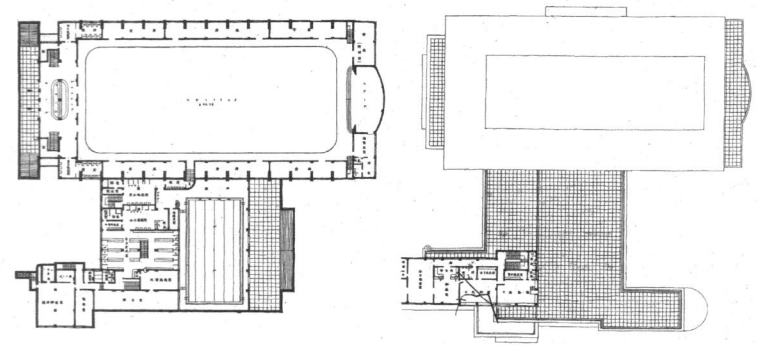

（a）奉天体育馆一层平面图　　（b）奉天体育馆二层平面图

图4.62　奉天体育馆平面图

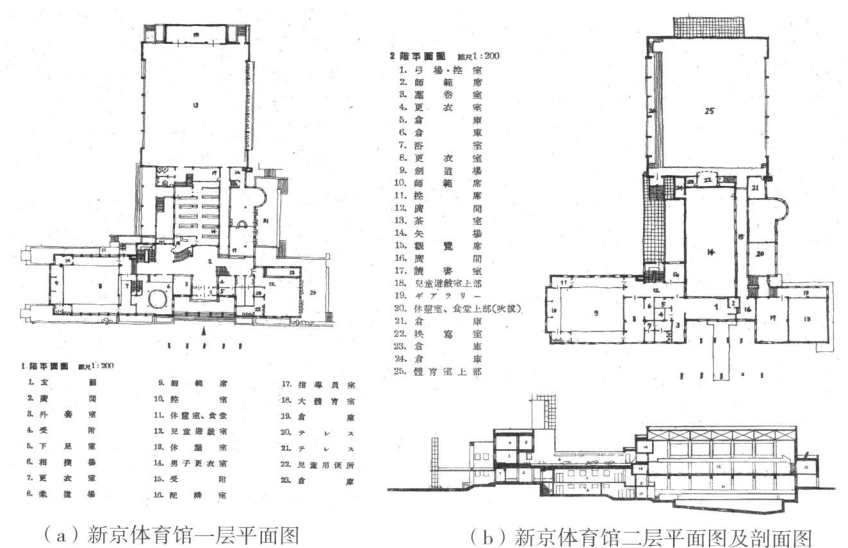

（a）新京体育馆一层平面图　　（b）新京体育馆二层平面图及剖面图

图 4.63　新京体育馆平面图及剖面图

b. 依附式

有的学校体育馆的布置方式为依附式。这种布置方式是大型运动场占据一侧的位置布置，而附属用房偏向另一侧集中布置。如华南理工大学老体育馆全馆分为前后两部。前为体育馆两层辅助用房，后为单层室内运动场（图 4.64）。

c. 围合式

有的学校体育馆的布置方式是围合式，占据主导地位的室内运动场布置在中央，辅助用房围合大空间布置。上海市体育场体育馆、宋卿体育馆都是这种布置方式。中央是大型的运动场，辅助空间围合大空间四周布置。上海市体育场体育馆代表了当时体育馆发展的较高水平，场地是以三个篮球场地尺寸为标准建造，除了举办大型竞技比赛，还可以进行展览、集会、演出等。体育馆采用四周式的

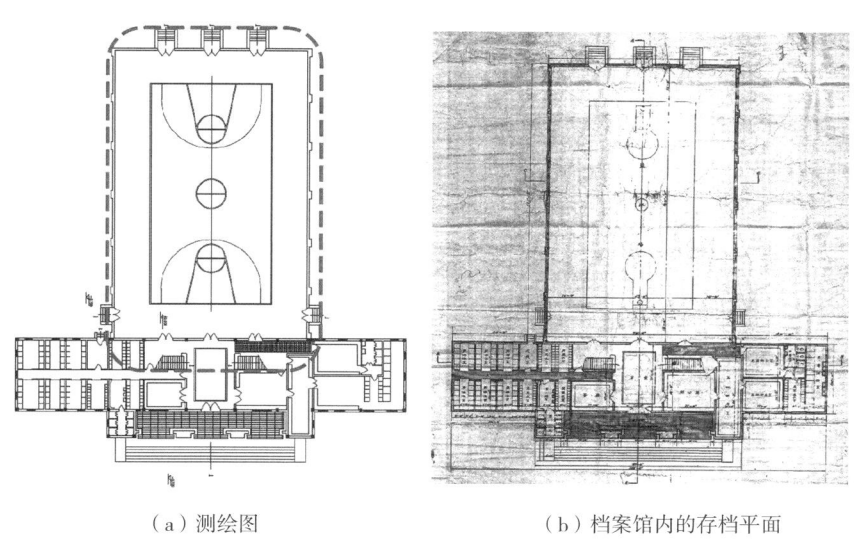

（a）测绘图　　　　　　（b）档案馆内的存档平面

图 4.64　华南理工大学老体育馆平面图

第 4 章　体育建筑的吸收移植（1912—1949）　　107

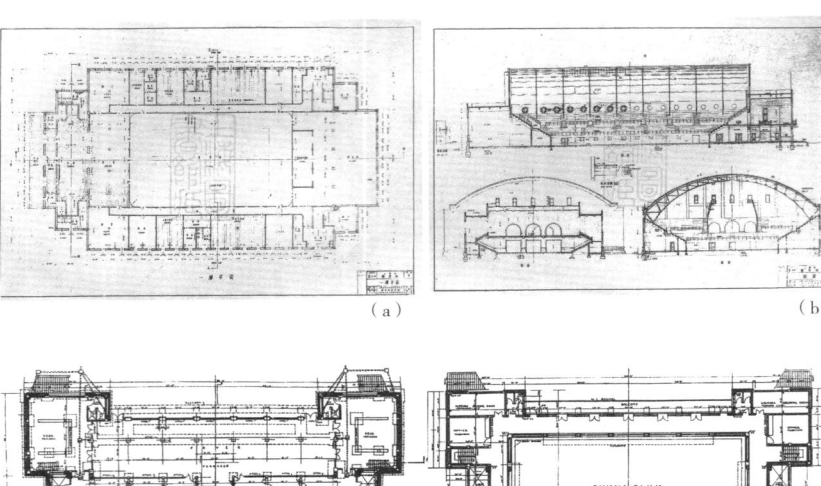

(a) 上海市体育场体育馆一层平面图
(b) 上海市体育场体育馆剖面图
图 4.65 上海市体育场体育馆

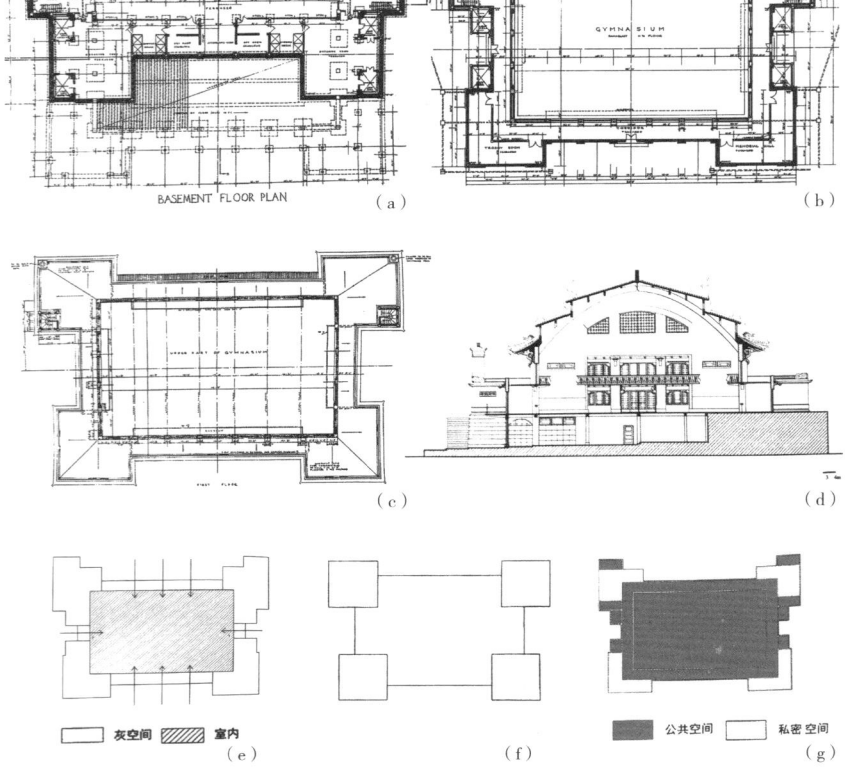

(a) 底层平面图
(b) 下层平面图
(c) 二层平面图
(d) 剖面图
(e) 灰空间示意图
(f) 基本构图
(g) 公共空间与私密空间
图 4.66 宋卿体育馆

布置方式，中央是售票门厅、运动场大厅、健身房，看台下方四周用较宽的走廊环绕布置了售票房、厕所、办公室、会客室、运动员宿舍、商店等辅助用房。上海市体育场体育馆的用房比较完备，陈列室、无线电站、餐室等用房应有尽有，与世界上的先进体育馆相比毫不逊色（图 4.65）。"上海市体育场体育馆运动厅设于馆屋之中央。宽约 23m（63 英寸），长约 40m（131 英寸）可排设普通篮球场三，正式比赛时，可置较大之场位于中央，而于四边多留余地。馆屋宽约 46m（150 英寸），长约 82m（270 英寸）。"[①] 宋卿体育馆的馆内分为上下两层，均以回廊环绕，下层是室内篮球场，可进行篮球、排球、乒乓球等比赛，还可以作为展览会等文娱活动场所，上层可作为看台（图 4.66）。

[①] 董大酉：《上海市体育场设计概况》，《中国建筑》，1934 年第 8 期。

d. 叠加式

叠加式也是当时的体育馆功能空间的常见布局方式之一，主要表现为将一些附设的仓库、教室、小型健身房等一些小功能空间放置在底层，而将主场地空间，如篮球场等放置在二层。实现底层小空间，上层大空间的叠加方式。没有建成的亚令比亚体育馆、顾斐德体育室、南洋公学体育馆、翟雅阁健身所、东南大学体育馆等都采取的是这种布局方式。

在成功举办了第六届全运会的欢呼声中，建筑师董大酉设计了上海的亚令比亚体育馆。整个体育馆分成三层：中间一层是健身房，有45.72m（150英尺）长，40m（108英尺）宽，可以开辟三块练习网球场和一块正式比赛用的网球场，可容纳七千名观众，拳击比赛时，座位可增加至一万人。第二层是游泳池，容纳了七千人座位，游泳池可改为溜冰场和冰上曲棍球场。底层是办公室、弹子房、滚球室、衣箱室、沐浴室等（图4.67）。由此可见，亚令比亚体育馆不仅采取了底层小空间，上层大空间的叠加模式，还在上部的大空间又叠加了新的大空间，这种空间模式是"小—大—大"的叠加方式。

部分小型学校体育馆采取的是"小—大"的空间叠加方式，由于所需的大空间需求有限，将附属用房设置在底层，大空间设置在二层，形成经济紧凑型的布局方式。顾斐德体育室有接待室、机房、储物各一间，浴室和更衣各两间，浴室内有淋浴设施，墙面和地面用白瓷砖铺设。二层内是22.9m×13.7m（75英尺×45英尺）的室内运动场。场地的南面有一个可观看球类比赛的看台，看台下是教师办公室。东面是有玻璃天棚的游泳池，游泳池南面有参观席。

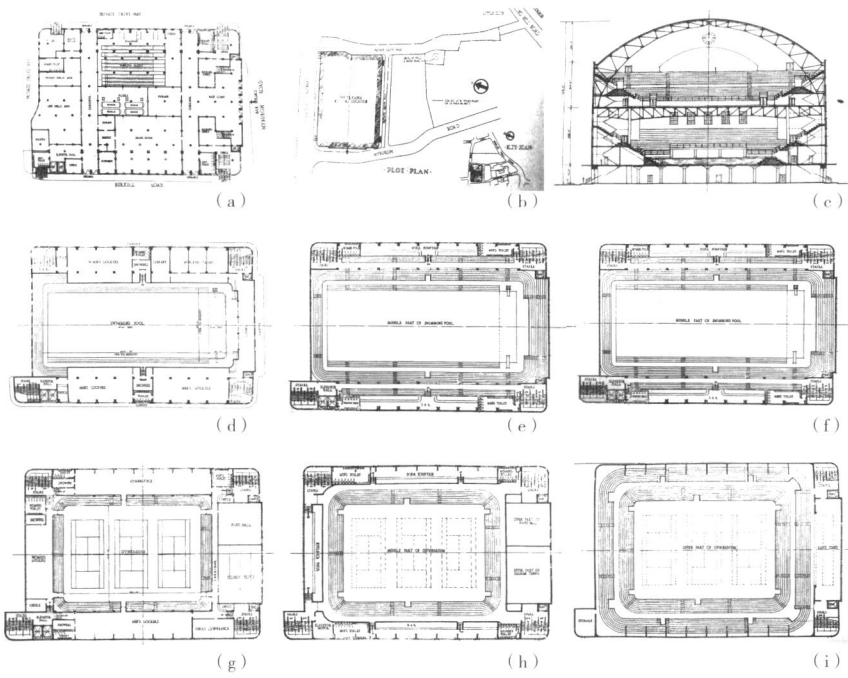

（a）亚令比亚体育馆一层平面
（b）亚令比亚体育馆总平面
（c）亚令比亚体育馆剖面图
（d）亚令比亚体育馆二层平面 游泳池下部
（e）亚令比亚体育馆二层平面 游泳池中部
（f）亚令比亚体育馆二层平面 游泳池上部
（g）亚令比亚体育馆三层平面 健身房下部
（h）亚令比亚体育馆三层平面 健身房中部
（i）亚令比亚体育馆三层平面 健身房上部
图4.67 亚令比亚体育馆平面及剖面图

南洋公学体育馆主体三层，底层设台球房、卫浴设施等，中层布置健身房、室内篮球场，场地南端还有小型舞台，可供演出之用；顶层中部挑空，四周围设在篮球场之上的悬挑回廊，回廊可作为跑道，也可作为观看球赛及舞台表演，体育馆裙房地坪之下原有室内游泳池，四周围走道，南端还有一个50座的看台（图4.68）。[①]

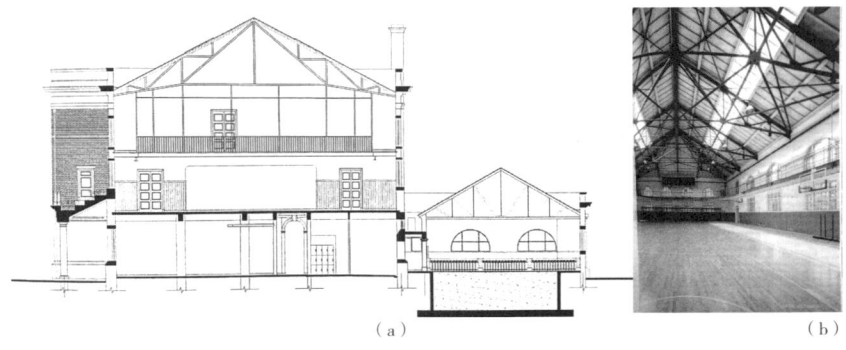

（a）南洋公学体育馆剖面图
（b）南洋公学体育馆二层篮球馆
图4.68 南洋公学体育馆

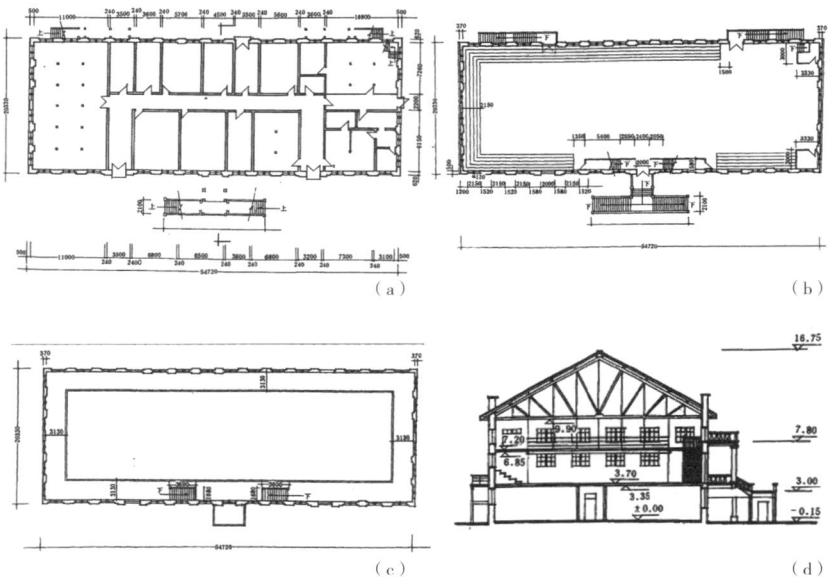

（a）底层平面
（b）二层平面
（c）三层平面
（d）剖面图
图4.69 东南大学体育馆

东南大学体育馆一共有三层，采取的是叠加式的功能空间组合方式。底层布置小空间，上面叠加布置大功能空间。建筑整体是东西向长方形布置，底层布置办公、仓库、乒乓室、健身房、借物处、教室等十几个房间，左右布置两个门厅。二层是主比赛场地，可满足篮球、排球、体操等比赛活动，附设有看台。三层是回廊看台。建筑物通过二楼的入口进入两边的室外楼梯进入（图4.69）。

华中大学翟雅阁健身所是一座西式的近现代体育场馆，它共有2层。底层布置了一些小面积的室内用房，上层是大空间的活动大厅。两端部有凸出的独立楼梯间。一层的正面空间较为封闭，入口的三个拱门直通室内。二层的正立面上设有观赏体育活动的外廊，从室外看是观赏室外体育竞技的观礼台（图4.70）。

① 周桂发，朱大章，章华明：《上海高校建筑文化》，复旦大学出版社，2014年，第95页。

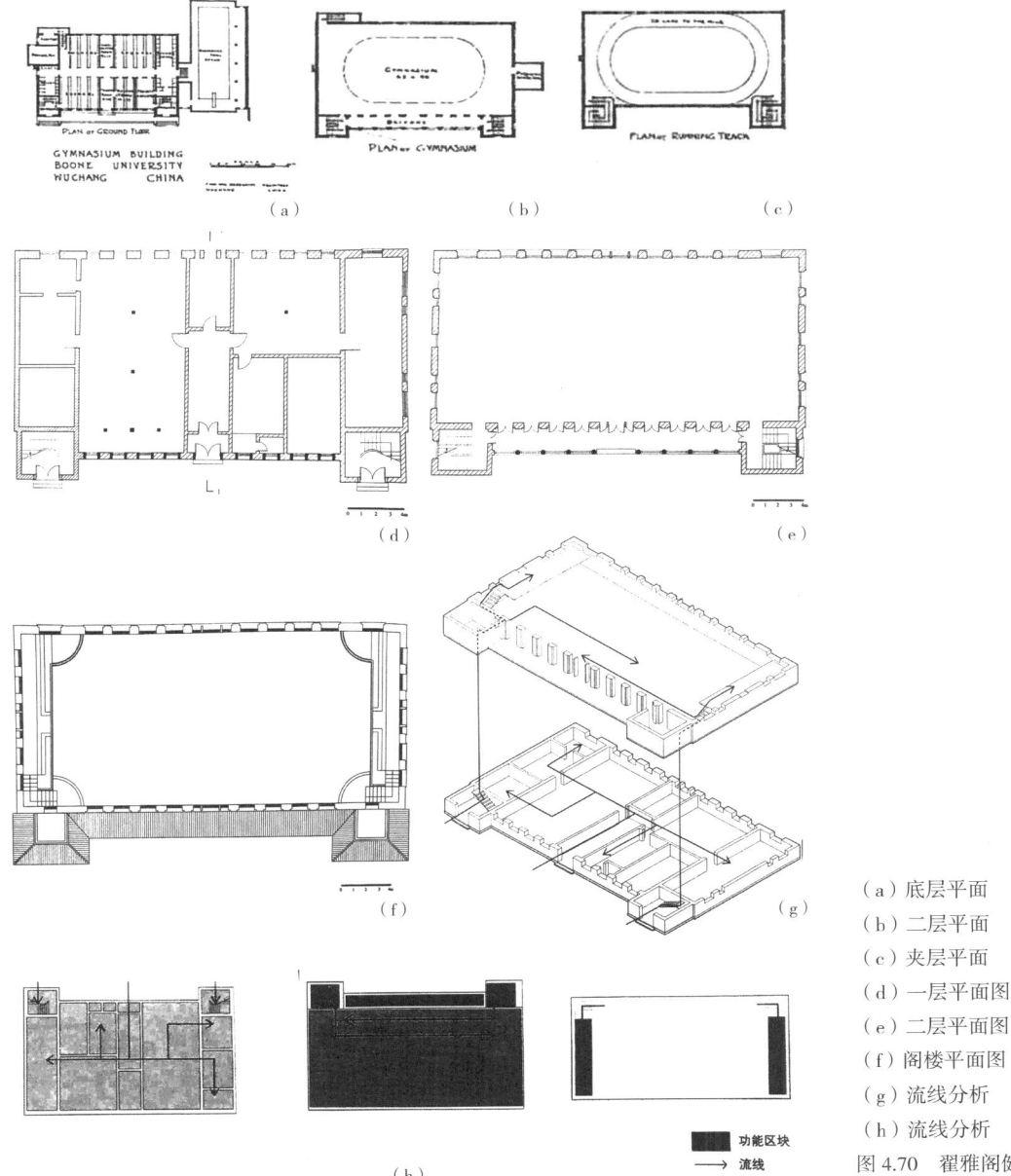

(a) 底层平面
(b) 二层平面
(c) 夹层平面
(d) 一层平面图
(e) 二层平面图
(f) 阁楼平面图
(g) 流线分析
(h) 流线分析

图 4.70 翟雅阁健身所

e. 分散式

神武殿内有柔剑道场、小道场、角力场、弓道场、锲场各 1 个。柔剑道场位于大殿中部，四周设有贵宾席、师范席、观览席及陈列室，西部设有相扑场、小道场、半室外射箭场；大殿东侧为管理用房。殿内还有神殿、拜殿等（图 4.71）。

4.4.3.3 游泳池的功能结构

（1）游泳池的空间组成

游泳池主要有三大组成部分，分别是游泳池、看台及附属用房。游泳池四周一般留有空地作为运动员休息区。如中央体育场游泳池池之四周，留有隙地，运动员可以借此往来，旁置坐凳，以为休息。

第 4 章 体育建筑的吸收移植（1912—1949） 111

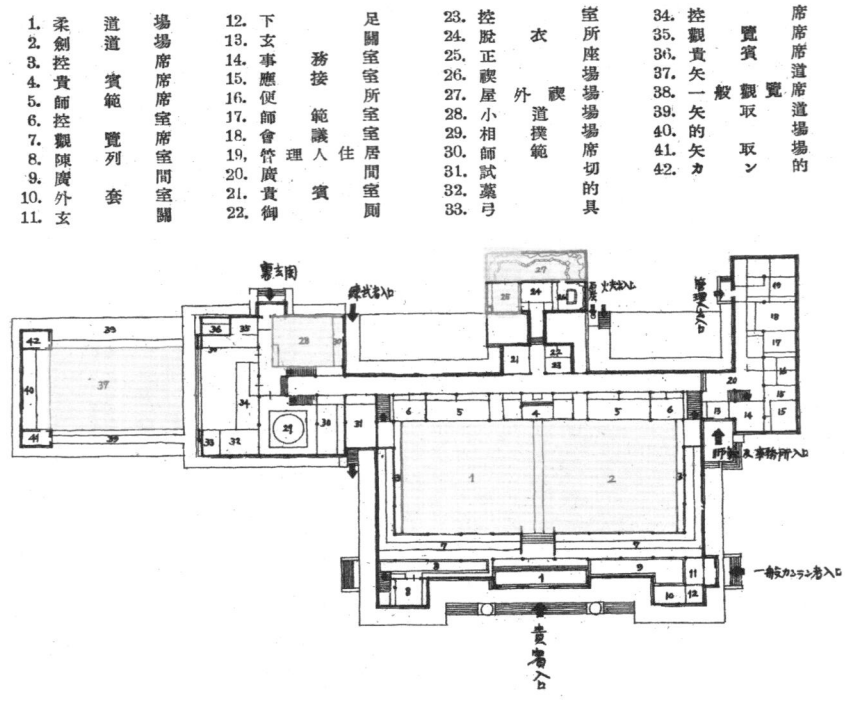

图 4.71 神武殿一层平面图

观众则另设道路往来，与此互不相离；故此隙地，虽因运动员上落，而致潮湿，但亦不能有烂泥秽物入池中。浴室与游泳池连接部分设置浴足池。中央体育场游泳池设浴足池于后廊内，为浴室通游泳池必经之地，池放药水，泳者淋之，可免足疾传染。[①]

游泳池的主要附属用房有男女更衣室、淋浴室、办公室。如西侨青年会游泳池附有淋浴、更衣、看台等，设计新颖，布局完整。大陆游泳池左右两侧分设 800m^2 的男女更衣室，并设有热水淋浴及束装间设施。中央体育场游泳地下一层当时用来作为滤水器房和锅炉房，地上部分为两层，第一层中间是办公室，东南部分是男子更衣室、厕所和淋浴室，西北部分是女子更衣室、厕所和淋浴室。这个建筑物的正前方就是露天游泳池，游泳池的设施在当时堪称一流。

上海市体育场游泳池从大门进入就是大厅，两边是售票。经通道进入，一边是办公，一边是休息。再往里是游泳池的端部区，游泳池的左右两边，右边是休息室、器具储藏室等，左边是女休息室、贩卖、淋浴室。左右两角是更衣室。游泳的末端是贩卖和裁判员台。泳池两端设置看台，可从大厅进入二楼休息室和三楼的贵宾厅，从休息厅出来是贵宾座席，四周是容纳 5000 名观众的 12 级的露天钢筋混凝土看台 (图 4.72、图 4.73)。

第十七届华北运动会水上游泳决赛场地栈桥是青岛的标志，它始建于 1891 年，初始作为海军码头用的木桥，后经整修成为旅游景点。1933 年，青岛举办第十七届华北运动会时，栈桥是水上游泳池

[①] 《首都中央体育场建筑述略》，《中国建筑》，1933 年第 1 期第 3 卷。

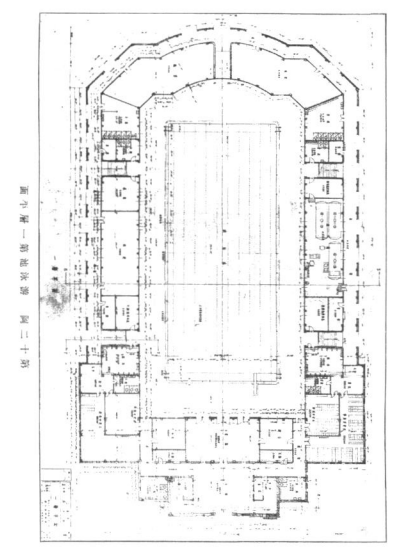 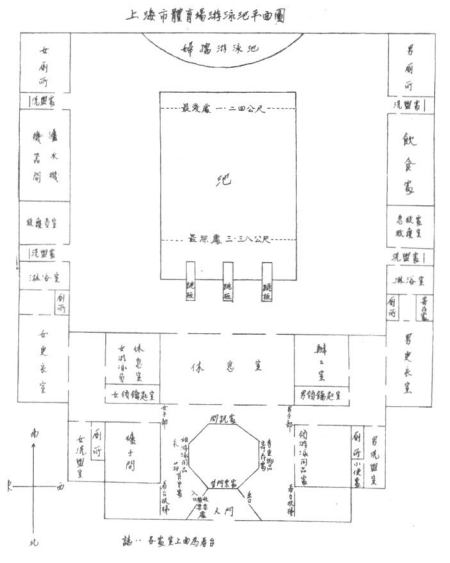

图 4.72　上海市体育场游泳池平面图　　图 4.73　上海市体育场游泳池平面图手绘示意

（a）青岛栈桥的数层看台　　　　（b）游泳比赛的人群

图 4.74　青岛栈桥作为水上游泳的赛场

的观摩场。为了观摩赛况，栈桥面朝西搭起数层露天看台，观摩的人群在看台上排列有序（图 4.74）。

（2）游泳池的池长

第四届全运会游泳比赛在之江大学游泳池举行，泳道长度只有 25m。第五届的中央体育场游泳池长 50m、宽 20m 的游泳池，池底用瓷砖做 8 道黑线确立了 9 道泳道，水池最浅处 1.2m，最深处 3.3m，可供跳台跳水之用，采用了 1924 年巴黎奥运会首次出现的国际标准。第六届全运会的上海市体育场修建了 50m×20m 的标准露天游泳池。

泳池长度未形成统一的标准，但游泳池的设计受到了当时国际标准的影响。1924 年巴黎奥运会上的托勒斯游泳池是现代奥运会历史上的第一个真正的游泳池，该泳池设置了区分泳道的标志和改变了泳道的长度。泳池长度从 100m 变为 50m，使得比赛者可以在转弯处获得脚推泳池壁的机会。泳池长度的缩短使观众获得最佳观看比赛的视线距离，50m 的尺度使得泳池在城市中获得了合理的位置。该泳池的设计成为之后国际比赛的标准（表 4.16）。

第 4 章　体育建筑的吸收移植（1912—1949）

表 4.16　中国近代游泳池的池长和用途

年代	名称	泳池尺寸	用途	露天/室内
1919	顾斐德体育室游泳池	长 18.3m，宽 6.1m	学校游泳池	室内
1916	清华大学老游泳池	长 18.8m，宽 8.2m。西面入水处为 1.13m，东面深水区 2.67m	学校游泳池	室内
1925	天津市第二游泳池	长 33m，宽 25m	工部局建造的公众游泳池	露天
1922	沪江大学老游泳池	东西长 23m，南北宽 9m，深水为 3m，浅水为 1.2m	学校游泳池	露天
1925	天津乡谊俱乐部游泳池	长 40m，宽 16m	会员制游泳池	室内
1929	西侨青年会游泳池	长 22.75m，阔 7.28m	公众游泳池	室内
1933	中央体育场游泳池	长 50m、宽 20m，9 条泳道，池底呈坡状，最浅处为 1.2m，最深处为 3.3m，可供跳水跳台之用	竞技性游泳池/水泥看台，可容观众 4000 人	露天
1935	上海市体育场游泳池①	长 50m，宽 25m，池内深度采用远东运动会的标准	竞技性游泳池/可容纳观众 5000 人	露天
1938	大陆游泳池	长 50m，宽 20 余 m，分为浅、中、深三个水区，其西侧设一个儿童游泳池	私人建造的公众游泳池	露天

4.4.4　看台区的平面组合和空间利用

4.4.4.1　看台平面布置方式

（1）周围直线形布置

这时期体育场看台尚未出现完整的椭圆形，四周形的看台多由两个直线和两段圆弧组成。青岛市体育场的田径赛场的看台形式就是依据跑道的形式确定的，外圈长度为 590 余米，内圈的长度为 540 余米，全场看台的配置是东西对称的。上海市体育场的看台平面没有选择方形或圆形，根据用地的整体情况选择了链环形，方形看台导致大门会突出，和交通次要道路政同路产生矛盾，场地内无法容纳 200m 直径的圆形，因而采用了链环形看台。看台的周长约 760m，宽约 55m，是根据跑道的长度和足球场地大小确定的。

（2）三面马蹄形布置

河北省体育场建筑于天津市第五区，地当宁园之东，方三百余亩。中为田赛场，形椭圆，南北二百九十公尺，东西一百三十公尺。环田赛场辟跑道周五百公尺，宽十一公尺。道外建看台，周围长二千零二十公尺，宽二十余公尺。台斜上，为蹬道十五，以钢骨水泥为之，可容观众三万余人。其西部巍然高出倍陡者，则司令台也。②

体育场三面环绕马蹄形看台，余下一面开敞。如河北省体育场南面大门一端未设看台，南风可以吹入场地空气顺畅，看台两侧同样可以设置高大的主席台。

4.4.4.2　看台下部空间利用

中央体育场看台之下为办公、盥浴及运动员寄宿诸室，既属隙

---

① 其长度尺寸按照美国大学游泳竞赛规例；池面至少应长 18m 宽 6m。池之深度在较浅一端，至少应为 23cm，在较深一端至少应为 1.5m。本池经于本市体育界商酌，拟定长 50m 宽 20m，池底于长边方面做匙形，由深约 1.1m 之一端起，向中央渐渐加深至 1.7m。然后由中央距他端 5m 之处，陡降至 3.5m 之深度。

② 天津市地方志编修委员会：《天津通志·体育志》，天津社会科学院出版社，1994 年，第 485 页。

地利用。每段看台，另有小门通行，可免人多拥挤，管理较易。室内安装冷热水管，抽水便具，及雨浴喷器，总门均罩铁丝，绝无蚊虫扰，运动员宿舍卧床，分上下两层，垫以软草褥，起卧舒适。①

上海市体育场利用看台下地位，设置店房，公厕，售票房其四周之过道，除辅助此项店房等遮蔽风日外，暴雨时，又足资观众引避之需。按照现定计划看台下底面，仅利用其半，以省造价，其余一半，则留备他日需用时加建店房之用。②上海市体育场底层设6m宽的回廊一周，全长870m的看台下部空间共2层，设置了商店、办公室、陈列室、新闻记者室、餐室等，世界顶级运动场该有的设备该体育场都具备。一层为贵宾接待室和运动员休息室，二层为首长休息室和外宾接见室；通过内回廊即达主席台。

青岛市体育场看台的东西两边布置了32间运动员休息室、4间浴室、8间男女厕所、22个观众厕所。每个室内空间都装置了电灯。

4.4.4.3 出入口及门楼设计

出入口的设置关系到会场的管理。看台的入口少于出口，观赛人群到场时间顺序有先后，入口少方便验票管理，出口多些可以减少赛后观众的疏散离场时间。如东北大学体育场的看台出口共有13个，开赛后可关闭大半以便减少验票的人数，在比赛将要结束之前将出口打开可以方便观众离场。上海市体育场4万观众均可由回廊内的34个入口进入看台。比赛结束，只需5分钟即可全部疏散离场。体育场的东西两面至少各要有一个入口。上海市体育场之东西长边中央，各设壮丽大门一，以便运动员整队出入，车辆亦可由此通过，直达场内。③

《华北运动会总报告》中对青岛市第一体育场的大门楼之设计是这样描述的："田径赛场之大门楼，计共三层，第一层为过道，壁间有碑记一，为市长所书撰者，旁开小室一间，为办公之用，第二层为会议室，第三层为办公室，其外面有本市市长沈公所题体育场三字其屋顶上向场内所建钟楼，装有大钟一座，入场门有三，为拱形，置有铁门为三叠式，墙之外饰以人造石，过道之墙面，采用崂山紫色花岗石，自马路至大门楼之第一层，需登台阶凡十一级，高约二公尺，阶石均为白色花岗石，故路上行人，不得窥见场内选手之动作，室内均装有电灯。"④

青岛市体育场北大门是一幢3层的门楼，底层并列排布着入场通道——3个拱形大门，内侧顶端设钟楼，雄伟壮观。第二层和第三层分别布置了会议室和办公室。环绕青岛市体育场一圈，除了大门楼的过道之外，共有观众入场门11个，运动员入场门2个，看台内圈中设运动员出入口4个。做到了观众和运动员的分流。在2个

---

① 《首都中央体育场建筑述略》，《中国建筑》，1933年第1期第3卷。

② 董大酉：《上海市体育场设计概况》，《中国建筑》，1934年第8期。

③ 董大酉：《上海市体育场设计概况》，《中国建筑》，1934年第8期。

④ 《第十七届华北运动会总报告》。

观众出入场门旁边各有1个男女厕所。①

西门正向进场大道，为中国牌楼式而稍加变化，使与看台体裁融合，盖取牌楼古有表扬荣庆之意，门共三堂，亦取山门之意。门前高树两旗杆，斗内装放射灯，傍晚高照大门，则又不仅可作监旗用也。台旁设有男女谈话室，及男女盥洗室，于公共场中，略留私人休憩之处。②

中央体育场田径场东西两侧布置了三个高5.5m的拱形花格铁门，西大门正对进场大道。立面上部用云纹望柱头和小牌坊屋顶作装饰，门前立旗杆两根，斗内装有灯光，以备照明。两旁设办公室及裁判员、记者等休息室。楼上为带大雨棚的司令台，场内布置严整，观众只能从各区大门入座，无路可达赛场，故观众虽多而秩序有条不紊。③

中央体育场内布置，力求严整，观众能从各门购票入座，无路可达赛场，运动员则从铁门入场，其无与赛者，另有休憩之所。评判员及办事员，均有特别位置，可以直入赛场，报馆访员，特以别室，内陈电话、电报收发机各应用器物。从室中可以瞻眺全场，司令台上声音，亦能开听，但无通入赛场之路。总之，观众虽多，秩序亦能有条不紊。各处复置传音筒，各处消息，远近可闻。

基于巨大的容量，全场出入交通，亦颇重要。为使观众出入迅速有序起见。设交通线路两种：①环绕交通路线，计分两条，一设于收票地点之外，即环绕看台下之过道及场外四周之人行道与车马道（宽九公尺）另一设于场内，即看台一八公尺宽之通路。②上下交通线，联络环绕交通线与看台座位之间。即看台与各段间之出入门道。下通看台之过道，上达各座位边者，此项门道均布全场，将座位均分成组，每组通行以一千二百人计，数万观众至多在五分钟内，即可全数退出。每门道口设铁质拉门，以便使观众拥挤时售票员易维持秩序。④

4.4.5 视线设计的萌芽

民国初期没有机会考察国外的看台设计，看台的视线设计尚未进行科学计算，看台每级多采用固定高度，导致每阶层距离容易过高，走道距离会过宽，空间无法得到充分利用，没有容纳最大化的观众人数。

青岛市体育场观众坐板共十五级，每级高四二公分，深七五公分，可容观众一万五千余人。青岛市体育场排球场网球场看台为阶级式每级高四公寸，深七公寸，用土堆筑外砌红砖，坐板为一三六混凝土厚一公寸用一二沙灰墁光，深估每级之半余铺草皮，排球场

① 《第十七届华北运动会总报告》。

② 《首都中央体育场建筑述略》，《中国建筑》，1933年第1期第3卷。

③ 南京工学院建筑研究所：《杨廷宝建筑设计作品集》，中国建筑工业出版社，1983年，第48页。

④ 《首都中央体育场建筑述略》，《中国建筑》，1933年第1期第3卷。

之西南两面，均砌石墙，出入口凡二，两场各设有贵宾席，而以铁栏杆与普通观众席分界。[1]

青岛市体育场的东西两面为主席台和贵宾席，贵宾席每级深90cm，高30cm，看台上面设有分隔栏杆使观众不能任意闯行。第19届华北运动会主体育场——先农坛体育场的看台视线计算不够科学，仅能容纳观众15 000人。[2]

上海市体育场的看台的高度及坡度采用了科学方法计算，使用了新颖的方法建造，观众观看比赛的视觉质量令人满意，国内体育场看台的视线设计除了上海市体育场、中央体育场无出其右。上海市体育场的钢筋混凝土看台，高11m，共两层，计22级台阶，座位4万人，立位2万人。设东西主席台，高20m，共三层。

上海市体育场为使观众视线得由看台遍及场地各部起见，看台支承座位之楼板，均按曲线布置，其坡度自下往上继续加激。构造之法，仅将每段楼梯从最低级起每级增高1/4英寸。前后座位之距离计71公分（28英寸）故每一座位所占面积为45公分（18英寸）宽，71公分（28英寸）深，按照前述容量，应设置坐位二十排，方能有四万座位[3]。

上文是董大西刊登在《中国建筑》的长文中记载的看台视线的计算方法，由此可见，上海体育场的看台采取每级座位相对前一级高度增加的方法，依次升高，满足体育场的视线需求。同理上海市体育场体育馆的看台也采取了不等高的高度升级的方法满足视线需求。下文是同一篇长文中记载的上海市体育馆的看台排布方法，体育馆的每级看台的高度在36cm到41cm之间。

上海市体育馆运动厅四周的看台支于坚固之钢筋混凝土梁及砖墙，宽约11公尺凡十三级每级，宽66公分（26英寸）高36公分（14英寸）至41公分（16英寸）。[4]

中央体育场国术场采用正八角形平面是考虑宜视的需求，正八角形使四周视距相等，最远视距为18.2m，满足国术比赛宜近视的要求。而卦形更可使四周视线，远近比较平均。

中央体育场国术场位于篮球场之南，古有天圆地方之说，故天坛与祈年殿，采用圆形以象天，地坛则用方形以象地，而中国拳术，亦有太极八卦之称，故国术场采用八角以象八卦。正八角形使四周视距相等，最远视距为18.2m，满足国术比赛宜近视的要求。而卦形更可使四周视线，远近比较平均[5]。

4.5 "古典主义"和"现代主义"的建筑思潮

传教士为达到使中国基督化的目的而采用中国化的手段，作为

---

[1] 见《第十七届华北运动会总报告》。

[2] 金汕：《当代北京体育场馆史话》，当代中国出版社，2015年，第14页。

[3] 董大西：《上海市体育场设计概况》，《中国建筑》，1934年第8期。

[4] 董大西：《上海市体育场设计概况》。

[5] 南京工学院建筑研究所：《杨廷宝建筑设计作品集》，中国建筑工业出版社，1983年，第19-53页。

这种手段之一的教会大学建筑就自然转向中国化的民族建筑形式。而国立大学本来就以学习西方为办学宗旨，建筑就理所当然的采用西方折中主义建筑形式。[①]

这时期的教会大学推行中国化的建筑形式，校舍采用中式屋顶，而国立大学却"全盘西化"，以西方柱式、拱券、钟楼为荣。校园主要都是由外国专家统一规划设计的，校园风格统一。体育场馆没有区别于其他建筑的独特造型，和学校的建筑群融为一体，如沪江大学两座体育馆都采用了和学校建筑风格一致的哥特复兴式风格。究其原因，还是没有产生根本性的区别于其他建筑的结构技术和规模（表4.17）。

表4.17 中国近代体育建筑四种建筑风格的对比

风格类型	西方古典主义	近代宫殿式	新民族形式	现代派
立面比例	古典的比例、尺度与均衡、简洁对称，突出入口	分段式构图法	均衡的构图方式	中轴对称的体量、浑厚庄重的构图
屋顶	坡屋顶或平屋顶	中国式大屋顶	钢筋混凝土平屋顶或现代屋架的两坡屋顶	放弃大屋顶，采用平屋顶
细节	以希腊式三角形山花、罗马式穹顶、古典柱式作为构图中心	采用中国式大屋顶中的细部装饰	屋檐口、墙面、门窗及入口部分饰以中国传统构件装饰、室内采用类似装饰	中国传统的装饰成为次要的构图要素
空间关系	外部难以判断实际层数	新技术、新功能	外部难以判断实际层数	功能和结构结合
典型特征	古典柱式、拱券式门窗	以北方官式大屋顶为原型	现代建筑的平面组合与形体构图	具有中国特征的现代建筑
代表建筑	沈阳东北大学体育场、意租界回力球场、上海跑马总会、东南大学体育馆、清华大学体育馆、南洋公学体育馆、司马德体育馆、沪江大学北体育馆、沪江大学南体育馆	宋卿体育馆、鲍氏体育馆、华氏体育馆、顾斐德体育室、翟雅阁健身所	上海市体育场、上海市体育馆、华南理工大学老体育馆、中央体育场	青岛市体育场、西侨青年会

这段时期体育场馆的建筑风格以对中、西方古典建筑的模仿作为主要的美学倾向。近代体育建筑的风格创作重点聚焦于建筑细节的装饰，且南北方的创作倾向有所不同。以清华大学体育馆为代表的北方体育场馆体现了西方古典主义的风格，而南方的上海市体育场、中央体育场等是中国第一代建筑师的早期作品，体现了设计者对现代建筑文化的杂糅和抵抗。

4.5.1 西风东渐：古典复兴和折中主义的伴行

从20世纪初叶到20年代，正当中国近代前几批留学生在国外学习建筑的时候，美国、欧洲的建筑潮流中，折中主义还占据相当地位，尤其是建筑教育，完全还是学院派的一套体系。当时各帝国主义在中国的建筑活动，不论是在各国设计的，还是在中国的洋行

---

① 杨秉德：《中国近代中西建筑文化交融史》，湖北教育出版社，2003年，第293页。

打样间设计的，大多数也是折中主义的建筑①。

以柱式为基本特征的西方古典建筑，是西方建筑的传统形式，是由石结构进化而来的建筑式样。18世纪中叶至19世纪，以古典复兴即新古典主义建筑的名义，采用古代希腊和罗马严谨形式的建筑，在欧美各国流行。20世纪的一二十年代，西方国家输入到中国的建筑形式，主要就是西方现代建筑之前所流行的这类建筑形式，随着现代建筑的发展，新古典主义建筑又注入了新的内涵。多数情况下，新古典注意和所谓折中主义建筑同样难以区分。②

20世纪二三十年代，中国的中外建筑师曾一度以追随西方古典建筑手法表现为时髦，西方的古典主义、折中主义的建筑形式接踵出现。这种现象有两个原因：①外国建筑师移植西方的设计手法。②中国本土建筑师在国外接受了系统的建筑学教育，设计思想和手法受到古典主义和折中主义的影响。这时期的东北大学体育场、体育馆、清华大学体育馆（前部）、东南大学体育馆、上海跑马总会大楼③、意租界回力球场等都是这种风格。这些建筑物采用西方古典建筑的装饰风格，体现了现代技术去疆域化植入东方建筑文化语境。

4.5.1.1 体育建筑对称的体量：统一和均衡

西方古典主义并进行不固定法式的组合，但仍讲究古典的比例、尺度与均衡。建筑体量不大，强调对称结构，突出入口。汉口华商跑马场主体建筑也是西方古典风格，立面采用纵向三段式构图，从下至上是基座、墙体和屋顶。横向也是对称式构图。一层的柱廊联系了转角的塔楼，水平构图和竖向塔楼形成对比。中间的门廊和两侧次要拱券柱廊形成大小对比。立面主次分明，效果突出。东吴大学司马德体育馆建筑平面呈H形（图4.75），东南大学老体育馆坐西朝东，平面对称。清华大学体育馆整体在平面上呈东西向的"工"字形，中轴对称凸显了建筑的体量，中间高两边低。主立面东向面对西大操场，体育馆在整个操场空间中成为视觉中心。体育建筑体量突出了屋顶的设计，清华大学体育馆的前馆是双坡屋顶，司马德体育馆内部是大空间结构，故采用了平缓的四坡歇山屋顶，主体部分采用钢屋架和木斜梁支撑。

古典主义的建筑立面多采用对称的分段式的构图方法。清华大学体育馆前馆的东立面是主立面，中轴对称，三段式划分。中部高起的室内体育馆，两旁是二层办公和教学用房。中部体育馆二层，三开间，入口位于正中，11个柱子划分了底层柱廊立面。上部是连续的三角山花。两侧的办公用房也是入口居中，各5开间。柱廊和拱窗强调比例关系。整齐的柱廊与大面积的开窗，也很好地解决了室内的采光问题（图4.76）。

---

① 《中国建筑史》编写组：《中国建筑史》，中国建筑工业出版社，1982年，第272页。

② 邹德侬：《中国现代建筑二十讲》，商务印书馆，2015年，第44页。

③ 1861年成立的英侨俱乐部俗称上海总会，为上海地区最早的总会。从20世纪10至20年代，上海总会建设进入一个新的发展阶段，相继建成了英国总会、美国总会和法国总会三大总会，到1932年建造上海跑马总会大楼，最终形成了上海四大总会建筑。四大总会建筑中，尤以建于30年代的跑马总会建筑最为著称。

图 4.75 司马德体育馆原设计图

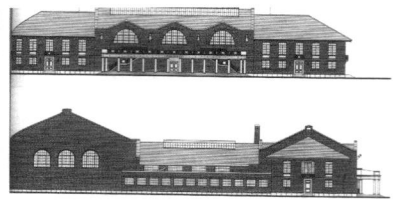
图 4.76 清华大学体育馆东立面及南立面复原图

中国第一批留洋归国的建筑师之一，庄俊在设计南洋公学体育馆时，还在东南建筑公司执业，它采用的是 20 世纪 20 年代西方国家的建筑风格，其特点是引用历史主义风格并倾向折中，但特别讲究古典的比例、尺度与均衡。它属于没有受到现代主义思潮影响的古典主义作品。[①]

三段式的体育馆建筑正面南、北两端凸出，底层各置一门，中段底层外部廊道与其上的二层露台，使整座建筑在厚重中不失轻巧秀美；镶嵌在赭红色清水墙砖上的二段式拱券窗套，使中层与顶层外立面形成一个和谐的整体。[②] 庄俊设计的南洋公学体育馆采用的是简化的西方复古主义风格，建筑底层外廊采用的罗马与巴洛克柱式风格混合的双柱，应该归于折中主义。但它作为出自古典范式的体育馆，仍摆脱不了古典制式的形式制约，其在外观上看不出这是一幢体育建筑，也判断不了内部的实际层数，这些僵化的古典制度常常被现代主义者所诟病，直至抛弃（图 4.77）。[③]

东南大学体育馆的立面采用半圆形窗和西方古典柱式的门廊，表明设计受到西方古典复兴手法的影响。建筑的造型简洁，立面比例对称，同时强调入口作为重点，反映了体育馆的设计思路（图 4.78）。

4.5.1.2　体育建筑的立面砖材

体育场馆中常采用青砖和红砖砌筑立面，两者的烧制方法和操

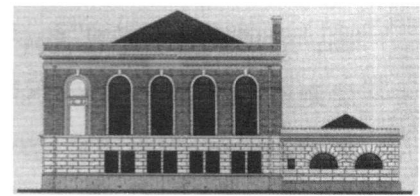
（a）南洋公学体育馆北立面图

（b）南洋公学体育馆东立面图

图 4.77　南洋公学体育馆立面图

（a）正立面

（b）侧立面

图 4.78　东南大学体育馆立面图

---

① 曹永康：《南洋筑韵——上海交通大学历史建筑品读》，上海交通大学出版社，2016 年，第 105 页。

② 周桂发，朱大章，章华明：《上海高校建筑文化》，复旦大学出版社，2014 年，第 94 页。

③ 林峰，赵冬梅，曹永康，刘杰：《上海交通大学人文建筑之旅》，上海交通大学出版社，2012 年，第 15-16 页。

表 4.18 青砖和红砖工艺对比

类型	原材料	烧制方法	操作程序	原理	性能对比
青砖	黏土	砖坯—密封窑—烧制—渗入水降温—青砖	人工	将砖坯中的氧化铁还原成灰黑色氧化亚铁	强度与颜色无关，青砖烧制工艺复杂、难度大、烧制时间长，但密度高、抗风化效果好
红砖	黏土	砖坯—开放窑—砖窑—自然冷却—红砖	借助蒸汽自动设备	将砖坯中的铁元素与氧气充分结合生成很红的三氧化二铁	

作程序均不相同，在立面中表达的效果也不相同（表 4.18）。

东吴大学司马德体育馆、东南大学体育馆、清华大学体育馆的立面使用红砖或青砖（图 4.79）。司马德体育馆用清水红砖砌筑立面，红砖里夹杂着大小不一、扭曲变形的深褐色砖块作为饰面，红砖既节省成本又有独特的风格。红砖的砌缝宽大，凸显了苍老厚重的感觉，产生的粗糙肌理和西方古典建筑中的粗斫手法类似，别具匠心。① 东南大学体育馆② 立面采用简洁色彩的青砖砌筑，典雅大方（图 4.80）。清华大学西体育馆前馆主体及墙面用红砖砌筑的手法表达西方古典形式，砖砌手法以一层顺一层丁为主。

司马德体育馆和东南大学体育馆、清华大学体育馆是西方古典复兴主义的建筑风格，采用古典柱式、拱窗、门洞突出入口。司马德体育馆立面有贯通两层的高大拱窗，采用半圆券式样的窗洞十分高大，保证了室内采光。文艺复兴式线脚装饰并突出了入口。入口上方有孔祥熙所题"体育馆"三字。东南大学老体育馆外观看起来简洁得几近朴素，没有多余的装饰。立面采用了光洁高大的西方古典柱式和半圆拱券装饰入口门廊，入口处设有西式的扶梯上下。立面的小尖顶以及尖顶旁装饰的烟囱都显示了西方古典复兴手法。清华大学体育馆立面采用陶立克式花岗岩柱廊和拱窗来强调比例关系，石板瓦坡屋顶、砌出线脚的红砖清水墙身、花岗石勒脚台阶都凸显

① 汪晓茜：《移植和本土化的二重奏：东吴大学近代建筑文化遗产对我们的启示》，《新建筑》，2006 年第 1 期。

② 1921 年，南京高等师范学校更名为东南大学，校长郭秉文即向江苏省公署请建体育馆。1922 年立基，1923 年落成，面积 2317m²，主楼耗资 6 万银元，游泳池及配套设备 4 万银元，堪称当时国内高校之最。体育馆建成后，不仅作为体育健身之所，诸多重要活动亦常于此举行。英国哲学家罗素、美国教育家杜威、印度诗人泰戈尔等，均曾在此做过讲演。

（a）司马德体育馆碎砖墙面
（b）西面窗户
（c）司马德体育馆西面主入口
图 4.79 司马德体育馆材料及主入口

（a）东南大学体育馆透视
（b）东南大学体育馆扶梯门廊
图 4.80 东南大学体育馆透视及门廊

了古典主义的风格，整体造型素雅端庄。沪江大学哈斯克体操馆[1]选取凸石装饰的方形窗户，大厅外墙的窗框以链状装饰连为一个整体。入口大门处理为钝角式拱券门洞，为层层递进的同心拱。

4.5.1.3 古典主义的装饰细节

1935 年开业于意租界的标志建筑——天津回力球场[2]外檐墙群装饰运动员浮雕，建筑立面处理简洁明快，为突出体育建筑的特点，檐部及墙裙有以球赛运动为题材的带状浮雕。沪江大学哈斯克体操馆采用了陡峭的屋面、突出屋面的尖顶双坡老虎窗来表达美国学院哥特式的风格[3]，尖券门洞突出入口，墙面由扶壁支撑来抵抗侧推力，墙上采用了哥特式花纹进行装饰，层层缩进的扶壁和逐层收缩的外墙的转角成为装饰元素，扶壁和转角以斜面结束并装饰了三角形尖顶（图 4.81）。

东北大学体育场是砖混结构，它是杨廷宝回国后完成最早的几个项目之一。设计师采用折中主义的创作手法，将西方建筑的做法结合当地条件进行改造和简化，并加入中国传统文化和装饰。体育场反映了军事纪念性和当地军阀势力的社会背景，这种地域性倾向体现了政治性和艺术性的双重特征。体育场的正门是砖砌箭楼式造型，中央是 3 个大型的拱券门洞，两侧各有一个中式的琉璃方窗，看台栏杆是水泥砌筑成的清式造型。这表明折中的创作手法是地域主义在集权意识下的表达（图 4.82）。

东南大学体育馆的局部装饰也显示了古典主义的设计手法。楼梯栏杆采取了古典式细部，立面的窗户采用水泥窗框，入口的窗户顶部采用半圆形券，立面正中顶上做成半圆形的墙面（图 4.83）。

[1] 哈斯克体操馆（Haskell Gymnasium），建成于 1918 年 2 月 20 日，现学生活动中心。由美国波士顿的哈斯克上校（Coloned E.H.Haskell）捐资 1.81 万美元建造，楼高 2 层。

[2] 1931 年墨索里尼的女婿、意大利驻华公使齐亚诺来天津主持兴建，他决定在天津意租界开办回力球场，以增加租界当局的收入。回力球场自 1935 年春季到 1939 年，除一度因水灾停赛外，每天赌资流动 3 万元。

[3] 美国学院哥特式属于美国晚期哥特复兴，出现于 19 世纪末期至 20 世纪上半叶，主要是指大学校园中采用的空间布局和建筑风格，其形式复兴英国晚期哥特式。主要代表有普林斯顿大学、芝加哥大学、杜克大学等。这些大学校园均带有典型的灰色冷峻的哥特风格，院落围合感强，建筑外观挺拔高耸的趋势明显，并饰有明显哥特风格的垂直线条、尖顶券和雕饰。常见的学院哥特式建筑除了哥特建筑常用的小尖塔、尖券、尖拱和飞扶壁外，还以堡垒式塔楼、对称水平伸展的两翼、陡直的屋顶、老虎窗、矩形窗框和垂直窗权为特征。

（a）天津回力球场东立面图　　（b）天津回力球场南立面图

图 4.81　天津回力球场立面图

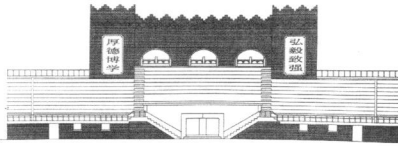

（a）东北大学体育场东侧司令台东立面图　　（b）东北大学体育场东侧司令台西立面图

图 4.82　东北大学体育场立面图

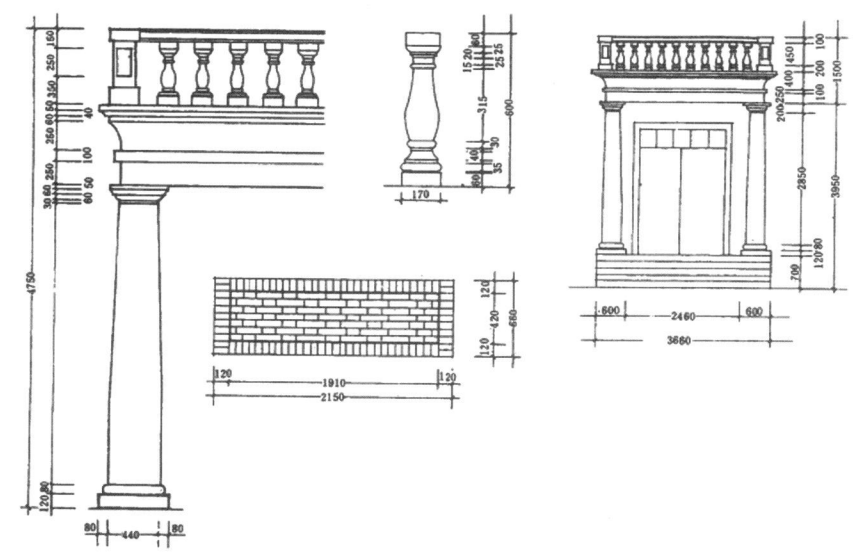

图 4.83 东南大学体育馆大样图

19世纪末,上海跑马总会新加建的塔楼受到西方教堂式的风格影响,上面装饰了大自鸣钟,塔楼高度有四层,在周围的建筑中显得与众不同。"房屋高其闬闳,厚其墙垣,非常壮丽"。[1]虽然跑马总会周围略微引入了一点中式元素——中式的亭台作为休息的场所,但总体上建筑风格还是以英国近代风格为主。

4.5.2 外国建筑师的文化策略:近代宫殿式的探索

西方建筑师设计教会大学建筑,产生了不成熟的中国民族形式建筑。其起步最早,有开风气之先的初创之功。它们将中国古典形式(飞檐、斗拱)构成要素嵌入西洋建筑乃至将中式屋顶和洋楼融合一体。[2]"中西合璧"的建筑风格始自西方建筑师(正宗的职业建筑师或业余的传教士建筑师)是历史事实。他们出于传教——"基督征服中国"的目的探索教会大学校舍建筑领域,显然对中国传统文化的理解程度不够。

中西合璧式样是在西方教会意识推动下产生的特殊文化现象。圣约翰大学正是中西合璧建筑式样的始作俑者,众多教会大学将其发扬光大,建筑式样逐渐成熟,风格基本定型,愈加纯正和优美,组合手法趋于程式化和标准化。教会大学探索中西合璧建筑式样拉开了中国传统建筑艺术复兴的序幕。20世纪二三十年代,一批留学欧美的中国建筑师回国执业,中国建筑界开始了一场影响深远的传统建筑复兴运动。

教会大学建筑和教会大学一样,是中西文化碰撞交流的产物,是西方建筑与中国传统建筑折中形成的建筑风格,这种中西合璧的建筑风格具有重要地位。圣约翰大学的校园风格对之后的教会学校

---

[1] 《西童赛马》。见吴友如等:《点石斋画报·大可堂版(第14册)》,上海画报出版社,2001年,第174页。

[2] 张丽萍:《华西协和大学——相思华西坝》,河北教育出版社,2003年,第29页。

的建筑风格的形成有一定示范作用。教会学校建筑在中西建筑从碰撞到融合的过程中起到重要作用，它唤起了二三十年代兴起的"中国固有之形式"的建筑思潮。初期中西合璧的风格的设计者们并不十分了解中式建筑，他们只是在西式建筑组合的形式上加上了中式大屋顶，颇有点矫揉造作，它是教会追求群众认同的手段，这种不成熟的式样的意义并不在于将中式和西式完美结合，而是在于其开创性。

4.5.2.1 强调西方式的建筑体量组合和"大屋顶"：主导和附属

早期西方建筑师从西方建筑方案构思的基本思维方式出发，创作中国民族形式的作品时仍然强调西方的体量组合，力求使单体建筑都有丰富的建筑形体构成，这是最宝贵的设计构思精华。他们利用欧美建筑当时的工程设计技术，即平面符合西方建筑的功能主义设计理念，外部造型借鉴中国传统宫殿建筑构图元素，并结合西方建筑风格的新建筑式样，这也就是人们后来所谓的"大屋顶建筑"。

早期尝试中西建筑形式融合的西方建筑师尚不能领悟中国传统建筑文化的深层内涵，他们在中国传统建筑的形式构成要素中选择了最引人注目的大屋顶。新建筑上被拼凑大屋顶和其他古建筑部件，造成建筑功能和技术上的不合理。武汉大学宋卿体育馆[①]的美国建筑师凯尔斯选用了一个复杂变化的拱形密檐屋顶，模仿中国传统的歇山屋顶，作三层跌落的侧窗，利于采光，丰富了建筑造型又解决了功能问题，表现了中国古典建筑风格（图4.84）。

宋卿体育馆试图用新技术、新材料再现中国传统大屋顶，大跨

图4.84　宋卿体育馆西面景观

[①] 1934年4月，黎元洪之子黎重光（绍基）、黎仲修（绍业）将黎元洪筹建江汉大学的基金十万大洋（中兴煤矿股票），全部转捐给武汉大学修建体育馆。

度空间和别具一格的山墙、屋顶造型、绿色琉璃瓦随三铰拱变化转折，形成巴洛克式轮舵形山墙和三重檐歇山顶，这是当时西方非常先进的建筑工艺（图4.85）。采用中国式大屋顶的华中大学翟雅阁健身所是西式屋身，仿宋式重檐庑殿屋顶①铺设了绿琉璃瓦。体育馆按西方体育馆功能设计，利用西方的技术创造出内部空间，中西手法在建筑上水乳交融，当时国内这种建筑形式很少，是近代不可多得的体育建筑。北京大学第一体育馆②主楼屋顶为单檐庑殿顶，灰筒瓦，滴水檐，五脊六兽七小兽。檐下施一昂一翘五踩蓝绿斗栱，旋子彩画。两翼配有副楼。第二体育馆为双层檐椽，旋子彩画。圣约翰大学顾斐德纪念体育室的屋顶同样为四角飞扬的歇山屋顶，有趣的是连突出屋面的烟囱也被覆上了四角攒尖顶。翟亚阁体育馆的屋顶形似古代宋式屋顶，其中式大屋顶和西方建筑技术和谐统一，屋顶采用简化的庑殿形式，重檐绿瓦。

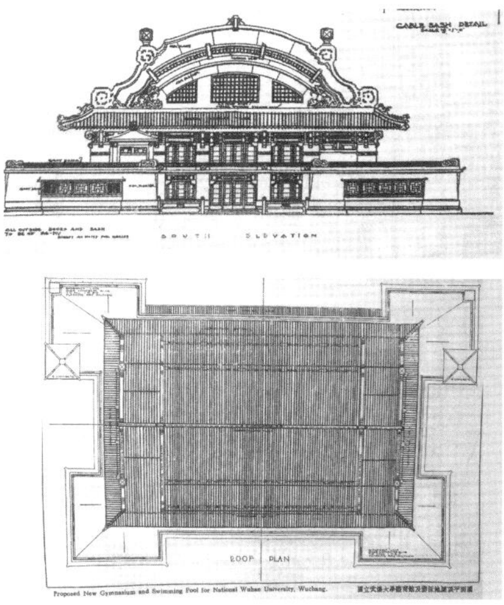

图4.85 宋卿体育馆南立面图及屋顶图

4.5.2.2 立面采用分段式构图法：比例和尺度

体育馆立面采用分段式构图法。北京大学第一体育馆东西立面用6根粗大的红柱将屋面分为五开间。立面横向三段式划分，每间置三扇仿清式窗。两边的耳楼形式与主楼一致，地上三层，下一层，仅屋顶比主楼略矮，仍为庑殿顶，并与主楼屋顶相交，出入口在主楼东西两侧，并配以石制仿清柱头栏杆，山面平行排列四扇窗，用墙体的出进变化分为三开间。体育馆墙下设有古典式华丽的须弥座，为了和庞大的屋顶协调，下方第一层用粗犷的灰色条石砌筑，处理为基座的样子，但紧靠地面开了窗，以便地下空间的使用。入口在主体两侧，台阶配有汉白玉护栏。体育馆矗立在湖边，沿湖东面设置了一组假山，遮住馆身下半部的混凝土墙，从对岸遥望，能看到端庄错落的灰色屋顶和粉墙红柱的建筑立面掩映于临水的绿树丛间。北京大学第二体育馆体量比第一体育馆略小，面阔九间，进深三间。立面横向三段式划分。每间置三扇仿清窗，一层明间辟有券门。山面三开间，每间开三窗，明间为出入口，前接月台，并配以石制仿清柱头栏杆。底部用黄色花岗岩设计为基座的式样，却在正中设计了拱门，还开了窗户。这座中国宫殿式的建筑，并不像传统中国建筑一样仅在正面设出入口，而是像西方神殿一样从较窄的山面进入，山面入口前注重装饰，装饰了清式的汉白玉台基（图4.86）。③

华中大学翟雅阁健身所正面二层划分：底层清水红砖墙，用水泥框套做券门及抹角方窗。底层主入口为简单的拱门，城门式的洞形，左右四扇大窗，而中式窗框则为方形梅瓣四角；二层是通透的外廊，立柱与额枋既是中国古典式的，又是希腊古典式的，东西方古典艺术的完美统一。立柱柱头为中国古典的"华表式"，很宽，托住伸

---

① 重檐庑殿顶是在庑殿顶之下，又有短檐，四角各有一条短垂脊，共九脊。它是清代所有殿顶中最高等级。

② 原为燕京大学男子体育馆，落成于1931年，由燕京大学在美国的托事部主席（Mr. Warner）捐资兴建，因而又名华式体育馆。

③ 方拥：《藏山蕴海——北大建筑与园林》，北京大学出版社，2013年，第122-132页。

(a) 北京大学第一体育馆
(b) 北京大学第二体育馆旧照
(c) 北京大学第二体育馆现照
(d) 上体育课的女生们

图 4.86　北京大学第一体育馆及第二体育馆

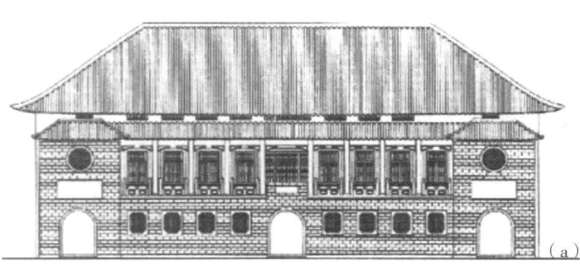

(a) 翟雅阁健身所主立面图
(b) 翟雅阁健身所建筑北面

图 4.87　翟雅阁健身所

开的屋檐。第二层处理成中国传统柱廊形式，下有麻石柱基，上有额枋、梁头、雀替、柱间单勾阑，窗棂采用南方民居形式（图 4.87）。

4.5.2.3　体育建筑砖材及建筑细节

　　宫殿式体育建筑仍然采用了砖材作为主要的立面材料，建筑细节模拟了中国古典建筑，采用了中国古典建筑中的古典构件，包括昂、屋脊装饰、额枋等。顾斐德体育室和翟亚阁健身所就是采取了这种处理手法。顾斐德体育室立面简洁，立面已接近当时的现代主义建筑风格。它采用红砖作为建筑立面的主要材料，立面上带有几何化的装饰，窗间墙砖的斜砌法带有一定装饰性，上覆菱形图案。入口采用与罗氏图书馆相似的处理手法，大门过梁下带有雀替装饰图案。翟亚阁健身所红砖清水外墙，式样古朴但是显得非常高贵。北京大学第一体育馆和第二体育馆都为红柱白墙。基础都为花岗岩块石砌筑。北京大学第二体育馆[①]与第一体育馆不同的是，没有两侧副楼，素墙青瓦、红色柱子，一层入口采用了别致的拱形入口（图 4.88）。

　　武汉大学宋卿体育馆采用了中国古典建筑的大屋顶，既保留了大屋顶特色，又采用了先进技术，使得屋顶的结构构件保留了古典的构件，如昂、屋脊装饰、额枋等，且才用了只有宫殿或高规格庙宇才能用的斗栱。这个大屋顶是由现浇屋面结构和预制构件焊接的

---

① 原为燕京大学女子体育馆，落成于 1933 年，为威廉·鲍埃夫妇（Mr and Mrs William Bord）捐资兴建。

图 4.88 翟雅阁健身所透视及细部

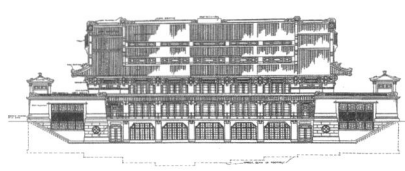

（a）宋卿体育馆西立面图　　　（b）宋卿体育馆东立面图

图 4.89 宋卿体育馆立面图

方法制成，虽然 1937 年的武汉大学的仿古大屋顶就使用了这种营造方式，但中国直到 20 世纪七八十年代才大量应用。宋卿体育馆使体育活动有良好的空间和采光通风条件，表现了现代新型大跨度结构的建筑技术，又保持和发挥了中国传统建筑的特色。体育馆侧墙为框架结构，山墙则取巴洛克式，堪称典型的"中西合璧"。正面看台又有中式的重檐——三檐滴水（图 4.89）。

4.5.3 中国建筑师的传统本位：新民族形式的尝试

1927 年，南京国民政府成立，这是中国统一的重要进程，在此前后，官方总是以提倡"中国文化""民族文化""恢复固有道德"以宣示正统。1925 年 5 月 15 日，孙中山葬事筹备委员会在《陵墓悬奖征求图案条例》中规定，"祭堂图案须采用中国古式而含有特殊与纪念性质者，或根据中国建筑精神特创新格亦可"；定都南京以后的南京、上海城市规划和重要公共建筑的建设，都规定建筑要采用"中国固有之形式"。①

"吾国固有之形式"② 这一探索始于吕彦直，1925 年、1926 年他相继在南京中山陵与广州中山纪念堂设计方案竞赛中获得大奖并得以实施，其后在 1927—1937 年，及 20 世纪 50 年代与 80 年代形成三次探索高潮期。然而真正达到高潮的是产生了中国近代建筑史发展兴盛期的后期（1927—1937），中国建筑师掀起的"吾国固有之建筑形式"的创作热潮。当时国内民族主义情绪高涨，在接受西方近代建筑技术、近代建筑功能的同时，力求继承中国传统艺术的优良传统，对传统中国建筑形式重新认识与推崇，创作中国民族形式建筑作品。1927 年以后，外国建筑师对中国建筑民族形式探索的

---

① 邹德侬：《中国现代建筑艺术论题》，山东科学技术出版社，2006 年，第 101 页。

② 《首都计划》适时地对官方建筑形式做了专门规定，力主采用"中国固有之形式"，而公署及公共建筑物尤当尽量采用。这种政策导向在当时的南京、上海、广州等其他大中城市的建筑设计产生了深远影响，从而形成了第二次世界大战之前"中国古典式样新建筑"的一轮高潮，其影响一直延至国民党政权退出中国内地。

意义与价值，融会于中国建筑师对同一目标探索的洪流之中，数量较少，质量平平，已不占主流地位。[1] 当时的建筑文化以"中国本位文化"作为主流。"大上海计划"及"首都计划"都明确了官方建筑采用中国固有形式，建筑界顺应这股思潮的过程中，出现了一些体育建筑。

民族形式的建筑是"中国固有式"建筑风格的转变，它是以现代主义的建筑功能和结构原理为主，在现代主义的建筑样式基础上局部表达传统建筑的风格。它采用传统建筑的局部构件或者花纹装饰表达对中国传统官式建筑的模仿，表达了建筑师希望同时兼顾建筑的现代功能和建造与传统民族风格。这种建筑形式基本采用现代主义构图方法，通常采用平屋顶，局部采用或不采用中国式大屋顶，立面和檐部、墙体加入传统元素，如雕塑、彩画、小型装饰、冲天柱、砖砌纹样和线脚，风格较"中国固有之形式"显得现代简洁。上海市体育场、中央体育场等体现了中国传统建筑文化对现代建筑材料、建构方法和逻辑的抵抗式碰撞，建筑的细部体现了现代建筑材料仿木作雕刻细节装饰。

4.5.3.1　体育建筑体量：韵律和比例

华南理工大学老体育馆[2]融合了西方古典主义和中国古典形式。立面应用了西方常用的檐口、墙、勒脚的三段式构图和横向三段式构图。三个巨大的立柱耸向天空形成"冲天柱"的形式，类似中国的传统牌坊。冲天柱和牌坊屋顶将立面分成三楼四柱的布局。从纵向看，底部是基座，中间是三个圆柱形的门廊，上面是钩阑雀替，最上部是三个歇山屋顶。设计者将西方的立面比例和中国的装饰西部结合，形成了新民族形式的做法，摆脱了原有建筑法式，形成了严谨的构图。建筑典雅而又庄重，尺度精确，虚实对比强烈，造型精美（图4.90）。

中央体育场田径场门楼两端为对称体量，立面横向与纵向均采用三段式，比例修长。上部雕刻从较大的高浮雕几何形态逐渐过渡到顶端的祥云图样，不仅与旁边的云纹望柱头形成呼应，同时实现了一种古典形式的创新（图4.91）。[3]

[1] 杨秉德：《中国近代中西建筑文化交融史》，湖北教育出版，2003年，第260-293页。

[2] 华南理工大学旧体育馆工程于1937年9月竣工，正值中国近代建筑艺术多元发展的高潮，由于民族风格的宫殿式建筑投入太大，造价过高，并且不尽符合实用，这一时期出现了不少中西结合的建筑造型。

[3] 李海清，汪晓茜：《叠合与融通——近代中西合璧建筑艺术》，中国建筑工业出版社，2015年，第113页。

图4.90　华南理工大学老体育馆

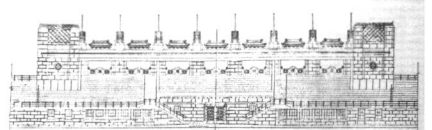

(a) 中央体育场田径赛场外立面图　　(b) 中央体育场田径赛场司令台立面图

图 4.91　中央体育场田径赛场立面图

4.5.3.2　体育建筑材料

上海市体育场的设计方式是"现代化的中国建筑"，虽然它完全摆脱了大屋顶，基本上采用了新建筑构图，但它采用了局部点缀中国式的小构件、纹样、线脚等，来取得民族格调。

上海市体育场各建筑物之外观，取现代建筑与中国建筑之混合式。因固有之中国式建筑，造价既昂且不合实用也。全部外墙均用红砖，以其质坚而价廉，压顶及勒脚则做人造石饰以中国雕纹。综言之，全部建筑之外观，务使其既合现代建筑之趋势，而仍不失为中国原来目的，同时更顾到经济上之限度。[①]

为了在体育场馆中表达中国传统的民族要素和现代建筑的双重特点。建筑物外观采用了中国常见的材料石材和砖材。上海市体育场游泳池在实用的基础上注重了美观，它的大门用人造石块砌筑而成，上面的雕刻凸显了中国的文化色彩（图 4.92）。建筑的用红砖砌筑墙体，用人造石作为勒脚和压顶，它的做法和色彩、形式与体育场、体育馆互相呼应。上海市体育馆正面用人造石砌筑了墙壁，其余用红砖砌筑，压顶和勒脚使用人造石块镶嵌，使用了中国的图案装饰，不仅表达了现代艺术的特色，也表现了民族特色（图 4.93—图 4.95）。

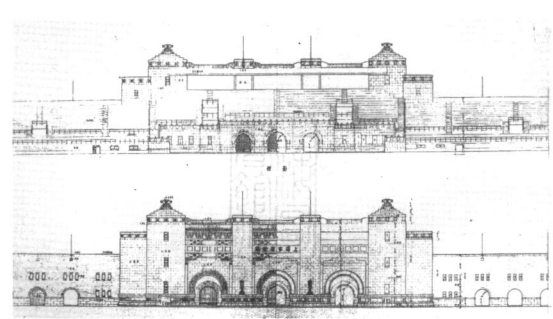

图 4.92　上海市体育场的立面　　　图 4.93　上海市体育场的材料

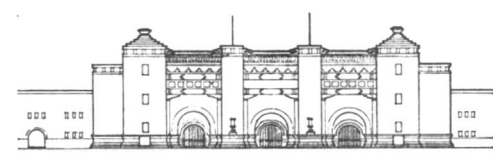
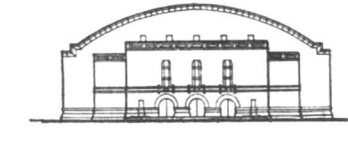

图 4.94　上海市体育场的立面局部　　图 4.95　上海市体育场体育馆的立面

---

① 董大酉：《上海市体育场设计概况》，《中国建筑》，1934 年第 8 期。

4.5.3.3 民族形式的装饰细节

简约仿古模式中国民族形式建筑的基本特征是：摒弃大屋顶，基本上使用平屋顶，在基本维持横向三段竖向三段建筑形式构成模式的基础之上，局部施以中国传统建筑的形式构成要素，主要是局部装饰构成要素，如檐口、须弥座、建筑纹饰、花格、门廊等。[1]

该场位于首都，其式样之选择，颇费踌躇，盖陵园建筑，全采中国式样，该场既在园地之内，论理自宜一致，惟场内布置，因为近代需要，中国建筑史上，无例可援，事实既难强和，而体育场之特性，在美观上，恐亦未能尽量发挥，结果采用中国建筑之精神，而将其形体与装饰，略加变化，使合于体育场之用，又以国人心理，于体育一道，素所轻视，故全场设计，大体固不必谕，即一砖一瓦之微，应不尽以庄严肃穆之意出之，而同时安插自然，绝无牵强迹象。[2]

上述文字是对中央体育场的式样和细节的描述。新民族形式的体育建筑渗透着中国传统的民族要素，利用建筑表达了要"倡导体育，复兴民族"的意愿。上海市体育场和中央体育场的设计者不仅参照了西方现代建筑的设计原理，还将中国传统图案元素雕刻到建筑上。中央体育场游泳池的更衣室采用庑殿顶，额枋用彩画贴金，平台踏步用宫殿式栏杆。中央体育场的门窗、墙面、栏杆都雕刻了精美的花纹，屋顶采用宫殿式，入口大门用牌楼装饰，牌楼看起来赏心悦目、十分美丽，而且显得坚固庄严、雄伟绝伦。牌楼的建构和材料选用现代做法（图4.96）。

华南理工大学老体育馆的西式平顶表达了西方古典建筑的风韵。立面采用西方古典建筑常见的檐、墙、勒脚竖三段和横三法分法；又融合了中国传统建筑特色，如女儿墙、檐部采用了中国传统的如意纹和回纹图案；在檐壁、门廊等处又添加了传统民族风格的线脚或浮雕、彩绘纹样等装饰构件。刻满了如意纹浮雕的冲天柱以卷草浮雕收住了下端，类似放大的望柱。三个巨柱形成强烈的序列性，有突出的标志性。[3]

---

[1] 杨秉德：《中国近代中西建筑文化交融史》，湖北教育出版社，2003年，第327页。

[2] 《首都中央体育场建筑述略》，《中国建筑》，1933年第1期第3卷。

[3] 陈国坚：《华南理工大学人文建筑之旅》，华南理工大学出版社，2011年，第45页。

（a）中央体育场细部　　（b）中央体育场入口　　（c）中央体育场对面牌楼

图4.96 中央体育场装饰细节

中央体育场田径场的独特之处是东西门楼的造型处理：门楼横向分作三段，中段有着简洁的底座和平整的墙面，上部采用传统冲天牌坊的变形形式，面阔9间，高3层；柱、横额、立方体体量组合成看似排放实则为司令台的整体建筑造型，上部设有8个云纹望柱头和7个小牌坊屋顶，石构的梁枋间以凸凹进退表现体积感，以带有中国传统图案的细部作为装饰。作为中国古代主要用于表彰、纪念、装饰和导向作用的建筑类型，牌楼被视作中华文化的象征之一，建筑师采用这一原型不仅解决了标志和导向的问题，同时在整个空间序列中承担了过渡转换功能。此外，从整体上看，形式简洁清晰，没有繁复的装饰性斗栱，也没有飞檐上的飞人走兽，是建筑师和传统建筑类型不同的形式特点。① 体育场利用了自然元素，北面看台依山而建，立面用中国传统牌楼装饰，追求纪念性和传统性，传承民族文化。

4.5.4 现代建筑的预示酝酿：装饰艺术风格的萌芽

装饰艺术风格也称"摩登风格"，得名于1925年巴黎的国际现代工业艺术装饰博览会，装饰艺术派的工业设计向机器美学更靠近了一步。装饰艺术派把"新艺术""装饰的""有机型的"（organic）造型，升华为更简捷的"流线型的"（streamlined）和"几何型的"（geometric）造型。"装饰艺术派"是在简洁的形体背景上，作几何图案的浮雕装饰，与"现代建筑"已经相差无多。"装饰艺术派"建筑及时的来到中国，留下许多建筑实例。②

哈沙德洋行的建筑师安铎生设计的上海西侨青年会造型别致，主立面的设计是从美国星条旗的韵律排列和格局出发，这种风格是美国现代建筑的奠基者芝加哥学派设计创造的。立面构图遵循分段式的设计手法，水平和竖向各分为三段。中间的上部向后退形成大空间，二层、三层用巨型柱子和长条大拱窗贯通，四层以上是规则的竖向长窗凹凸装饰的手法，窗洞下装饰不同排列组合的浅色花纹。建筑主立面象征美国国旗，但圆拱形门窗和厚重的实墙则表达了罗马风格的倾向。③

汉口华商跑马总会现保存一座始建于1927年的赛马工会大楼，旧址位于江岸区汇通路和江汉三路交叉口的位置。大楼采用花岗石墙基，汉阳铁沙砖清水外墙，立面简洁，不做繁复的块面装饰，似乎是在学习英国当时的流行品位，典雅、高贵、简单，取一点工业化的效果。平顶，顶上于1949年后加建一层。凸出檐线。主入口设在汇通路，主入口居于正中，方柱撑起上方小阳台，形成了门厅造型。底部用花岗石砌筑，中部墙体用灰砂砖砌筑，上方有两条挑檐。

---

① 李海清，汪晓茜：《叠合与融通——近代中西合璧建筑艺术》，中国建筑工业出版社，2015年，第113页。

② 邹德侬：《中国现代建筑二十讲》，商务印书馆，2015年，第68页。

③ 沈福煦，沈燮癸：《透视上海近代建筑》，上海古籍出版社，2004年，第262页。

整幢楼房使用墙面雕花的部分非常不明显，在上下两层窗的间距之间，浅层雕刻、细腻精致，但是不张扬。江汉三路一侧的立面为二层、三层伸出式户外大阳台，落地长窗通室内，所有窗户全部装有百叶窗扇，灰黄色的老砖墙和陈旧的红漆窗框相映。①

中国较早的体育建筑——青岛市第一体育场是国人自己设计的，它将国外的建筑风格和当地的石头砌筑的风格进行结合，北门楼采用了装饰艺术的样式，强调了整体的体积感。强调了向上划分的竖向线条，形成了高耸的动感。三个连续拱门突出了立面。北大门选用了当地崂山红和崂山青的石材混合砌筑，地域性极强的"抽屉石"的砌筑方式搭配了和谐的比例和色彩。体育场侧墙采用了当地大块"崂山红"的石材砌筑，与城市风格吻合。侧墙上留有较小尺寸、间距较大的拱形窗洞，符合早期砖石混合结构的特征。体育场建筑一层，看台是钢筋混凝土结构，容纳14000名观众。女儿墙处理成城墙的轮廓，也是中国建筑符号的一种，使得建筑既有现代建筑的简洁，又有传统建筑的意味（图4.97）。

汉口华商赛马公会建造的年代为20世纪二三十年代，正好是全世界，特别是美国，盛行装饰艺术风格的时期，该建筑也吸取了这种风格。这个建筑简化了并形成了自己的风格，大型的长窗高耸向上，窗间利用壁柱强化竖向线条，这种纵向线条和檐口水平檐口线条对比。是简洁的水平线条装饰，与后部的塔楼形成对比，素净的混凝土墙面和清水墙面交错有序，朴实简练，是古典和摩登相结合的风格。它是近代建筑中由古典主义向现代派过渡的阶段性建筑，20世纪末30年代初欧美各国钢框架结构大量传入国内，高层建筑开始出现，建筑物立面趋于简化，用横竖线条代替古典烦琐的细部装饰。华商赛马公会大楼纵向窗户和檐口部位仍然有祥云几何图案装饰，整体姿态尚未走出复古式样，但与那些承重的西洋古典式样的建筑相比，无论体型构图还是装饰细部，已有大幅度简化，给人现代感，这种朴素明快的现代建筑风格的出现，使汉口换上了现代城市的时装。

中国建筑师赵深、李锦沛和范文照设计的上海基督教青年会是中西合璧的建筑风格，它将西式建筑和中国传统式样融合，是远东最漂亮的青年会会所。它是由江裕记营造厂施工的，1931年落成。"凹"字形的建筑平面坐东朝西，中间是天井，采用中国的院落式布局。西藏路一侧的立面十分宏伟，呈横三段式构图。第一层用花岗石平整排布，花纹装饰拱券的入口和腰线。大门用菱花格心的仿宫殿隔扇，门框雕刻古典图案。二楼是中式的装修风格。中部五层用褐色泰山面砖装饰，顶部一层上下重檐，檐下饰斗栱，屋顶为琉璃瓦（图4.98）。

---

① 胡榴明：《武汉百年建筑经典：三镇风情》，中国建筑工业出版社，2011年。

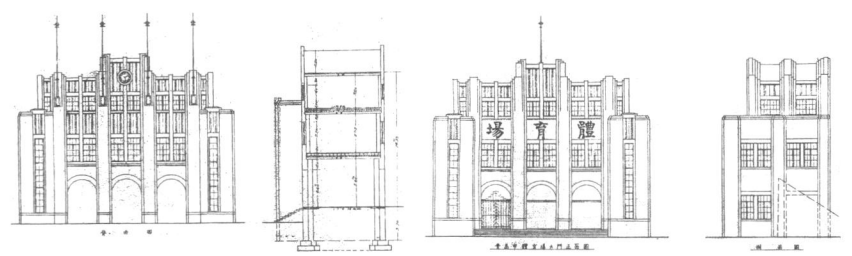

（a）青岛市第一体育场大门楼背面及剖面图　　（b）青岛市第一体育场大门楼正面及侧面图

图 4.97　青岛市第一体育场大门楼立面图

（a）上海市基督教青年会旧景　　（b）上海市基督教青年会现景

图 4.98　上海市基督教青年会

第5章 体育建筑的开基创业绘新图
（1949—1978）

政治制度的变迁是这段时期体育建筑发展的一个重大分水岭，它宣告了过去的以移植西方体育建筑的体育建筑模式的终结。新中国开启了体育建筑的科学研究，全面探索了体育建筑的视线、结构、疏散等技术问题，形成了影响至今的体育建筑模式，开创了一场轰轰烈烈的体育建筑建设高潮。

新中国成立后，中国体育场馆的建设逐渐开展，在空间结构的理论和实践等方面取得一定成果。但由于薄弱的国民经济基础，建设的规模、数量、质量都受到很大影响。新中国成立初期体育活动成为一项重要的事业。据统计，旧中国保存下来的场馆设施仅132所，其中体育场、体育馆各13座，游泳池101座（表5.1）。

表5.1 1949年前遗留下来的体育场馆数量

类型	体育场				体育馆				游泳池		有固定看台灯光球场
	计	甲	乙	丙	计	甲	乙	丙	计	其中：室内	
数量	13	5	6	2	13	2	2	9	101	13	5

新中国对已有的体育建筑接管改造，并重新修整，向群众开放。此时的体育建筑建设处于百废待兴的状态，并开始系统性地、有规划地兴建。新中国成立后的这30年间，中国体育馆的观众座席数已近40万个，积累了丰富的经验和教训。从20世纪50年代起，在重点城市和地区，首先解决了有无问题，在过去的微薄底子上增长了8倍多，60年代，数量与质量都有了较大飞跃，到70年代，中国的大中型体育建筑有了广泛的实践，60年代、70年代两个十年步入正常发展轨道，以每十年增长一倍半的速率发展。当然，在这个过程中，中国体育场地的用地面积和场地面积也稳步增长。

中华人民共和国成立初期，各项建设都处于百废待兴的状态。经历了长时期的战乱，中国迎来了和平时期，中国的体育建筑发展进入了新的时期，发展环境发生了很大改变。1952年，毛泽东主席提出"发展体育运动，增强人民体质"，明确了中国体育运动的宗旨。在党和政府的领导下，中国体育事业有序开展。各级政府投入大量财力和物力优先发展体育设施。中国的体育场、体育馆、游泳池、射击靶场、灯光球场随着时间的推移而增加数量，其中灯光球场的增速最快，而体育馆的增速最慢。从体育场地的总体数量组成而言，篮球场、排球场、门球场的占比最大，而体育场、体育馆、游泳跳水馆的占比最小，从1949年到1978年的这段时间内，这个比率趋势逐渐拉大。

1953年开始第一个五年计划之时，在全国的大城市和重点地区开始建造体育场馆。从清末到新中国成立前形成的租界内的跑马场、高尔夫球场、体育公园等体育建筑，随着社会主义改造成为国营的体育建筑。由于中国确立了社会主义制度，以及和苏联等国家结盟，这时期中国部分体育场馆是向苏联学习的，或者受到苏联专家的指导，如广州体育馆就是林克明先生到苏联考察之后设计的，带有一定的苏联风格。另一方面，中国的政治在此时和西方的资本主义国家是隔离的，这时期的体育场馆和西方的体育场馆有很明显的不同，中国的体育场馆带有明显的民族特色。

当然，中国体育建筑的设计和技术在此时并不是完全空白的，经过了20世纪二三十年代的建设高潮，以及中华民国时期的全运会和华北运动会的体育场馆建设，中国体育建筑的设计有一定的基础。50年代，中国现代化的体育建筑是中国体育建筑发展史上的重要转向，是中国体育建筑发展的重要开端，也是体育建筑研究的开端。以1966年编写的《建筑设计资料集》作为体育建筑研究的重要转折点，自此中国开始了系统性的体育建筑研究工作，包括体育建筑的视线、疏散、场地、功能分区和结构，这些都有了完善而丰富的研究。

5.1 体育建筑空间布局特征：从"大城市"到"中小城市"

5.1.1 大型体育建筑分布于重点城市的中心区域（1949—1965）

大型场馆由于所在城市的工业水平较高，设计技术力量较为雄厚，酝酿筹备较早且前期工作较为充分，总体设计和建设水平比较高。在华东、华南、华北、东北和西北的省会和地级市建成了大量中小型场馆。这批场馆有些在设计上有所创新，也有些是作为政治任务突击完成的。在当时的政治历史条件下，工程技术不被重视，缺少对以往体育建筑实践活动的系统总结和分析，更谈不上借鉴国外的先进经验，加上受到一些地方技术力量的局限，设计和建筑质量相应受到影响。[①]

5.1.1.1 重点城市建设的体育建筑

新中国成立之初，中国建设力量集中在工业建筑和住宅。主要建设的体育设施是露天的篮排球场和简易运动场，占全部体育设施的85%以上。1949年10月到1952年12月期间，体育建筑的建设量小，类型也较为简单。这期间，只建成了21个体育场和40个各类训练房，还没有条件建设体育馆。这些体育场馆大多分布在重点城市的中心区域，如武汉体育馆、武汉新华路体育场等大型公共设施和中山公园、协和医院等共同营造了武汉的城市中心轴线。

1953年中国开展第一个五年计划，由于技术和经济条件的限制，至1955年，中国开始在北京、重庆、武汉等重点大城市建设体育场馆。从1956年至1958年，相继建成了天津体育馆、武汉体育馆、广州体育馆、长春体育馆、湖南体育馆、云南体育馆等体育场馆。1950年至1959年，共建成体育场、体育馆和各类训练房639个。这时期的体育场馆规模不大，体育馆座席数量集中在4000~6000个之间，体型以矩形等简单形状为主，结构形制也简单，跨度在40~50m之间，功能分区尚不明确，为中国体育场馆的建设打下的初步基础。

随着国际体育交流活动的开展，20世纪60年代，场馆的数量和质量有了较大提高。这10年建成体育场馆933个，新增座席总数8万个。以采用了双层悬索结构的北京工人体育馆作为开端，代表性场馆有首都体育馆、广西体育馆、河南体育馆和杭州体育馆等。其他城市也努力从实际出发，新建了5000座左右的中型馆。这时期的体育建筑借鉴国外经验，在表现体育建筑性格、建筑布局、结构形式和设备等方面均进行了有益探索，视觉质量和屋盖结构的设计质量有所提升，这些场馆标志着中国体育事业和体育建筑的实践进入新的时期。

由《全国体育场地统计资料汇编1949—1978》的数据中，以中国数量最多的体育场、体育馆、射击靶场为例，大部分的体育场分布在上海、广东、天津、辽宁、四川等省份及直辖市中，体育馆分布在黑龙江、北京、辽宁、江苏等省份及直辖市，而射击靶场主要分布在四川、陕西、上海、湖南等省份及直辖市。

5.1.1.2 体育建筑在城市中的位置

（1）位于城市体育中心或体育公园

这段时期中国的体育建筑大都建在各种城市的体育中心或是体育公园中。大中型体育建筑在城市中最常见的是形成各种体育中心，

[①] 杨嘉丽：《新中国体育场馆60年》，国家体育总局编《拼搏历程 辉煌成就——新中国体育60年》，人民出版社，2009年，第110页。

同时设置各种附属的服务设施，还可以配置大量的花草树木，形成体育公园，如北京龙潭体育公园的北京体育馆。

（2）沿城市干线接近城市中心布置大型体育馆

还有部分沿着城市干线接近城市中心的位置布置大型的体育场馆。中国的上海体育馆、武汉体育馆和长春体育馆属于这一类型，武汉体育馆包括停车场在内用地面积2ha，长春体育馆包括停车场和2个室外球场为2.6ha，其距离市中心人民广场400m，靠近而不正处于市中心，位置恰当（表5.2）。

表5.2 体育中心在城市中的布置

布置方式	沿城市干线接近城市中心布置大型体育建筑	在城市的体育中心或体育公园布置大型体育建筑
实例	上海体育馆、武汉体育馆、长春体育馆	北京体育馆、上海体育场
优点	交通和设备利用可以解决，利用城市的各项服务设施，如饭店等，丰富城市干线的面貌	体育场和体育馆放置在一起，在建造和管理上有一定的优点
缺点	容易造成城市中心的交通拥堵	远离城市中心，大型体育中心占地面积巨大，交通困难，观众往来不便，降低了设备使用率

5.1.2 "文革"因素促使体育建筑集中分布于城市中心区域（1966—1978）

1970年至1979年建成体育场馆和各类训练房2591个，新建场馆的观众座席总数比60年代增长了一倍，是新中国成立后体育场馆数量增长较快的时期，留下不少经验和教训。……中国正处于"文化大革命"的十年浩劫。由于无政府主义、长官意志的影响，财政及基本建设计划管理体制瘫痪，以及大量政治集会活动的需要，使这一时期体育场馆建设的数量较多且速度较快。另一方面，经过前20年体育事业的进步和建筑工业的发展，北京等一批重点城市和地区又相继建成了体育场馆，也使场馆建设进入了在全国大中城市合理分布的阶段。[①]

"文化大革命"时期我国经济发展虽处于停滞状态，出于对外体育事业和政治集会的需求，体育建筑不仅用于比赛和训练，还用于政治集会，体育馆的数量增长反而较快。这时期体育赛事以单项为主，体育馆等室内设施有较大发展。据统计，新建体育馆座席近20万个，比60年代增长一倍。全国地区建设合理分布，上海、南京、沈阳、济南等大城市的工业设备较强，设计力量雄厚，设计了一批高质量的大型场馆，包括上海体育馆、五台山体育馆、辽宁馆、山东馆。

这段时期中国的大中型城市也建设了数量较多的中型体育馆，其中大部分是作为政治任务完成的，但是由于地区性的技术和设计

---

① 杨嘉丽：《新中国体育场馆60年》，国家体育总局编《拼搏历程 辉煌成就——新中国体育60年》，人民出版社，2009年，第110页。

水平的局限，体育场馆的建造水平受到影响。例如东北的大庆体育馆、哈尔滨工人体育馆等，还有华南地区的长沙体育馆、韶关体育馆，华东区域的景德镇体育馆、福州体育馆、静安体育馆、镇江体育馆等。

5.1.3　体育建筑点状分布于国外的援外核心城市

1966—1979年是中国援外工程的第三阶段，援外工作没有受到"文化大革命"和经济形势的影响。1976年形成援外工作的最高峰，体育建筑为最重要的类型之一，当时建造的体育场馆成为当地的标志性建筑。影响较大的项目有塞拉利昂体育场、索马里体育场等。国家体委为了支持援外体育项目和保证体育设施符合竞赛的专业要求，1965年1月成立了援外办公室，从事援外体育场馆的设计、施工、咨询等建设和技术工作。1991年，该机构更名为中国体育国际经济技术合作公司。在半个多世纪里，陆续向161个国家和区域提供援助，包括为50多个发展中国家援建了70多个场馆设施，主要分布在非洲、亚洲和拉美等地区。数量最多的是非洲，包括体育场、体育馆、游泳跳水馆（场）、射击馆和板球场及配套的运动员公寓等附属设施。①

5.2　作为计划经济体制体育设施的体育建筑类型及特征

5.2.1　移植转化：风雨操场的首现

这个时期中国学校的体育文化的物质载体仍然是体育场馆，部分学校提出体育口号，兴建了一批体育场馆。1957年冬，清华大学的蒋南翔校长提出了"为祖国健康工作五十年"的口号，推动全校体育运动开展，这个口号也成为不少高校的体育口号。随着学校体育活动的开展，体育场馆设施不断发展。可分为学校体育场馆建设的两个时期，分别是：

第一阶段是1949—1966年：全国学校兴建和扩建了不少体育设施，这个阶段中国的政策重点是竞技体育，在重点城市建造专业训练和比赛用的综合性体育场馆，学校体育场馆的建设进展不大，只有一些重点的体育院校、师范院校建设了一些篮球运动房，还有部分学校翻修了1949年前原有的体育场馆继续使用，满足学生教学训练的要求。

第二个阶段是1966—1978年："文化大革命"期间，不少学校体育设施被挪为他用。学校体育场馆的建设量不大，基本处于停滞的状态，且当时的风雨操场的功能较为单一（表5.3）。

---

① 杨嘉丽：《新中国体育场馆60年》，国家体育总局编《拼搏历程　辉煌成就——新中国体育60年》，人民出版社，2009年，第112页。

表 5.3 中国学校体育场馆（1949—1978）

城市	大学	体育馆	年代	体育设施
上海	华东政法学院	田径场	1954	300m 跑道田径场
		射击场	1956	十分简易，设有三个靶位
	同济大学	田径场	1954	400m 篮曲式田径场，南北向，8 条跑道，内为标准足球场
		第二健身房	1956	结构和面积与第一健身房完全相同，用于羽毛球和乒乓球的训练和比赛
		游泳池	1958	南北向，池长 50m，宽 25m。另有男、女更衣室约 1000m² 和二层附属用房
		球类房	1965	南北向建造看台五级，供 500 人观看比赛，面积为 14m×26m 可供篮球、排球、羽毛球等项目的训练和比赛
	上海体育学院	西田径场	1956	400m 煤渣跑道，南北向直道，跑道内为各种田赛区
		东田径场	1957	400m 煤渣跑道，跑道中间为投掷区，跑道外侧有跑、跳、投掷用的训练设施
		田径房	1957	建筑面积 3689m²，100m 直道、田径训练场、篮排球场
		武术馆	1957	占地 3782m²，建筑面积 2789m²，篮球场 4 个
		小球训练场	1958	网球、羽毛球、门球、地掷球场
		重竞技房	1959	占地面积 1550m²，击剑、举重、武术等项目的训练房
		足球场	1964	120m×90m 足球场 3 个
		露天游泳池	1964	占地面积 2770m²，50m×20m 游泳池 1 个
	上海市体育运动学校	足球场	1958	足球场 2 个
		田径场	1958	400m 跑道田径场 1 个
		体操馆	1959	建筑面积 1386m²，内场 64m×8.5m
	华东纺织工学院	体育馆	1964	内有 1 个篮球场和体操场
	上海交通大学	船模和游泳两用池	1965	面积 2800m²，游泳池尺寸为 50m×25m，钢混结构，白水泥面层
	华东师范大学	田径场	1952	8 条跑道，场中央有 102m×70m 的大足球场
	上海财经大学	田径场	1952	1 个 200m 田径场，1 个 400m 田径场
		游泳池	1952	25m×20m 的游泳池 2 个
	上海外国语学院	田径场	1952	400m 篮曲式标准田径场
		游泳池	1974	尺寸 25m×25m，马赛克池底池壁
	上海工业大学	露天游泳池	1966	建筑面积 300m²，水磨石地坪，可供体育教学和旱冰场使用
		田径场	1972	占地面积 16200，周长 400m，设 6 条跑道，场中央是 100m×68m 的足球场
	上海师范大学	体操房	1960	面积 632m²，桁架结构，室内场地高度 5m
		球类房	1965	建筑面积 1575m²，两个地板篮球场，300 名观众座位的看台。看台下面设有更衣室
	复旦大学	游泳池	1962	建筑面积 1800m²，泳池尺寸 50m×20m×1.2m-2.2m，有 8 条泳道，南端有 600m² 的男女更衣室
		体育馆	1973	建筑面积 1200m²，内场 48m×22m×7m，可供篮球、排球的训练和比赛
广州	中山大学	室外游泳池	1964	钢筋混凝土 50m×25m，设有 10m 跳台
	华南师范大学	体育场	1952	8 条 400m 长煤渣跑道、5000 名观众的砖石看台
		足球场	1954	足球场 90m×78m
		室外游泳池	1956	共 2 个，钢筋混凝土 50m×20m
		风雨操场	1978	建筑面积 1800m²

续表

城市	大学	体育馆	年代	体育设施
厦门	厦门大学	上弦场	1954	400m 田径跑道和标准足球场，看台可容纳 20 000 人，还有几块篮球场
	厦门大学	海水游泳池	1950	大型室外游泳池，包括比赛池、练习池、水球池和儿童池。
	集美学村	财经学院体育场	1950	小型体育场，包括 400m 田径跑道和标准足球场，简易看台
	集美学村	集美学校旧体育馆	1955	小型体育馆，容纳近 3000 人，用于篮球、排球、羽毛球运动
	集美学村	集美学校旧体育馆	1965	建筑面积 4535m^2，4 层，容纳 3000 人的看台，运动场地长 38m×19m，有运动员、浴室、办公室等附属设施
天津	天津体育学院	田径场	1958	8 条 400m 环形跑道，内设跳跃、投掷区
		球类馆	1960	建筑面积 3738m^2，馆内设 4 个标准篮球、排球场地，容纳观众 600 多人
		体操馆	1960	建筑面积 2011m^2，附设艺术体操馆，办公室、库房
		乒乓球馆	1964	建筑面积 903m^2，16 张标准乒乓球台，容纳 300 名观众，附设办公室
		田径馆	1975	建筑面积 4386m^2，4 条 100m 或 110m 低栏的直跑道、4 条 200m 弯跑道
南京	南京体育学院	篮球训练房	1956	建筑面积 1349m^2，单层砖木结构，内设 2 个篮球场地和 1 个排球场，中间用网分开
		北体操训练房	1957	建筑面积 1491m^2，单层砖木结构，场内设高低杠、跳马、鞍马、平衡木、吊环等
		田径房	1958	建筑面积 3677m^2，高度 7m，屋架跨度 30.5m，内设 6 条 250m 煤渣跑道、1 个投掷网、3 个跳高、跳远沙坑
		南体操训练房	1959	建筑面积 1969m^2，单层砖木结构，场内设跳马、鞍马、吊环、平衡木、自由体操等训练器械
		篮球房	1964	建筑面积 1258m^2，砖木结构，木质地板，内设 2 片场地
北京	什刹海体育运动学校	训练场馆	1956	4 座训练馆、北海体育场、小足球场、小运动场、篮球场、排球场各 1 个
	第二体育运动学校	跳伞塔	1955	跳伞塔
重庆	重庆工学院	体育场	1953	占地面积 13 252m^2，6 条 400m 跑道，中间 1 个 100m×68m 的足球场，砖石看台，600 个观众席位
西安	西北工业大学	体育场	1956	占地面积 17 000m^2，8 条 400m 跑道，中间 1 个 100m×70m 的足球场，土看台，观众席位 6000 个
长沙	湖南大学	体育场	1956	占地面积 17 652m^2，6 条 400m 跑道，中间 1 个 100m×65m 的足球场，砖看台，观众席位 5000 个

5.2.1.1 侨乡体育建筑

1949—1957 年，新中国体育事业的初创期，华侨捐献巨额资金，以空前的速度和规模为新中国兴建了一批体育场馆。尤其是侨乡的体育基础设施，主要都是由华侨资助建的。在泉州，华侨华人捐资修建了大批学校篮球场、排球场和其他运动场。例如有 400m 跑道和固定道牙、固定看台、能容纳 6000 多观众的国光中学体育场和占地 17 300m^2、有 400m 跑道的荷山中学体育场。南安华侨中学体育场、泉州华侨大学体育场（旧）、南安五星中学运动场及晋江、惠安、泉州、南安一些中、小学运动场，也在 20 世纪 50 年代由华侨捐资建成。特别是晋江，50 年代有篮球场 705 个，其中 76% 都是华侨捐资修建的。[①]

1955 年，集美学校落成二层体育馆，砖木结构，机平瓦四坡

---

① 傅砚农：《中国体育通史第五卷（1949—1979）》，人民体育出版社，2008 年，第 119 页。

（a）体育馆内景
（b）体育馆（1955年）
（c）台风袭击后倒塌的情景（1959年）
（d）重建后的体育馆（1963年）
（e）1983年中国女排在体育馆比赛

图 5.1　集美学校体育馆

图 5.2　厦门大学上弦场（1956年）

顶，连续券柱式墙面。1959年8月被台风摧毁，1962年又在原址重建四层体育馆，面积4535m²，内部有可容纳三千人的梯形看台，长38m、宽19m的用于篮球、排球、羽毛球的综合训练场所，有运动员、浴室、卫生间等设施（图5.1）。[①]

厦门大学上弦场是继演武场后的厦门大学第二个主体育场，厦门大学建南楼的五座楼采用轴线对称设计，三面环楼前的空地辟为一个椭圆形运动场，可容纳2万人，看台面积达3220m²，看台依山而建，山坡砌筑了25级看台。运动场原计划建设为椭圆形，因公路规划建成弧形。它主要由一个标准足球场构成，满足教学和厦大的足球赛所用，造价超过了当时国内大多数的田径运动场。该运动场和建南楼一起构筑了古典和现代结合的特殊意境，是厦门大学著名景点之一（图5.2）。

5.2.1.2　体育院校的体育建筑

1955—1966年间中国的高等体育院校数量从6所增至18所，新成立了一批体育系，一些地、市的师范学院也办起了体育班，这些体育院校为了扩充设施，增添师资力量，在校址内新建和改建了一批体育建筑，这是中华人民共和国成立初期的学校体育建筑的主要构成之一。

上海体育学院于1956年建成西田径场，1957年建成东田径场和占地5000m²的田径房，田径房为砖木结构，东西长142m，南北

[①] 郑高敖：《集美》，中央文献出版社，2005年，第169-170页。

宽26m，周围另有附属训练设施。田径房的东西向直跑道长110m。1957年建成武术房，南北两房被中间的管理室连接形成"工"字形建筑。每座建筑东西长61.31m，宽19.9m，室内均有2个标准篮球场。属砖木结构，室内硬木地板。1959年建成的重竞技房也是由中间二层的办公和管理用房形成"工"字形建筑。南北房各长32.67m，宽16.28m，属砖木结构，室内铺硬木地板。1964年建成的露天游泳池池长50m，宽20m，最深处1.9m，池道南北向，混凝土结构，南北两侧有淋浴室、管理室。①

武汉体育学院乒乓球馆设计于1974年，建筑面积2700m²，乒乓球馆由练习房、比赛厅、休息室三部分组成。比赛厅为31.5m×36m钢网架屋盖结构，净高8.5m。可按国际标准8台同时比赛乒乓球，观众席容纳2000人（图5.3）。

北京体育学院田径馆于1955年建成，建筑面积6000m²，钢筋混凝土结构，设有200m半圆式跑道、100m跑道及跳跃场地。利用高侧窗采光。专供学生练习田径运动用，比较宽敞，但场内音质效果不好（图5.4）。

天津体育学院田径馆由天津市建筑设计院设计，馆尺寸为96m×40m，面积为3834m²，馆内有200m跑道，中间为练习投掷铁饼、撑竿跳高等活动的场地。田径馆根据使用功能和空间采用了拱形结构（图5.5）。

5.2.1.3 风雨操场的类型特征

1949年以后国家以竞技体育为主要发展对象，建造了一批训练和比赛用的社会体育馆，高校体育馆直到20世纪80年代后才得到大力发展。中华人民共和国成立初期高校体育馆平面布局明显受到20—30年代墨菲设计的北京大学体育馆和凯尔斯设计的武汉大学宋卿体育馆的影响。由于建设指导思想、设计观念、造价等因素的影响，这时期体育馆模式一致，面积较小，功能单一，设备落后。

（1）场地和结构跨度较小

高等院校对于新结构的试验比较敏感，如天津大学的风雨操场是中国第一个鞍形悬索结构试验建筑，在馆旁边游泳池的双曲扁壳的更衣室，也是为大型顶升法施工所做的实验性建筑，这是试验队在校师生探索新结构有良好的作用。②

民国时期的校园体育馆场地以一个篮球场地尺寸作为标准，到1949年以后不能满足要求，场地尺寸逐渐扩大，如1965年上海师范大学建成的球类馆面积1575m²，可以满足市级以下篮球比赛要求。以中国地质大学（武汉市）体育馆为例，内设一个标准篮球比赛场，周围设一圈回廊，回廊设置少量固定看台，两边采用高低侧窗，缺

---

① 上海市体委文史办公室、上海市体委计划财务处、上海市体育场馆协会编《上海体育志资料汇编（二）体育场地》，上海市新闻出版局，1990年，第308-312页。

② 邹德侬：《中国现代建筑二十讲》，商务印书馆，2015年，第168页。

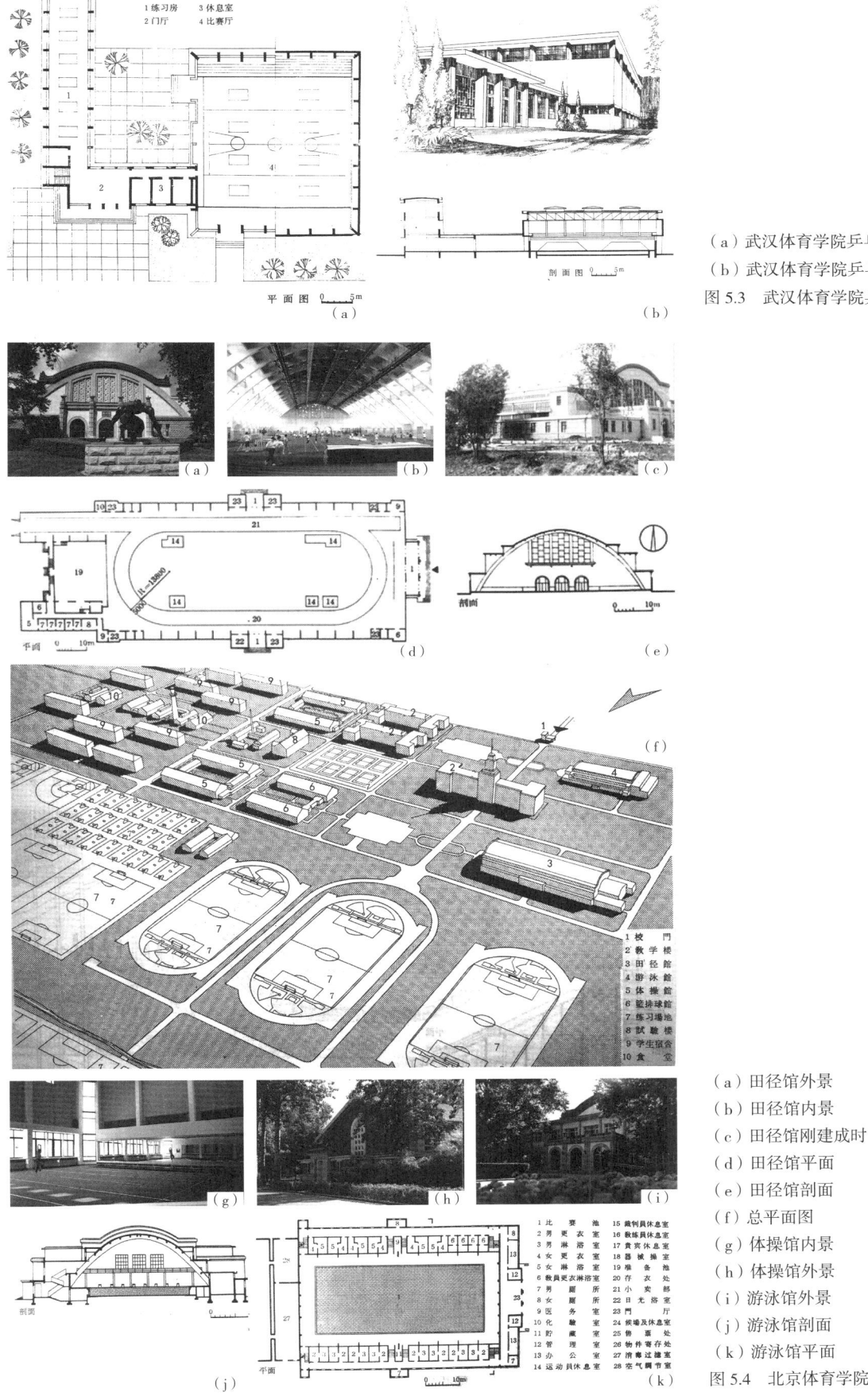

（a）武汉体育学院乒乓球馆平面图
（b）武汉体育学院乒乓球馆透视及剖面图
图5.3　武汉体育学院乒乓球馆

（a）田径馆外景
（b）田径馆内景
（c）田径馆刚建成时
（d）田径馆平面
（e）田径馆剖面
（f）总平面图
（g）体操馆内景
（h）体操馆外景
（i）游泳馆外景
（j）游泳馆剖面
（k）游泳馆平面
图5.4　北京体育学院

第5章　体育建筑的开基创业绘新图（1949—1978）　143

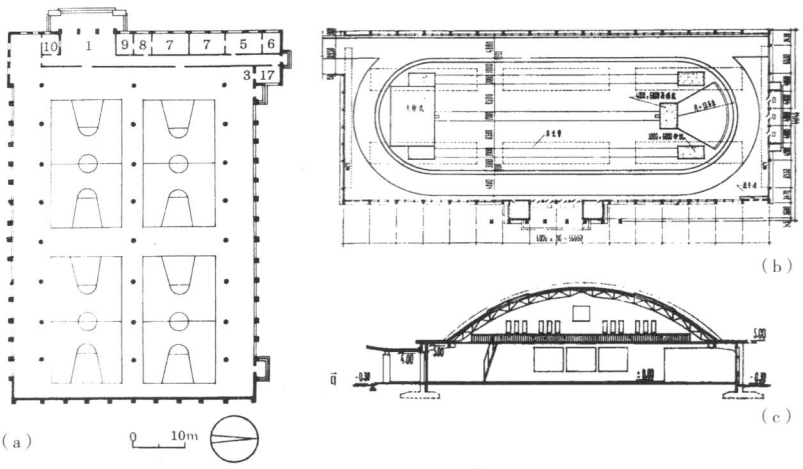

（a）天津体育学院篮球馆
（b）天津体育学院田径馆平面
（c）天津体育学院田径馆剖面
（d）天津体育学院田径馆透视
图 5.5　天津体育学院

（a）上海师范大学球类馆外观
（b）上海师范大学球类馆内景
图 5.6　上海师范大学球类馆

少必要的辅助用房，如器材室、休息室等。体育馆的跨度不大，如上海体育学院篮球房建筑跨度只有 35m×35m，而上海师范学院球类房跨度为 31.5m×40.5m，都是当时的代表作品（图 5.6）。

1956 年，同济大学将食堂改成乒乓球馆。1965 年，将图书馆书库改为同济大学球类房。球类房南北向布置，东西向开设 7 扇玻璃窗，屋顶有玻璃天窗，室内有 500 座看台，共 5 级。1954 年，"一·二九"礼堂的南部修建面积 1.6 万 m² 的田径场（图 5.7）。

（2）竞技性尚未占据主导地位

这一时期以竞技为中心的中国体育事业促进了竞技体育建筑和大众体育建筑的建设，学校体育建筑处于发展的停滞时期，集中在少量体育院校、师范学校中建设，一些学校对旧有的设施进行了保护改造。它们以满足师生的室内体育活动、体育教学、集会等功能为主，没有追求能够举办体育比赛，尚未演化成为竞技性的体育场馆的形制。

（a）同济大学球类馆外观
（b）同济大学球类馆内景
（c）同济大学球类馆外观
图 5.7 同济大学球类馆

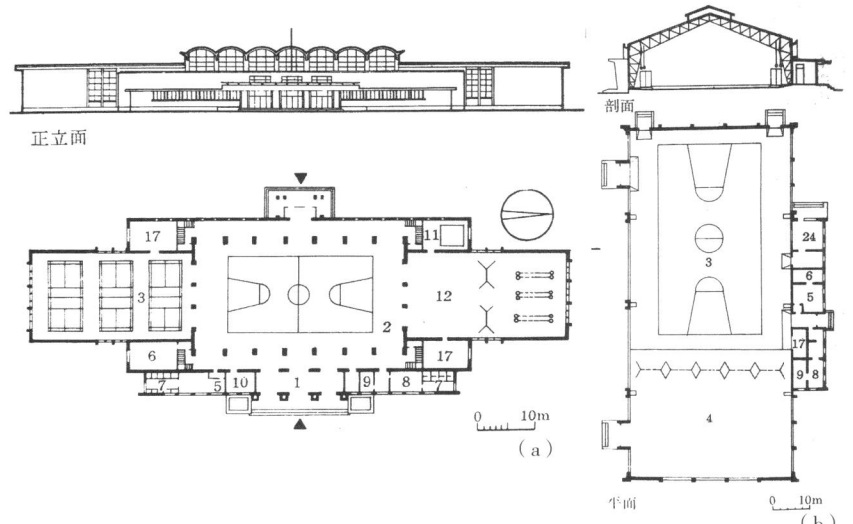

（a）北京某高等学院练习馆
（b）上海华东纺织工学院体育教室
图 5.8 风雨操场

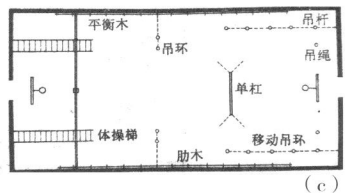

（a）风雨操场的平面构成
（b）风雨操场的大厅尺寸
（c）风雨操场的大厅平面布置
图 5.9 学校的风雨操场的平面及尺寸

学校体育建筑仍然以风雨操场作为主要类型，在旧有的风雨操场的基础上，建设了一些新的篮球房或者体操室，场馆室内不搭建或者设少量可活动的简易看台，并建设了少量的辅助用房和设备。该时期的学校体育建筑面积虽然普遍比民国时期的学校体育建筑面积大，但整体而言规模较小，功能设施较为单一落后，竞技性并未占据主导地位（图 5.8）。

（3）规模和等级较低

《建筑设计资料集》（第一版）中注明："健身房（风雨操场）中学每人约 $4m^2$，小学约 $3m^2$（均按照一班学生计算），一般可不考虑容纳标准的篮球、排球场。包括标准篮球场的健身房尺寸不得小于 $18m \times 30m$；包括标准排球场的健身房尺寸不得小于 $14m \times 23m$。健身房高度为 4.5~6m，一般采用 5m（图 5.9）。"[1]

从上文描述中可以看出风雨操场的尺寸较小，以 $18m \times 30m$ 和 $14m \times 23m$ 为主流尺寸，高度也不太高，只有 5m。这个时期的学校风雨操场规模和等级较低，没有设置看台座席。具体到学校的风雨操场的设计中，一般结合学校的具体情况，决定风雨操场的类型和

[1] 建筑工程部北京工业建筑设计院编《建筑设计资料集1》，中国建筑工业出版社，1964年，第429页。

设备的数量，有的风雨操场会和礼堂、食堂合用，有的要满足舞台放映和音乐教室的需求。

（4）学校田径运动场场地形式多样化

中华人民共和国初期建造的高校体育场容纳观众人数不多，规模不大，许多甚至没有固定看台，只能称之为运动场。另一些运动场虽然有固定看台，但附属用房和出入口不够，只能被看作介于体育场和运动场之间。

而学校的田径运动场的跑道长度和形式也有多种，根据尺寸而言，分别是：300m跑道，250m跑道（甲），250m跑道（乙），200m跑道（甲），200m跑道（乙）（图5.10）。

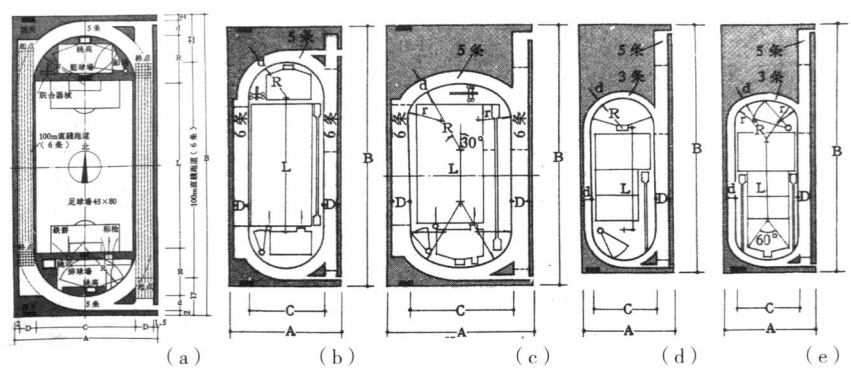

(a) 300m跑道
(b) 250m跑道（甲）
(c) 250m跑道（乙）
(d) 200m跑道（甲）
(e) 200m跑道（乙）

图5.10 学校田径运动场尺寸及类型

5.2.2 筚路蓝缕：灯光球场的发展

20世纪50年代初，中国的体育设施的主体是露天的灯光球场，以篮球、排球场和简易运动场为主。这里的灯光球场指的是室外的露天球场，一般适用于篮球、排球、手球和冰球比赛，并可以兼做群众集会使用。这些室外的灯光球场有的远期有加建屋盖成为体育馆的需求，对于这种需求的灯光球场，其疏散、总图、观众席的要求应当以体育馆的设计要求作为实例。这些灯光球场约占全部体育设施的85%以上，类型单调，品类贫乏。灯光球场的平面布局和体育场类似，均是以体育场地为中心，四周排布看台座席，看台座席的视线满足体育场地的视线要求（图5.11）。

5.2.2.1 室外灯光球场——新中国成立初期篮球比赛场所

新中国成立初期由于以竞技体制为导向，主要建造的是带有观众席的，以球类和田径为主要活动项目的满足竞技要求的体育馆，这时期的体育馆并不提供给群众进行篮球、排球、羽毛球等项目。由于体育设施的缺乏，群众主要集中在灯光球场内活动，灯光球场的数量增长比率最大，远远超过体育场、体育馆、游泳池、射击靶场的建设数量。灯光球场的数量从新中国成立前的5

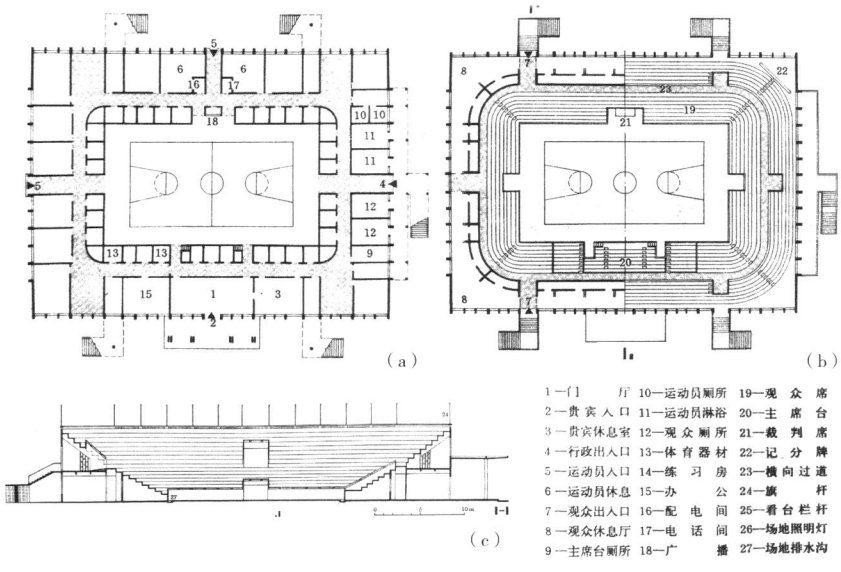

（a）灯光球场一层平面
（b）灯光球场二、三层平面
（c）灯光球场剖面图
图 5.11 广东韶关 5000 人露天球场实例

表 5.4 中国灯光球场的数量变化（新中国成立前—1978 年）

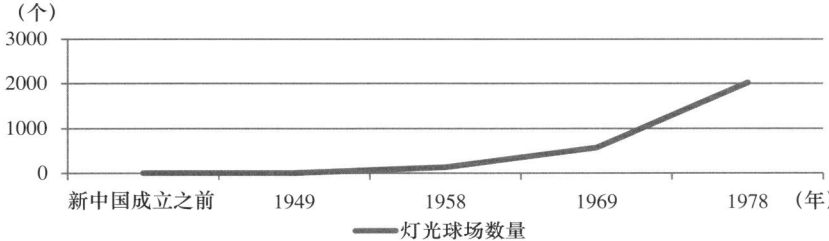

个迅速增长到 1978 年的 2027 个，增长比率之大远远超过大家的想象。1969 年，各地成立"革委会"，把体育表演和群众性的体育比赛作为庆祝活动的重要内容，促进了各地体育场地的修建，1972—1974 年间修建露天的灯光球场风靡一时，三年间平均每年修建 261 个（表 5.4）。[①]

1950 年 12 月，中国接待了第一个外国体育代表团——苏联男子篮球队。当时北京、广东等大部分地区甚至没有一座像样的室内体育馆。东长安街体育场举办了新中国第一场篮球国际比赛，这是 20 世纪 50 年代初北京最大的篮球场。虽然东长安街体育场的设施简陋，但它在建国初期承担了普通大众锻炼的功能，它还曾是全国篮球甲级队联赛的比赛场地之一。

5.2.2.2 公园球场——篮球竞技及训练场所

20 世纪 50 年代，北京市中心的公园内建过著名的北海体育场和劳动人民文化宫体育场。和东长安街体育场一样，北海体育场在"文革"前曾作为全国篮球甲级队联赛的比赛场地之一。北海体育场外围是高大的红墙，从临街的红门进入后看到影壁，绕过影壁就是篮球练习场。练习场的西边是男女淋浴室，排房南面为灯光比赛场。

① 《中国体育年鉴》编辑委员会编《中国体育年鉴（1979）》，人民体育出版社，1981 年，第 908 页。

灯光球场的看台是10余层的铁板木板结构，容纳2000名左右的观众，球场地面是三合土材料。劳动人民文化宫体育场位于文化宫大殿范围内，高大的红墙凸显了皇家气派。体育场北侧是比赛用的灯光球场，看台是水泥砖结构。灯光球场南侧的排房可作为办公、运动员、裁判员、休息室用房。排房南面是4个篮球练习场。[①]

5.2.2.3 灯光球场的类型特征

（1）单个篮球场尺寸作为场地基准尺寸

这时期的灯光球场的设计多以一个篮球场尺寸作为标准设计，灯光球场场地长度在26~40m之间不等，以26m、30m长度最多，球场宽度在14~20m之间不等，正好能够容纳一个篮球场。观众座席数量不多，数量在500~6000座之间浮动，普遍集中在2000座左右，并不以举办大型竞赛为建设目的（图5.12）。

（2）球场设施简陋

灯光球场的设施较为简陋，场地多用三合土铺设，看台采取铁架和木板制成。1950年建造的东长安街体育场是当年北京最大的篮球场，临街有10余间砖房，大门外墙上是售票窗口，其余是办公室和男女运动员更衣休息室。排房南面是室外灯光球场，用三合土铺成，软硬度适中，适合篮排球等项目。10余层看台容纳2000名观众，用铁架和木板制成。西侧看台为有防雨棚的主席台，对面是砖砌的记录台，两侧为运动员席。这个简陋的东长安街体育场当时是重要的篮排球比赛的场地，其中3块篮球场向大众开放。[②]

1958年为迎接新中国成立十周年，建造了西单体育场，体育场四面有两层观众席的露天灯光球场，三合土地面，比东单体育场篮球场正规，但不如东长安街篮球场设施齐全。其中有一块正规的灯光篮球场，四周有用三角铁搭建的看台，能容纳两千多人观看篮球比赛，入口处在东北角和西南角，西南角有售票处，看台铁架子下面的房间是西城区体委的办公场所。灯光篮球场两边还各建设了2个水泥地篮球场，北面建设了2个没有看台的足球场。[③] 西单体育场举办过业余乃至全国五项球类等重要比赛，闲时对群众开放。

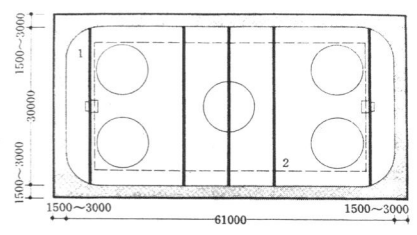

（a）冰球场地（虚线表示手球） （b）篮球场地（虚线表示排球）

图5.12 场地一般尺寸

① 金汕：《当代北京体育场馆史话》，当代中国出版社，2015年，第38-39页。

② 金汕：《当代北京体育场馆史话》，第32页。

③ 金汕：《当代北京体育场馆史话》，第37-38页。

5.2.3 巨大变革：综合性场馆的营造

新中国成立初期，全运会的举办是体育建筑的成熟和定型时期，这时期全运会体育比赛项目不断增加，并有各种不同的使用要求，与民国时期的体育建筑相比，出现了许多专用的体育建筑类型，如射击场、自行车比赛场馆、水上运动站等建筑类型，体育建筑的形制已经基本完善。部分体育建筑的建筑类型在这一时期经过多种尝试和优化，逐渐成熟和定型，如运动会的主体建筑——体育场最为突出。一些抗天气变化干扰差的项目，随着经济水平的提高逐渐从室外走向室内，如篮球、乒乓球、手球、排球等各种球类项目，以及体操、摔跤、举重、拳击、击剑、游泳、跳水等。

5.2.3.1 综合性体育场

新中国成立前遗留下来 19 个体育场，经过 1949 年到 1978 年的近 30 年的发展，体育场数量从 1949 年的 19 个稳步增长到了 1978 年的 271 个，其中丁类体育场的增长速度和占比最大，其次是丙类体育场和乙类体育场、甲类体育场。体育场的数量和体育场地的总数相比比率较小（表 5.5）。

表 5.5 中国体育场的数量变化（新中国成立前—1978 年）

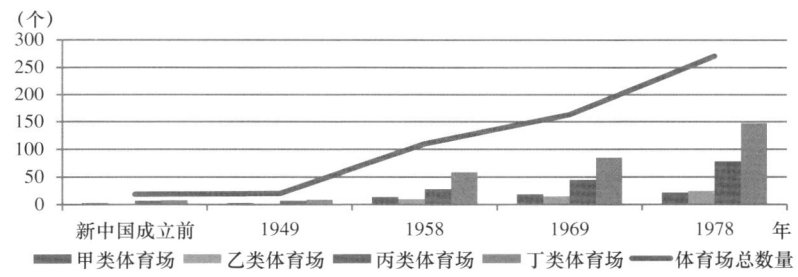

（1）"国家体育场"——先农坛体育场

1950 年冬，苏联篮球队应邀来华，在北京进行了一系列比赛。第二年波兰国家篮球队来访的时候，由于观众实在太多，东长安街体育场无法容纳，只能把篮球场放在先农坛足球场进行。①

始建于 1937 年，1954 年改建的先农坛体育场是北京第一座大型公共体育场，它在北京工人体育场建成之前承担着国家体育场的职能。当时北京甚至没有比赛用的室内体育馆，国家级大会、运动会、篮排球比赛都在先农坛体育场举行。②它还是当时北京唯一的重要足球比赛场地，举办了第一届全国运动会的足球赛。先农坛体育场作为综合性体育场，场地由 400m 跑道和足球场组成。在这里举办足球赛的问题在于看台离足球场较远，尤其是长轴方向，观众视距难以满足，场地空旷，难以形成热烈的场地气氛（表 5.6）。

---

① 金汕：《当代北京体育场馆史话》，第 23 页。

② 如 1949 年 7 月 1 日的中国共产党成立 28 周年的纪念大会，1952 年 8 月 1 日至 11 日的全军第一届运动会开幕式，1955 年 10 月 2 日至 9 日的全国第一届工人体育运动会。1957 年 6 月 2 日在先农坛体育场作为主场进行了冲击世界杯的征程。

表 5.6　先农坛体育场的历史演变

时间	建设内容	功能
1937	北平公和祥建筑厂承包，看台缺乏科学计算，浪费很多空间	北京第一座大型公共体育场
1954	看台级数从 10 级增加到 26 级，人数从 15 000 增加到 18 900，跑道从篮曲式变为 400m 标准跑道	内场作为田径场和足球场使用，外场有两个足球练习场，占地达 15 万 m^2
1958	以运动员使用为改造的根本，市政府的办事机构面积很小，北京的篮、排、足球队都搬到了先农坛体育场	成为北京市各运动项目的训练基地，也是市政府的办事机构

（2）"十大建筑"[①]之一——北京工人体育场

20 世纪 50 年代后期，北京"十大建筑"中的北京工人体育场是国内最大的综合性体育场之一，占地 35 万 m^2，建筑面积 8 万 m^2。中央是运动场，围绕运动场的看台底层是各项目的练习活动室，二、三、四层是运动员宿舍（图 5.13、图 5.14）。

（3）武汉新华路体育场

1955 年 4 月建成的武汉新华路体育场为椭圆形建筑，是苏联式风格，占地 135hm^2，内场地长轴 200m，短轴 144m，周围 400m 田径跑道 10 条，中间的足球场长 105m，宽 70m。观众座 28 排，加上司令台，可容纳 32 137 人。体育场有 20 个出入口，有东西两个主席台。体育场内有供训练和比赛用的标准田径场，在 400m 跑道中间有 100m×69m 的草地足球场。这是在 20 世纪 50 年代全国一流的体育场（图 5.15）。[②]

（4）南京五台山体育场

从 1950 年开始，南京市利用五台山山坡间的盆地修建体育场，

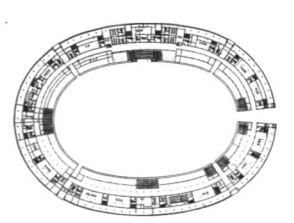
（a）一层平面图

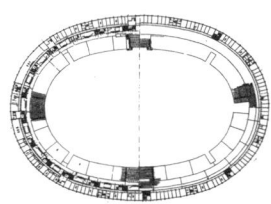
（b）二层平面图

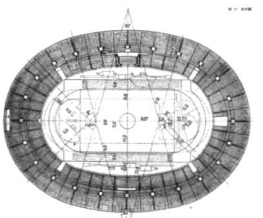
（c）看台层平面图

图 5.13　北京工人体育场平面

图 5.14　北京工人体育场透视

图 5.15　武汉新华路体育场透视

① 为迎接 1959 年建国 10 周年，政府决定在北京兴建人民大会堂等国庆工程，这项计划大体上包括了十个大型建设项目，故又称为"十大建筑"。

② 湖北省建设厅编《湖北现代建筑》，中国建筑工业出版社，2006 年。

20世纪60年代被改成省属体育设施，后经过多次扩建。该场占地43 419m²，外圈为8条400m跑道（1982年改煤渣跑道为塑胶跑道），内场为105m×68m的草皮足球场，四周为容纳25 000名观众的水泥看台。配电子计时计分系统和音响系统（图5.16）。

（5）广州越秀山体育场

越秀山体育场是新中国成立后广州最早建成的大型公共体育场，在20世纪50年代、60年代，承担了全市性的大集会和省市许多重大体育比赛（广州市第一至四届体育运动大会），于1956年正式建成，有大型足球场和跑道各一个，沿山坡有观众看台（图5.17）。

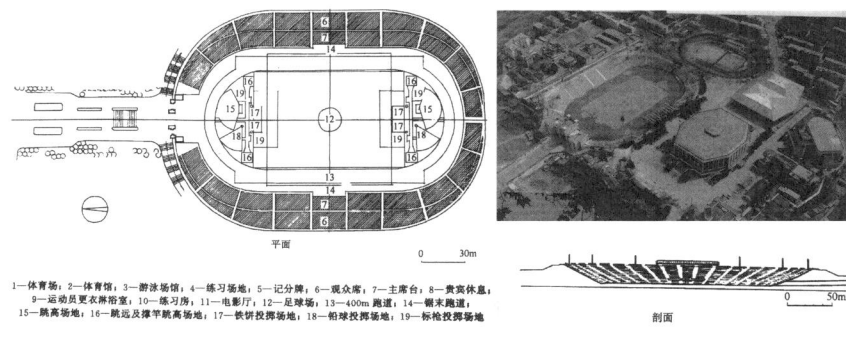

（a）五台山体育场平面　　（b）五台山体育场鸟瞰和剖面

图5.16　南京五台山体育场

（a）越秀山体育场
（b）1953年建立的越秀山体育场
（c）叶剑英号召扩建体育场

图5.17　广州越秀山体育场

（6）安徽省体育场

1952年9月，选定合肥南门外建造场地，占地近60万m²。1953年二季度完成东运动场（8条400m跑道），建筑面积1.6万m²。1956年，完成西运动场（8条400m跑道），建筑面积1.7万m²。1958年至1960年，完成固定看台田径场（8条400m跑道），内场有足球场，观众席位18 000座，建筑面积7491m²。后又陆续建造了游泳池、体育馆、训练房等附属设施（图5.18）。

5.2.3.2　综合性体育馆

新中国成立前遗留下来13个，经过1949年到1978年的近30年间的发展，体育馆数量从1949年的13个稳步增长到了1978年的120个，其中丁类体育馆的增长速度和占比最大，其次是丙类体育馆和乙类体育馆、甲类体育馆。体育馆的数量和体育场地的总数相比比率较小（表5.7）。

第5章　体育建筑的开基创业绘新图（1949—1978）　　151

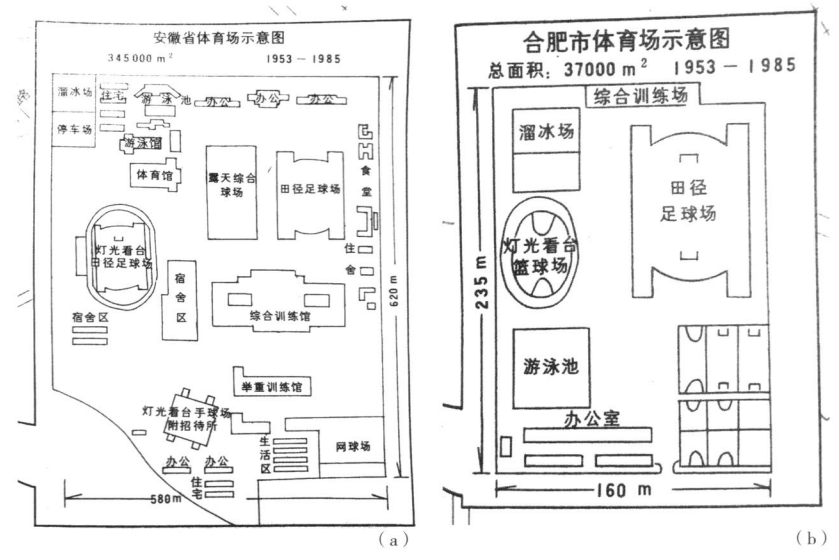

（a）安徽省体育场
（b）合肥市体育场
图 5.18 安徽省体育场和合肥市体育场

表 5.7 中国体育馆的数量变化（新中国成立前—1978 年）

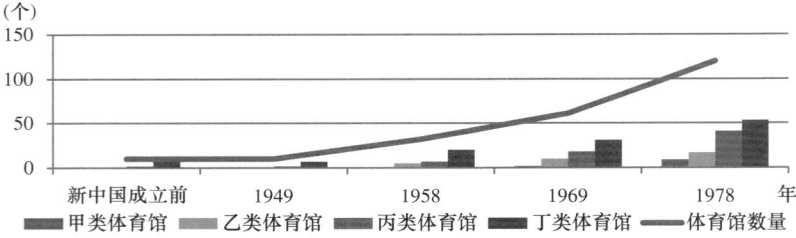

（1）首座大型综合性体育馆

北京体育馆占地 16 公顷，总建筑面积 3.37 万 m^2。由三座并列的体育用房组合而成，中部为能容纳 6000 余名观众的比赛馆，西面为能容 2000 名观众的游泳馆，东面为训练馆。结构设计经过比较，屋顶用钢量分别为 32.5~57.5kg/m^2，与当时的工业厂房指标大致相当（40~50kg/m^2）。建筑只是在重点部位点出简化了的传统构件或装饰，点出与传统建筑的关系。[1]

1955 年 4 月竣工的北京体育馆是新中国成立后新建的第一座综合性大型体育馆，它可供篮球、排球、乒乓球、举重、游泳比赛和训练，它还是国家运动队集训的场馆，由于当时人民大会堂没有落成，它还承担了国家大型会议、领导人接见外宾的场地任务（图 5.19）。

（2）"国球"竞赛场地——北京工人体育馆

北京工人体育馆建筑面积 4.2 万 m^2，平面为圆形，1.5 万座位，国内首次采用圆形双层悬索结构屋盖，圆形屋盖直径 94m，略大于布鲁塞尔国际博览会直径为 92m 的美国馆。建筑在满足体育比赛和各项活动的前提下，采用新型结构，既节约了钢材（比同跨的网架节约 600t），又得到了新颖的室内外造型。[2]

1961 年中国主办了第 26 届世界乒乓球锦标赛，这是中国举办的第一次世界体育大赛，尽管正处于经济困难时期，中国特意兴建

[1] 邹德侬，戴路，张向炜：《中国现代建筑史》，中国建筑工业出版社，2011 年，第 44 页。

[2] 邹德侬，戴路，张向炜：《中国现代建筑史》，第 69 页。

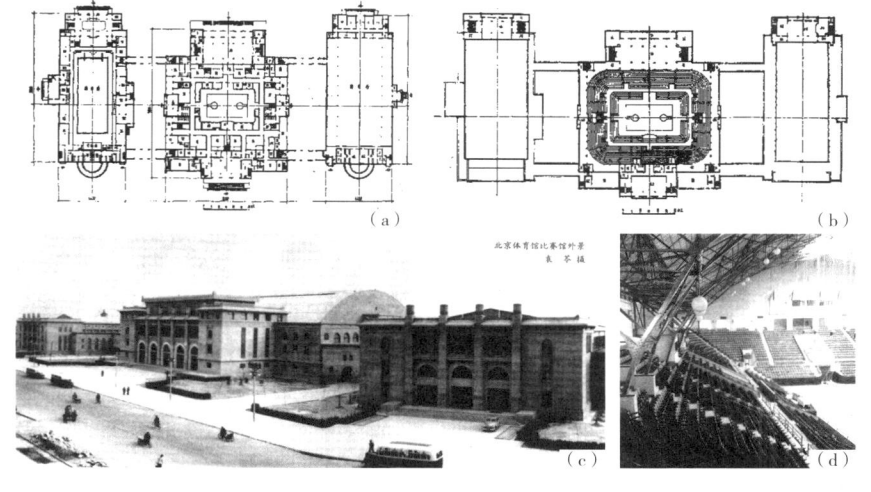

(a) 一层平面图
(b) 二层平面图
(c) 外景
(d) 内景

图 5.19 北京体育馆

  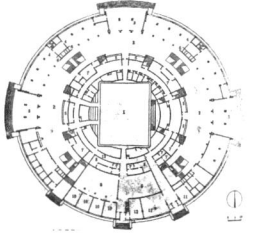 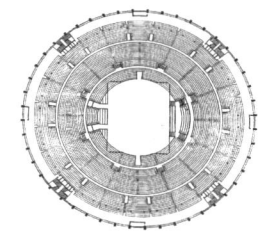

图 5.20 北京工人体育馆透视　　图 5.21 北京工人体育馆首层平面和看台层平面

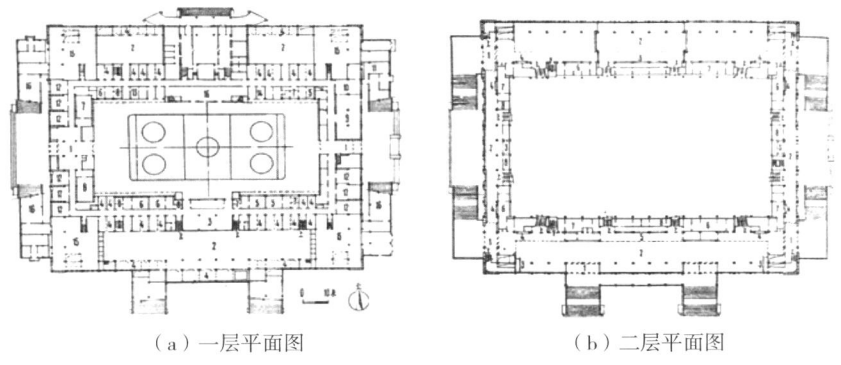

(a) 一层平面图　　　　(b) 二层平面图

图 5.22 首都体育馆平面

了北京工人体育馆。带动了全国群众性乒乓球运动的普及（图5.20、图5.21）。

（3）首座室内滑冰馆——首都体育馆

20世纪60年代，"文革"期间中国第一个室内滑冰馆——首都体育馆于1968年竣工（图5.22）。它的建筑面积约5.3万 m^2，属于综合性的多功能场馆，在当时承担了多项国内和国际的体育比赛的训练，以及文艺演出。

（4）首座悬索屋盖的体育馆——浙江人民体育馆

浙江人民体育馆是一座多功能体育馆，是中国首座采用马鞍型预应力钢筋混凝土悬索屋盖结构和椭圆形平面的大型体育馆。体育馆平面尺寸为125.2m×103.8m，最高处20.4m。椭圆形的比赛大厅

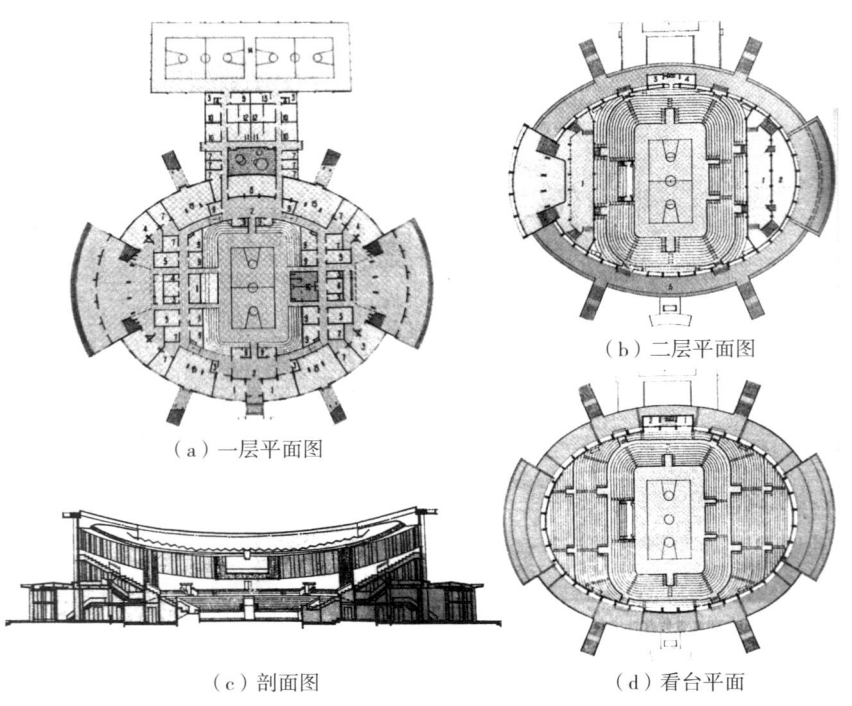

（a）一层平面图　　（b）二层平面图　　（c）剖面图　　（d）看台平面

图 5.23　浙江人民体育馆平面及剖面

尺寸为 80m×60m，容纳 5240 名观众。观众的视听效果良好。轻盈的双曲抛物面屋盖使人耳目一新（图 5.23）。①

5.2.3.3　综合性体育场馆的类型特征

（1）木看台到钢筋混凝土看台的转变

新中国成立前，中国的体育建筑多采用木看台等简易看台，只有一些规格较高的竞技性体育建筑才采用钢筋混凝土看台。新中国成立初期中国的体育场馆看台逐渐从木结构向砖石结构、钢筋混凝土结构转移（表 5.8、表 5.9）。看台结构主要有砖石、土、水泥、木结构、混合、钢混等六种结构，其中木结构逐渐退居次要地位。

（2）总体布局：轴线对称——以单一场馆为主的体育中心

新中国成立初期的体育场馆形式尚在摸索阶段，其总体布局和其他建筑的布局类似。轴线和对称等凸显庄重感的设计手法占据主导地位。这时期体育场馆的布局以一幢和两幢的单一场馆为中心布

表 5.8　1949—1968 年体育场馆看台结构

	砖石	土	水泥	木结构	钢混	混合
1949—1968 年	30	15	14	5	20	8
1969—1978 年	19	18	9	0	12	4

表 5.9　1969—1978 年体育场馆看台结构

	砖石	土	水泥	木结构	钢混	混合
1949—1968 年	8	0	9	23	31	3
1969—1978 年	1	0	10	3	25	9

① 邹德侬，戴路，张向炜：《中国现代建筑史》，第 69 页。

局。以体育场或者体育馆为主体的轴线式布局，一般呈"品"字形或者"一"字形布局，其间布置练习场地、绿化、停车、广场等各种设施。重庆市人民体育场的总体布局受到地形因素的影响，场地的东、西、南面均为山坡，北面为洼地。以体育场的东西向轴线作为主轴线，对称布置。北京体育馆由矩形组成，单个场馆占据场地的中心位置。其总体布局考虑了场地因素，场地北面是体育场，南面以自由的人工湖为主导。中轴对称手法规划的序列感很强，中央大道和建筑形成强烈的对位感。其余的北京工人体育馆、首都体育馆、上海体育馆均是单个场馆占据主导位置的中心式对称布局。山东省体育中心也是这种"一"字形的布局方式，体育场和体育馆呈"一"字形排开，沿着一条主轴线布置（表5.10）。

表5.10 1949—1978年体育建筑总体空间布局

重庆市人民体育场（1955年）	北京体育馆（1955年）	北京工人体育场（1959年）
体育场的东西向为主轴线对称式布局，以体育场为核心，依山就势	轴线对称式布局，看不出任何体育建筑的特点	轴线对称式布局，场地南面人工湖的布局呈现较为自由的形态
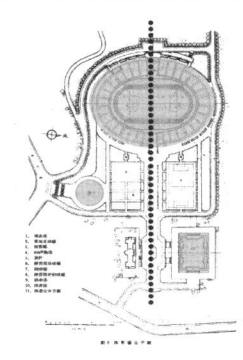	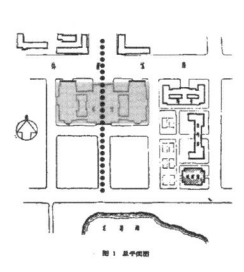	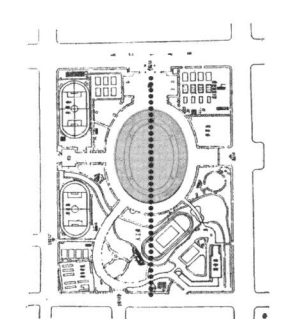
北京工人体育馆（1961年）	首都体育馆（1968年）	上海体育馆（1975年）
体育馆为核心的主轴线对称布局	首都体育馆为核心的轴线对称式布局，北侧和南侧布置附属用房	上海体育馆为核心的轴线对称式布局
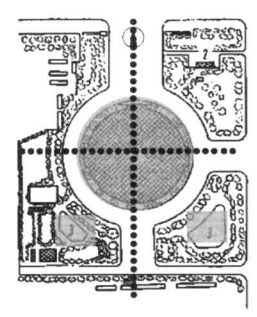	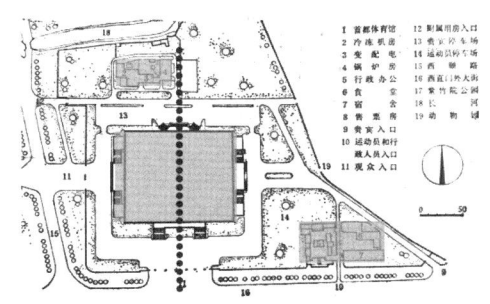	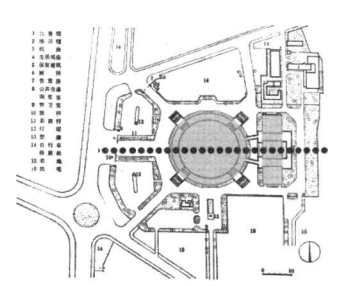

续表

南京五台山体育馆（1975年）	辽宁省体育馆（1975年）	山东省体育馆（1978年）
布局较为自由，因地制宜，顺应地势	比赛馆和练习馆连线成东西向的主轴线对称布置	以山东省体育馆为核心的南北向主轴线布置，东西两侧布置练习场地

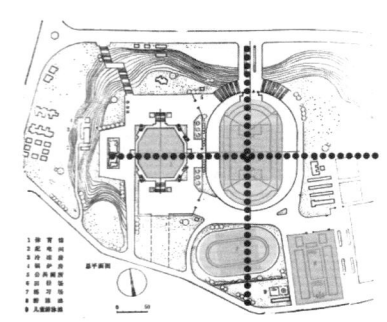 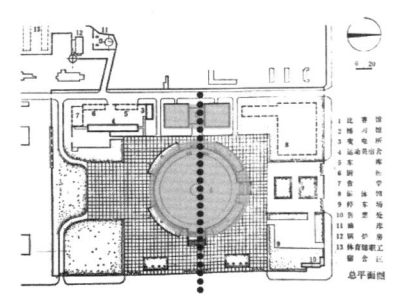 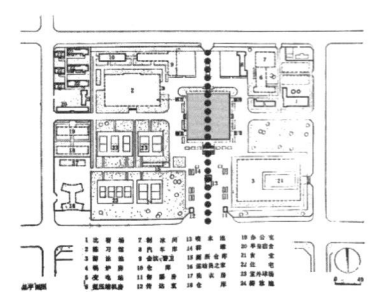

（3）体育场的总平面布置：田径练习场和足球场

改革开放前，中国体育场作为正规的田径比赛场，一般都设有一个田径练习场。练习场的位置临近比赛场，有的在比赛场的西边，有的在比赛场的南面，有的在比赛场的东面。体育场有正式的检录处，检录处是参赛运动员练习后供集合、分组、检录用的房屋，设在体育场跑道起点通道与田径练习场之间的地段上（图5.25）。

5.2.4　类型细化：专项体育建筑的尝试

5.2.4.1　游泳池

1949年前遗留下来31个游泳池，经过1949年到1978年近30年的发展，游泳池数量从1949年的31个稳步增长到了1978年的496个，虽然与体育场地的总体数量相比，游泳池占比不大，但游泳池的建设数量远远大于体育场、体育馆和射击靶场，但室内游泳池的建设数量远远低于室外游泳池的数量（表5.11）。

表5.11　中国游泳池和室内游泳池的数量变化（新中国成立前—1978年）

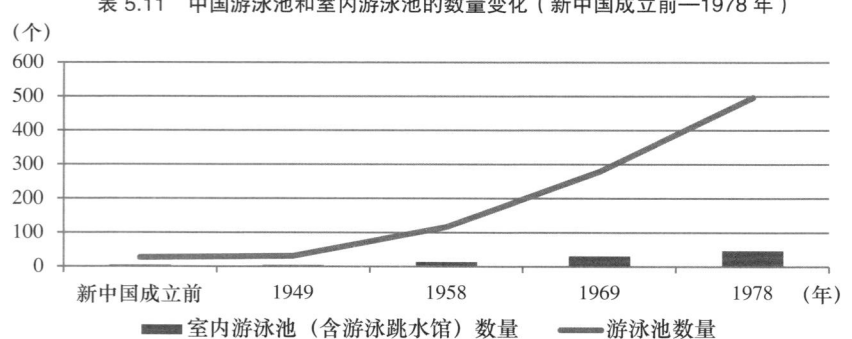

20世纪50年代，中国的游泳场所建设步入正轨，在重点城市建设了一批国家级和省级的游泳馆。1951年，北京什刹海游泳池投入使用。50年代中期，逐步开展了游泳场的建设。1955年10月，北京体育馆游泳馆正式落成，它是中国第一个符合游泳竞赛规则的标准游泳池，可全年进行比赛和训练。馆内有50m×25m的游泳池和一个温水池，并设2500座席。其他城市的游泳馆还有四川猛追湾游泳场、北京工人体育场游泳场和河北省游泳馆。70年代中后期，中国又兴建了包括南京五台山游泳池、四川城北体育中心游泳池等一批游泳场所（表5.12）。

表5.12 中国省级以上的游泳场馆（1949—1978）

时间	场馆名称	场馆级别	建筑面积	座席	看台布局	赛事
1955	北京体育馆游泳馆	省级	8140	2500	三面看台	游泳比赛
1959	北京工人体育场游泳场	省级	未知	/	/	跳水及游泳
1964	上海跳水池	省级	8000	2800	两侧看台	跳水训练及比赛
1965	北京陶然亭游泳场	省级	51 680	6000	三面看台	跳水及游泳
1968	湖北省室内游泳池	省级	2725	/	/	/
1969	湖南省游泳馆	省级	9900	2200	两侧看台	跳水及游泳
1970	辽宁省室内游泳池	省级	3500	/	/	/
1973	河北省室内游泳池	省级	2966	/	/	/
1973	福建省室内游泳池	省级	2239	/	/	/
1973	河南省游泳池	省级	4200	1680	两侧看台	跳水及游泳
1975	北京平安里游泳馆	省级	3750	500	单侧看台	游泳比赛

新中国成立初期中国建设了一批室外游泳场，后随着经济发展和竞技赛事的需求，室内游泳池逐渐增多。游泳池和跳水池的组合形式主要有四种：①一馆一池，游泳池和跳水池合用，同一个泳池兼做游泳和跳水两用，看台两端或三面环绕布置；②一馆一池，有的游泳池考虑可以不做跳水用途，只作为游泳池使用，其尺寸和深度只需要满足游泳池的需求即可；③两池分用，"一"字形排开，考虑到游泳池和跳水池的不同尺寸和深度的需求，两者在同一个大厅空间内一字排开，这是改革开放后规格较高的游泳池较常采用的布置方式之一；④两池分用，脱开式。一些大型的游泳场考虑到运营方便，池子分别按照各自要求设计，达到最佳的效果，方便分区使用，但流线和设施都需分套设置，这种布置手法在当时采用较多（表5.13）。

表 5.13 游泳池和跳水池的组合形式（1949—1978）

一馆一池（跳水池和游泳池合用）	
湖南省游泳馆	北京体育馆游泳馆
游泳池和跳水池合并设置，看台两侧布置，训练池位于泳池端部	游泳池和跳水池合并设置，看台三面环绕布置，训练池位于泳池端部
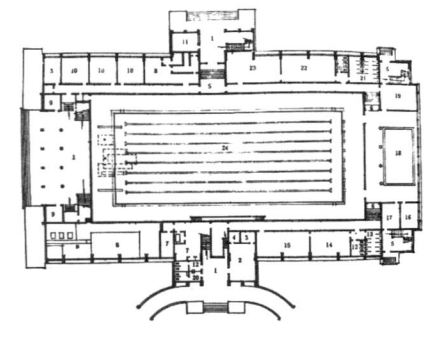	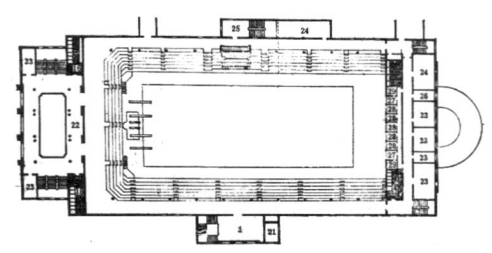
陕西临潼游泳馆	杭州黄龙洞游泳馆
游泳池和跳水池合并设置，训练池位于游泳池端部	游泳池和跳水池合并设置，训练池位于游泳池端部
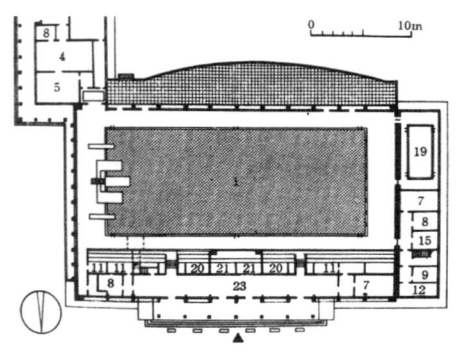	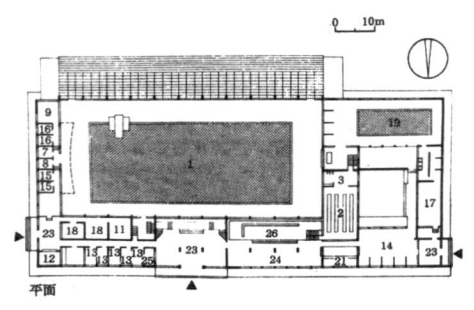
上海跳水池	
游泳池和跳水池合并设置，看台两侧布置	
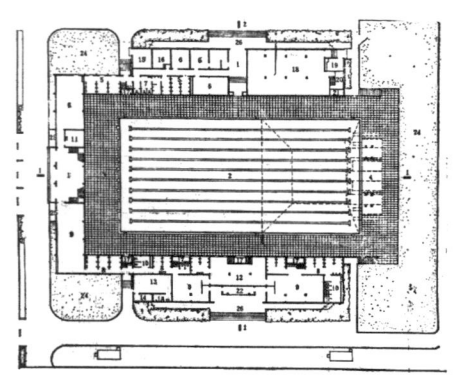	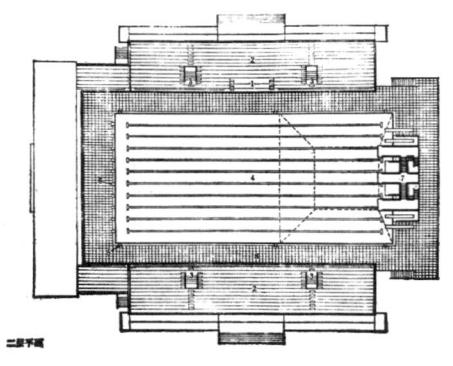

续表

河南省游泳池
游泳池和跳水池合并设置，看台两侧布置

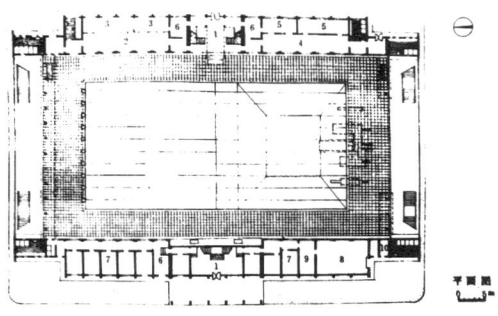 

特点：布局紧凑、利用率较高	适用范围：适合单一功能的中小型场馆

一馆一池（无跳水池）

湖北省室内游泳池	河北省室内游泳池
没设置跳水池，不布置看台，训练池位于游泳池端部	没设置跳水池，不布置看台，训练池位于游泳池端部

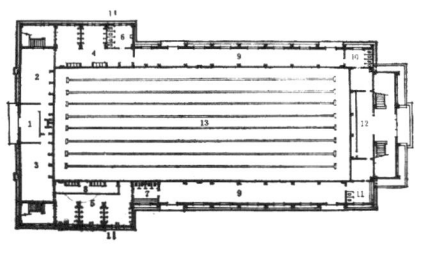 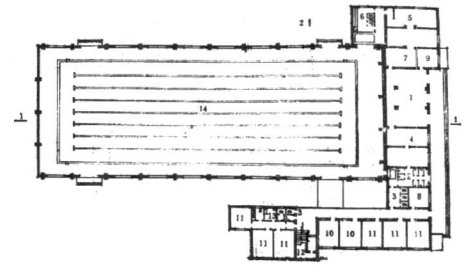

特点：布局紧凑、利用率较高	使用范围：没有比赛要求的中小型场馆

两池分用（两池同厅——"一"字形）

北京陶然亭游泳场
游泳池和跳水池分开设置，设置在同一个大厅内，看台三面布置，训练池脱开布置，设置在大厅一侧

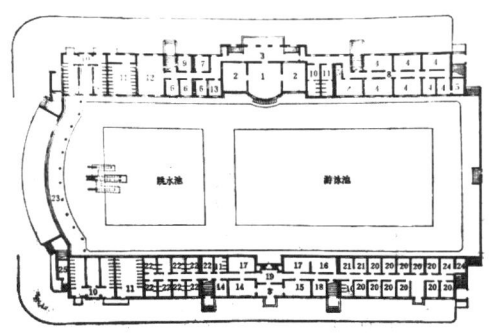 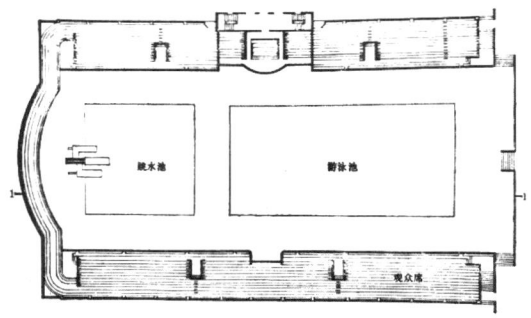

特点：体量大，整体性较强、空间宽阔，方便组织竞赛功能和流线，但无法分开使用，灵活性不够，且比赛时会互相影响	适用范围：举办大型赛事的场馆，是比较常见的布局方式之一

续表

两池分用（两池分厅——脱开式）	
北京工人体育场游泳场	
游泳池和跳水池分开设置，且没有设置在同一个大厅内，没有设置看台，训练池脱开布置，设在大厅一侧	
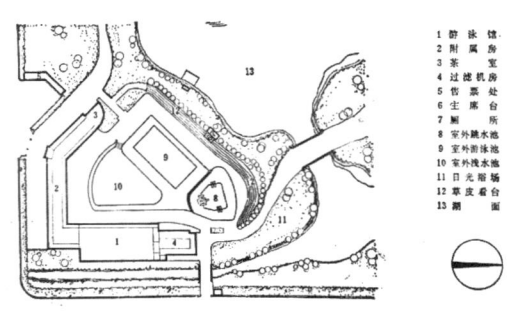	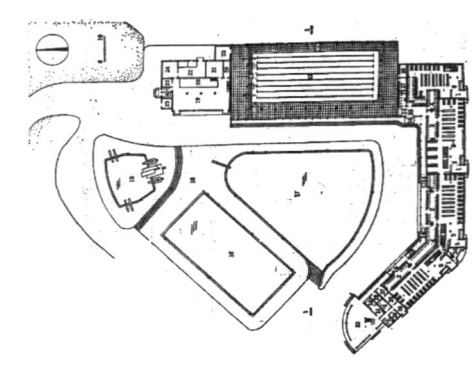
特点：按照各自要求设计，达到最佳的效果，方便分区，但流线和设施都需分套设置，管理不便，占地面积较大	使用范围：中小型场馆，2000 年之前的场馆有较多案例，当下不经常使用

5.2.4.2 射击场

1949 年前没有建设过射击场，经过 1949 年到 1978 年的近 30 年间的发展，射击场数量从 1949 年的 0 个发展到了 1978 年的 271 个，但射击场的数量和体育场地的总数相比占还是比较小（表 5.14）。

表 5.14 中国射击场的数量变化（新中国成立前—1978 年）

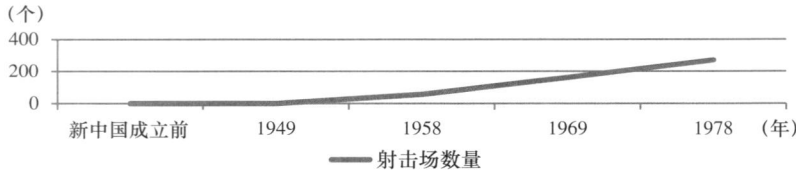

新中国成立后组织建设了一定数量的射击场，当时建造靶场没有经验，在挡风、光线处理、防雨、防止靶壕积水及噪音消除方面有很多不足。1953 年，中国国防体育俱乐部在北京天坛东侧新建了中国第一座运动射击场——天坛靶场，这是国家队最初的训练基地。1955 年，为迎接"社会主义国家国际射击友谊赛"，在北京西郊新建了北京射击场[①]（图 5.24）。随着群众性射击活动的广泛开展，各地相应进行了射击场的建设，基层单位增建了一批简易射击场（表 5.15）。

1957 年，建成占地 20 余亩的上海市射击场，它是 50m、100m 两种距离合用的小口径运动枪支射击的靶场。50m、100m 处分别有 2.2m×2m×60m 的靶壕，各有 30 付升降靶，靶场两侧有 10m 高的挡弹墙，靶场南面有一座砖木结构的办公室和办公楼及一些附属建筑。[②] 1977 年，河北石家庄建成的河北射击场是规模较大的综合性训练靶场，可以承担大型射击比赛，也是良好的训练场地。

① "社会主义国家国际射击友谊赛"是我国第一次举办国际体育比赛，后在北京射击场又举办了 1956 年全国首次射击比赛和 1959 年的第一届全运会射击比赛。

② 上海市体委文史办公室，上海市体委计划财务处，上海市体育场馆协会编《上海体育志资料汇编（二）：体育场地》，上海市新闻出版局，1990 年，第 32 页。

表 5.15　中国竞技性射击靶场（1949—1978）

时间	城市	射击场	体育设施
1954	北京	天坛射击场	3层立体式射击场
1957	上海	上海射击场	50m和100m合用的小口径运动枪支射击靶场
1955	北京	北京射击场	300m射击场、50~100m射击场、25m射击场各1个，100m跑鹿靶场2个，飞碟扇形、矩形靶场各1个
1975	呼和浩特	内蒙古射击场	1个步枪靶场、1个气枪靶场、1个手枪靶场、1个跑猪靶场
1977	石家庄	河北射击场	7个靶场和一座气枪馆、25m靶场1个、50m靶场1个、跑猪靶场2个、多用飞碟靶场2个、300m靶场1个，靶场中部有2栋楼房

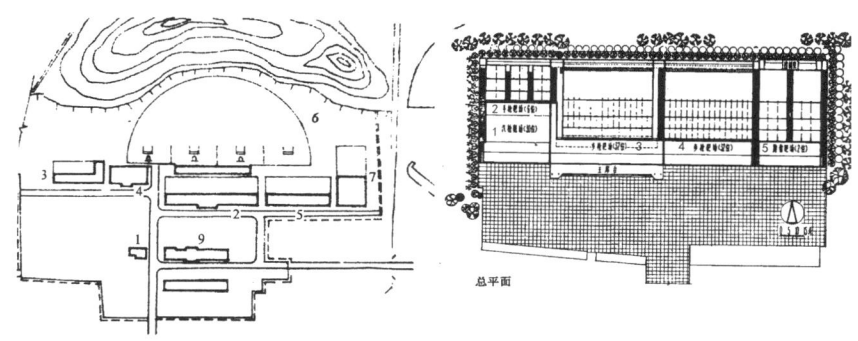

1 300m靶场　2 50m靶场　3 25m靶场　4 10m靶场　5 移动靶场　6 飞碟靶场
7 决赛靶场　8 15m靶场　9 服务办公　10 停车场

（a）北京射击场

1 汽枪靶场　2 手枪靶场　3 步枪靶场　4 步枪靶场　5 跑猪靶场

（b）内蒙古射击场

图 5.24　射击场

5.2.4.3　体育训练基地

中国 20 世纪 50 年代和 60 年代兴建了一批专项训练和比赛的场地。1955 年，兴建了中国第一座钢屋架结构的室内田径馆——上海市风雨操场。它是中国第一座室内田径训练场，这个工程是由中华人民共和国建筑工程部设计总局上海工业及城市建筑设计院和建筑设计公司设计及建造（图 5.25）。

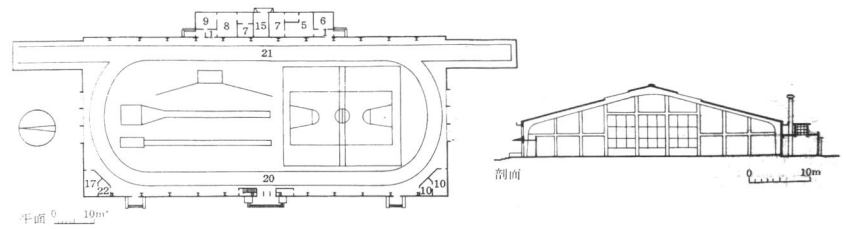

图 5.25　上海市风雨操场

国家体委政策研究处明确：体育训练基地，就是为国家队提供场地、设施、生活及各方面后勤保障的四大类综合性服务单位。基地内进行的体育项目比较多，针对不同的运动项目建设了不同的场馆设施。为备战1956年的第16届奥运会，广东省二沙头体育训练基地是作为新中国第一座竞技体育专业基地诞生的，1956年4月竣工。扩建前基地占地 2 万 m^2，有楼房 15 幢，平房 3 幢（表 5.16）。

表 5.16 中国体育训练基地（1949—1978）

时间	城市	基地名称	体育设施
1955	广州	二沙头体育训练基地	1个室内田径馆、1个温水游泳馆、6个标准网球场、1个综合体育馆、1个网球馆、2个足球、田径两用场、室外篮球、排球、网球多片
1958	广州	黄村体育训练基地	1个射击场、1座机库、1个50m×25m的手球场、1座健身房、1个10m气枪馆、1个游泳池、1座手球馆
1959—1989	北京	八一体工大队训练基地	先后建成草皮足球场2个，综合练习馆1个，排球房、体操房、乒乓球房、举重房各1个，篮球房3个，游泳池1个
1961—1981	北京	国家集训队原崇文区训练基地	先后建成网球馆、田径馆、田径场、足球场、乒乓球馆、体操馆、羽毛球馆和举重馆
1964—1989	北京	八一军事体育训练基地	50m步、手枪射击场各1个，手枪靶场1个，50m移动靶靶场2个，飞碟双向、多向靶场各2个，10m移动靶和手枪射击馆1个，300m步枪靶场和700m军事靶场，障碍场、投弹场、马术场、游泳馆和游泳池
1966	北京	怀柔训练基地	300m射击场、50m射击场、25m射击场各1个，50m移动靶射击场2个
1972—1978	天津	康复路训练基地	篮球馆、排球馆、手球馆、体操训练馆、乒乓球训练馆、举重训练馆、击剑训练馆、田径场、田径跑廊、足球场、跳伞塔
1972—1982	哈尔滨	黑龙江省冰上训练基地	滑冰馆、人工制冷速滑场、训练馆、运动员接待站
1973	南宁	广西体工队训练基地	建筑面积10多万 m²，乒乓球馆、羽毛球馆、技巧馆于1973年建成，后陆续建成篮球馆、重竞技馆、游泳馆、体操馆、田径场、跳水馆、网球馆、举重馆
1973	武鸣	武鸣体育训练基地	篮球、排球、羽毛球、健身，有30m、50m、70m、90m射箭训练场地
1973	石家庄	河北省体育工作大队石家庄训练基地	占地面积15.9万 m²，建筑面积2.63万 m²。主要场馆有篮球馆、排球馆、体操馆、乒乓球馆、武术馆、柔道馆、举重房、健身房、跑廊、田径场、足球场
1978	长春	长春冰上训练基地	占地11.1万 m²，训练区有面积61m×30m的露天冰球场和滑道宽16.2m，周长400m的露天速度滑冰场

5.2.4.4 滑冰场

1951年，全国体育总会发出指示，要求积极开展滑冰、滑雪项目，北方城市修建扩建了冰雪运动场地。新中国成立前，受到俄中东铁路局侨民的影响，哈尔滨盛行滑冰运动。新中国成立后，1953年2月，哈尔滨召开了第一届全国冰上运动大会[①]，是中国冬季运动史上一座划时代的里程碑。哈尔滨市八区在原有的八区滑冰场的位置修建了一座有400m标准速滑跑道的冰场，中间设冰球场，白色围障是冰球场的木板界墙，冰球场两侧是花样滑冰场，最外的大圆圈是400m标准速滑跑道，四周是梯形水泥预制板的观众看台（图5.28）。冰球场全部采用热水浇注，冰面甚为平整。这个大型比赛的滑冰场是哈尔滨市设计院负责设计的，市设计院派出了苏联设计师参加的设计小组，边设计边施工。40天的时间就建成了一座容纳4000名观众的全木质结构的、苏联社会主义民族风格的体育场。中国第一个大型冰上运动场，是黑龙江省齐齐哈尔市体育场。它于1957年建成，能容纳2万名观众。

1978年在长春建成的冰上运动场地，是中国第一座露天人工制冷球场和速度滑冰场。分为训练场区和生活区两部分，共占地11.1

[①] 全国冰上运动大会1953年2月在哈尔滨召开第一届，1955年在哈尔滨召开第二届，1956、1957、1960、1973、1974年召开过全国冰上运动大会。后随着形势发展，这一名称的运动会未再召开。

图 5.26 新中国成立初期的哈尔滨滑冰场

万 m^2,建筑面积 10 864m^2。训练场区有面积为 61m×30m 的露天冰球场和滑道宽 16.2m、周长 400m 的露天速度滑冰场。速滑场周围有草皮土坡看台,可容纳观众 3 万人。

5.2.4.5 赛马场

内蒙古赛马场是第一届全运会的赛马场,可同时进行赛马和马术比赛,还有单项的马术表演和障碍赛等分区场。主席台设在场地北端中央,红漆抱柱上挑出绿飞檐,以蓝白色漆成云头式的三个圆宝顶扣在上面,背后的青山借景,显示出内蒙古独特的风格。四周的观众看台围绕跑道外圈,并以红砖砌筑(图 5.27)。

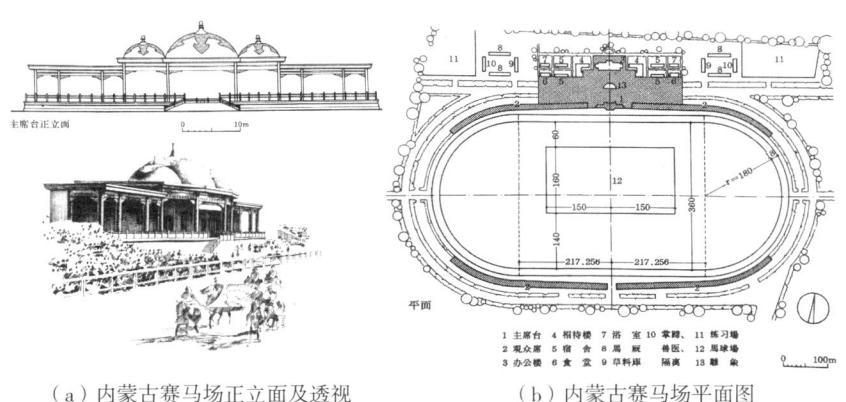

(a)内蒙古赛马场正立面及透视　　(b)内蒙古赛马场平面图

图 5.27 内蒙古赛马场

5.2.4.6 跳伞塔

建于 1942 年的重庆跳伞塔,号称国内首座跳伞塔,是当时远东地区最高、设备最好的跳伞塔,主要功能是为抗战培训飞行员。它由上海基泰工程公司主持建造,设计者是建筑大师杨廷宝。当时重庆跳伞塔的高度和建筑材料的精美度,可以和世界各国的跳伞塔媲美。20 世纪 50 年代开始,国家提倡"国防体育",在这个背景下全国兴建了一批跳伞塔。1957 年开始,跳伞塔开始普及(表 5.17)。

表 5.17 中国的跳伞塔(1949—1978)

建成年份	名称	场地面积(m²)	伞壁高度(m)	伞壁个数	沙盘面积(m²)
1956	北京跳伞塔	8000	40	3	153
1957	济南跳伞塔	8050	50	4	785

续表

建成年份	名称	场地面积（m²）	伞壁高度（m）	伞壁个数	沙盘面积（m²）
1957	郑州跳伞塔	5328	25	2	426
1957	西安跳伞塔	240	48	3	236
1958	长春跳伞塔	100	45	3	188
1959	太原跳伞塔	5000	45	3	500
1960	南京跳伞塔	1000	51	4	785
1964	天津跳伞塔	15000	50	3	400

5.3　结构的类型特征：从反对结构主义到技术革新

1953年，苏联建筑专家在建筑艺术上提出了一个"反对结构主义"的口号，把结构主义说成是帝国主义阵营世界主义在建筑领域里的反映，在当时"一边倒"的形势下，中国建筑师在意识形态的束缚下感到创作困难。在当年10月中国建筑学会的成立大会上，科学院副院长、党组书记张稼夫代表上级组织在会上讲话，鼓励建筑师解放思想，解除对于结构主义的忌惮。梁思成在题为《建筑艺术中社会主义现实主义问题》的讲话中，试图回答反结构主义之后，中国创作道路如何选择。①

——翟睿《新中国建筑艺术史1949—1989》

"大跃进"运动中，建筑界同全国一样，也响彻着"破除迷信、解放思想""技术革新、技术革命"等嘹亮的口号，以达到"快速设计、快速施工"，实现"多快好省"的总路线。广大技术人员怀着"向科学进军"的热情，在不同的岗位上投入到意在使技术进步的运动中去。②

——邹德侬，戴路，张向炜《中国现代建筑史》

1958年的"大跃进"虽然使得经济失衡，但"技术革新"的口号鼓励了以薄壳和悬索等新结构的发展。随后的"三年自然灾害"及苏联撕毁合同、撤离专家等事件使得中国经济进入"巩固、调整、充实、提高"的"调整时期"，但在这停滞时期，体育建筑的特定类型得到了发展，如首都体育馆的建设。体育馆建筑一向是新结构、新技术的用武之地，但在当时的条件下，创新精神受到局限。1958年以来建筑领域的新探索主要成就在新建建筑结构以及连带的新形式，主要有：节约钢材的薄壳结构，屋顶轻快、覆盖面积巨大的悬索结构。

30多年来中国体育建筑的屋盖类型从平面受力体系逐渐发展到空间体系，向类型多样化发展。虽然这时期中国体育场馆的平面形

---

① 翟睿：《新中国建筑艺术史1949—1989》，文化艺术出版社，2015年，第129页。

② 邹德侬，戴路，张向炜：《中国现代建筑史》，中国建筑工业出版社，2011年，第58页。

式并不复杂，常套用现成结构，但是这时期结构形态的发展以现代主义的逻辑再现为主，追求简洁的造型和经济的造价。

5.3.1 刚架及网壳结构的初兴

"二战"后网架结构得到飞速发展，美国科学家富勒（Fuller）和设计师德雷尔（Durrel）、莱特（Wright）等推动了网壳结构的发展。随着科技的发展，网壳结构在形式、计算方法、构造材料上得到了很大的发展。

20世纪50年代的中国体育场馆多为钢结构形式，少数采用钢筋混凝土结构。一些体育场馆采用落地三铰拱、带拉杆的二铰拱或联分网架、门式刚架等结构，如北京体育馆采用56m跨度的三铰拱刚架。[①]随着建国初期工业的发展和大规模建设，中国开始探索经济合理、施工方便、安全可靠的大跨度形式。20世纪50年代末，中国开始使用空间网格结构。空间网格结构是杆件按一定规律布置并通过节点连接而成的空间结构，包括曲面网壳、立体桁架、网架等结构类型。

世界上网壳结构的诞生早于网架结构。1922年诞生的德国蔡司公司建造的天文馆的半球形屋盖直径达到16m，是世界上最早的薄壳屋盖，也是第一个用于屋盖的真正意义上的空间结构。该结构是薄壳和网壳的组合体。20世纪50至70年代，迅速普及了网壳屋盖的体育场馆。1953年美国的蒙哥马利体育馆的混凝土加肋球壳的直径达到103m。1957年建成的罗马小体育馆的钢筋混凝土的肋形球壳的直径为59.13m。

最初的网壳结构大多为半球形，半球形易于设计和施工，且可封闭不需要支柱，造型上看起来高大和美观。后来产生了肋环型和施威德勒型球面网壳、联方型球面网壳。联方型球面网壳是两向斜交的杆系构成，基本单元为菱形，可批量生产。凯威特型球面网壳综合了施威德勒型球面网壳和联方型网壳的优点，受力良好，在美国和日本十分流行。1973建成的美国新奥尔良体育馆就是这种网壳，净跨213m，矢高32m，可容纳72 000人。富勒发明的短程线型网壳划分均匀，节点和杆件种类少，可批量生产，造价经济。除球面网壳外，正方形或矩形平面的建筑可采用柱面网壳。或将柱面网壳放置中间，两端用两个半球面网壳组成组合网壳。[②]

林克明先生在1995年出版的回忆录《世纪回顾》中记述了设计广州体育馆的详情：

1956年要兴建广州体育馆，在参观天津、武汉的体育馆后，由市体委确定规模而设计的。面积很大，附属的设施很多，任务很急。

---

① 蓝天：《建国以来大跨度结构的发展》，《建筑结构》，1984年第4期。

② 韩庆华：《大跨建筑结构》，天津大学出版社，2014年，第6页。

经过调查研究，我认为天津馆和武汉馆都不理想，便决定采用薄壳结构，是全国九大薄壳结构建筑中的第一个。跨度50m，限于投资不多，造价120元/m²，材料受到限制。建成发现馆内有回声，经过调整，还过得去……①

林克明先生设计的广州体育馆采用薄壳结构，是全国九大薄壳结构中的首个，由谭伯康工程师主持建造。薄壳结构是曲面的薄壁结构，有筒壳、双曲抛物面壳、双曲扁壳等多种结构。多由钢筋和混凝土建造，可将压力均匀分散到壳体各个部分。

20世纪50年代末期，中国建造了数量不多的网壳结构，中等跨度，这是中国空间结构发展的起步期。1956年建成跨度52m的天津体育馆网壳，1961年建成跨度40m的同济大学大礼堂钢筋混凝土网壳。当时的球面网壳多采用肋环型体系，柱面网壳多采用联方型网壳体系。1967年建成的郑州体育馆的平面肋环型单层网壳跨度64m。自此至80年代初期，中国的网壳结构没有得到更大的发展。中国还编制出版过《钢筋混凝土薄壳结构行业规程》。②但是由于壳体施工复杂且费时，60年代至今应用不多。且壳体存在易失稳等安全隐患，频发事故，很长时间内被看作空间结构的设计禁区。

5.3.2 平板网架和悬索结构的实践

20世纪60年代和70年代，国际上大力发展网格结构，开始初步研究中小型可开合屋盖，充气膜结构和悬索结构崭露头角。杆件组成的壳型或平板型的网架结构作为空间结构类型开始崛起。平板网架结构的出现晚于网壳结构。1940年，德国建造了采用米罗（Mero）体系的第一个平板网架；1970年，日本大阪世博会展馆采用六柱支撑网架，尺寸为108m×292m；1973年，名古屋国际展览馆的圆形平面网壳直径达134m。

中国60年代开始出现网架结构，80、90年代开始发展普及，从90年代至今，中国每年都有超过100余项工程使用网架结构，覆盖面积150万m²。③

60年代，中国在"大跃进"之后进入经济调整时期，空间网壳等结构类型落后于国际水平，但平板网架发展势头良好。1964年，中国建成了第一个平板网架——上海师范学院球类房，尺寸为99m×112m。1973年建成的上海体育馆采用圆形的三向网架，跨度110m，厚6m。这几个网架结构在当时是有影响力的新结构形式。

1953年，美国建成的雷里（Raleigh）体育馆采用两个斜置的抛物线拱作为构件的鞍形正交索网，是世界上最早的现代悬索屋盖。

---

① 林克明：《世纪回顾——林克明回忆录》，广州市政协文史资料委员会，1995年，第38页。

② 董石麟：《空间结构的发展历史、创新、形式分类与实践应用》，《空间结构》，2009年第9期。

③ 韩庆华：《大跨建筑结构》，天津大学出版社，2014年，第6页。

日本建于20世纪60年代的代代木体育馆采用了柔性悬索结构，它脱离了传统的结构造型，被认为是技术进步的象征。悬索结构的出现推动了空间结构的发展。

"大跃进"中，我们曾经在"技术革新、技术革命"的口号下，发展了一些先进建筑技术，特别是大跨度、薄壳和预应力等技术，并取得了明显的成就。①

50年代后期，中国现代悬索结构经过短暂发展迅速达到世界先进水平。1961年建成的北京工人体育馆圆形平面，比赛厅直径94m，采用、轮辐式双层悬索结构，当时是国内外跨度较大的一个，还略大于布鲁塞尔国际博览会直径为92m的美国馆。这种悬索结构是中国首次用于大型公共建筑，不仅满足覆盖大跨度空间的功能要求，也达到了节约的目的。外围为环形框架，悬索沿径向辐射状布置，上索承受屋面荷载并且起到稳定作用，下索为整个屋顶的承重索。上下索各144根，索的两端分别与内外环相连，为了便于在外环上锚固和尽量减少对外环断面的削弱，上下索在平面内各错开半个间隔。钢筋混凝土外环支承在环形框架的48根柱上，外环承受悬索的拉力后产生环向拉力。内环为钢结构圆筒，直径16m，内环主要受环向拉力。② 1967年建成的浙江人民体育馆为椭圆形平面，长径80m，短径60m，采用双曲抛物面正交索网结构。这两个体育馆的悬索结构从规模到技术水平都达到了国际先进水平，这两个悬索结构甚至要早于1975年苏联的汽车制造城托利亚季的体育馆。这之后中国的悬索结构发展停滞了一段时间，直到80年代才重新得到发展（图5.28）。

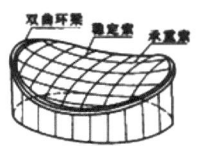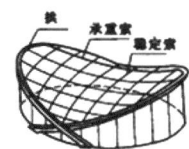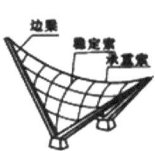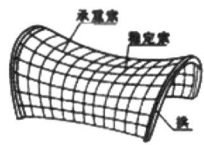

图5.28 双层面交叉索网体系（鞍形悬索）

5.3.3 网壳和网架结构的适变

"文化大革命"后，空间结构的理论和实践发展减缓。结构发展和国外空间结构的差距被拉大。受到政治因素的影响，建设体育建筑以经济性作为主要目标。上海体育馆的圆壳网架跨度110m，而南京五台山体育馆采用平板型双层三向空间网架，网架支承在一圈钢筋混凝土柱上。中国网架施工的独特特点是利用现有设备提升吊装，网架在地面拼装后，利用电动卷扬机和扒杆提升，高空移位后落到柱顶。上海体育中心的体育馆和游泳馆、陕西省体育馆都用此法安装。

---

① 龚德顺，邹德侬，窦以德：《中国现代建筑史纲（1949—1985）》，天津科学技术出版社，1989年，第157页。

② 刘加平，马斌齐：《体育建筑概论》，人民体育出版社，2009年，第257页。

表 5.18 中国体育建筑结构类型（1949—1978）

名称	年份	结构	平面形式	示意图
北京体育大学田径房	1955	无铰拱	矩形	
北京体育馆	1955	三铰拱落地式刚架	矩形	
天津市人民体育馆	1956	钢联方网架	矩形	
武汉体育馆	1956	两铰拱拉杆	矩形	
广州体育馆	1957	三铰拱刚架	矩形	
北京体育馆网球馆	1960	钢筋混凝土双曲扁壳	矩形	
北京工人体育馆	1961	车辐式双层悬索	圆形	

续表

名称	年份	结构	平面形式	示意图
上海师范学院球类馆	1964	正方四角锥网架	矩形	
广西体育馆	1966	立体钢管屋架	椭圆形	
浙江人民体育馆	1967	双曲抛物面正交索网结构	椭圆形	
首都体育馆	1968	正交斜放网架	矩形	
上海体育馆	1973	三向正交斜放网架	圆形	
福建省体育馆	1974	两向正交斜放平板网架	矩形	
南京五台山体育馆	1975	平板型双层三向空间网架	八边形	

续表

名称	年份	结构	平面形式	示意图
辽宁省体育馆	1975	三向空间网架	圆形	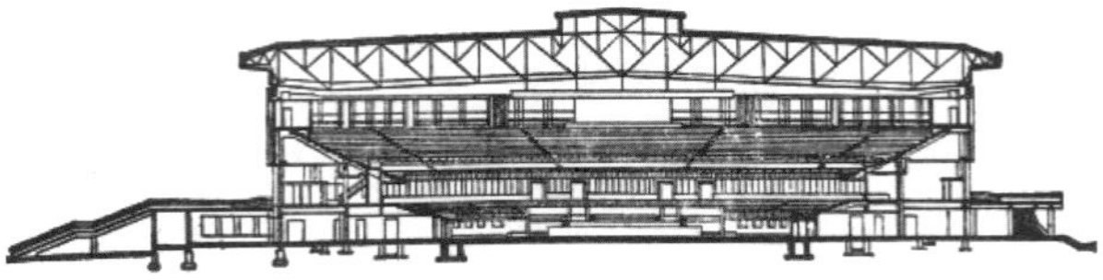
内蒙古体育馆	1976	三角菱形桁架	矩形	
山东省体育馆	1978	斜向正交网架	矩形	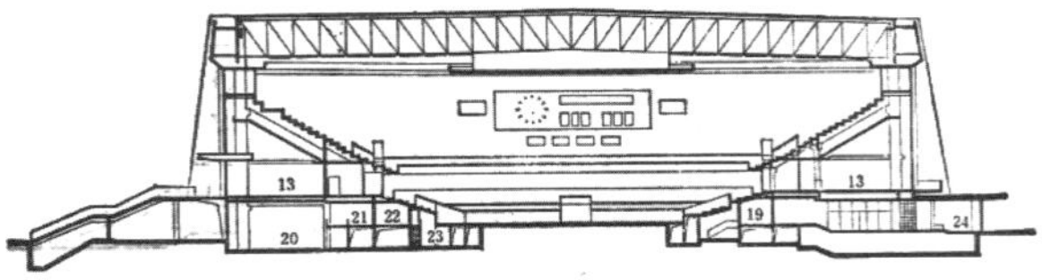

5.4 功能空间和使用模式的特征：竞赛空间的成熟和场地的扩大

> 国外早在20世纪30年代就出现了多功能体育馆，二次大战后，在欧美各国得到了广泛的发展。中国的首都、上海等馆也在活动看台等方面做了一些有益的尝试。大庆体育馆在平面布局上迈出了第一步，尽管它还不完善，但比较经济适用，很受厂矿企业欢迎。辽阳石油化工总厂体育馆设计在观众厅平面布局上又前进了一步。[1]
>
> —— 梅季魁《多功能体育馆观众厅平面空间布局》

20世纪50—70年代，中国开始考虑体育馆的多功能使用问题。建国初期中国体育馆的多功能使用集中在：

（1）群众集会。要求体育馆有清晰的音质和主席台。一些"三级干部会议"多在体育馆召开。首都体育馆有18 000个观众座席，但场地上还可以设置4000个临时座席，相当于整个馆观众席的22%（图5.31）。

（2）电影放映。体育馆内设置临时或固定放映室。辽宁体育馆就有固定放映室。

（3）文艺演出。舞台布置有固定和临时两种方式。舞台布置方式有以下几种：一是场地中央放置舞台，供大型歌舞及杂技表演使用。二是长轴一端放置舞台，这种布置方式使观众席有良好的观演

---

[1] 梅季魁，王奎仁，姚亚雄，罗鹏：《体育建筑设计研究》，中国建筑工业出版社，2010年，第60页。

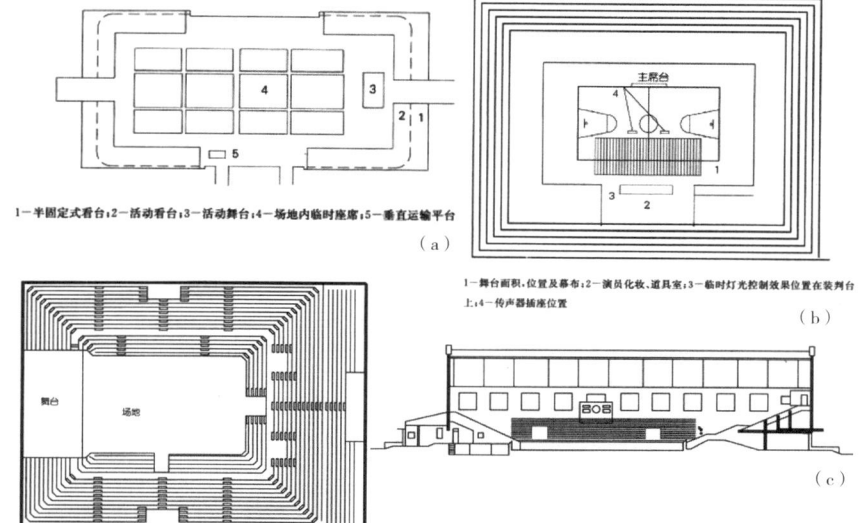

（a）首都体育馆场地布置座椅图
（b）利用场地作舞台
（c）黑龙江大庆体育馆
图 5.29 体育馆多功能使用

质量，但主席台和观众席为侧面观看。三是在长轴一侧面对主席台演出，主席台观看最好，演员利用运动员出入口进出，进出场方便，可利用运动员休息室化妆、道具、监场。中国的黑龙江大庆体育馆是将固定舞台布置在场地长轴一端，舞台与主体结构脱开，但大部分观众视距较远（图 5.29）。

5.4.1 多样化的场地形状及扩大的尺寸

5.4.1.1 体育馆比赛场地尺寸逐渐扩大

新中国成立初期中国体育馆多采用篮球场作为标准尺寸，兼顾其他功能，但过小的体育场地会限制使用效率和影响场馆的使用，且过小的场地会导致最后排过高或过陡。如天津人民体育馆看台座席 3500 个，场地 23m×39.4m，初时供篮球、排球等项目使用。其场地不能满足手球比赛，也不能同时放置两个篮球场地（标准的篮球场为 15m×28m，缓冲区一般为边线外 2m，底线外 2m）。这些场馆的问题是不能举办大型比赛，小型比赛座位难以坐满。当然过大场地也存在问题，体育馆逐渐采用体操和冰球场地为标准场地设计，用活动座席调节场地。场地过大在举办小规模比赛时场地出现空余不能利用的面积，且空荡的观众厅难以调动观众的气氛。首都体育馆场地最大尺寸为 40m×88m，冰球和大型体操比赛时为 40m×79.6m，其他一般性项目比赛时为 30m×70.44m。首都体育馆以冰球场地为标准建设，大尺寸场地举办篮球等小场地比赛时，加满了活动座席的场地仍然显得很空旷。且首都体育馆观众的视距较远（最远处达 90m），乒乓球等小球比赛难以看清楚。

体育馆观众厅的场地布置主要按照三种类型：①以篮球比赛场

地作为基础，这种场地的通用范围是：篮球比赛、一般性体操比赛、排球比赛、羽毛球比赛、乒乓球比赛等。一般不小于 20m×26m。②以七人制手球比赛场地作为基础，国际性体操比赛、第一类场地通用的比赛项目。七人制手球场地是最大的场地。一般不小于 24m×44m。③以冰球比赛场地作为基础，这种场地通用范围是冰球比赛、国际性体操搭台比赛、国际乒乓球邀请赛及第二类场地通用的体育项目，最大的场地为冰球场地，一般不小于 35m×66m。除可以满足体操搭台比赛外，可布置 18 台乒乓球比赛场地（表 5.19、图 5.30）。①

表 5.19 体育馆的场地尺寸及比赛厅适用平面形状②

场地规模	场地尺寸（m）	观众席规模	比赛厅使用平面形状
小型	以篮球场尺寸为准 38×20	中、小型	
中型	以手球场尺寸为准 44×24	大、中型	
大型	以冰球场尺寸为准 70×40	大型及特大型	

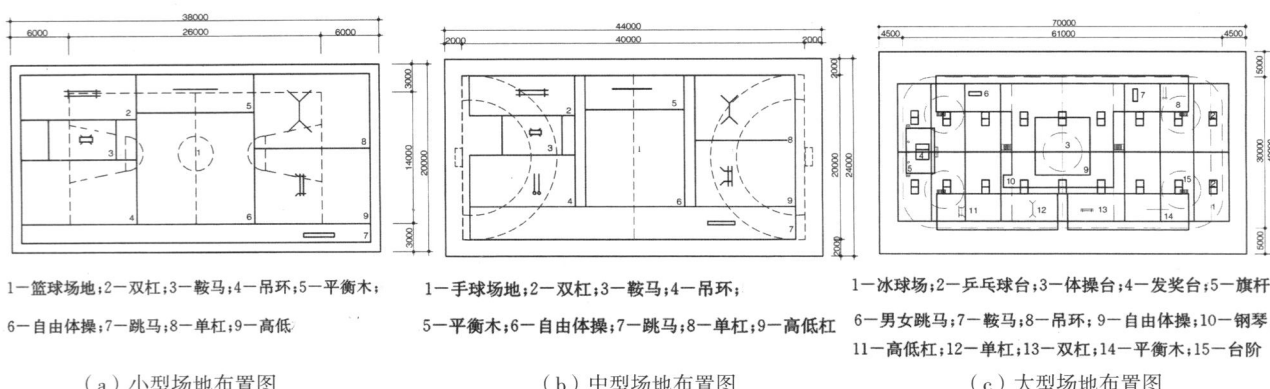

（a）小型场地布置图　　　（b）中型场地布置图　　　（c）大型场地布置图
（38m×20m）　　　　　　（44m×24m）　　　　　　（70m×44m）

1—篮球场地；2—双杠；3—鞍马；4—吊环；5—平衡木；6—自由体操；7—跳马；8—单杠；9—高低杠

1—手球场地；2—双杠；3—鞍马；4—吊环；5—平衡木；6—自由体操；7—跳马；8—单杠；9—高低杠

1—冰球场；2—乒乓球台；3—体操台；4—发奖台；5—旗杆；6—男女跳马；7—鞍马；8—吊环；9—自由体操；10—钢琴；11—高低杠；12—单杠；13—双杠；14—平衡木；15—台阶

图 5.30 体育馆三种尺寸场地的布置方式

5.4.1.2　乒乓球赛决定体育馆场地最大尺寸

北京馆在 1961 年 26 届乒乓球赛后，大家把注意力放在放乒乓球台的数量上，工人馆拆掉四个角的半固定看台，安排 10 台（按照

---

① 北京市建筑设计院编《体育建筑设计》，中国建筑工业出版社，1981年，第63页。

② 刘伟，钱锋：《真实与诗意的构筑——当代体育建筑的材料运用》，人民交通出版社股份有限公司，2016年，第143页。

6m×12m 的规格），现在由于标准比赛场地改为 7m×14m，只能摆 6 台了。这个事件给首都体育馆新的启示，设计之初就提出"以场地为本"，要"固本节末"。首都馆设计时为了满足 60 多国家参加第一轮比赛确定了一个最大能安排 88m×40m 的扩大比赛场地，这个台数看起来还是太多了，第一轮比赛可以在中小馆举行，设计者认为当时开展手球比赛比较频繁，场地比篮球场略大，因此以安排 7 人制手球场为好，至于室内冰球场、室内足球场地的馆只有另行考虑了。[①]

由于篮球场地确定场地规模导致可容纳的项目少，中国体育馆设计在场地选型上着眼于更多项目，而手球项目从 1972 年进入奥运会项目来，在中国也有较好的发展，体育馆以七人制手球场作为最大（18~22m）×（38~44m），然而中国正处于大力发展乒乓球运动的阶段，手球场地的长度范围内可以两排共摆放 10~12 台乒乓球台，北京工人体育馆、上海体育馆、首都体育馆为了容纳更多的乒乓球台，则是以乒乓球赛决定场地的最大尺寸，分别是 10 台（长 39.3m），16 台（长 68m），首都馆 24 台（长 88m）。虽然它们举办过多次乒乓球赛，然而几乎没有按照规模使用过。对于中国体育馆的设计来说，似乎没有必要采用过大场地，造成浪费（图 5.31—图 5.33）。

然而，视线设计一般取常用场地，首都馆取冰球视点，上海馆取篮球视点，这会导致这两个馆的场地两端有 4 台乒乓球处于视线

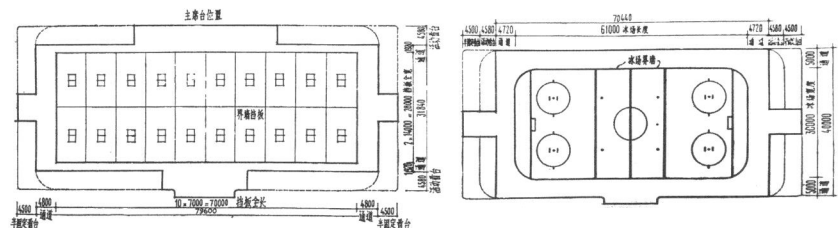

（a）首都体育馆 20 台乒乓球场地平面　　（b）首都体育馆冰球场地平面

图 5.31　首都体育馆场地平面

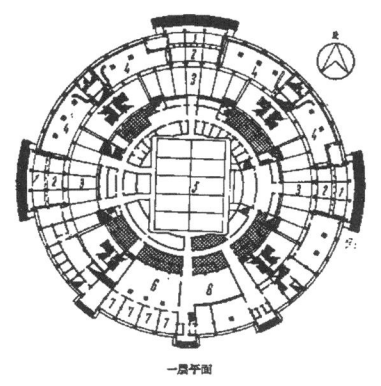

图 5.32　北京工人体育馆首层平面图

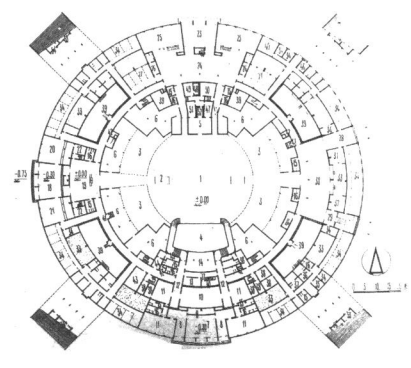

图 5.33　上海体育馆首层平面图

① 许振畅，吴观张，刘振秀：《北京三个体育馆调查》，葛如亮主编《体育馆建筑论文集》，体育馆建筑论文集编委会，1981 年，第 27-28 页。

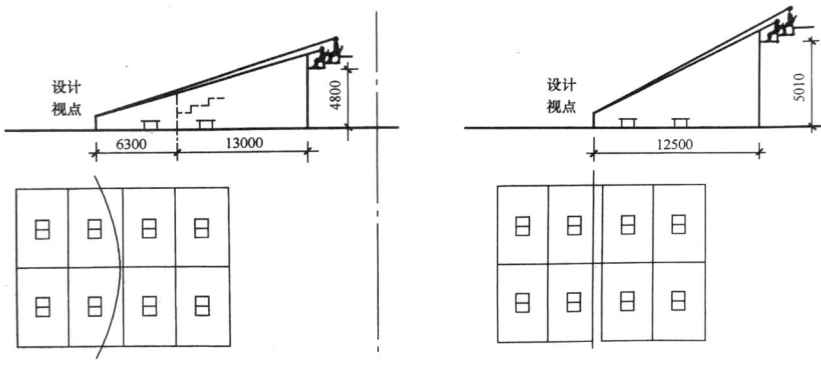

（a）上海体育馆每端4台存在视线盲区　　（b）首都体育馆每端4台存在视线盲区

图 5.34　视线缺陷分析图

盲区，观众看不到它们，因而一般的球类馆没有必要多增加场地长度来容纳更多的乒乓球台（图 5.34）。

5.4.1.3　体育馆比赛厅形状逐渐多样化

20 世纪 50 年代至 70 年代的体育馆比赛厅多采用矩形平面。体育馆规模直接影响比赛厅的形状和规模。随着时代发展，比赛厅形状逐渐出现正方形、圆形、多边形等。这时期的中小型体育馆以篮球场地为标准设计，多用正方形和矩形平面。以手球场地为标准的大中型馆多采用多边形、长方形、圆形和椭圆形平面，以冰球场地为标准的大型和特大型馆采用长方形、圆形和椭圆形平面。比赛厅的规模和空间确定后，比赛厅形体大致确定（表 5.20、图 5.35）。

表 5.20　中国体育馆的场地、观众厅形状及看台布局

场馆	场地尺寸（m×m）	场地	观众厅形状	观众厅尺寸（m×m）	观众席规模（座）	布局方式
天津市人民体育馆	23×39.4	篮球	矩形	52×68	5700	四周等边
北京体育馆	22.4×36.4	篮球	矩形	56×71	6000	四周等边
北京工人体育馆	D39.9m	篮球（10台乒乓球）	圆形	94	15 000	四周等边
广西体育馆	34×22	篮球	矩形	54×66	5296	四周等边
首都体育馆	40×88	冰球（24台乒乓球）	矩形	99×112.2	18 000	四周不等边
浙江人民体育馆	23×36	篮球	椭圆形	60×80	5000	四周不等边
辽宁省体育馆	32×48.8	篮球	圆形	D48.8m	12 000	四周等边
上海体育馆	38×68	手球（16台乒乓球）	圆形	110	18 000	四周等边
南京五台山体育馆	25×42	手球（9台乒乓球）	长八角形	76.8×88.68	两侧40排两端19	四周不等边
福建省体育馆	22.5×34.5	手球	矩形	54×67.5	6000	四周不等边
内蒙古体育馆	22×35.6	篮球	矩形	54×64	5286	四周不等边
安徽省手球场	46.4×26.4	手球	矩形	未知	8480	四周不等边
山东省体育馆	25×40.3	手球	矩形	62.7×74.1	8800	四周不等边
景德镇体育馆	20×32.4	篮球	矩形	32.4×49.5	3400	四周不等边
北京部队体育馆	23×37	篮球	矩形	50×55.1	4000	四周不等边

(a) 浙江人民体育馆比赛大厅内景
(b) 南京五台山体育馆比赛大厅内景
(c) 辽宁省体育馆比赛大厅内景
(d) 上海体育馆比赛大厅内景
(e) 广西体育馆比赛大厅内景
(f) 首都体育馆比赛大厅内景
(g) 内蒙古体育馆比赛大厅内景
(h) 山东省体育馆比赛大厅内景

图 5.35 中国体育馆比赛大厅内景
（1949—1978）

浙江人民体育馆打破了国内体育馆比赛厅采用圆形或矩形的惯例，而是采用椭圆形平面，屋盖搭配使用马鞍形悬索屋盖。场地以 14m×26m 的篮球场作为基本依据周围设置 4.5~5m 的缓冲区域，最终场地尺寸为 36m×23m。看台长轴各 31 排，短轴 12 排。看台设两道横向国道，第一个横向过有 4 个向外的疏散扶梯。看台共有 12 个疏散口，均匀布置。单个口承担约 450 人，总疏散时间约为 3.5 分钟。看台的最大俯角 22°，最远视距 40.3m，大厅体积为 37 725m³。[①]

建国初期有一部分体育馆的场地形状为圆形，如北京工人体育馆的比赛场地是直径 39.3m 的圆形，四周为活动看台。辽宁省体育馆的比赛场地为直径 48.8m 的圆形，圆形的场地难以兼容其他矩形的比赛场地，给体育项目的功能叠加带来很大的矛盾。

① 金坤：《综合·高效·专业·多元——公共体育场馆建筑设计特征研究》，浙江大学出版社，2015年，第52页。

第 5 章 体育建筑的开基创业绘新图（1949—1978）

5.4.2 看台的灵活组合和空间利用

第二次世界大战后,大型体育馆为提高观赏效果,采用了缩短纵轴长度、增加短轴长度和不对称设计等手法。1968年,墨西哥城奥运会会场采用双层看台,缩短了第二层观众的视线距离。另一个变化是减少了体育场两端看台排数,增加了两侧看台排数。看台的组合变化都是为了提高比赛的观赏效果。

5.4.2.1 看台布置从四周等边向四周不等边转变

中国50年代的体育馆不追求豪华气派,当时的观众座席标准不高,排距较小,有的只设木条凳。50年代的体育馆规模一般为4000~6000座的中型体育馆,70年代逐渐发展为8000~10 000座甚至万人以上规模。

体育馆看台的布置方式也逐渐从20世纪50年代的四周等边布置方式向70年代的四周长边和短边看台不等边布置方式过渡。等边布置时期体育馆的观众席以比赛场地为中心对称展开,形体也简洁对称。后期通过观众座席的改变,单边布置、对边布置、局部加减等方式丰富比赛厅形体变化。改变的观众席布置方式影响了比赛厅的形体。大型体育馆还采用双层看台容纳观众,如上海体育馆、辽宁体育馆都采用了双层看台。

体育场看台的布置方式逐渐从单边布置向双边布置、三边布置,最后至周围布置的方式转变。近代体育场的座席数量较少,采用单边布置就能容纳全部观众。后来随着观众数量的增多,双边布置能够容纳更多的人数,且视觉质量较好。当体育场的观众人数发展至数万人时,双边的看台不能满足需求,三边看台乃至四面周围看台的布置方式应运而生。

游泳池的看台布置也逐渐从单侧向双侧,最后至四边式布置。单侧看台的布置方式较为简单,双侧看台能够容纳更多观众,且视觉质量良好。而三边围绕式看台和四周式的看台均有部分观众席的视觉质量不佳,但三边式的看台和四周式的看台能够容纳足够数量的观众(图5.36—图5.38、表5.21)。

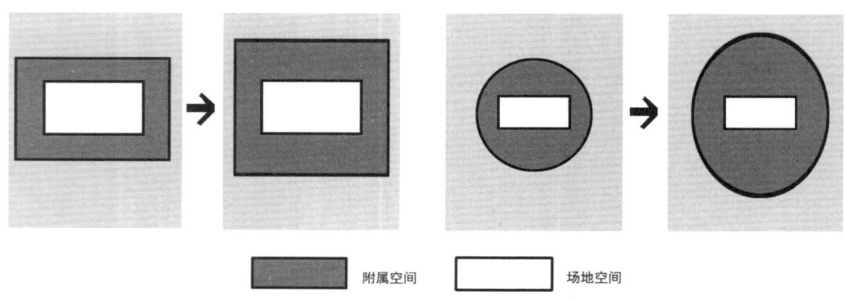

图5.36 体育馆看台从四周等边发展为不等边布置

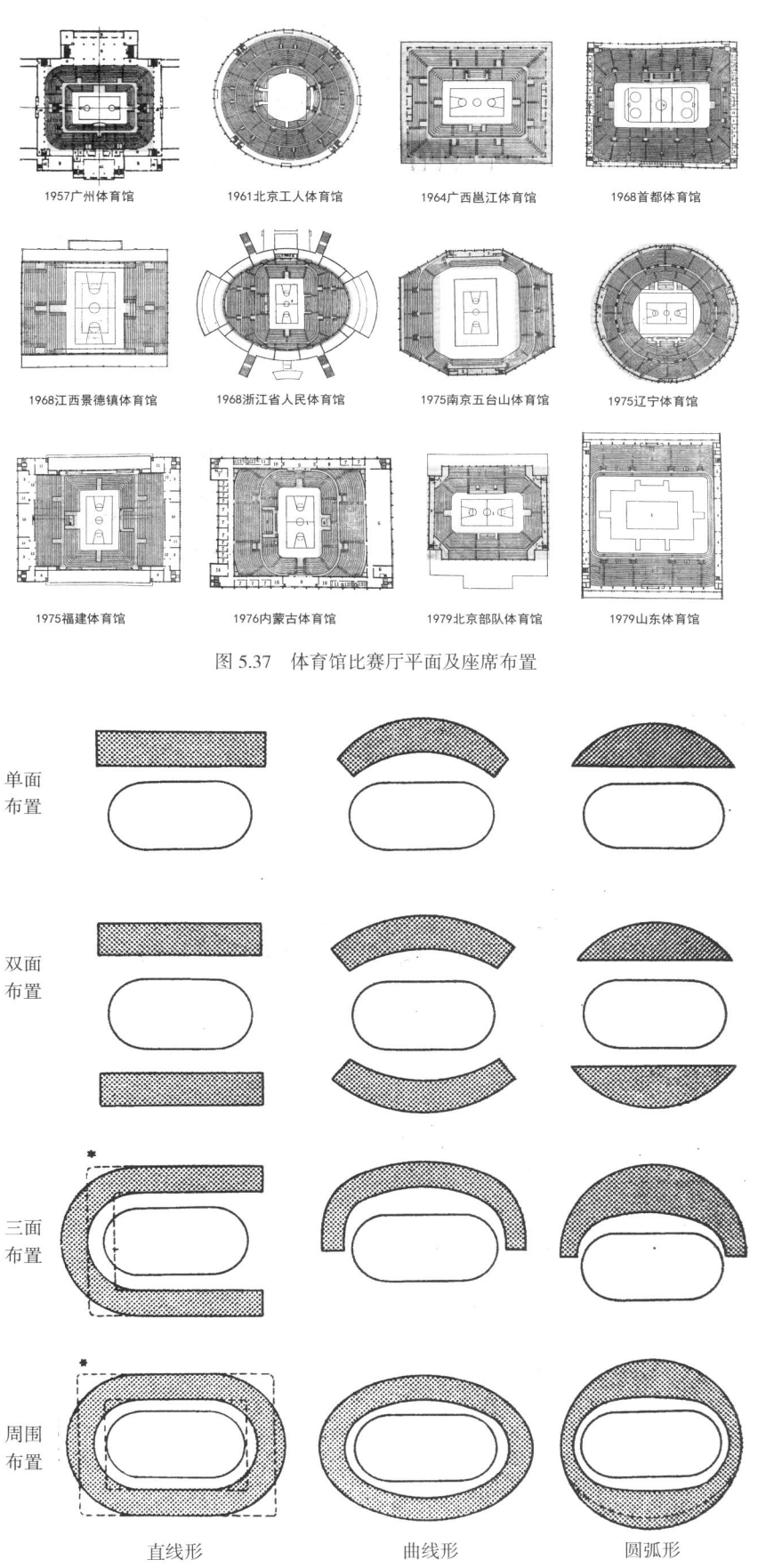

图 5.37 体育馆比赛厅平面及座席布置

图 5.38 体育场看台布局形式

表 5.21 游泳馆看台的四种布局方式

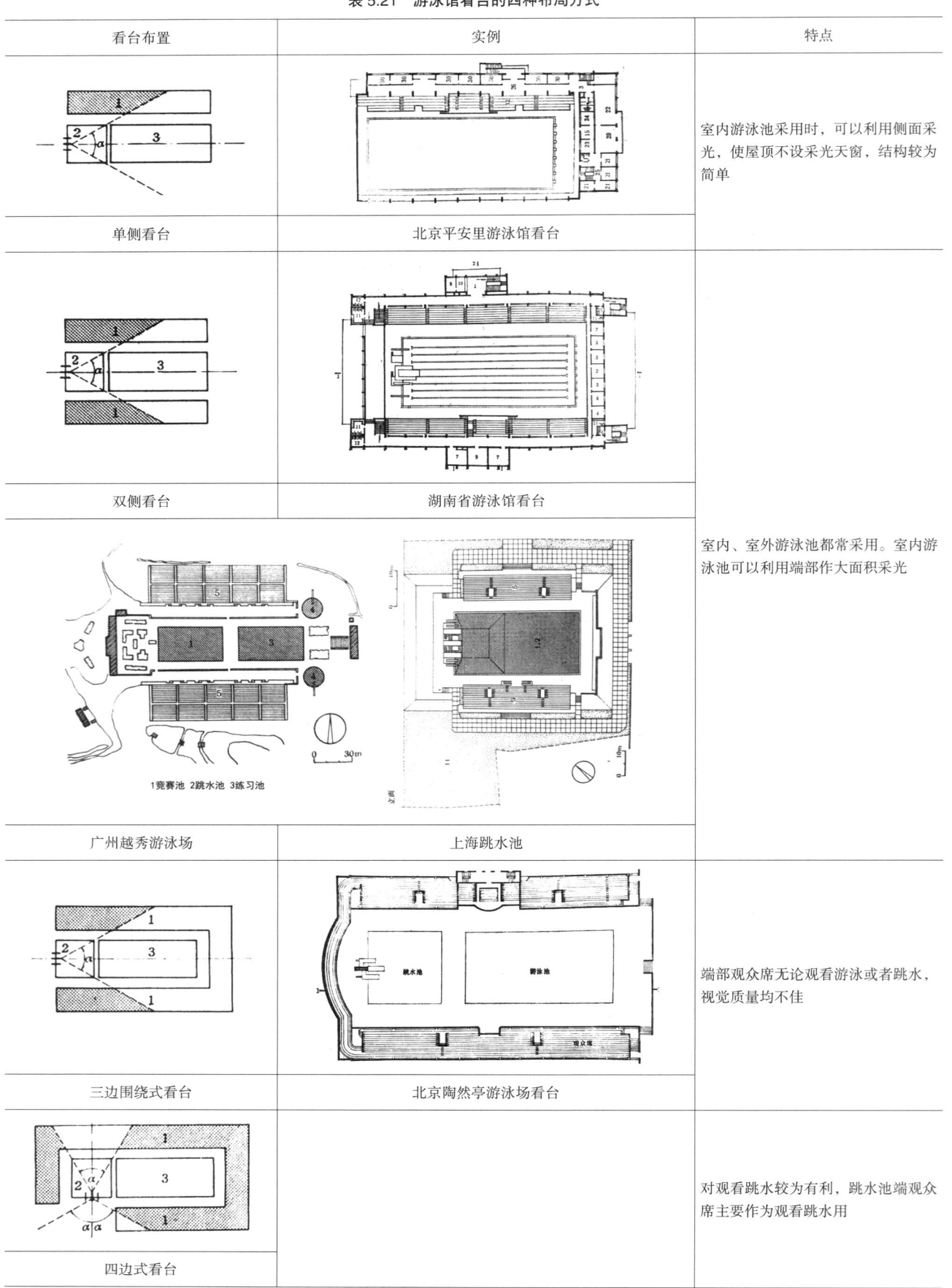

看台布置	实例	特点
单侧看台	北京平安里游泳馆看台	室内游泳池采用时，可以利用侧面采光，使屋顶不设采光天窗，结构较为简单
双侧看台	湖南省游泳馆看台	
广州越秀游泳场	上海跳水池	室内、室外游泳池都常采用。室内游泳池可以利用端部作大面积采光
三边围绕式看台	北京陶然亭游泳场看台	端部观众席无论观看游泳或者跳水，视觉质量均不佳
四边式看台		对观看跳水较为有利，跳水池端观众席主要作为观看跳水用

5.4.2.2 活动座席的初步考虑

> 首都体育馆在国内大型体育建筑中首次采用了活动看台,使用至今,效果是好的。当时没有经验,看台的构件不够精细,移动比较费事,一次投资费用比固定看台大,但从长远来看,经济上是合算的,技术上是可以改进的。[①]
>
> ——许振畅,吴观张,刘振秀《北京三个体育馆调查》

这时期中国体育馆出于满足多种比赛的需求,开始设置活动看台以增加有效观众席位。但出于技术和经济条件的原因,活动看台的使用还不够普遍。首都体育馆是中国大型体育建筑首次使用活动看台,使用效果在当时看来还不错,但是看台的构件不够精细,移动比较费事。首都体育馆的四周活动看台席位只占观众席位的1/12左右,现在看来是不合适的,若增加看台席位可以减少固定座席的数量,提高活动看台的效率,减小观众厅的跨度和体育馆的规模(图5.39)。北京工人体育馆的设计考虑了多功能用途,如群众集会和文艺演出的要求,在场地四角设置了活动看台。

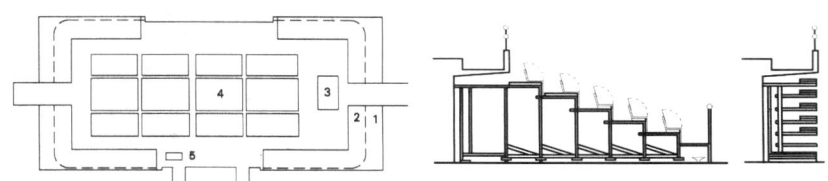

1—半固定式看台;2—活动看台;3—活动舞台;4—场地内临时座席;5—垂直运输平台

(a)首都体育馆场地布置座席图　　(b)手动活动看台示意图

图5.39　首都体育馆场地和活动看台

当时主要有两种活动看台,一种是推拉式的活动看台,另一种是可拆卸的半固定式看台和推拉式活动看台结合。拉出推拉式活动看台可缩小场地尺寸,不用时推回固定看台下扩大场地尺寸。半固定式看台一般适用于场地不需要经常变换的区域,如山东体育馆采用半固定式看台,首都体育馆和上海体育馆采用的是半固定式看台和推拉式活动看台结合的方式(图5.40)。[②]

活动看台一般用于多功能体育馆,使体育馆按照比赛项目变换场地尺寸,增加视觉较佳区域的观众数量。看台骨架采用轻钢结构,坚固、灵活、轻便,可采用人工或者机械拉出、闭合。

5.4.2.3　场地地面的更换

首都体育馆既能滑冰,又能做其他球类活动,地面材料可以更换。首都体育馆场地是19块装有滑轮的活动木地板拼成,当需要进行冰球比赛时,电动牵引到场地两端,叠放在可升降的木地板坑仓内。露出埋有冷冻排管的水磨石地面,在上面泼水冻冰。融冰后将其自地板坑仓内,一块块升起平移到原来位置。每块地板都有升降调节

---

① 许振畅,吴观张,刘振秀:《北京三个体育馆调查》,葛如亮主编《体育馆建筑论文集》,体育馆建筑论文集编委会,1981年,第26页。

② 北京市建筑设计院:《体育建筑设计》,中国建筑工业出版社,1981年,第64页。

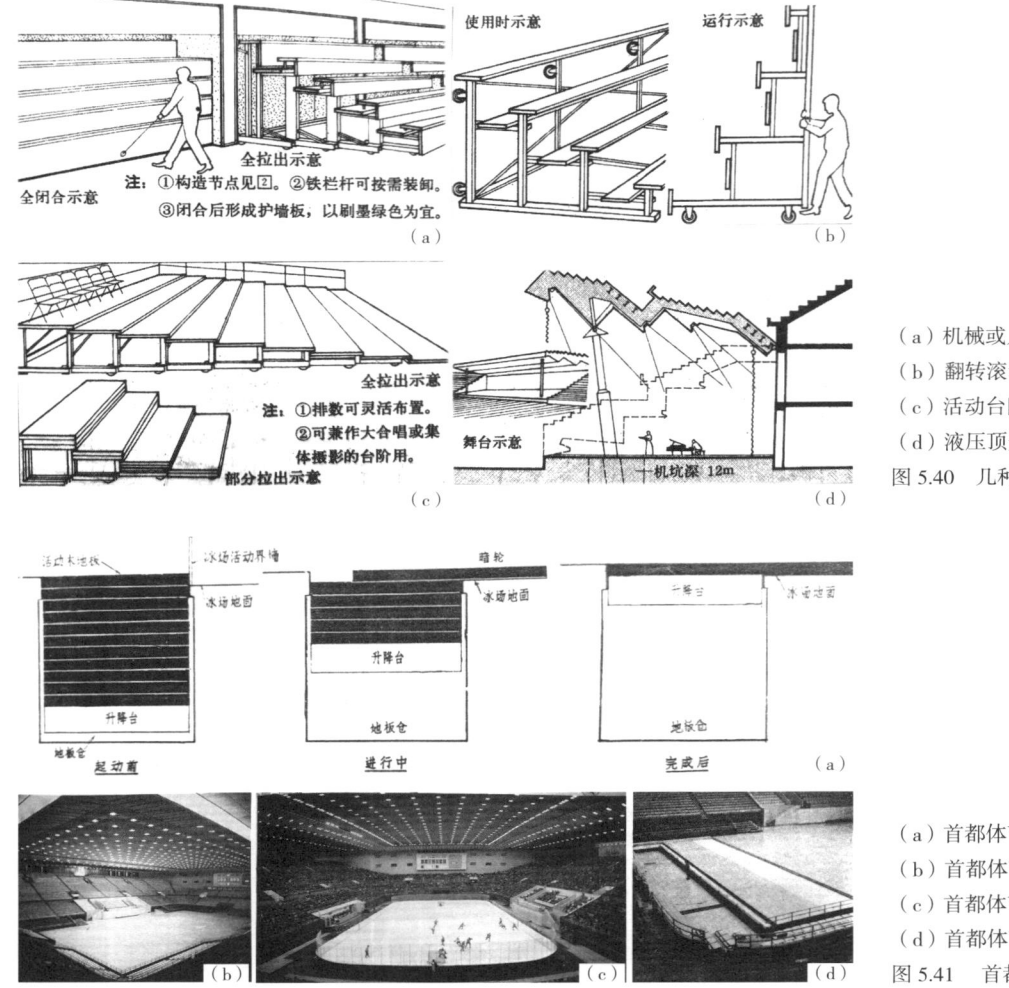

(a) 机械或人工推拉式
(b) 翻转滚动式
(c) 活动台阶式
(d) 液压顶升改成舞台

图 5.40 几种活动看台的形式

(a) 首都体育馆活动木地板
(b) 首都体育馆比赛大厅
(c) 首都体育馆冰球场地
(d) 首都体育馆场地更换

图 5.41 首都体育馆场地变化示意

的装置，保证活动地板每块之间拼缝平整。[①]

首都体育馆的比赛场地可进行篮球、滑冰、体操等多项体育活动。场地尺寸为 88m×40m，是由 21 块活动地板组成。每块活动地板尺寸为 30m×3.5m。地板下是冰场，机器开动后，地板就能从东西两面移动，且层层下降到地板仓内（图 5.41）。

5.4.3 体育建筑功能布局的基本形制

虽然比赛厅的形体和布置方式在体育建筑的功能组成上占据主导地位，但辅助用房的布置也对建筑本身有很大影响，并且辅助空间设置都带有时代特征。20世纪50年代的体育馆观众区、运动员区、裁判区等功能分区不够明确，厕所、更衣室、门厅等附属用房采用剧场指标，导致面积过大。北京体育馆采用了过大的门厅和观众休息面积，从之后的实际使用观察中得出这些面积是浪费的。初期的辅助用房业态主要以餐厅、招待所、出租办公室等形式出现，如北京工人体育场看台下部的二、三、四层设置了招待所及配套用房。

[①] 北京市建筑设计院：《体育建筑设计》，中国建筑工业出版社，1981年，第67页。

1964年建成的南宁广西体育馆出现了"抬高一层"的布局方案。其比赛厅采用50年代的一般形式,但体育馆的功能分区和交通流线更加清晰。室外台阶将人流引入二层平台,完全分开观众流线、运动员流线、贵宾流线。广西体育馆不仅分开设置赛时的功能用房,还将一层的运动员、贵宾及其他管理用房用一圈内院和主体建筑连接分离,形成单层周边式布局。这种布局方式在之后的首都体育馆得到发展,功能和交通流线更加明确。

5.4.3.1 体育馆人员分流的设计模式

体育馆包括了观众用房、运动竞赛用房、训练用房、管理用房、首长贵宾室及主席台等几个部分,因而构成了观众流线、运动员流线、工作人员流线及贵宾流线等几个流线。各个流线之间有一定的联系,但也有明确的分区。各种流线有自己的出入口,尽量避免交叉干扰,但出入口的数量随体育馆的规模不同,在小型体育馆中管理人员和运动员出口可合并为一,但观众出入口仍独立设置(表5.22)。

表 5.22　中国体育馆的流线设计（1949—1978）

	长春市体育馆
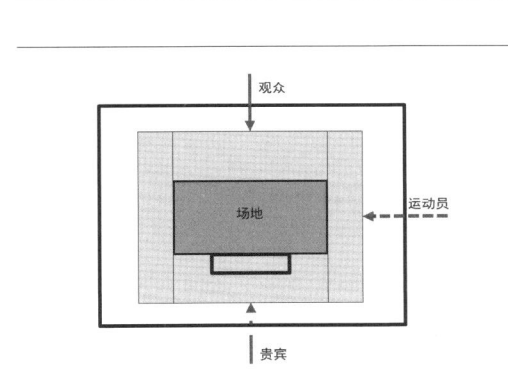	短轴一侧设观众入口,另一侧设贵宾入口,长轴两端为运动员和工作人员入口
	优点:贵宾入席直接短捷,运动员入场虽需绕行90°,但其他人员和用房都自成体系,分区明确
	缺点:观众入场时,一部分需要走到另一侧入席,路线较远且观众厅内存在大量绕行人流

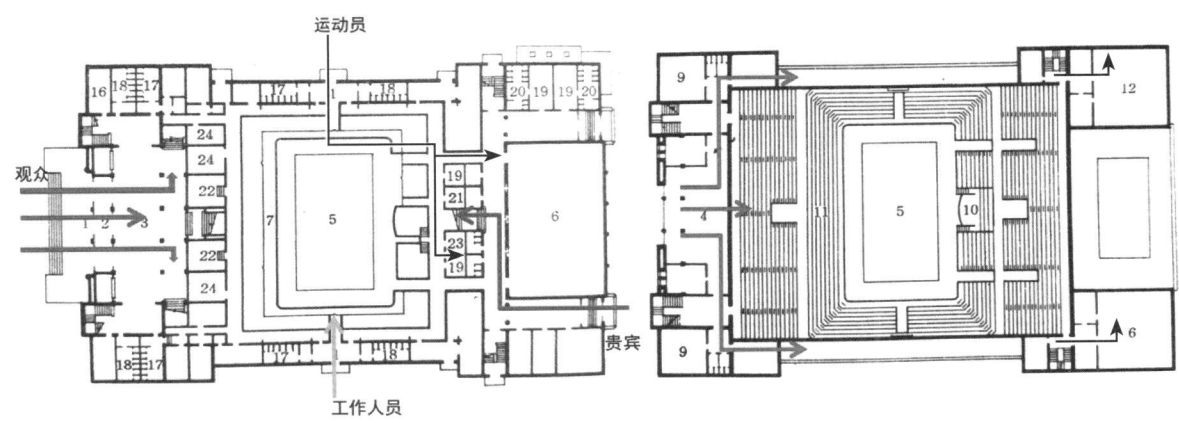

续表

	广州体育馆	
	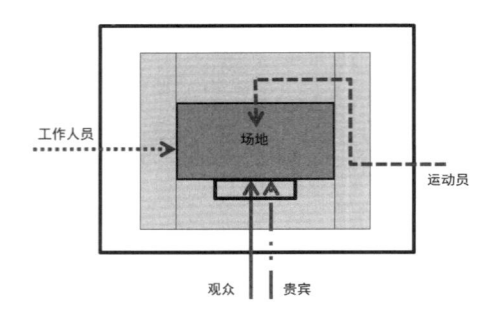	短轴一端设观众入口，同侧设贵宾入口，长轴两端设工作人员和运动员入口
		优点：贵宾入席便捷。运动员和工作人员自成体系，互不交叉
		缺点：观众入场需绕行到另一侧入场，路线较远，且观众和贵宾流线交叉

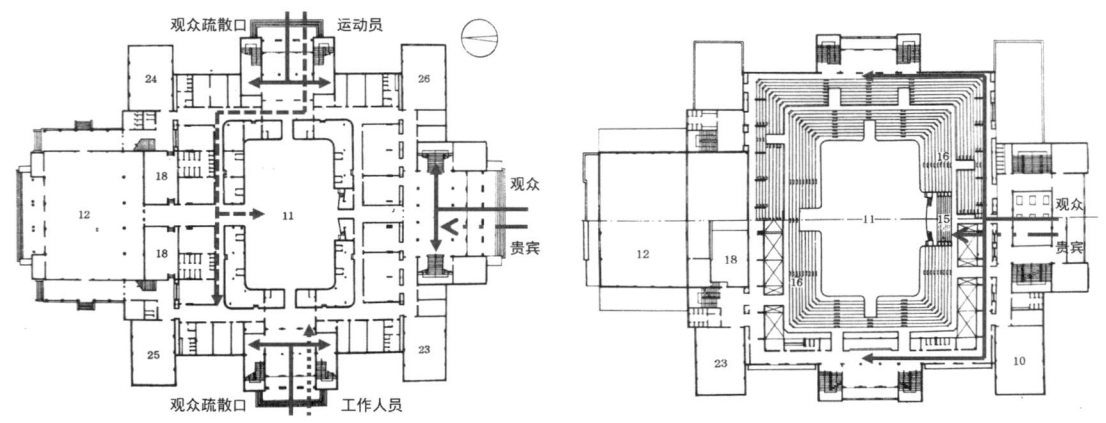

	天津市人民体育馆	
	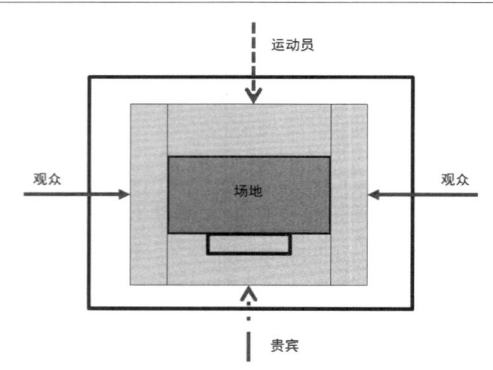	长轴两侧设观众入口，短轴两侧设运动员和贵宾入口
		优点：观众进入比赛场地，路线比较便捷和明确，可以避免大量人流在观众厅中穿行
		缺点：观众从两个入口进入不好管理，且观众从一层进入，没有和运动员、贵宾流线进行竖向分层

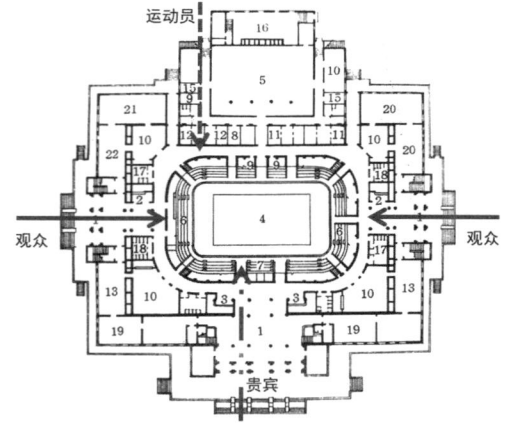 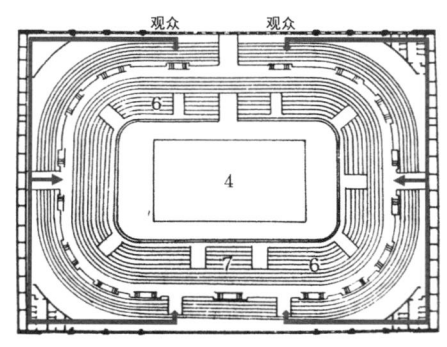

续表

武汉体育馆	
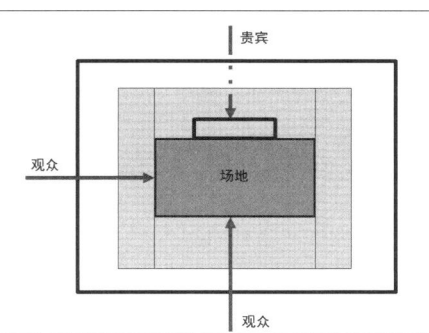	长轴一侧设观众入口，另一侧为不常用的紧急疏散口。短轴两侧分别设置贵宾和运动员出入口
	优点：贵宾进入贵宾席，运动员进入比赛场地，路线比较便捷。观众进入观众席的路线明确，还可以避免大量人流在观众厅中穿行。总平面中观众只需一个集散广场即可
	缺点：观众绕行路线较长

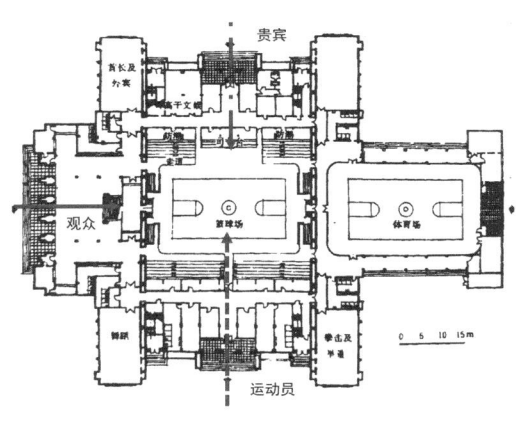
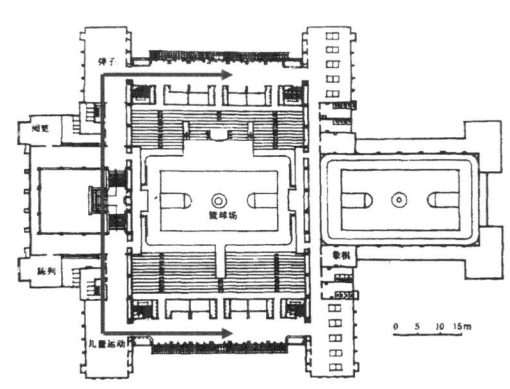

首都体育馆	
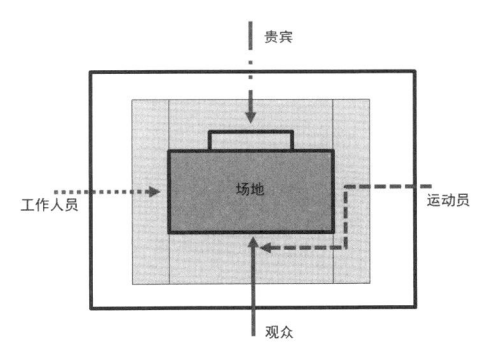	短轴一端设观众入口，另一端设贵宾入口，长轴两端各为运动员和工作人员入口
	优点：贵宾入席直接短捷，运动员入场虽需绕90°，但其各种人流路线和用房都自成体系，分区明确
	缺点：观众入场时，一部分需走到另一侧入席，路线较远

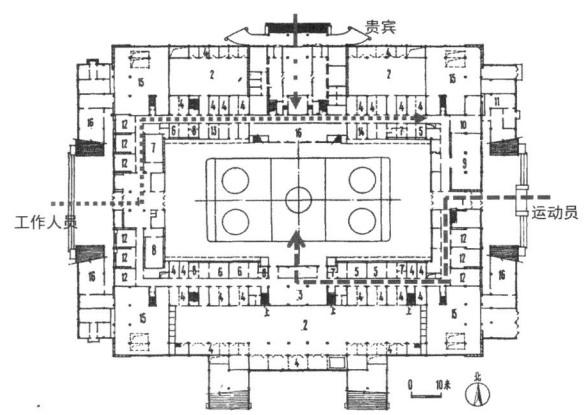
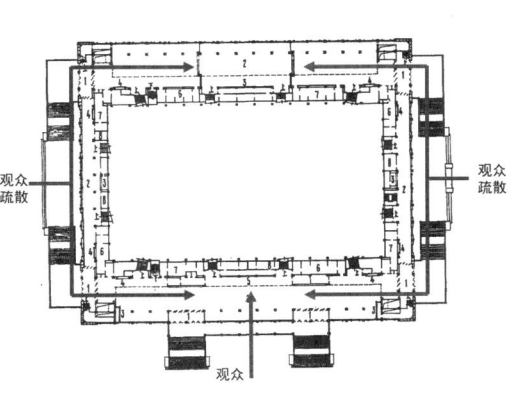

第 5 章　体育建筑的开基创业绘新图（1949—1978）

续表

	南京五台山体育馆
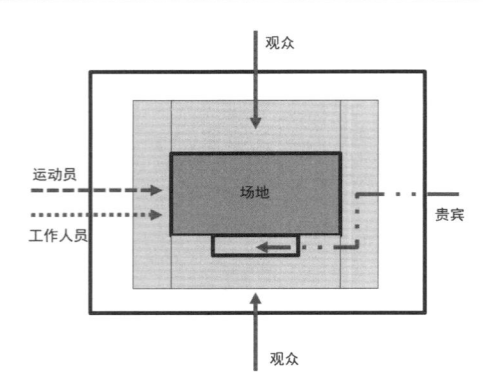	短轴两端为观众入口,长轴两端为贵宾和运动馆的出入口。且观众入口设在二层,贵宾、运动员和工作人员分别独立
	优点:观众从短轴两端进入观众席,前后需各设一出入口,如减少一个出入口,内部使用上会有近半观众有绕道过远之弊端
	缺点:贵宾进入贵宾席必须在内场绕行90°,且短轴前后两个出入口需要设置两个人流集散广场

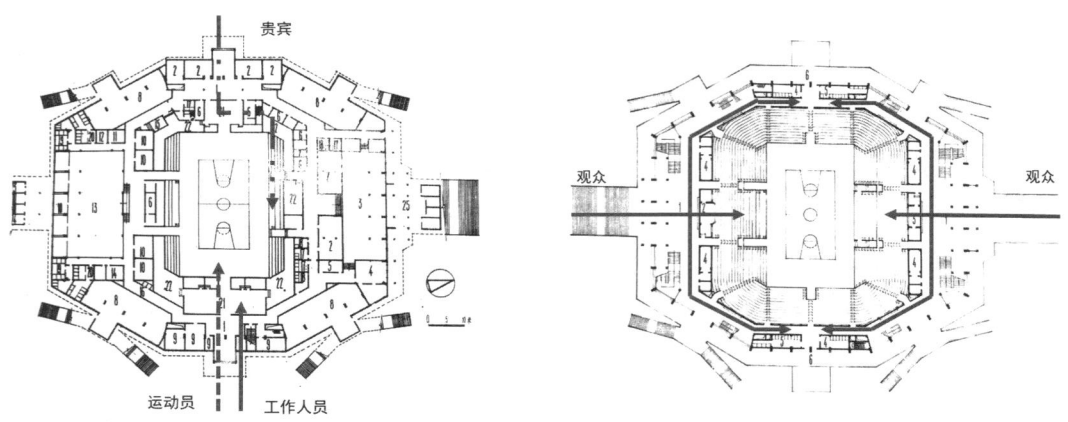

在广西体育馆之前建造的中国体育馆,观众流线主要从一层进入,通过室内的楼梯进入二层的观众看台。这种布置方式相对直接从二层进入的流线组织方式,人流容易交叉混淆,且观众从室内进入二层后往往需要绕场步行较长的距离,路线较远。但这时期的中国的体育馆流线仍然细分了观众、运动员、贵宾等几种人流模式,且自成体系。

而广西体育馆之后的体育馆将观众人流放在二层,首都体育馆、五台山体育馆等观众直接通过室外的大平台进入二层的休息平台,再进入各部分的看台,运动员、工作人员、贵宾等人流放置在底层。

5.4.3.2 体育馆附属练习馆的出现

这时期体育馆附属用房的布置方式主要有隐藏式、附加式和分离式三种。隐藏式是将辅助用房全部放置在看台下,体育建筑的形体主要以反映完整的比赛厅为特征。附加式有部分附加和周边附加两种,部分附加是将辅助用房依靠在比赛厅一侧布置,体育馆形体以比赛厅为主;周边附加是将辅助用房围绕比赛厅布置,体育馆形体塑造由两者共同完成,比赛厅形体特点可能受到削弱。分离式是将部分辅助用房处理成单独的形体，使体育馆造型产生群体效果。

这时期的体育馆还没有萌发体育中心的概念，主要由比赛馆和训练馆组成，有看台和比赛要求的叫"比赛馆"，无比赛要求和看台的叫"训练馆"，包括篮排球练习馆、体操练习馆。新中国成立初期到70年代末兴起了在主馆旁附设练习馆的潮流，出于两种原因：①灵活设置。作为赛前练习的集合场地，或平时训练和观摩赛的场所。②练习馆造价较低，节约用地，建造简单。

（1）练习馆布置在室内或者室外

练习场地是指赛前练习和作为业余体校的训练基地所使用的场地，一个大型比赛馆，无疑需要一个赛前练习的地方。北京体育馆是单独设立的，平时作为运动员室内球类和体育活动的训练场所。工人体育馆和首都体育馆都没有合乎标准的练习场地，不能作为正规的训练基地使用。工人体育馆和首都体育馆在看台下部的空间设置了非标准的赛前练习场地（图5.42）。

（2）单独练习馆的平面布置方式

独立的练习馆长宽高应根据篮球、排球、羽毛球、乒乓球、网球等不同项目所需的场地大小进行设计，并配置相应的更衣、淋浴、厕所等设施。综合练习馆为球类和体操合用。田径练习馆的跑道周长一般为200m，直道一般为140m（图5.42—图5.44）。

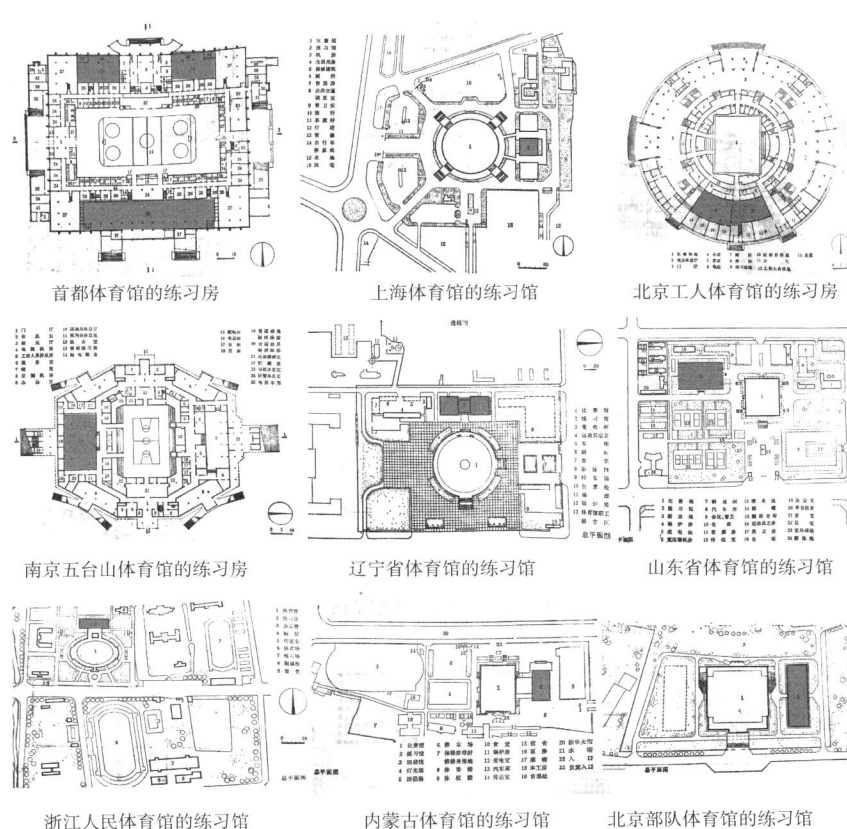

图5.42 练习馆与体育馆的布置

第5章 体育建筑的开基创业绘新图（1949—1978）

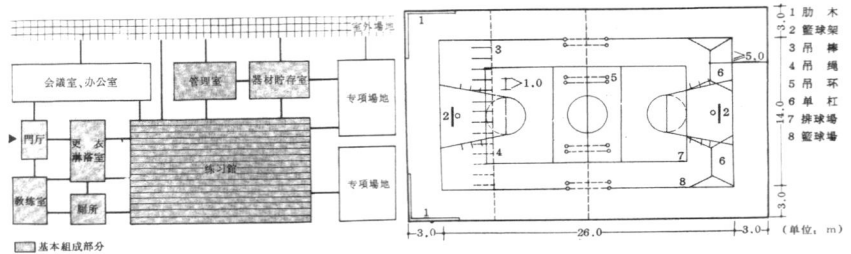

(a) 练习馆平面关系　　　　(b) 综合练习馆平面

图 5.43　典型的练习馆平面及功能组织

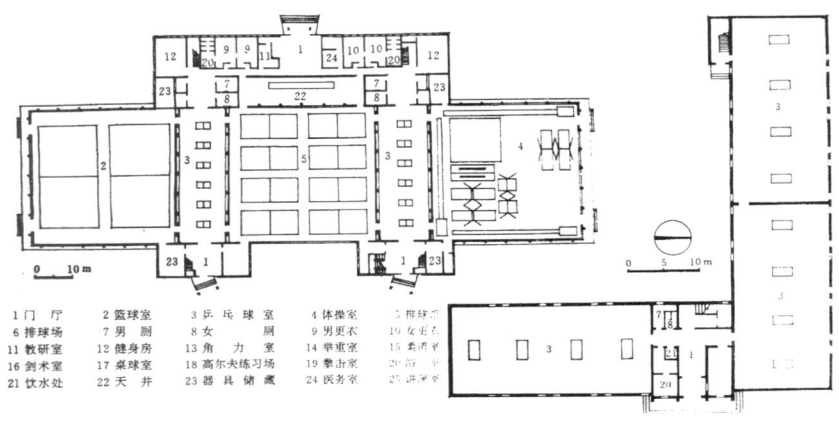

(a) 上海体育馆练习馆　　　　(b) 北京体育馆乒乓球房

图 5.44　练习馆平面

(3) 比赛馆、游泳馆、练习馆三馆并置的方式

北京体育馆采取比赛、游泳、练习三馆并置的方法，对大型体育馆的设计产生了一定影响，也引起了不同意见。但是也存在不少问题，如是否浪费面积，游泳馆和比赛馆在使用上并无联系，是否并列应该根据各种条件考虑（表 5.23）。

表 5.23　比赛馆、游泳馆、练习馆三馆并置的优点和缺点

优点	缺点
宏伟的外形提升了建筑质量	过分的集中使得观众来往不便
管理方便，设备可以共用	交通问题复杂化，降低体育设备的使用效率
运动员可以集中训练	对称要求，提升了造价，建筑布置相互牵制
练习馆和比赛馆分开，后者配置简化，观众疏散问题得以解决	练习馆和比赛馆分开，对于比赛前使用练习馆的运动员的往来不便

5.4.3.3　体育馆休息厅的三种布局方式

观众厅是体育馆的主体，其规模大小由场地的类型和观众的人数所决定。其他用房的配置数量，取决于体育馆的使用性质、标准和所处的条件等。根据统计，其他用房的面积一般是观众厅面积的一到三倍，而观众厅的面积则为体育馆的 40%~70%。所以，合理配置其他用房的大小和数量，合理组织空间，是节约体育馆建筑投资

的主要措施。[①] 其他用房的配置原则有：①满足比赛、演出和多功能的需要。与上述无关的行政办公、运动员或工作人员宿舍等用房，应根据情况尽量不配置在体育馆内，以便使用和管理。②与体育馆使用性质和标准相适应。主办大型运动会的馆应与只进行一般比赛的馆有所区别。前者应配置运动员休息室和一些竞赛、组织委员会等使用的房间，而后者就不必配置。③尽量减少其他用房的建筑面积。观众休息用房在体育馆中所占面积比重较大。在中国南方地区可利用室外庭园或屋顶平台作为观众休息活动场所，既可节约建筑面积，又方便管理。

休息厅的布置有三种方式，其布置方式的选取和体育馆的布局和规模相关。分散式布局较为广泛，集中式布置适合观众人数不多的情况，观众入口设在短轴一侧，节约面积。如果观众入口设在长轴一侧，集中式的休息厅使得面积不均衡，观众离休息厅过远，如首都体育馆。在气候温和的地区，休息厅采取敞开式布局，室外庭院就是休息厅，如成都部队体育馆和广西邕江体育馆（图5.45）。

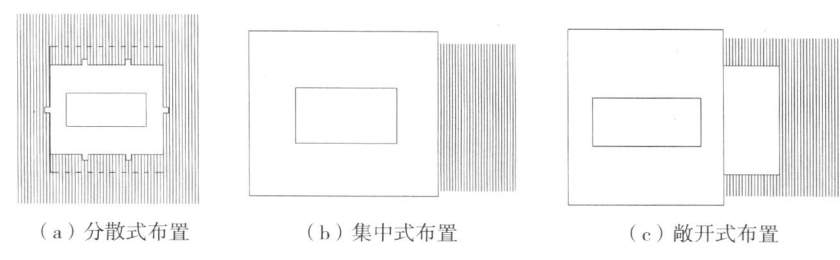

（a）分散式布置　　（b）集中式布置　　（c）敞开式布置

图5.45　体育馆休息厅的三种布置方式

5.4.4　看台区视线和剖面设计的逐步完善

1959年，《建筑学报》和《同济大学学报》陆续刊登了几篇关于大型体育场视线研究的论文，引发了国内对体育场视觉质量等视线问题的探讨。葛如亮、梅季魁、郭恩章、许振畅等先生从不同角度探讨了体育场、体育馆的视线问题。从视点、视线高差、平面布局等角度展开了对视觉质量的探讨（表5.24）。

5.4.4.1　视觉质量的影响因素

《大型体育馆的形式、采光及视觉质量问题》一文中探讨了视觉质量的几个影响因素。分别是明视性、视角。明视性主要是视距的问题。视距决定了视觉清晰度的高低。体育馆以篮球活动为主，设计时应考虑篮球活动为主的两个平面视点。篮球在罚球区附近的攻守最吸引观众，平面视点应选在篮下，选取距端线中点1.2m作为平面视点。将这两个平面视点为圆形，用相同的半径R画两个圆，重叠区域为等视距图形，是最佳座席的平面形式。

[①] 刘加平，马斌齐：《体育建筑概论》，人民体育出版社，2009年，第83页。

表 5.24 中国关于视线研究的期刊论文（1949—1978）

发表期刊	作者	论文	主要内容
《建筑学报》1959 年 1 期	建筑科学研究院工业与民用建筑研究室	《大型运动场观众视觉质量的研究》	视觉质量分析。判断深度和清晰度几个生理上的因素。大型运动场的观众视觉质量分析
《建筑学报》1959 年 1 期	建筑科学研究院工业与民用建筑研究室	《大型运动场视点和视线高差"C"值的研究》	总结大型运动场的六种视点，比较其视线无阻碍性。进行 C 值的研究和选择。总结影响 C 值的三个因素，分别是：①观众眼睛到头顶的距离（$h1$）②观众戴帽后增加的坐高（$h2$）③观众坐高的差别（$h3$）
《同济大学学报》1959 年 4 期	葛如亮	《关于大型体育场视线设计问题的商榷》	绘制视觉质量分区图。探讨缩短视距及增加深度视觉的方法。视点的选择。提出大型体育场视线设计的意见
《同济大学学报》1959 年 5 期	体育场视线科研小组	《体育场视线设计研究》	一是合理选择视点和视线升高差 C 值，解决对观看对象无阻碍视线问题。二是研究观看体育比赛的视觉质量因素（清晰度、深度感觉、方位）
《建筑学报》1959 年 12 期	梅季魁	《大型体育馆的型式、采光及视觉质量问题》	视觉质量的几个重要特征：①明视性；②视角；③视线质量分区。探讨两种大型体育馆平面的视觉质量和天然采光。分别是圆形方案和元宝型方案
《体育建筑论文集》1980 年	郭恩章，梅季魁，张耀曾	《多功能体育馆观众厅平面空间布局及视觉质量》	分析视觉质量的基本原则和影响元素，多功能体育馆的视觉质量分区，多功能体育馆观众席的通视性
《体育建筑论文集》1980 年	谢光昭，徐强生，谭志民，秦剑，蔡体方，殷传福	《体育馆比赛厅中视觉质量、视线及疏散问题的研究》	研究了观众席的视觉质量，指出视觉质量分区图的应用和平面形式的选择，进行观众席的视线设计和疏散设计
《体育建筑论文集》1980 年	刘振秀，许振畅，吴观张	《体育馆视觉质量、观众厅跨长比的探讨及疏散设计中的几个问题》	讨论了关于视距的最大问题，篮球、手球、冰球的视觉质量相似图，体育场的视觉质量相似图，视觉质量相似图在工程设计中的应用
《体育建筑论文集》1980 年	陈式桐，冯肃元	《综合性体育比赛馆视线设计参数及视觉质量评定指标的探讨》	对视线计算参数建议，探讨关于视觉质量评定指标的探讨

而视角分区是根据视线和运动路线所成的角度好坏所确定。分为四个区域：1、2、3、4 区。其中 1 区视角大部分垂直，2 区是较大的斜角，可全部看清篮板前的投篮的球，3 区角度小但不利，透过篮板看到投篮的球，4 区大多与运动路线平行，需透过篮板看投篮的球及动作（图 5.46）。

5.4.4.2 视点的选择

体育场地一般选取座席的最远点作为平面视点。体育场地大多

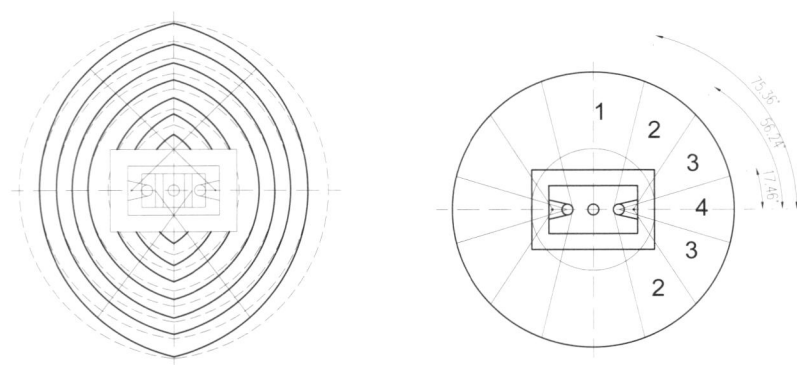

（a）梅季魁：篮排球等视距图　　（b）梅季魁：篮球排球视角分区图

图 5.46 视距和视角分区图

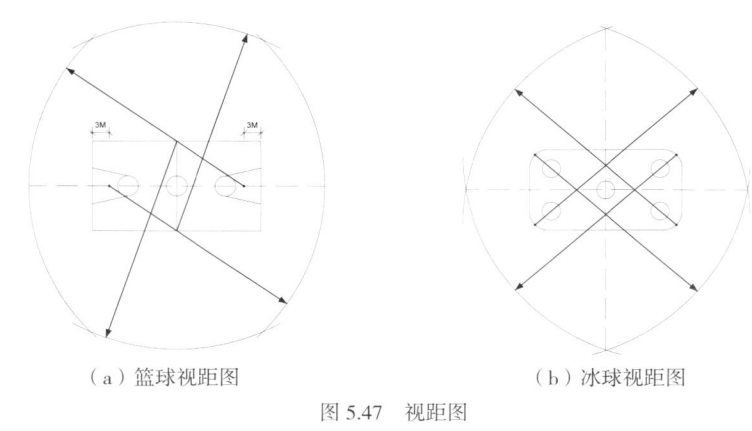

（a）篮球视距图　　　　　（b）冰球视距图

图 5.47　视距图

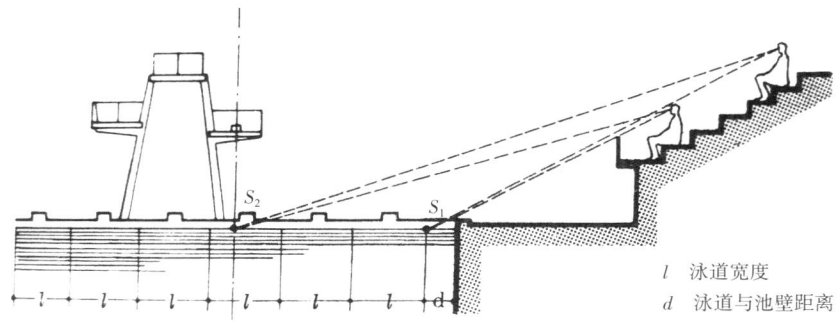

l　泳道宽度
d　泳道与池壁距离

图 5.48　游泳池观众席设计视点选择

较大，为使全部座席处于可视视距范围内，平面视点选取最远点，而不是用中央的点代替。一般以篮球为代表的球类馆，场地四角为最远点，但四角活动概率小，故可降低要求，选取远边线的重点和长轴上距远端断线 3m 处作为平面视点。冰球场可选择场地四角弧线的中点（图 5.47）。[①]

游泳池观众席的视点宜选择在最外分道线上 S_1 处或以外。跳水池观众席的视点宜选择在最近跳台中心垂直线与水面交点 S_2 处（图 5.48）。

5.4.4.3　C 值的选择

C 值是指视线升高的值。《大型运动场视点和视线高差"C"值》一文最早指出影响 C 值的有三个因素：①观众眼睛到头顶的距离（简称 h_1 值）；②观众戴帽后增加的坐高（简称 h_2 值）；③观众坐高的差别（简称 h_3 值）。h_1 值确定为 11.5cm 是比较恰当的。北京地区 h_2 取 2.5cm 满足视线无阻碍性的要求。文中还指出，大型运动场设计中，采用 C 值为两排 12cm 可以获得较好的视线。

5.4.4.4　观众席行深

通过调研中国早期体育馆座席的行深，发现座席行深最小的有先农坛体育馆的 58cm，最多的有北京工人体育馆的 80cm，大部分

① 林深：《建筑设计资料图典》，河南科学技术出版社，2008 年，第 503 页。

表 5.25 中国一些体育建筑观众席尺寸表

馆名	观众席尺寸（cm）		备注
	行深	座宽	
北京工人体育馆	75~80	43~47	三合板靠椅，设计席宽 45cm，由于是圆形，实际布置时 ±2.5cm
北京体育馆	80	45~50	三合板靠椅
天津市人民体育馆	66~80	35~40	横向过道前行深 80，木条凳
武汉体育馆	65~70	35~40	木条凳
广州体育馆	75	35	木条凳
长春市体育馆	80	45	三合板靠椅
长沙体育馆	65~70	40	木板凳
重庆市体育馆	65	40	水泥踏步
上海体育馆	64	40	水泥踏步
江西省体育馆	70	40	水泥踏步
北京先农坛体育馆	58~65	40	水泥踏步
重庆大田湾体育馆	75	45	水泥踏步

体育馆的行深集中在 65~70cm 之间。中国的《体育建筑设计》一书的参数表中纪录的体育馆行深也是 65cm 和 70cm，座宽集中在 35~40cm 之间，最小是天津市人民体育馆、广州体育馆和武汉体育馆的 35cm，最宽的有北京体育馆的 50cm（表 5.25）。

5.4.4.5 视觉质量分区图与观众席平面

视觉质量分区图是综合考虑视距、方位角、高度角、视野角等影响观众厅座席布局绘制出的评价视觉质量的图，虽然这些因素对视觉质量有显著影响，但单个因素的影响比重不定，因而会出现多种视觉分区图。图 5.51 中是浙江省人民体育馆的平面和视觉质量分区图，其中 I 区好，Ⅱ 区良好，Ⅲ 区为较好，Ⅳ 区较差，Ⅴ 区很差，少设位置。[1] 它的比赛厅平面是椭圆形，视觉质量分析结果得出，5000~6000 座的体育馆的椭圆形比赛厅最远视距最短，视觉质量最好，观众席中"优良视觉质量区"的比例最高。这种形式是一种进步。图 5.50 还绘制了大型体育场的视觉质量分区图，从 I 依次到 Ⅱ、Ⅲ、Ⅳ、Ⅴ 区，体育场的视觉质量依次降低，Ⅴ 区应尽量少设座位。

同济大学葛如亮先生绘制了普遍性的即篮球、排球、羽毛球、乒乓球等运动的综合性体育馆观众的视觉质量分区图。比赛场地面积为 20~32m，每隔 2.5m 绘制等视距的同心圆；同时考虑到离开横向轴线各点视觉质量的降低是渐变而非突变，所以曲线接近椭圆形。根据此图形设计的比赛厅长宽比约为 1.5:1（图 5.51）。[2]

[1] 程泰宁：《大型运动场视觉质量的研究》，《建筑学报》，1959 年第 1 期。

[2] 葛如亮：《葛如亮建筑艺术》，同济大学出版社，1995 年，第 7 页。

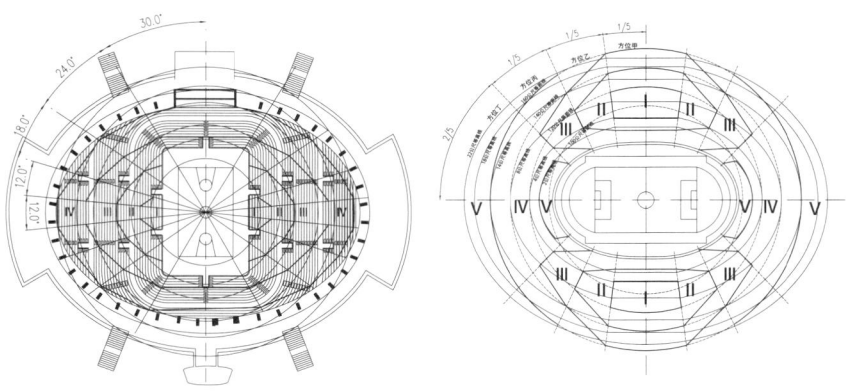

图 5.49 浙江省人民体育馆平面视觉质量示意图　图 5.50 大型体育场平面视觉质量示意图

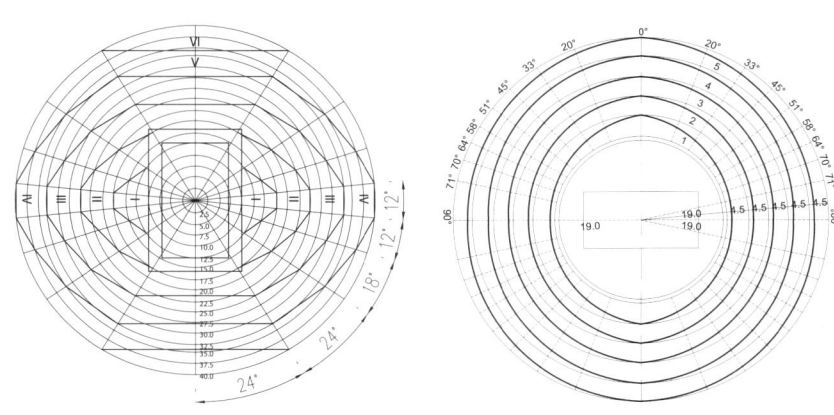

（a）葛如亮：体育馆观众席视觉质量分区图　　（b）中国建筑科学研究院圆形场地体育馆比赛厅观众席视觉质量分区图

图 5.51 视觉质量分区图

表 5.26 视觉质量和观众席布置的多种形式的关系

序号	类型	优点	缺点
1	沿比赛场边线单面布置观众席	座席排布简单	升起排数较多，使得赛厅变高
2	沿比赛场双面布置观众席	座席排布简单	升起排数较多，使得比赛厅变高
3	沿比赛场三边马蹄式布置观众席	座席排布简单	增加大量 V 级以下的视觉质量差座位
4	沿比赛场四边直线或椭圆形布置观众席	视觉效果平均	增加大量 V 级以下的视觉质量差座位
5	按照视觉质量分区图布置观众席	保证良好视觉区域进入比赛厅，缩小了结构跨度	边线部分排数较多，增大的排数差额使得比赛厅空间变高，不经济
6	圆形观众席	视觉效果良好	座席和场地交界处较难处理

从上表中我们可以得出的结论是：6000 座以上的巨型体育馆，圆形观众席结构较适合，也可以适当满足视觉要求，也不致过分提高比赛厅高度。而中国大量建造的 6000 座以下的体育馆，比赛厅的观众席应该按照视觉质量分区图布置，对于提高质量和降低造价有很大的意义。

5.4.4.6 观众席剖面设计

葛如亮先生在《大型公共体育馆设计》中提出了当时一般采用

$$y_n=(y_{n-1}+k_{n-1}C)\frac{L_n}{L_{n-1}}$$

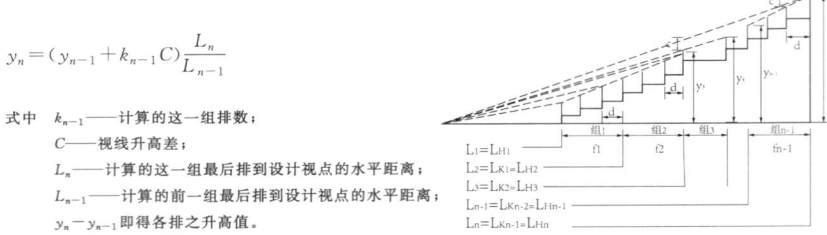

式中 k_{n-1}——计算的这一组排数；

C——视线升高差；

L_n——计算的这一组最后排到设计视点的水平距离；

L_{n-1}——计算的前一组最后排到设计视点的水平距离；

y_n-y_{n-1} 即得各排之升高值。

（a）最小升高折线法公式

（b）最小升高折线法图解

图 5.52 最小升高折线法

的苏联工程师 B. A. 保高斯洛夫斯基与 M. A. 达尼留克所提供的最小升高折线法公式（图 5.52）：

葛先生在文中针对公式中的各项数值，注重研究了影响剖面的几个因素：①第一排地面和比赛场地的高度差。高出场地越多，坡度越陡。②设计视点和视线升高差。设计视点越低，坡度越陡。C 值越大，坡度越陡。③第一排和球场边线的水平距离。距离越小，坡度越陡。④每排行深数值。行深数值越大，坡度越陡。

体育场视线科研小组于1959年发表在《同济大学学报》上的《体育场视线设计研究》一文中也指出了若干个国外视线计算的公式。包括：①苏联工程师 B. A. 保高斯洛夫斯基与 M. A. 达尼留克所提供的最小升高折线法公式。②苏联谢尔克教授的公式。③美国公式一④美国公式二。文中还指出每种公式都有优缺点（图 5.53）。

$$b_n=a_n\left[\tan\alpha+c\left(2.3026\,\frac{1}{d}\lg\frac{a_n-0.5d}{a_1-0.5d}\right)\right]$$

（a）苏联谢尔克教授的公式

$$e_n=d_n\left[\frac{c_1}{d_1}+\frac{c}{t}(S_n-S_1)\right]$$

（b）美国公式一

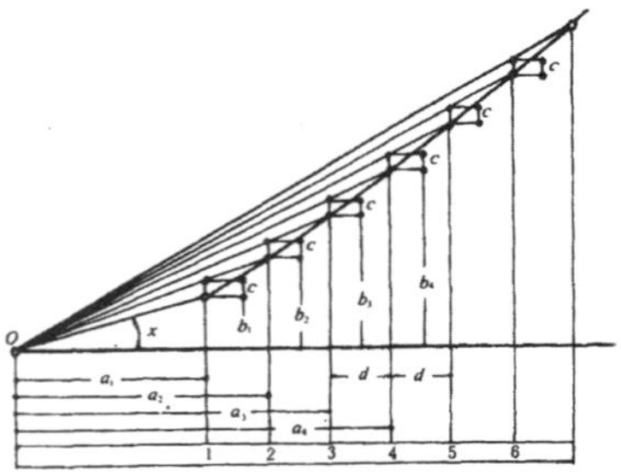

（c）苏联谢尔克教授的公式图解

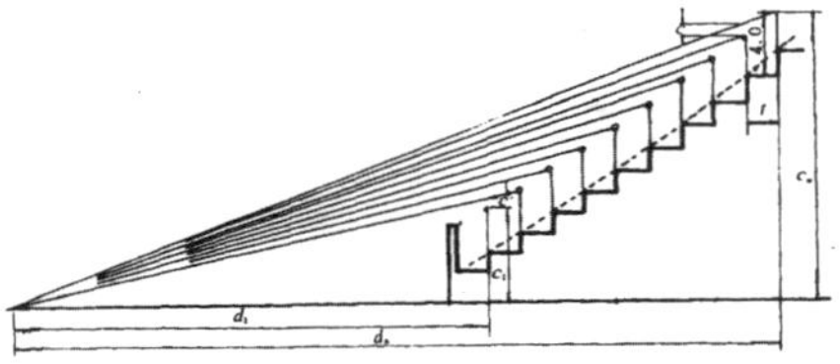

（d）美国公式一图解

$$y=u+z$$

$$e=\left(\frac{b+c}{a}\right)x$$

$$z=0.46(a+x)\lg\left(\frac{x}{a-1.25}+1\right)$$

（e）美国公式二

（f）美国公式二图解

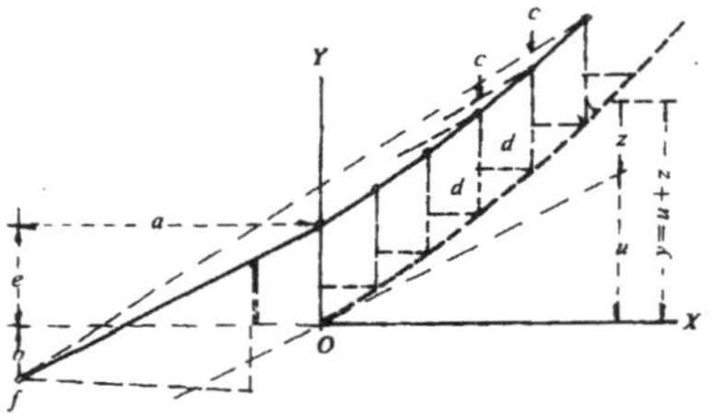

图 5.53 视线计算公式

5.4.5 体育场场地朝向的确定

体育场的长轴应为南北向,以免通过直跑道运动员的目光和阳光相对,产生眩光。一般来说体育场长轴为正南北向、南偏东或偏西 5° 为好(表 5.27)。北京工人体育场采用北偏东 5°,主要考虑以南北向为主,又考虑到北京主导风向为北偏西。南京五台山体育场,当地主导风向为东南风,因此采用了北偏东 9°(图 5.54)。

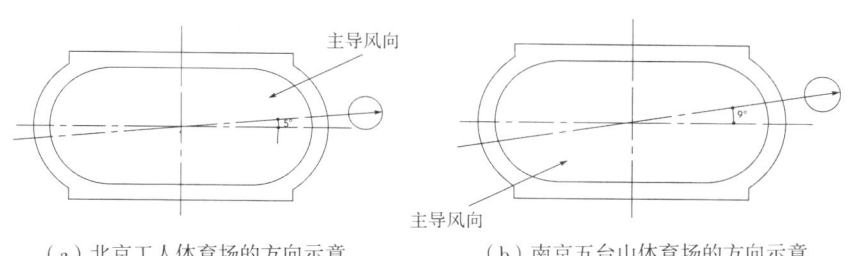

(a)北京工人体育场的方向示意　　(b)南京五台山体育场的方向示意

图 5.54　体育场方向

表 5.27　国内体育场地方位

名称	北京工人体育场	南京五台山体育场	重庆市人民体育场	上海虹口体育场	北京先农坛体育场
方位	北偏东 5°	北偏东 9°	正南北向	正南北向	北偏西 25°
名称	武汉新华路体育场	广州越秀山体育场	拉萨市人民体育场	哈尔滨市人民体育场	
方位	北偏西 14°	东西向偏北	正南北向	正南北向	

5.4.6 体育建筑疏散问题的探讨

同济大学疏散科研小组于 1959 年发表在《同济大学学报》上的第 5 期文章《体育场集中人流的疏散问题》分析了体育场的几个疏散计算公式,介绍了人行速度、单股人流、单股人流通行量等几个影响疏散计算的数据,剖析了坡道、电梯、电动扶梯的 3 个疏散工具,最后推荐了体育场的疏散设计策略。这应该是新中国成立后中国最早的研究体育场馆疏散的论文之一,在这之后,体育场馆的疏散问题进入到研究者的视野之中。

5.4.6.1　体育场的几个疏散公式

《体育场集中人流的疏散问题》介绍了常见的国外 3 个疏散公式(表 5.28)。

5.4.6.2　疏散方式的选择

体育场最多的人流是观众,体育场的疏散方式首先要解决观众的疏散,疏散方式要考虑人流组织和看台组织。按照观众的疏散方式,体育场的疏散可以分为上行式、下行式、中行式、复合式等几种主

表 5.28　体育场的疏散公式

$T=\dfrac{N}{BA}$ T——疏散时间（min）； N——疏散人数（人）； B——人流股数； A——单股人流疏散量(25人/min)	$T=\dfrac{N}{bav}$ T——疏散时间(min)； N——疏散人数(人)； b——出入口宽度(m)； a——出入口附近群众密度(3人/m²)； v——出入口附近群众流动速度(30m/min)	$T=\dfrac{N}{N_1b}+\dfrac{k_s}{v}$ T——疏散时间(min)； N——疏散人数(人)； N_1——疏散速度(90人/min)； b——疏散口宽度(m)； k_s——疏散口到最近群众座位的距离(m)； v——群众行走速度（60m/min）
苏联 C.B. 别梁也夫计算法	日本公式一	日本公式二
疏散口宽度增加到单股人流宽度标准，才能疏散人流	每1cm宽度都能产生疏散作用	
理论概念更符合实际的疏散情况，有更大的准确性，计算方法简单明确，更为大家采用	大多数情况下和实际情况不符合，使计算的疏散时间出现误差	

要的疏散方式。上行式是指疏散口位于上部，观众自下而上疏散，这种疏散方式可以将运动员路线和观众路线分开，互不干扰，水平方向的疏散路线较短，但如果观众排数较多，全部观众要向上爬坡至地面，不太合理。下行式疏散是指疏散口位于观众席下部，沿纵向走道自上而下疏散，这种方式底层被穿行分隔，很难充分利用，且疏散时间被延长了。中行式是指疏散口位于观众席中部，缩短了观众到疏散口的距离和疏散时间。上述三种不同的类型可以在实际中组合出很多种形式（表5.29）。

5.5　"苏维埃风格"和"民族形式"的建筑思潮

5.5.1　民族形式的反思

意识形态、民族形式、中国经济形势和一枝独秀的学院风格构成了20世纪50年代的建筑设计与评价的标准。在苏联倡导民族形式的创作背景下中国建筑界兴起了一股以"大屋顶"作为"社会主义内容、民族形式"典型代表的建筑形制，压制了之前出现的现代主义萌芽。包括体育建筑在内的建筑创作受到意识形态的制约，中国的建筑师们面对了各方面压力。

"社会主义内容、民族形式"在国内的传统形式复兴主要有两种方式：①强调中国古典建筑的主要特征——"大屋顶"在现代建筑中的运用，用新技术和新材料进行表达，重要公建以古代官式建筑为基本范式（如清式、宋式或辽式），表达宏伟壮观的效果，多见于北京、南京等地。②设计者意识到现代建筑的功能和结构与传统建筑形式存在矛盾，利用简约化"中国传统建筑"形式的手法，以现代主义建筑的功能和结构作为主要表征，只是在外形上如屋顶及其他部件添加民族装饰和传统符号，当然这种设计手法并不是当

表 5.29 中国体育场的疏散方式

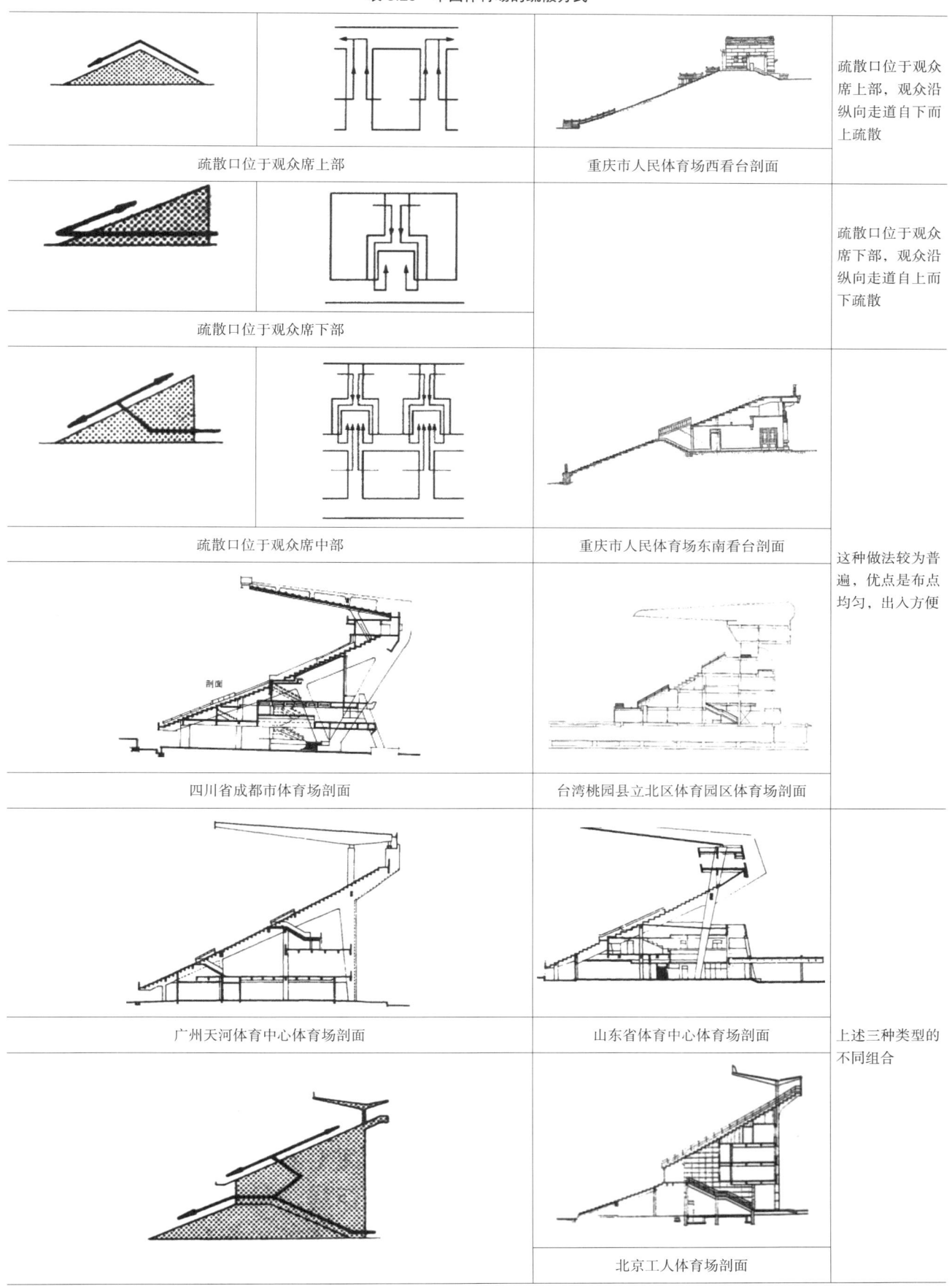

时主流的"民族形式"的表现手法，这类建筑在南方比较多见。虽然体育建筑不属于第一类"大屋顶"的范畴，多是采用了第二种简约化"中国传统建筑"形式的手法。

5.5.1.1 "一五"计划及苏联模式的学习

1951 年，发展国民经济的中国第一个五年计划草案（1953—1957）开始编制，"一五"计划的基本任务是"集中主要力量以苏联帮助设计的 156 个建设单位为中心、由限额以上的 694 个建设单位组成的工业建设，建立中国的社会主义工业化初步基础……"。这是中国历史上空前伟大的建设计划，是实现过渡时期总路线的一个重大步骤。①

随着三年国民经济恢复（1950—1952）和第一个五年计划（1953—1957）顺利完成，中国出于对现代化的迫切追求，采取了全面模仿苏联和借助苏联现有成果的现代化道路。苏联政府及来华专家帮助从民用到工业建筑设计和施工的转向，双方合作或苏联独立设计的项目取得了一些成果，也获得了一些经验教训。这些项目反映了苏联在政治导向下对建筑思想的理解。苏联思想包括建筑的艺术创作思想全面输入中国，这在中国的历史进程中都是很少见的。②

当时苏联的体育建筑建设实践中，第一个落成的是 1957 年建成的莫斯科卢日尼基体育运动综合体。这座体育设施可容纳 17 000 名观众，采用了先进的技术装备和特殊的照明和声学设施，除体育比赛外，它还可以进行舞台演出、音乐会、电影欣赏等会议和集会活动。而它的形象反映了从旧时期向新时期的过渡阶段的转型（图 5.55）。

20 世纪 50 年代伊始，战后重建在中国全面展开，中国人民在毛泽东的领导下以极大的热情开始建设。1953 年，波兰华沙召开的一次建筑师协会大会，此时整个世界处于冷战阴云笼罩下，几乎所有的社会主义国家都派建筑师参加了此次大会。参会者一致"反对结构主义"，原因很简单，就是结构主义被认为是资本主义的表达方式，相反，他们提倡"社会主义内容、民族形式"。③

苏联沿用的是 1925 年斯大林提出的"社会主义内容、民族形式"的文艺政策。"民族形式"或"民族风格"一词，其含义之宽泛，就像"中国形式"或"中国风格"一样，无法有十分准确的表述。

① 邹德侬：《中国现代建筑二十讲》，商务印书馆，2015 年，第 118 页。

② 苏联帮助中国搞第一个五年计划项目设计的时期，正是苏联国内把俄罗斯古典主义和巴洛克说成民族形式伟大典范的最盛时期。概括地说，由苏联专家带到中国来的建筑设计思想主要通过以下三个口号施加影响：即"社会主义现实主义的创作方法""社会主义的内容、民族形式"，批判"结构主义""世界主义"。在这一思想的指引下，苏联建筑师根据俄罗斯古典建筑的特征，产生了一批具有古典复兴风格的建筑，例如莫斯科大学主楼、全苏农业展览馆等。总的来说，就是宣扬民族形式复古建筑，反对现代建筑。载于龚德顺，邹德侬，窦以德：《中国现代建筑史纲》，天津科学技术出版社，1989 年，第 47 页。

③ 薛求理：《建造革命——1980 年以来的中国建筑》，清华大学出版社，2009 年，第 26 页。

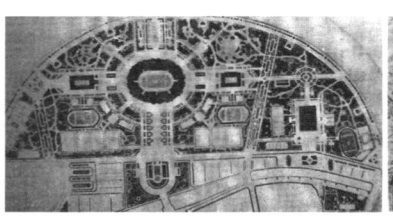

（a）卢日尼基中央体育场总平面图
（b）卢日尼基中央体育场鸟瞰图
（c）卢日尼基中央体育场现状
图 5.55 卢日尼基中央体育场

毛泽东早在1940年1月发表的《新民主主义论》中，就提出过一个与之十分相似的概念："中国文化应有自己的形式，这就是民族形式。民族的形式，新民主主义的内容——这就是我们今天的新文化。"从苏联和中国在民族形式建筑方面的创作实践来看：

  民族形式大体上是指，曾经代表国际或民族正统的传统古典建筑。苏联的民族形式，是来自欧洲古典主义建筑的俄罗斯古典建筑和本土的"帐篷顶"建筑；中国的民族形式，是古代宫殿建筑或庙宇建筑传承下来以大屋顶为形式特征的建筑。①

  在苏联理论的影响下，中国建筑界开始重新思考建筑设计的探索道路。梁思成在中国建筑学会的第一次代表大会上做的报告《建筑艺术中社会主义现实主义的问题》中指出："建筑既然是艺术，那它就必然是有阶级性、有党性的。"他用阶级斗争将艺术问题和民族问题联系起来了。这正好呼应了苏联的"民族形式，社会主义内容"的口号，他列举了中国传统建筑的九大特征，创作中国"民族形式"建筑的两张想象图，展示了未来中国"民族形式"建筑的具体形象。

5.5.1.2 "反浪费运动"后对民族形式的探索

  1954年召开的全苏联工作者大会批判了斯大林时期的"社会主义现实主义的创作方法"，开始倡导现代主义，反对建筑设计中的浪费和不适用。直接导致中国兴起"反浪费运动"，批判了之前以"大屋顶"为民族形式的"复古主义"，但这次又走向了过度反浪费的极端，没有形成现代主义的良性发展。

  1954年后，尚未停止对民族形式的探索，出现了一批比较简约的、探索民族风格的具有现代主义表征的建筑，这类建筑是经历了一系列波折后产生的。它们以平屋顶为基本特征，在檐口、门窗等部位加以简化的中国传统装饰纹样，有的从古代石建筑中寻求造型的灵感，它们具有现代主义的功能。这些建筑体现了建筑师在探索民族形式要求下，放弃大屋顶形象后的努力。

5.5.1.3 体育建筑的"民族形式"（1952—1954）

  体育建筑一向是运用大跨度、新结构获得新造型的建筑类型，与体育活动的特点相关联，其形象应当轻快而具有张力感。同时期的几个民族形式的体育建筑，它们有相对先进的结构，在结构计算上也有对经济性的成功追求。但在造型方面，这些体育建筑虽然不属于"宫殿式"，但给有些建筑包上了相当厚实的外衣，在一定程度上掩盖了体育建筑的性格。著名的体育馆如北京体育馆、天津市人民体育馆、重庆市体育馆、广州体育馆等。②

---

① 邹德侬：《中国现代建筑艺术论题》，山东科学技术出版社，2006年，第101页。

② 邹德侬：《中国现代建筑二十讲》，商务印书馆，2015年，第134页。

克里斯托弗·雷恩（Christopher Wren）所讲的"建筑具有政治用途，公共建筑是一个国家的外在体现；建筑树立了一个国家，引导并促使人们热爱祖国，这种情感是一个共同体中所有重要行为的根源。"[①]建国初期的体育建筑创作受到政治的影响，"社会主义内容、民族形式"促使体育建筑注重形式，建筑局部采用民族装饰，体育建筑的创作追求纪念性。这一时期的体育建筑尽管没有"大屋顶"，但受到主流民族形式的影响，这些建筑被包裹了厚实的外衣。北京体育馆从对称体量出发，反而造成了面积的浪费。据徐尚志同志介绍，重庆市体育馆原本采用现代主义的手法，比赛厅平面为圆形，对民族风格的倡导导致其改变创作初衷，将建筑平面改为方形披上承重的外衣。时间前后相差不久在全国各地修建的几个体育馆（包括重庆市体育馆、北京体育馆、广州体育馆、天津市人民体育馆），因有民族形式的考虑，形象差不多，都把大跨结构包得严严实实，缺乏开朗的体育建筑性格。[②]建筑承重采用厚实的墙体，弱化了体育建筑应有的轻快而又具有张力的建筑形象。这一时期的体育建筑宏伟、规整、厚重、坚实，如雕塑般带有体量感，兼具民族特色，这些体育建筑被打上了"劳动人民的空间"的时代烙印，它们和中国传统建筑元素紧密结合。

（1）体育建筑中移植的中国传统建筑的细部

这时期的建筑师将中国传统建筑中的梁枋、斗栱、栏杆等建筑细部装饰移植到大跨度体育场馆中，追求场馆的传统性和纪念性。这种装饰性表皮细部的处理手法和追求空间结构为核心的形态美学表达是脱离的，是低语境的民族形式主义符号美学的表现形式。如天津市人民体育馆的建筑立面装饰表皮和大跨空间结构形态是分离的，北京体育馆虽也采用了类似的装饰性民族主义的创作手法。我们可以用梁思成提出的"建筑可译论"理解，它是在"文法"和"词汇"理论基础上建立的。指的是"简单来说，即是在西方建筑构图的基础上对构图要素进行中式的替换，也就是说用西方建筑语法但借用中式的词汇。"[③]中国传统建筑是难以适应体育建筑这一现代化建筑类型的，这种"民族形式"的本质是用形象和意向的中西融合达到创新的目的。[④]

北京体育馆整个馆的外形应强调对称，浪费了若干面积已如上述。在立面处理上虽经削减，尚存在着很多不必要的虚浮装饰。在这样一个公共性而含有国际意义的建筑物上，外部装饰虽有其必要性，但亦以简单朴素为宜。在开幕后，观众的评论大部分都认为北面正门的处理上，模仿古代牌坊的形式，再加上若干花纹装饰，有烦琐凌乱之感，反不若南立面的简洁大方，更能与该馆的性质相称。[⑤]

① 薛求理：《建造革命——1980年以来的中国建筑》，清华大学出版社，2009年，第46页。

② 龚德顺，邹德侬，窦以德：《中国现代建筑史纲（1949—1985）》，天津科学技术出版社，1989年，第52页。

③ 赖德霖：《梁思成"建筑可译论"之前的中国实践》，《建筑师》，2009年第1期。

④ "建筑可译论"本质上仍是用西方建筑类型替代中式建筑，主要是在一些形象和意向上的通过中西融合达到另一种"民族形式"创新的目的。此外，"建筑可译论"事实上脱胎于巴黎美术学院经典的："构图"与"要素"，其理论要点非常近似，皆属于学院派的建筑设计理论。

⑤ 杨锡镠：《北京体育馆设计介绍》，《建筑学报》，1955年第3期。

北京体育馆由三部分组成，建筑体量和风格完整统一，外立面挂米黄色石材，有精美的石刻细部和传统的构建符号。大门口有一个中国传统的石牌坊造型，粗犷雄壮，充满着体育建筑的力量感。杨锡缪先生阐述北京体育馆的创作历程，体育馆的练习馆与游泳馆对称和连接三个馆的走廊的创作从形式出发，强调对称，浪费了一些面积。提高经过学习批判错误思想的文件和中央关于节约的指示后，体育馆的立面减少了许多虚浮的装饰和高贵的材料。只是在重点部位采用了简化了的传统构件进行装饰，如北面正门仿古代牌坊形式的处理，以及花格窗、石栏板、栏板、雀替的应用，点出与传统建筑的关系（图5.56）。

图5.56　北京体育馆

（2）方形体量占据主导地位

重庆市体育馆是新中国成立后建设最早、规模最大的体育设施之一。主体建筑3层、对称式布局，屋顶为拱顶。外观造型仿30年代的做法，两个入口处以清式冲天牌楼为主题，并做重点装饰。立面采用人造大理石装饰，部分用斩石、白水泥粉塑，使建筑体量有石建筑的厚重感。细部采用大量传统建筑装饰，屋檐采用装饰性的坡檐及斗栱，恰当地把握了总体上的主次。与体育局办公楼相呼应，整体风貌统一，中国建筑的气派横溢而出。[①] 馆内功能齐全，设计充分利用了地形，底层看台下段约有1500座位全部利用地面原有石底面凿成（图5.57）。

（3）中国传统建筑的立面构图

天津市人民体育馆入口门廊遵循明间宽、次间窄的传统格局，建筑造型如柱式、额枋、雀替、斗栱等采用传统装饰构件，均适当简化，

图5.57　重庆市体育馆透视

① 重庆市规划局：《重庆市优秀近现代建筑》，重庆大学出版社，2007年，第12期；杨永生，顾孟潮：《20世纪中国建筑》，天津科学技术出版社，1996年，第227页。

并用单一水刷石材质和色彩加以淡化、统一。设计者还融这种意图于灯柱、花池、大门、围墙等建筑小品的设计之中。[①]

天津市人民体育馆造型沉稳且庄重，建筑坐落在白色的整体基座之上。建筑承重采用砖石承重，辅助房间形成单层的"外廊"环绕建筑底部。三个入口处的立面都采用了相似的三段式横向构图。中间入口处用高出和体量内凹的手法强调"突"，两层的通高大窗显得比较通透。两侧的楼梯间部分强调实体，只开设了小窗。挑出的厚重檐部有明显的阴影效果，和底部的线脚一起构成了竖向构图。西南向的主入口形体宽大且最为突出，立面中央入口处采用模仿中国传统建筑的五开间做法，明间最大，次间较窄。主入口前排列柱廊强化空间层次。较小的次要入口面向岳阳道、成都道。立面中央入口处只有三开间，没有使用门廊和高度突出的手法强化，但却有突出的壁柱（图5.58）。

受到"民族形式"思潮的影响，体育馆建筑立面和大跨度空间脱离。它利用传统建筑符号进行简单叠加。立面材料是统一的黄灰色水刷石。立面装饰使用了简化的如雀替、额枋等传统建筑符号。檐部和立柱利用简洁的线脚和雕刻装饰，砖材雕刻了中国传统木建筑形态的额枋、斗栱和栏杆追求装饰纪念性。入口处的灯柱和花池采用了传统形式的做法，但去除了烦琐的装饰，衬托了整体建筑的美感。

图5.58 天津市人民体育馆

（a）长春市体育馆透视　　　　（b）长春市体育馆鸟瞰

图5.59 长春市体育馆

（4）薄壳结构和苏联风格的结合

虽然广州的大型公建较少采用宫殿式建筑风格，但在"反浪费运动"后还是出现了像广州体育馆这种苏联风格的建筑。林克明设计的广州体育馆采用了明显的苏联风格。外表简洁，凸显了当时的

---

① 邹德侬，戴路，张向炜：《中国现代建筑史》，中国建筑工业出版社，2011年，第44页。

（a）广州体育馆全景　　　　（b）广州体育馆东立面图

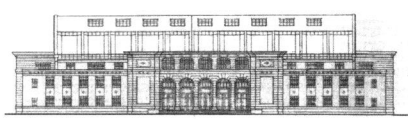 

（c）广州体育馆正立面图　　（d）广州体育馆正立面效果图

图 5.60　广州体育馆

建筑思想：实用、经济、尽可能美观。体现了中国对苏联"社会主义内容和民族特色相结合"的原则的认同。建筑虽没有繁复的形态，但建筑的浮雕、勒脚等细部处理上，有明显的苏联痕迹，说明了广州宽松的创作氛围，民族形式影响广泛。这座钢筋混凝土反梁薄板钢架结构的建筑，代表了当时广州建筑的先进水平（图 5.60）。①

5.5.2　效率为先的中国特征：现代主义的显现

5.5.2.1　国际上掀起的新结构和新技术的热潮

世界各国在发展新建筑的回合中掀起了探索新结构和新技术的热潮。1958 年的布鲁塞尔举办的世界博览会是 20 年间国际科学技术的大检阅。最令中国建筑师感兴趣的是三个大型展览馆的悬索结构：苏联馆、美国馆、法国馆，基本力学原理相同的三个结构，产生不同的建筑造型，给中国建筑师对现代技术与民族形式之间的困惑提供了有意义的答案。②

苏联馆平面为长方形，主体承重是两排特殊结构的柱子，柱顶两侧用钢悬索拉起两个另端固定在柱身的桁架，外墙为大片玻璃，轻快明朗。美国馆是一大一小的圆形，大圆是主馆，直径 92m 的悬索屋顶由 36 对钢柱支持。屋盖中央的圆形天井巧妙地利用了悬索结构需要的内支持环，正对地面的圆形水池。法国馆的结构工程师采用一个支点出发的悬臂梁和平衡杠杆撑起两个双曲抛物面悬索屋面（图 5.61）。③

5.5.2.2　"反浪费运动"之后"现代主义"风格的确立

1949—1952 年是三年国民经济恢复时期，国家面临巩固政权和恢复经济的任务。官方意识形态较少主观干预建筑技术人员的创作，现代主义建筑凭借其成本低、施工快捷的优势得到认可。现代主义建筑的核心在于机器美学，讲求效率和节约材料，排除多余的装饰，这和当时的创作条件是吻合的。这一时期的建筑特征是高度的简洁

---

① 胡荣锦：《建筑家林克明》，华南理工大学出版社，2012 年，第 119 页。

② 邹德侬：《中国现代建筑二十讲》，商务印书馆，2015 年，第 163 页。

③ 同上。

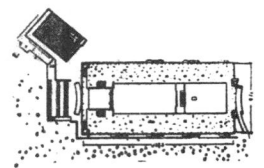 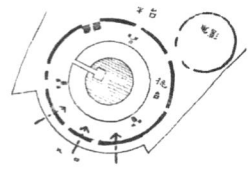 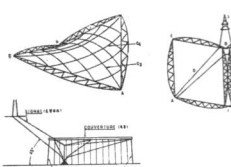

（a）苏联馆平面　　　（c）美国馆平面　　　（e）法国馆结构示意

（b）苏联馆　　　　　（d）美国馆　　　　　（f）法国馆

图 5.61　布鲁塞尔博览会的悬索结构

性，体育建筑中展现了相对先进的结构，在结构计算上追求经济性，表现体育运动的轻快和张力感。

"现代建筑"是一个具有特定含义的专用名词，它和英国工业革命带来的工业文明有着根深蒂固的联系。它的物质基础是以机器为核心的工业化生产，思想基础是以工业化为核心的自由与创造精神。现代建筑，就是这个革新的现代运动的组成部分。[①]

虽然新中国成立初期体育建筑的创作受到了"社会主义内容、民族形式"的影响，但体育建筑作为一个新型的功能体系，本身就是现代主义建筑功能变革体系的产物，体育建筑不采用现代形式是非常困难的，甚至可以说是荒谬的。工业化的来临，使得人们进行体育活动对建筑的需求变得复杂，为了适应新兴的需要，建筑类型及其用途就适应发展，新的建筑类型应运而生。

体育建筑作为现代主义的一种典型的类型，它要求建筑具备功能性和经济性。如果拒绝采用现代主义的设计原则进行设计，将会变得很困难。而"十大建筑"之一的北京工人体育场就是采用了现代主义的风格，体现了政治意识形态在建筑中的反映，它抛弃了传统的建筑装饰。

5.5.2.3　国内现代主义体育建筑的实践

（1）对称和宏大的建筑体量

"文革"期间中国诞生了一些以新结构为特色的体育建筑，是建筑史上的闪光点。体育建筑作为具备张力特征的现代建筑类型，在当时的条件限制下，建筑本身的发展被现代技术替代，这决定了"文革"期间体育建筑的艺术成就不如技术成果。体育场馆的现代技术奠定了之后的体育建筑发展的基础。

体育建筑是建筑艺术大有作为的类型，它有比较广阔的结构选型的可能性，采用或创造新的结构，自然可能完成具有"大手笔"

---

① 邹德侬：《中国现代建筑二十讲》，商务印书馆，2015年，第7页。

的建筑形式。况且，由于没有传统形式的比照，是一片自由创作天地，体育赛事表现力量和速度，因而可能更有性格。新时期的体育建筑与以往相比，主要的成就在建筑艺术造型，突破了20世纪50年代的厚重和古典装饰，20世纪60年代的方形和圆形体量，比较充分地发挥了体育建筑利用结构造型，突出体育建筑轻快明朗的性格，出现多样化的局面。不尽人意的是，结构类型比较单调，多数为网架结构，过去曾经出现的钢筋混凝土薄壳结构、悬索结构甚至钢筋混凝土网架结构，已经十分少见，用新结构带动新造型的实例并不突出。[①]

河南省体育馆建成于1966年，由建筑工程部中南工业建筑设计院设计。体育馆整座建筑采用圆形平面布局，建筑主体呈圆柱形，采用弧线型屋顶，浑厚庄重且不失大气；二层以上的竖向长窗增大了采光面积并有良好的通风效果。内部空间以观众厅为主体，周围环绕着其他会议室、办公室及各类训练室等空间。该建筑属于大型体育类建筑，建筑布局从功能出发，能够满足多种比赛的需求，近半个世纪以来为河南体育事业做出了不朽贡献（图5.62）。[②]

1968年落成的首都体育馆刷新了当时体育馆规模的记录，它的形象类似于工人体育馆。不过它们一个是矩形平面，一个是圆形平面，除此之外立面造型十分类似。它和工人体育馆一样，有着薄薄的檐口，轻快的柱子分隔了规整的大面积窗户，灰色调的首都体育馆述说着它的现代主义历程（图5.63）。

图5.62　河南省体育馆外景

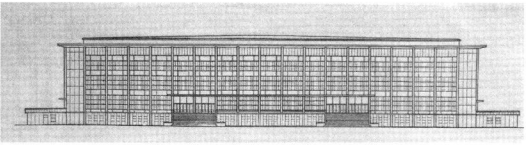

（a）首都体育馆外景　　　（b）首都体育馆南立面

图5.63　首都体育馆

1969年落成的浙江人民体育馆首次在体育建筑中使用了椭圆形平面和双曲面屋盖。椭圆形的悬索屋盖使得体育馆体型更加轻盈，双曲线屋盖更加流畅，塑造了自由、活泼的建筑形象，建筑富有强烈的现代感。建筑的立面以轻快的柱子和规整的大面积窗户塑造了垂直有力的竖向直线。它既是功能属性的理性技术诠释，也是令人耳目一新的感性艺术表达（图5.64）。

① 邹德侬：《中国现代建筑艺术论题》，山东科学技术出版社，2006年，第238页。

② 宋秀兰，郑州市文物考古研究院：《郑州市中心城区优秀近现代建筑》，科学出版社，2011年，第39页。

图 5.64 浙江人民体育馆外景

（a）福建省体育馆　　　　　　（b）内蒙古体育馆

（c）山东省体育馆　　　　　　（d）辽宁省体育馆

图 5.65　中国体育建筑的三段式立面构图

（2）三段式建筑立面

这段时期中国的体育建筑的建筑立面处理手法以三段式为主，分别是上段——屋顶，中段——墙面，下段——台基的立面构成。中端墙面开始采用大面积的玻璃幕墙来表达建筑的性格，下段台基使用了大台阶烘托建筑的庄严宏大的氛围。整体而言，建筑立面显得统一而规整，简洁而明快（图 5.65）。

随着建筑创作环境逐步宽松，中国体育建筑的设计开始注重功能和形式的协调、技术与形式的统一。上海体育馆和南京五台山体育馆的外部形态表现出了体育建筑的特征。

上海体育馆建造造型方面，尽量做到内容与形式的统一，把功能结构融会贯通，构成统一完整的建筑轮廓，屋盖出檐深远，檐口下面内收，使屋顶显得轻快，力图反映体育建筑简洁明朗的性格。[①]

1975 年竣工的上海体育馆为圆形平面，立面是三段式的处理手法，分成上段（屋顶）、中段（墙面）、下段（台基）。大面积窗户在立面所占的比例加大，馆身采用的是淡蓝色吸热玻璃，这种虚实关系减弱了巨大体量带来的压迫感。108 根大窗梃处理成白色竖向线条。设计者开始考虑如何处理体育馆的巨型体量和建筑本身对环境的影响，但是它的造型仍然是对工人体育馆的追随。建筑的外形设计体现了功能与结构的统一，屋盖檐口出檐深远，檐口下面内收，使得屋顶显得轻快，力图反映体育建筑韵律统一、明朗简洁的性格（图 5.66）。

---

① 邹德侬，戴路，张向炜：《中国现代建筑史》，中国建筑工业出版社，2011 年，第 88 页。

图 5.66　上海体育馆外景

图 5.67　南京五台山体育馆外景

1974年建成的南京五台山体育馆采用正八边形平面，立面采用三段式手法，柱子和檐口、大玻璃窗的结合使得形象更加挺拔庄重。建筑的上部贴白色的面砖，基座为米黄色的面砖，整体色调淡雅，简洁明快。立面造型和网架结构紧密结合。建筑上部没有厚檐口，支承屋顶和看台的46根大柱子是立面基调，加上垂直的包檐显得十分挺拔，令人感受到柱子的力度。东西面按照功能为实墙面，其他为大面积玻璃窗，形成虚实对比关系，透过玻璃窗可以看到看台（图5.67）。

5.5.2.4　国内现代主义体育建筑的主要作品

（1）"大跃进"后的北京工人体育场——"十大建筑"之一

"大跃进"的口号是"技术革新"和"技术革命"，提高建筑施工速度和节约建材是目标，它促使了首都"十大建筑"作为特殊产物的诞生，也促进了现代化体育建筑的建设。1959年竣工的北京工人体育场是"十大建筑"之一，是体育建筑现代主义实践的里程碑。它的椭圆形现浇混凝土框架混合结构支撑的看台体现了当时体育建筑结构的最高水平。建筑立面反映了现代主义材料的建构逻辑，看台立面采用轻快有力的柱子，上部是挑梁板，石墙与大玻璃窗相协调，饰以乳白等色彩。这之后的体育建筑完全摆脱了建国初期的"民族形式"的创作手法，大都采用简洁单一的形体和立面来表达建筑特征，平面形状从单一的矩形、圆形向椭圆形、多边形转变（图5.68）。

（2）乒乓球馆的欢呼——北京工人体育馆

北京工人体育馆是中国第一个采用悬索结构的大型公共建筑，这个建筑的出现，和中国乒乓球运动在世界乒坛的崛起十分相称。它的现代化建筑形象，与传统形式并不协调，它采用了新结构、新形式，作了形式上的探索和创新。

（a）北京工人体育场鸟瞰　　（b）北京工人体育场鸟瞰　　（c）北京工人体育场透视

图 5.68　北京工人体育场外景

（a）意大利尤尔体育中心体育馆透视　　　（b）意大利尤尔体育中心体育馆剖面

图 5.69　意大利尤尔（EUR）体育中心体育馆透视及剖面

北京工人体育馆的外观与 1957 年建成的意大利罗马的 EUR 体育中心体育馆（图 5.69）相似，这种体形有利于简化结构，观众席视距也比较均匀，与相邻的椭圆形体育场也有所呼应。建筑设计表现了建筑的结构特点，体现了现代技术的理性之美，室内顶棚置于上下层索之间，显露下层 144 根悬索与中心环；室内立面上明露室内的剪刀楼梯，与通风口等构成别致的图；外立面暴露的结构梁、柱十分清晰的表达了结构的逻辑关系。新颖的室内外造型源于对先进结构技术的探索，整体建筑体现了现代主义形式服从功能、表现结构特征的设计原则。[①]

1961 年竣工的北京工人体育馆异于以往"会堂"的形象，立面用轻快的柱子分隔了整齐的玻璃大窗，有序的玻璃窗上下之间用矮墙分隔，薄薄的檐口衬得建筑添了份活力。造型没有多余的装饰，立面上没有传统的雀替、斗栱、线脚图案等装饰元素。工人体育馆是中国体育馆的现代主义先驱，它的建成使得体育馆的设计进入新的时代，之后的体育馆形象都受到了它的影响（图 5.70、图 5.71）。

  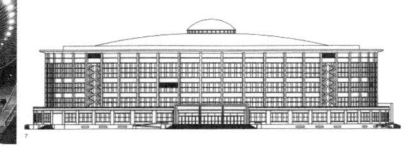

图 5.70　北京工人体育馆室外和室内　　图 5.71　北京工人体育馆立面图

5.5.3　与地域环境和谐共生：地方主义的思辨

同一时期，中国建设的上海体育馆、浙江人民体育馆、首都体育馆、南京五台山体育馆虽然同属体育建筑的类别，但各地的建筑艺术追求迥然不同。上海体育馆为圆形平面，浙江人民体育馆是新型的马鞍形结构，南京五台山体育馆为六角形平面、厚檐口，首都

---

① 翟睿：《新中国建筑艺术史 1949—1989》，文化艺术出版社，2015 年，第 138 页。

体育馆是矩形，虽然这些体育建筑同属现代主义风格，但这些建筑在不同程度上，带有各自的地方特色。

《世界现代建筑史》中对地方主义的定义是："地方主义是指建筑上吸收本地的、民族的、民俗的风格，使现代建筑中体现出特定的风格。"地方主义与对传统的地域性建筑复旧不同，地方主义属于现代主义的一部分，它的功能和构造遵从了现代主义的标准，只是从形式上追随传统形式而已。现代主义建筑在中国的转型过程中，一些开埠较早的城市，如广州、厦门等地，使用现代主义的建造技术和材料，融合了本土文化和外来文化，营造出一种属于当地特有的审美意趣的建筑形象。这种带有地域文化特征的现代主义建筑类型，是中国现代主义最早发展的地方类型之一，新中国成立初期这种地方主义得到了一定的发展。

带有少数民族色彩的民族形式，各少数民族地区的建筑已形成了自己的传统形象。在探索民族形式建筑的过程中，也是一个很有特色的侧面。同宫殿式大屋顶一样，各民族不同形象的屋顶大多数起着构图上的装饰作用。如内蒙古赛马场（图5.72）。[①]

广西有特殊的自然条件和温暖的气候，孕育了独特的地域性建筑。建筑师在探索新建筑的同时，进行地域性的实践。位于南宁邕江大桥附近的广西体育馆，平面呈矩形，可举行球类在内的多项目比赛，兼作演出场地。南宁气候炎热，多东南风，体育馆采用自然通风的手法。大厅南北布置，大厅的长轴垂直热天的主导风向，看台底部斜面外露，形成风口。体育馆没有建造围护墙体，结构露明，采用轻巧的金属栏杆和精致的混凝土透花窗（图5.73）。广西体育馆作为南方建筑需要考虑通风的需求，这是对气候环境的优先考虑，体育馆的看台是整体通风式的（图5.74）。

图5.72　内蒙古赛马场

图5.73　广西体育馆外景

[①] 龚德顺，邹德侬，窦以德：《中国现代建筑史纲（1949-1985）》，天津科学技术出版社，1989年，第59页。

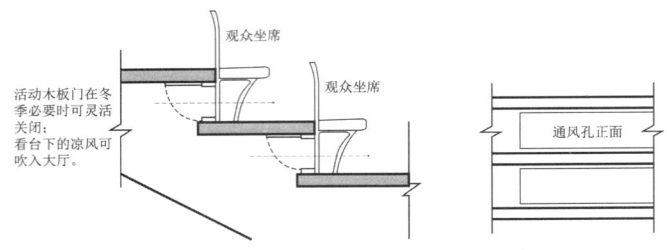

图 5.74　广西体育馆敞开式的通风式看台

5.5.4　古典风格的尝新：欧式风格的继承

苏式建筑是指"大跃进"时期，在苏联专家的帮助下，建设的一批具有典型时代特征的建筑。苏式建筑在外形上有两个典型特征，一是中间高、两边低。二是三段式，下端有敦实稳健的墙裙，上端有明朗清新的白色线条，中间朴素端庄，整体简洁适用。

建成于1961年的山西省体育馆是全国现存不多的苏式建筑，是山西省最早的室内体育馆，坐南朝北，框架结构，主体1层，裙房2层。体育馆为弧形顶，入口处有六根大柱子形成门廊空间，正立面呈现出欧式古典主义风格，檐口处理细腻，施工工艺精湛，建筑细部刻画精细，反映了新中国成立初期欧式建筑的施工工艺水平。[1] 山西省体育馆是新中国成立后建设的第一批体育馆之一（图 5.75）。

① 太原市历史建筑建档资料。

图 5.75　山西省体育馆

208　中国体育建筑 150 年　1840—1990

第6章　体育建筑的融合转型（1978—1990）

1978年改革开放后，政治稳定，经济高速发展，人民生活水平显著提高，为中国体育设施的发展提供了良好的环境。进入20世纪80年代后，中国的经济条件具备了为体育事业发展提供更多资金和技术的能力，中国的体育场馆在规模、规格上都进入了新的阶段。1980年10月在北京召开了中国建筑学会第五次会员代表大会，这标志着中国建筑学领域新时代的开始，中国的建筑设计进入前所未有的健康发展阶段。现代主义建筑的原则是功能性、经济性、科学性，20世纪80年代的体育建筑，在现代主义原则的基础上，突破了固定的模式，表现了时代精神和特色。体育建筑作为体现现代主义精神的一种建筑类型，其功能较为复杂，结构形式多样化，造型丰富，进入了全面升级的阶段。

改革开放后，中国体育实现较大发展，体育建筑建设速度加快。体育建筑的总体用地面积、场地面积、场地数量都呈现稳步上升的状态。围绕着国家举办的全运会、亚运会等一系列大型赛事，开始从单体设计扩展到体育中心设计、城市设计、环境设计和城市发展等领域，可以一次规划、兴建大型赛事所需场馆，包括体育场、体育馆、游泳馆、综合体育中心等，建设了一批高规格、高标准的体育中心和场馆，有代表性的有上海游泳馆、广州天河体育中心、北京亚运会工程等。国内各单项赛事的组织更加细致，场馆设计技术更加成熟，并开始涉及一些特殊要求的比赛项目，如自行车、赛艇、皮划艇等相应设施。这一时期，中国援外场馆的建设取得很大成就，如巴基斯坦综合体育中心、贝宁科托努体育中心、肯尼亚体育中心等。援外工程对国内的体育建筑设计产生了积极影响，如深圳体育馆就是在巴基斯坦体育馆建设经验的基础上发展提高而完成的。在这个过程中，中国体育场地的用地面积和场地面积也以稳步的数量增长。场地总数量从1978年的19 711个增加到1990年的62 635个，用地面积从1978年的8123万m^2增加到1990年的22 440万m^2，场地面积从1978年的5594万m^2增加到1990年的16 300万m^2。

6.1 体育建筑的空间布局特征：从集中式到分散式

6.1.1 体育建筑向郊区（县）布局

全运会等大型赛事促进了体育建筑的建设，由此兴建的建筑成为城市的标志性建筑物，且推动城市文化的发展。体育场馆成为城市争夺比赛特许权的工具，对体育赛事特许权的竞争促进了中国大中型体育建筑的快速发展。如1987年举办了第六届全运会（六运会）的广州天河体育中心，其选址位于广州郊区，在六运会比赛期间成为适合比赛的良好场所。赛后该区域根植于治理城市的商业环境，迅速成为繁华的地区。2001年，承办第九届全运会的广州奥林匹克体育中心选址于城市的郊区黄村，推动了广州东部区域的发展，虽然在赛事初期，它面临了缺乏商业、住宅等配套设施的困境，然而随着时间逐渐发展成熟。

6.1.2 援外项目的大放异彩

援外建筑的重要类型之一就是体育建筑。1986年前，中国在超过30个国家援建了50余个体育场馆。1986年，时任奥委会主席萨马兰奇到多个国家访问，见到了中国援建的多个体育设施。他说："中国援建体育设施项目，对第三世界国家体育运动的发展做出了巨大贡献，我建议给中国授予奥林匹克奖杯。"1986年，萨马兰奇专程来到中国，为表彰中国对第三世界国家的体育设施做出的突出贡献，特地授予中国奥林匹克国际奥委会奖杯。他还说："要参观中国的体育场馆设施项目，请到非洲去看。"1987年下半年萨马兰奇参观广州天河体育中心时说："中国国内也有了现代化的体育设施。"这一阶段建成了索马里、贝宁、摩洛哥、巴基斯坦、叙利亚等许多国家的体育场馆。

能适应不同国家的不同要求，采取国际上比较流行的多功能"第二代体育馆"的"多功能"模式……追求先进的结构技术和比赛技术条件，已经成为中国建筑师在体育建筑中的不懈追求……在建筑艺术上，中国建筑师做了有益的探讨……体育设施的大众化，也是中国建筑师所不懈努力的目标。①

——邹德侬《中国现代建筑艺术论题》

以上叙述表明了中国建筑师因地制宜，采取了国际上流行的"多功能"模式进行设计。中国援建的体育设施以大型体育中心为主，设施齐全。肯尼亚综合体育中心除了有体育场、体育馆、游泳池，还分散布置了足球、田径、篮球、排球、手球、曲棍球等各种训练场地，并建设了体育村、能源中心、医疗和后勤服务机构。巴基斯坦的综合

---

① 邹德侬：《中国现代建筑艺术论题》，山东科学技术出版社，2006年，第333页。

体育设施整体平面设计结合环境、功能和交通集散的要求，将场、池、馆及运动员宿舍分为四个区，综合成为一个有机的整体（表6.1）。

表6.1 中国援外体育场馆

场馆名称	城市	主要设施
扎伊尔共和国卡马尼奥拉体育场	金萨沙	8万座体育场
肯尼亚综合体育设施体育中心	内罗毕	6万座的灯光体育场、5千座的体育馆、2千座的游泳场和200床位的运动员宿舍
巴基斯坦的综合体育设施	伊斯兰堡	1万人体育馆（场地25.5m×41.5m）、5万人体育场、练习馆、2千人游泳馆
巴巴多斯体育馆	布里奇敦	平面为66m×66m的正方形，4千座
贝宁科托努体育中心	科托努	体育场、5千座体育馆、游泳馆
叙利亚体育馆	大马士革	比赛馆，场地24m×43.6m、练习馆、2个室外网球场和4个室外篮球场
摩洛哥体育中心	拉巴特	体育场5万座、体育馆2.1万座、18个室外练习场地及其他附属建筑
利比里亚综合体育场	蒙罗维亚	3万人体育场、3千人体育馆、100床位的运动员宿舍及室外附属联系场地
尼日尔美国家综合体育场	尼亚美	3万人体育场、3千人体育馆、100床位的运动员宿舍、室外练习场地
索马里摩加迪沙体育场	摩加迪沙	3.16万座的体育场，建筑面积19 420m²
津巴布韦国家体育场	哈拉雷	6万座体育场、可供赛前练习的练习场

6.1.3 学校体育建筑的不均衡分布

十一届三中全会后，中国新建和改造大量学校体育建筑，学校体育建筑得到恢复和发展。虽然体育建筑的总体数量逐渐增多，但从全国范围而言，规模仍然不够。中国的学校体育建筑和国外的大学相比仍存在一定的差距。据调查资料标明，沈阳、鞍山、锦州等城市25所高校中，体育馆或其他室内体育活动场地达到规定标准的只占5%。受到设计理念、资金等多元化因素的影响，学校体育馆的建设水平地区差异较大。云南省的30多所高校，只有云南大学在筹备一座体育馆。武汉的高校集中，20世纪80年代，中国地质大学、武汉工业大学、江汉大学、武汉水利学院等学校建设了一批体育馆，但是这些体育馆的面积较小，且功能简单，难以完全满足学校的要求。沿海城市也是刚起步建设学校体育馆，广州的华南师范大学有一座体育馆，暨南大学、中山大学也建设了逸夫体育馆和英东体育馆，前者的面积7360m²，设备先进。后者的面积也有2080m²，这两座体育馆在当时属于先进水平。

虽然北京高校集中，当时除了体育院校外，也只有9所高校有体育场馆，且规模和指标差距较大。1990年，北京大学建造的五四体育场建筑面积4557m²，可举行球类、跑步、游泳等项目，跑道屋顶作为室外看台，有限的空间聚集了较多项目。湖南的30多所高校，只有湖南师范大学（南、北院各一座）、湖南大学有体育馆（南、北校区各一座），国防科技大学、中南大学等几所高校在兴建和筹备，湖南学校体育馆的拥有率不到20%，体育馆数量不足。截止到1990

年年末，贵州省只有贵州师范大学有一座3698m²的体育馆，黔西南民族师范专科学校、毕节师范专科学校、黔东南民族师范专科学校、黔南民族师范专科学校分别建设有建筑面积为397m²、559m²、568m²、180m²的简易风雨操场各一座。[①]

1976—1990年来，上海高校先后新建14座体育馆、10个游泳池，同时新建和改建了一批体育场地，体育场馆的数量和规模达到空前水平。至1990年，在上海50所全日制普通高校中（不包括体育学院），有体育馆30个，游泳池28个（其中室内游泳池3个，50m泳池13个，50m以下泳池12个），400m田径场29片，200m以上田径场20片，小足球场12片，篮球场236片，排球场6片，网球场22片，溜冰场9片，乒乓房31个，健身房22个，射击场12个，体操房15座，风雨棚13座以及其他体育场地，总面积约为87万m²。[②]上海交通大学、上海对外贸易学院、上海工业大学、上海铁道学院、上海科技大学、上海冶金高等专科学校、上海石化工业学校、上海旅游高等专科学校、上海第二医科大学等学校新建的体育馆功能较齐全，设备较先进，已成为学校开展体育运动和文化娱乐的中心。其他有些院校对于体育场馆的建设也较重视，有的正在规划设计，有的已经列入整个学校发展的蓝图之中。

6.2 作为市场经济体制体育设施的体育建筑类型及特征

随着经济的发展和生活水平的提高，中国的室内体育运动项目不断引入，可开展全天候活动，场馆建设也向高品质方向迈进。20世纪70年代前，中国的室内体育设施总数量仅占全部场馆的1%左右，但改革开放以来室内设施的比例得到很大的提高。中国的体育场馆数量快速增长，经过1978年到1990年的10余年的发展，体育场数量从1978年的271个稳步增长到了1978年的787个，其中丁类体育场的增长速度和占比最大，其次是丙类体育场和乙类体育场、甲类体育场。体育馆数量从1978年的120个稳步增长到了1990年的517个，其中丁类体育馆的增长速度和占比最大，其次是丙类体育馆和乙类体育馆、甲类体育馆。游泳池数量从1978年的496个稳步增长到了1990年的2117个，虽然与体育场地的总体数量相比游泳池占比不大，但游泳池的建设数量远远大于体育场、体育馆和射击靶场，室内游泳池的建设数量远远低于室外游泳池的数量。体育场、体育馆、游泳池的数量和体育场地的总数相比比率较小（表6.2—表6.4）。

---

① 贵州省教育委员会编《贵州省高等学校建筑图集》，贵州教育出版社，1992年。

② 上海市体委文史办公室，上海市体委计划财务处，上海市体育场馆协会编《上海体育志资料汇编（二）：体育场地》，上海市新闻出版局，1990年，第328页。

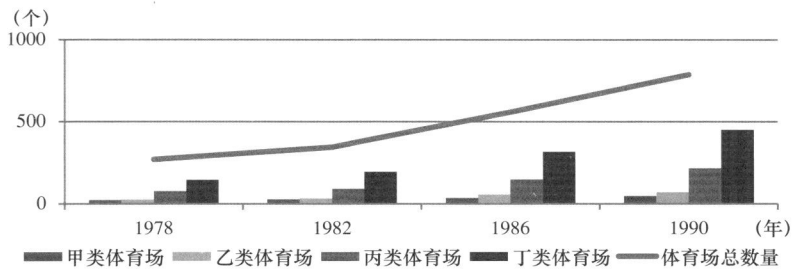

表 6.2　中国体育场的数量变化（1978—1990）

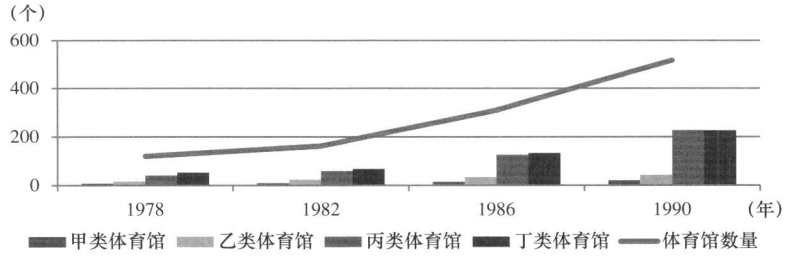

表 6.3　中国体育馆的数量变化（1978—1990）

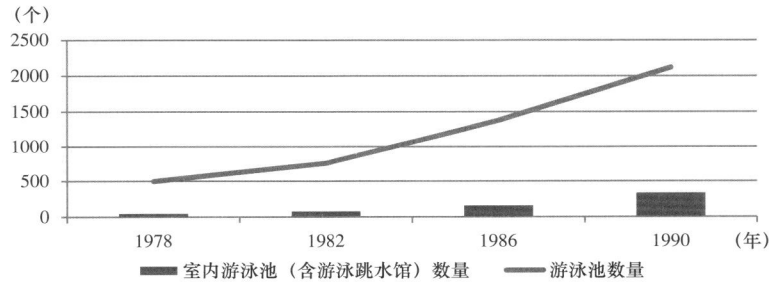

表 6.4　中国游泳池的数量变化（1978—1990）

这段时间建造的体育建筑更具有科技含量，符合国际竞赛的要求，如中山太阳能温水游泳馆采用太阳能，四川游泳馆采用压缩空气制浪装置。还建造了一批多类型的体育建筑，包括黑龙江省滑冰馆、长春南岭滑冰场、内蒙古赛马场、贵州省体育馆、南宁游泳馆等。为了保证运动员训练，国内建设了十大训练基地：福建漳州和湖南郴州的排球基地；云南昆明的田径、足球基地；广西梧州的足球基地；广西柳州的篮球基地；广西武鸣的游泳和射箭基地；广东肇庆的划船基地；吉林长春和黑龙江哈尔滨的冰上基地以及河北秦皇岛的综合基地。

6.2.1　风雨操场的蜕变：竞技性学校体育馆

历史上，中国教育系统的体育场馆占所有体育场馆数量的一半以上，甚至超过 2/3 的比例，因而教育事业对中国的体育建筑发展有着重要的影响。1977 年，中国恢复高等学校的招生考试制度后，高教事业的发展十分迅速。高校数量从 1976 年的 392 所增加到了

1986年的1054所。不同规模的高校都有配套的体育设施，1986年开始实行九年制义务教育，各级政府改善中小学办学条件。新建的住宅小区配套了大量的中小学校，同时兴建了大量体育场馆。但这一时期的学校体育场馆规模较小、标准较低，向社会开放的还不多，场馆设施利用率不高。

进入80年代，中国新建高等院校的总体规划有了根本的突破，不少院校因地制宜，合理利用地形，满足功能的需求，又创造宜人的空间环境。为了适应日益增加的体育健身的需求，设计者将体育建筑有规划地容纳到校园的整体规划中，建筑的造型简洁明快，学校的体育场馆开始承担赛事的需求，成为竞技性的学校体育馆（表6.5）。

表6.5 中国学校体育场馆（1978—1990）

城市	大学	体育馆	年份	体育设施
厦门	厦门大学	灯光球场	1980	露天灯光运动场地，包括篮球场和排球场，看台9级
		厦门大学明培体育馆	1990	3层，建筑面积4768m^2，1个篮球场，2000个看台座席
	集美学村	体育学院体育场	1979	400m田径跑道和标准足球场，800人看台
		体育学院风雨跑道	1980	140m长风雨跑道
		体育学院游泳池	1980	标准游泳池，6m跳台，看台简易，附属用房
		体育学院篮球馆	1980	训练型篮球馆
		航海学院体育场	1980	400m田径跑道和标准足球场，800人看台
		轮机学院体育场	1980	400m田径跑道和标准足球场，500人看台
		水产学院风雨操场	1980	风雨操场
		集美体育学院训练馆	1991	二层体育馆，框架结构，用于体操和篮球训练
		集美体育学院竞武馆	1991	平面类似训练馆，运动空间分上下二层
泉州	华侨大学	李回驼体育馆	1985	建筑面积1600m^2，看台座位1200个
		丁氏体操馆	1988	建筑面积890m^2
		华侨大学体育场	1990	8道跑道，石看台座位6000个
中山	中山大学	中山大学英东体育中心	1988	英东体育馆
北京	北京体育学院	北京体育学院体育馆	1990	比赛大厅52.5m×52.5m，比赛场地33m×48m。设有2800座，可供球类、体操等比赛，平时可供体育教学用
	北京体育师范学院	田径馆	1989	1块105m×50m的田径场，设有国际标准塑胶跑道，是中国第一座室内田径馆
	北京大学	五四体育中心	1990	室内可进行跑步、游泳、球类项目
杭州	浙江大学	浙江大学玉泉校区逸夫体育馆	/	2000座，1个篮球场地，看台不对称布局
		浙江大学华家池校区逸夫体育馆	1990	建筑面积5643m^2，拥有3000座席，篮球场地，比赛场地24m×44m
南京	南京体育学院	射击场	1983	1个手枪馆和1个跑猪靶场
		游泳跳水馆	1983	建筑面积3437m^2，有1个室内跳水池和室内游泳池
		羽毛球训练馆	1975	建筑面积1826m^2，内设2个训练房（1个长32m、宽18m、设4个场地，另一个长32m、宽32m，设8个场地）高度为10m
		综合训练馆	1979	建筑面积5583m^2，内设2间乒乓球训练室、2个篮球场、4个排球场
		举重训练馆	1982	建筑面积1387m^2，主房底层设10个举重台，二层为健身房
		击剑训练馆	1986	建筑面积3054m^2，共3层，每层设9条剑道，共有27条剑道

续表

城市	大学	体育馆	年份	体育设施
天津	天津体育学院	举重房	1980	建筑面积355m², 一般教学与训练场地
		武术馆	1982	建筑面积321m², 武术培训场地, 铺设地毯
		游泳馆	1986	建筑面积1175m², 8条50m长的符合国际标准的游泳池, 附设办公室、淋浴室等
		道奇棒球场	1986	棒球场比赛场地
广东	暨南大学	暨南大学逸夫体育馆	1991	建筑面积7260m², 比赛场地42m×32m, 固定座席3248个, 预留活动座席400个, 体操、健身、乒乓球等功能用房4间, 国际比赛的多功能体育馆
		暨南大学游泳池	/	占地面积5626m², 有2个全国大学生游泳比赛的正规池（25m×50m）, 分别水深是: 一个是1.5~1.8m, 另一个是2~2.2m
香港	香港理工大学	逸夫体育馆	1978	主场地进行篮球、羽毛球、手球、排球等赛事, 附设1个健身室、2条高尔夫球道、1个活动室、2个天台网球场和1个乒乓球室
贵州	贵州师范大学	体育馆	/	建筑面积3698m²
武汉	武汉水利电力大学	武汉水利电力大学体育馆	1992	建筑面积5998m², 平面尺寸为42m×54m, 教学使用时可排2个篮球场或2个排球场, 比赛时为1个标准篮球场, 地上3层, 地下1层
郑州	郑州工学院	郑州工学院风雨球场	1987	建筑面积2902m², 比赛场地49.5m×32.1m×10.8m, 可安排3个篮球场同时上课, 是郑州大专院校的第1个小型室内训练馆

风雨操场不同于体育馆，风雨操场以教学和体育训练为主，而体育馆是以看比赛为主。体育馆的规模是以座席数量来衡量的，是以容纳更多的观众为目的。风雨操场以场地面积为主，一定面积内容纳更大的场地。人流组织也不相同，虽然风雨操场也可设置看台观看比赛，但风雨操场的看台不和场地发生直接联系，如武汉建材学院的风雨操场安排了千余人座席，看台下为辅助用房。

6.2.1.1 学校体育馆

1984年，《中共中央关于进一步发展体育运动的通知》下达后，各级地方党政领导机关和教育主管部门，拨款为学校修建了一批体育场地，缓解了学校体育场地不足的困难。1986年，国家计委批准实行了学校体育场建设的规定，要求学校建设的运动场能够容纳全校学生做课间操。当时中国大部分学校的体育场地都达不到规定的标准，建设任务很重。在一些重点城市的重点院校（包括体育院校、重点高校在内）集中建设了一批高水平的现代化体育场馆，这些场馆不仅能满足学校体育教学、训练和集会的需求，有的还能满足国内甚至是国际的高水平体育竞赛。

改革开放后，福建在外侨胞兴建家乡体育设施的热情高涨，一批新型的体育馆建成。1984年至1987年，华侨大学新建了2座体育馆，分别是占地1275m²的回咤体育馆和占地890m²的丁氏体操馆。前者建筑面积1400余m²，高11m，可供多项运动之用。后者建筑面积900多m²，可供教学和比赛之用。厦门大学明培体育馆是厦大第一

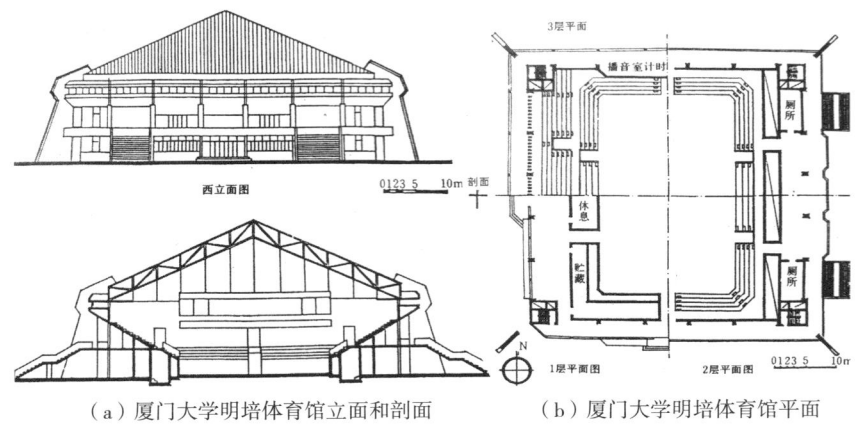

(a) 厦门大学明培体育馆立面和剖面　　(b) 厦门大学明培体育馆平面

图 6.1　厦门大学明培体育馆

个正规体育馆，1990 年落成，共 3 层，建筑面积 4768m²，建筑设计新颖。馆内有一个篮球场，看台设 2000 座，作为体育训练和比赛之用（图 6.1）。

暨南大学逸夫体育馆于 1991 年 12 月落成，占地 1.7 万 m²，总建筑面积 2.6 万 m²，体育馆建筑面积 7260m²，长方形平面，平面尺寸为 77m×58m，中心比赛场地尺寸 42m×32m，座位 3200 个，看台东西向布置。体育馆设施齐全，铺设了具有国际篮球认证的木地板，内部有多媒体教室、贵宾室等，可进行篮球等多项目的训练、比赛和文艺演出。是一座符合国际比赛标准的多功能体育馆，它是广州市高等院校中较高级别的体育馆之一（图 6.2）。

1988 年，中山大学英东体育中心竣工，成为全国高等院校第一个功能齐全的现代化大型综合性体育训练基地。基地内建有国际标准设计和施工的 36m 半径田径运动场和足球场，四周布置了 5000 个观众座席。同年建成了建筑面积 2833m² 的英东体育馆和游泳场，包括比赛用的主馆和训练用的副馆。游泳场内有 2 个 25m×50m 的游泳池，其中 1 个设有 10m 跳台，并装有现代化循环过滤系统，场内有观众席位 600 个（图 6.3）。

武汉水利电力大学以教学功能为主，兼顾校内外的球类、体操比赛及集会活动的多功能使用。体育馆的平面尺寸为 42m×54m，比赛厅贯通 3 层。教学训练使可同时安排两个篮球场或两个排球场，赛时布置 1 个标准篮球场。厅内有电子记分牌和录音设备。一层设有体育课教室、艺术体操、健美、武术、乒乓球训练室、学生俱乐部活动室，二层有 2000 个固定席位。建筑造型传统和时代相结合，突出了新建筑的特点，又和周围建筑协调。造型寓意腾飞和力量，外墙用白色和咖啡色马赛克装饰。结构采用框架结构，屋盖为轻型结构（图 6.4）。

为迎接全国第 28 届高校运动会，1990 年北京大学五四体育中

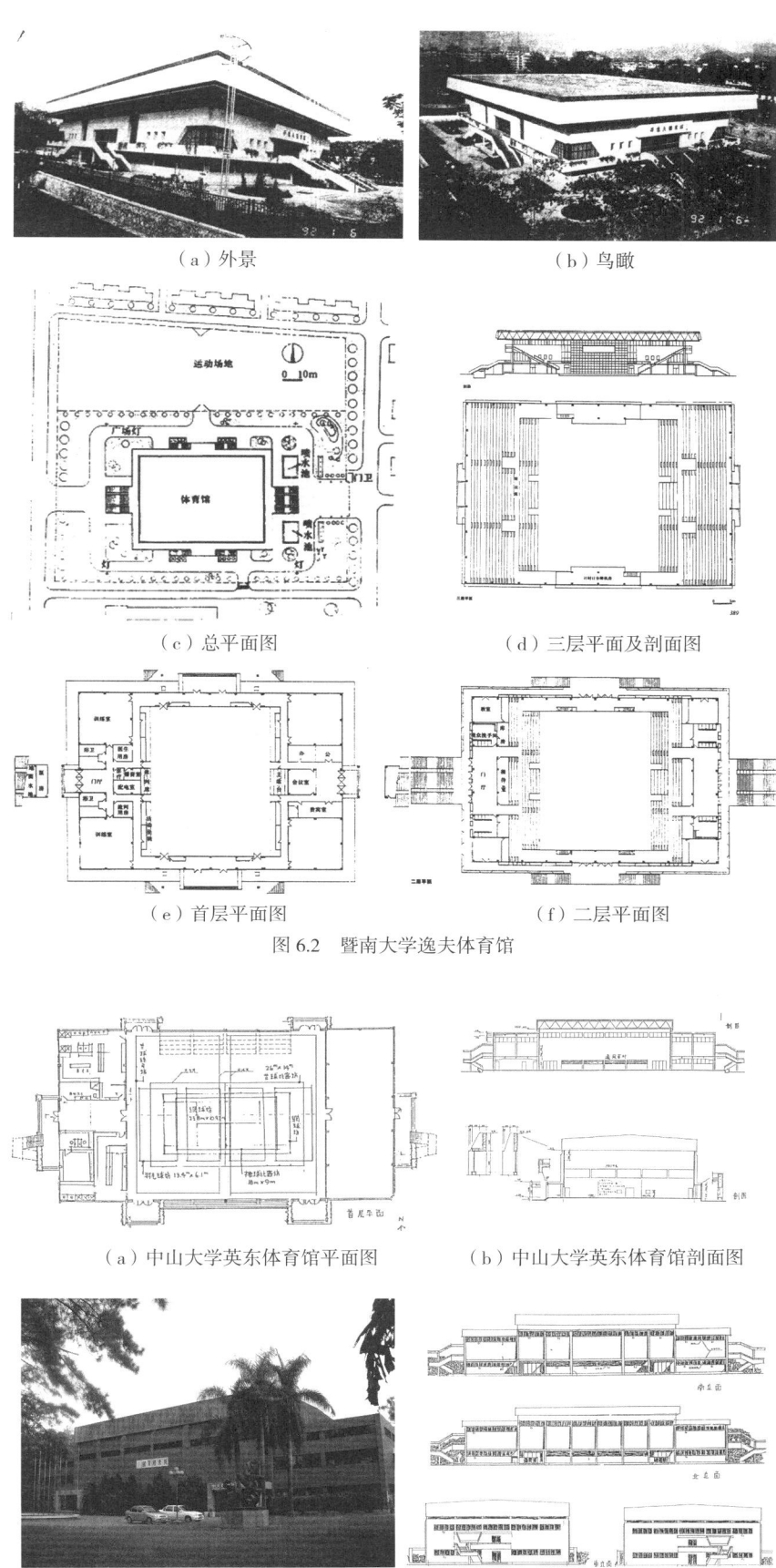

(a) 外景　　　　　　　　　(b) 鸟瞰

(c) 总平面图　　　　　　　(d) 三层平面及剖面图

(e) 首层平面图　　　　　　(f) 二层平面图

图 6.2　暨南大学逸夫体育馆

(a) 中山大学英东体育馆平面图　　(b) 中山大学英东体育馆剖面图

(c) 中山大学英东体育馆透视图　　(d) 中山大学英东体育馆立面图

图 6.3　中山大学英东体育馆

第 6 章　体育建筑的融合转型（1978—1990）　217

（a）体育馆外景　　　　　　（b）体育馆内景

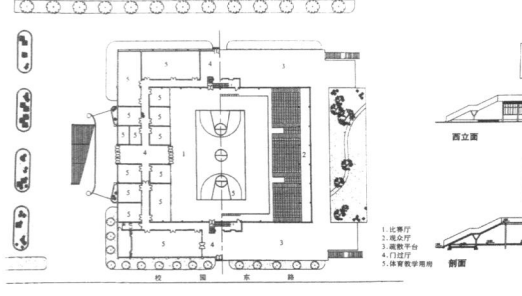
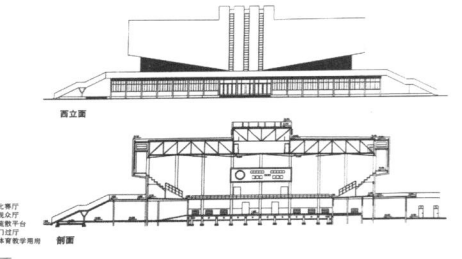

（c）体育馆一、三层平面图　　（d）体育馆立面及剖面图

图6.4　武汉水利电力大学体育馆

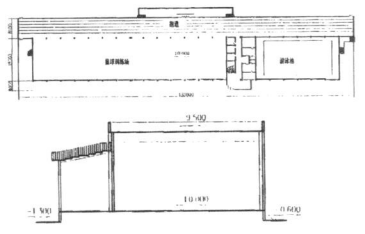

（a）北京大学五四体育中心（风雨操场）　（b）北京大学五四体育中心平面及剖面图

图6.5　北京大学五四体育中心

心建成，该体育馆的建筑面积4557m^2，室内有游泳馆、羽毛球馆、室内跑廊、计算机房、资料室、电教室、多功能厅等。可用于体育教学和团队训练，跑道的屋顶作为室外看台。该体育馆容纳的体育项目类型较多，但对于短跑的室内高度较低，游泳池的层高不够，训练馆也不符合比赛要求，因而不能作为比赛使用（图6.5）。

浙江大学华家池校区的体育馆是中心式的学校体育活动中心。它的功能用房位于底层平台下，西南侧布置贵宾及办公用房，东北侧布置运动员和裁判用房，内院廊道将其和用于体操和篮球训练的训练馆连接起来。二层外围为观众休息平台，东北和西南侧为观众入口大厅，东南和西北侧布置次入口。因其是学校体育馆，未考虑商业功能。体育馆正方形平面，南北布置。底层平面和训练馆平面旋转45°布置（图6.6）。

浙江大学玉泉校区体育馆设施水平较高，场地可达到国际标准，这在当时并不常见。为了满足一馆多用，满足大型集会、演出等要求，采用看台不对称布局。主席台对面座位较多，能满足观看比赛、

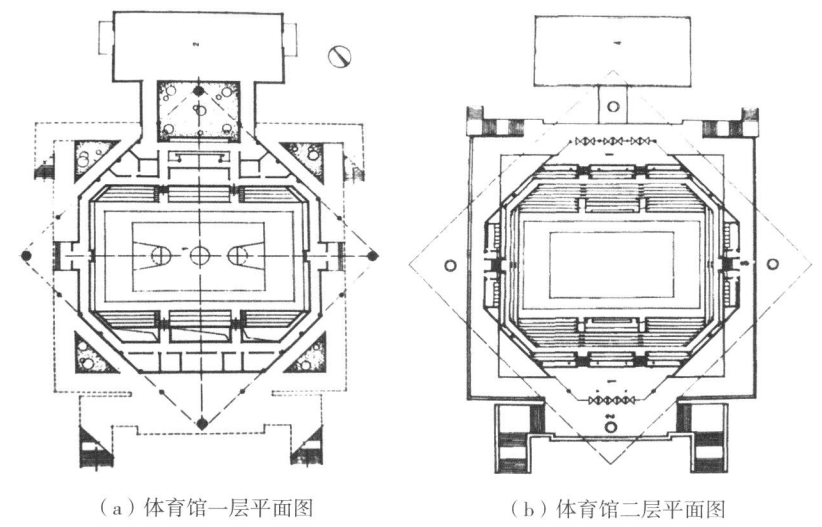

（a）体育馆一层平面图　　（b）体育馆二层平面图

图6.6　浙江大学华家池校区体育馆

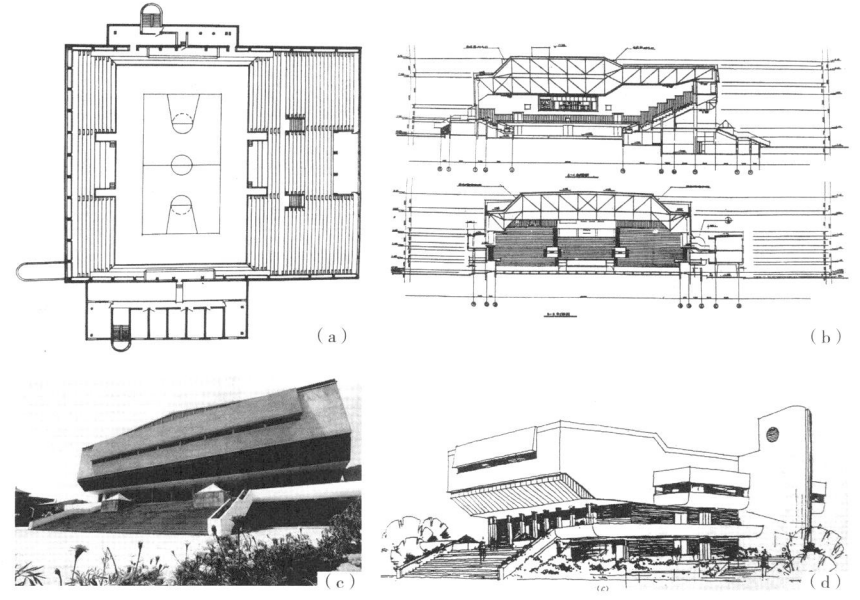

（a）浙江大学玉泉校区体育馆平面图
（b）浙江大学玉泉校区体育馆剖面图
（c）浙江大学玉泉校区体育馆透视图
（d）浙江大学玉泉校区体育馆透视图

图6.7　浙江大学玉泉校区体育馆

大型集会、歌舞演出。底层场地设活动座椅，可供2000人聚会，能满足全校新生入学、大会使用（图6.7）。

6.2.1.2　体育院校的体育建筑

建于1991年的集美体育学院训练馆和竞武馆都属于训练型体育馆，由中建东北设计院厦门分院设计，两者风格类似，同时竣工。建筑造型厚实、线条利落，立面采用马赛克贴面石材搭配小面积玻璃幕墙的做法，建筑平面都采取长方形。平面布局类似，训练馆一层分为2个区域，主要用于体操和力量训练。二层是整体大空间，用于篮球训练。训练馆没有设置看台，主要用于教学和体育训练。竞武馆上下2层，上下都是完整的大空间，主要用于武术和健美操训练（图6.9）。

第6章　体育建筑的融合转型（1978—1990）　219

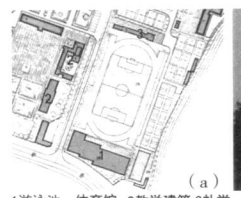

1 游泳池、体育馆 2 教学建筑 3 礼堂

（a）贵州师范大学局部总平
（b）贵州师范大学体育馆
（c）贵州师范大学体育教学楼
图 6.8　贵州师范大学体育馆

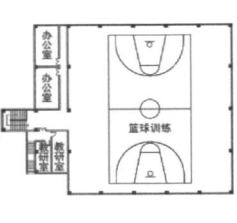

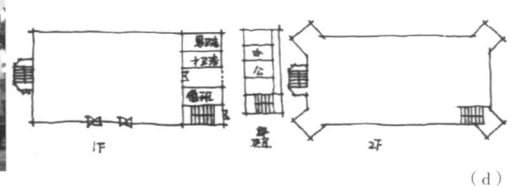

（a）集美体育学院训练馆透视
（b）集美体育学院训练馆一层和二层平面
（c）集美体育学院竞武馆透视
（d）集美体育学院竞武馆一层和二层平面
图 6.9　集美体育学院训练馆和竞武馆

武汉体育学院太阳能游泳馆采用了先进的太阳能技术，处于当时国内领先地位。当时国内采用太阳能技术的游泳馆不多，仅有广州体育学院的 3.4m×4.4m×1.2m 的太阳能实验池和广东中山市的 8.5m×12.5m×1.3m 的太阳能实验室和 1983 年在昆明师范学院内建成使用的含 25m×15m×1.5m 游泳馆的太阳能温水游泳馆。[①] 武汉体育学院太阳能游泳馆选用了真空玻璃管太阳能集热器，将共 400m² 真空玻璃管太阳能集热器安装在游泳馆南坡的屋面上，并利用屋面的铝合金板反射阳光，来提升真空玻璃管的集热效率。集热器加热池水来达到水温要求。游泳馆不仅满足教学和科研的功能，还考虑了正规比赛的条件，馆内有 50m×21m×1.9m 的游泳池一个（图 6.10）。

北京体育学院体育馆是综合性体育馆，建筑采用八角形平面，屋盖结构为双层扭网壳。建筑展现了大跨度结构的美感，白色的网架结构外露，红色的金属屋面，白色的实体墙面，大面积的灰色玻璃幕墙形成的虚实对比和色彩对比，体现了建筑结构和功能美的结合（图 6.11）。

6.2.1.3　学校体育建筑的类型特征

20 世纪 80 年代，中国学校体育场地较少，从统计结果来看，大多数学校都达不到最低要求，很多学校甚至没有体育场馆。但学校体育建筑的类型逐渐齐全，设计质量也得到了提高。

① 陆景兴：《武汉体育学院太阳能游泳馆》，《华中建筑》，1984 年第 4 期。

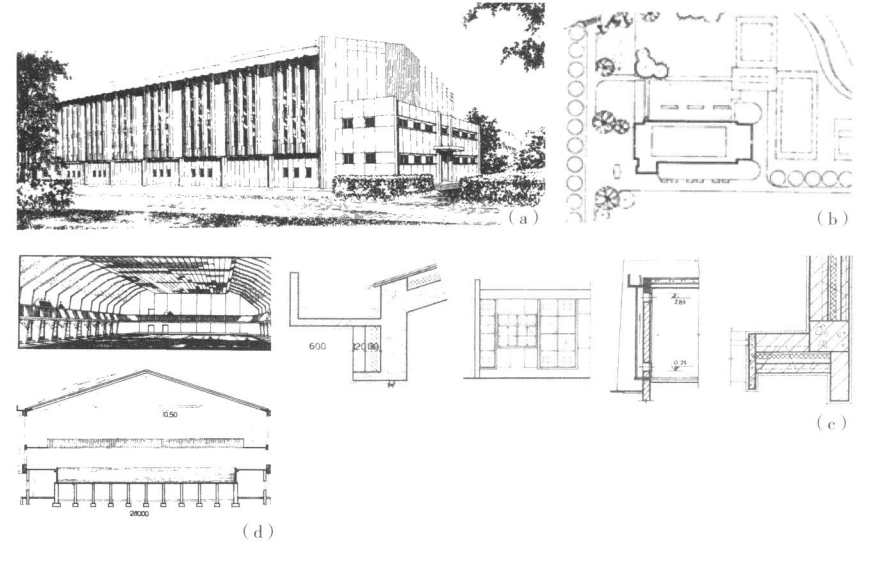

(a) 太阳能游泳馆透视
(b) 太阳能游泳馆总平面图
(c) 太阳能游泳馆室内透视及剖面图
(d) 太阳能游泳馆细部构造

图 6.10 武汉体育学院太阳能游泳馆

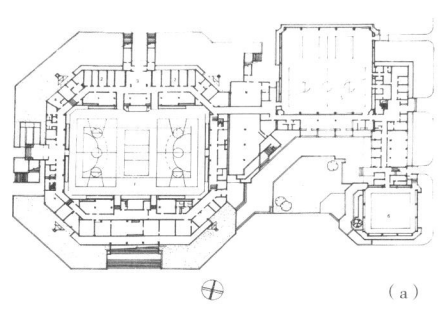

(a) 北京体育学院体育馆平面图
(b) 北京体育学院体育馆内景

图 6.11 北京体育学院体育馆

(a) 羽毛球训练馆外景
(b) 田径场外景
(c) 游泳跳水训练馆内景
(d) 游泳跳水训练馆的游泳池
(e) 游泳跳水训练馆外景
(f) 射击场的手枪馆
(g) 射击场的手枪馆内景
(h) 射击场的跑猪靶场

图 6.12 南京体育学院的体育建筑

（1）竞技性和综合性增强

学校体育馆的竞技性增强，场地除了需满足球类运动场地的标准外，室内空间的高度、灯光、音响等也需要考虑。体育馆建造了一定座席的活动和固定看台，除满足正规比赛外，还需注重教学和

第 6 章 体育建筑的融合转型（1978—1990） 221

训练的需求。学校体育馆除了篮球和排球场地外,还相应布置了健身房、教室、乒乓球房等多种空间,还可以举办文娱活动,成为综合性的学生活动中心(图6.13)。

(2)配套设施和建筑造型简洁单一

体育馆的配套设施简单,一层多放置运动员、办公、裁判、贵宾等功能用房,大空间成为体育教学和群众活动的场所。建筑功能空间简单,和学校体育场馆的定位统一。体育建筑的造型和校园内其他建筑的形象区别不大,建筑的形象和特色不够。但建筑的体量关系明晰,采用多层次而有韵律的设计手法来丰富立面。两方面的原因:①建筑规模不大,大跨度结构的新技术,如网壳、悬索结构等不适用于学校体育建筑中。②建筑设计思路的局限,建筑设计形式的研究不够,一些如折板结构、薄壳结构等未应用到设计中。③有限的经费使得设计者优先关注建筑功能(图6.14)。

(3)建筑规模和场地尺寸增大

增多的功能使得学校体育馆的面积逐渐增大,面积一般在 2000m² 以上,单层超过 1000m²,多采用综合性体育场馆。学校对体

(a)香港理工大学逸夫体育馆室内
(b)香港理工大学逸夫体育馆室内比赛场
(c)香港理工大学逸夫体育馆室外网球场
图6.13 香港理工大学逸夫体育馆

(a)田径房内景

(b)田径房外景

(c)大学生体育馆

(d)排球馆

图6.14 北京体育师范学院体育建筑

育场馆的需求变大，相应的运动场地尺寸不仅可以放置单个标准的篮球场地，有的可以放置 2 个篮球场地（表 6.6）。虽然体育馆较多使用网架结构，但钢结构、预应力混凝土等大跨度结构形式可以满足增大的屋盖跨度的需求，且使得场地变大成为可能。

表 6.6　20 世纪 80 年代风雨操场的场地平面尺寸

场馆	场地尺寸（m×m）
武汉地质学院风雨操场	32.8×48
中国科学技术大学风雨操场	40×60
武汉钢铁学院	31.5×45
上海师范学院球类房	31.5×40.5
武汉建材学院风雨操场	40×50

武汉建材学院风雨操场由武汉建材学院建筑设计室设计，1984 年 3 月建成。建筑面积 2620m²，平面尺寸为 40.5m×49.5m，三个标准篮球场地。场内有 1200 个座席，该风雨操场可供平时训练，又可供正式比赛。

（4）开创高校建筑社会化的先河

高校游泳池开创了高校建筑社会化的先河。1962 年，复旦大学游泳池开始对外开放。80 年代的体育产业改革使得高校体育场馆摆脱了依靠拨款运营的状况，它们利用对外开放增加了经济来源。

（5）新技术的推广使用

学校内也兴建了一批游泳馆供教学训练使用，如武汉体育学院太阳能游泳馆、昆明师范学院太阳能游泳馆等，通过在游泳馆的屋盖上安装集合太阳能装置，成功地利用了新能源。

6.2.2　事件空间：全运会体育场馆

体育建筑是体育运动的重要载体，除了满足群众健身需求，还为体育赛事所用。20 世纪 80 年代，中国广泛开展的全运会、大运会和各系统内部广泛开展体育比赛，促进了各地体育建筑的建设。大型赛事每到一个城市举办，当地都会建设一批高水平体育场馆。重大事件是中国改革开放后经济和体制转型的"特效药"，体育场馆是举办体育赛事的事件性建筑，是当时城市的集体意志和记忆的缩影。它们作为大事件的媒介，其本身的设计和建造也是一种事件。省会城市和直辖市因此建造了不少大中型场馆，如 1980 年哈尔滨举行的全国冰雪工作会议，提出建设冰雪运动场地。而全国第五届、第六届全运会和第十一届亚洲运动会，在上海、广州、北京分别建设了一批体育场馆。

体育赛事是城市文化的产品，而体育建筑作为赛事最基本的要素，记录了体育文化的发展，提供了体育赛事的空间场所。体育场馆是举办体育赛事的基本条件，赛事对场馆有细致的要求。现代体育重视体育发展的人文环境。各个城市的大型赛事给城市留下了一批高水平的体育建筑，为筹备1990年的亚运会，北京新建和改建了24个比赛场馆和一批专用训练场馆，增加了北京现代化比赛场馆的数量，使得北京具备了举办洲级以上综合运动会的能力。

6.2.2.1 第五届全运会的体育建筑

1988年7月1日"世界建筑日"前夕，上海两座大型现代化的体育建筑——上海体育馆和上海游泳馆，被列为全球范围建筑史上的成功之作，首次载入由英国出版的《世界建筑史》这一权威著作，它标志着中国当代体育建筑走向了世界。[①]

20世纪80年代的第五届全运会开创了首都以外举行全国运会的新时期，开始按照奥运会的竞赛项目设置，这也是上海首次承办全国运动会。全国运动会正式和奥运会联系在一起，它完成了政治色彩浓厚的全运会向全面展现"更高、更快、更强"的竞技体育的过渡。之后的六运会在广州举行，再之后轮流在一些城市举行。这表明中国各地的体育设施都得到了良好的发展（表6.7）。

上海为筹备第五届全运会，新建和改建了30余座场馆，比赛分布在15个体育馆和11个体育场举行。主要场地情况：上海市体育场改建成全国最大的综合性体育场之一，内有田径场、体育馆、体操房、游泳池、溜冰场等设施，可容纳4万名观众。1975年落成的上海体育馆举办过篮球、排球、体操等项目的国际比赛，馆内容纳18 000名观众，分为两层座席，有空调、电声等设备。上海游泳馆的比赛大厅总面积达6100m²多，内部并列布置了50m×21m和20m×21m的游泳池和跳水池各1个。游泳池水深2~3m，有8条泳道。水温常年保持25℃，两旁池壁离水面75cm处有36个水下窗孔，新光源灯照亮整个游泳池。还有2个水下摄影和录像的观察窗，以及水下扬声器便于比赛和表演。还有散布在上海各区的中小型体育馆和中小型体育场，包括卢湾体育馆、静安体育馆、黄浦体育馆、闸北体育馆、原上海县体育馆、上海市体育馆、上海体育学院球类馆等（图6.15）。[②]

赛艇、皮划艇、帆船和帆板比赛在淀山湖水上运动场举行。它是中国第一座具有国际水准的大型水上运动场，在上海市区西南方的淀山湖岸。它按照慕尼黑、莫斯科等水上运动综合赛场的格局布置，结合当地环境修建。主航道长2250m，宽150m，有6条赛艇水道和9条皮划艇水道，两旁有宽16m的水道。东、西大堤内侧的凹凸状

① 上海市体育宣传教育中心编《上海著名体育建筑文化——凝·动》，上海科学技术文献出版社，2015年，第84页。

② 羊城晚报编辑部：《中华人民共和国第五届全国运动会1983纪念专刊》，《羊城晚报社》，1983年，第63页。

表 6.7 1983 年第五届全运会场馆统计表

举办地点	建成/改建（年）	面积（m²）	性质	观众数	区域	赛事及训练项目
江湾体育场	1933/1983	37500	体育场	40000	杨浦	开幕式
杨浦体育场	1953	16800	体育场	11000	杨浦	足球
上海体育馆	1975	47000	综合性体育馆	12000	徐汇	闭幕式、体操团体、篮排球、艺术体操
虹口体育场	1951/1983	11000	足球场	30000	虹口	跳高
卢湾体育馆	1980	21580	综合性体育馆	3165	卢湾	举重、乒乓球
卢湾体育场	1957/1983	/	体育场	6400	卢湾	射箭
上海游泳馆	1983	15800	游泳跳水馆	4099	徐汇	游泳、跳水、水球
闸北体育馆	1956	5400	综合性体育馆	3000	闸北	乒乓球
沪西体育场	1953	未知	体育场	9000	长宁	男子曲棍球
沪南体育场	1917	未知	体育场	7000	黄浦	足球
南市体育馆	1956/1983	未知	综合性体育馆	3100	黄浦	女子花剑
上海水上运动场	1983	6059	室外水上	/	青浦	皮划艇
上海西郊淀山湖面	1983	/	室外水上	/	青浦	帆船、帆板
静安体育馆	1976	4120	综合性体育馆	3270	静安	排球
黄浦体育馆	1980	7900	综合性体育馆	3770	黄浦	篮球、排球、羽毛球、摔跤
原上海县体育馆	1975/1983	1424	综合体育馆	2000	闵行	排球
江湾体育馆	1933/1983	12600	综合性体育馆	2500	杨浦	未知
上海体育学院篮球馆	1982	5508	综合性体育馆	1000	杨浦	击剑、柔道、篮球
复旦大学体育馆	1973	1200	综合性体育馆	1000	杨浦	篮球
徐汇网球场	1964	1952	网球场	/	徐汇	网球

（a）上海水上运动场
（b）上海游泳馆
（c）上海自行车赛车场
（d）静安体育馆
（e）普陀体育馆
（f）黄浦体育馆
图 6.15 五运会体育场馆

的斜坡可消浪，保持水面平稳。主航道终点线东侧的 7 层指挥塔有激光计时、录像等先进设备，而西侧有容纳 2000 名观众的简易看台（图 6.16）。

（a）看台
（b）水面

图 6.16 上海市水上运动场外景

6.2.2.2 第六届全运会的体育建筑

1987年在广州举办的第六届全国运动会被公认为开创了依靠社会力量办全运会之先河。其比赛项目之多，规模之大，都超过了以往的历届全国运动会。设44项比赛项目，共37个代表队7228名运动员参加决赛（表6.11）。

表 6.11　1987年第六届全运会场馆统计表

举办地点	建成/改建时间	面积（m²）	性质	观众数	区域	赛事及训练项目
广东省人民体育场	1980	18884	体育场	27090	广州	足球
越秀山体育场	1950	4758	体育场	38000	广州	足球
广州工人体育场	1957	未知	体育场	15000	广州	足球
从化足球场	1958	3833	体育场	13000	广州	足球
燕子岗体育场	1985	8135	体育场	3000	广州	足球
天河体育中心体育场	1987	29583	体育场	80000	广州	田径、足球
天河体育中心体育馆	1987	17303	综合性体育馆	8800	广州	篮球、排球
天河体育中心游泳馆	1987	23000	游泳跳水馆	3300	广州	游泳、跳水、花样游泳
广州体育馆	1957	43000	综合性体育馆	5000	广州	篮球
海珠体育馆	1987	5800	综合性体育馆	2100	广州	篮球
增城体育馆	1986	7285	综合性体育馆	2304	广州	篮球
原花县体育馆	1987	5476	综合性体育馆	2500	广州	篮球
荔湾体育馆	1987	6800	综合性体育馆	1981	广州	女子排球
黄埔体育馆	1987	5986	综合性体育馆	2100	广州	排球
二沙头网球场	1985	6591	网球场	300	广州	网球
沙面网球场	1905	1089	网球场	200	广州	网球
华南师范大学手球馆	1987	5050	综合性体育馆	2000	广州	手球
广州体育学院垒球场	未知	未知	垒球场	未知	广州	垒球
华南师范大学体育场	未知	未知	体育场	未知	广州	未知
华南师范大学垒球场	1952	未知	垒球场	5000	广州	垒球

续表

举办地点	建成/改建时间	面积（m²）	性质	观众数	区域	赛事及训练项目
华南师范大学足球场	1952	未知	足球场	5000	广州	垒球
二沙头体育训练基地跳水馆	1985	未知	跳水馆	未知	广州	跳水
二沙头体育训练基地弹网训练房	未知	未知	训练馆	未知	广州	未知
二沙头体育训练基地中华育英馆	1986	4500	训练馆	未知	广州	未知
广东体育馆	1987	11407	综合性体育馆	3000	广州	技巧
黄村训练基地射击场	1958	未知	射击场	650	广州	射击、航空模型
解放军体育学院体育场（东场）	未知	未知	体育场	未知	广州	射箭
广州体育学院体育馆	1985	1450	综合性体育馆	4000	广州	柔道、摔跤
矿泉游泳场	1960	未知	训练池	未知	广州	游泳
深圳体育馆	1985	22000	综合性体育馆	5900	深圳	体操、艺术体操
东莞常平体育馆	1985	2016	综合性体育馆	1800	东莞	武术
东莞石龙体育馆	1987	5611	综合性体育馆	2700	东莞	举重
番禺英东体育馆	1987	2208	综合性体育馆	2500	番禺	棋类
番禺英东体育场	1987	23000	体育场	15236	番禺	足球
台山县体育馆	未知	2400	综合性体育馆	3500	台山	排球
台山县正贤体育馆	1986	2400	综合性体育馆	3225	台山	排球
韶关体育馆	1976	3300	综合性体育馆	2900	韶关	羽毛球
曲江体育馆	1986	5126	综合性体育馆	1600	韶关	羽毛球
佛山市新广场	1987	3000	未知	4000	佛山	曲棍球
佛山市人民体育场	1987	未知	体育场	7000	佛山	曲棍球
佛山体育馆	1985	7908	综合性体育馆	4500	佛山	乒乓球
原三水县体育场	1985	3025	体育场	15300	佛山	足球
江门市游泳场	1987	450	游泳场	300	江门	水球
新会游泳场	1979	380	游泳场	未知	江门	水球
江门体育馆	1985	5000	综合性体育馆	3500	江门	击剑
太湖溪靶场	未知	未知	靶场	未知	惠州	航空模型
星湖划船场	1978	未知	室外水上	未知	肇庆	赛艇、皮划艇、航海模型
肇庆划船训练基地	1986	2516	室外水上	未知	肇庆	划船
秀英游泳场	未知	未知	游泳场	未知	海口	帆船、帆板
珠海度假村保龄球馆	1983	1000	保龄球馆	未知	珠海	保龄球
上海市水上运动场	1982	6059	室外水上	未知	上海	赛艇
上海市自行车赛场	1987	1775	自行车赛场	4000	上海	自行车竞赛

开创了将多个大中型体育场馆及中国布置并且共同建成的先例；形成了第一个大型体育中心"一场两馆"的规划布局模式；第一个将体育场馆的选址与城市发展战略相结合，以体育中心的建设带动新城区的拓展和经济的繁荣；第一个在体育场馆中装备彩色大屏幕和进口计时计分设备；天河体育中心曾成为全国规模最大的体育中心，建成后不断被学习和借鉴。[①]

1978年前，中国的体育建筑主要是以单体存在，1978年后突破了单体建筑设计的范围，上升到规划的高度，从单一的建筑发展成为结合复杂功能体系的建筑功能组合体。这一时期的体育建筑发展日渐成熟，设计趋于复合化和多样化。广州天河体育中心是20世纪80年代体育场馆建设的一个典范，创造了中国体育场馆的众多第一，它是中国第一个统一规划、同步建设的体育中心。它极大地带动了天河区的发展，成为以体育场馆建设推动城市发展的成功案例（图6.17）。

[①] 杨嘉丽：《新中国体育场馆60年》，国家体育总局编《拼搏历程 辉煌成就——新中国体育60年》，人民出版社，2009年，第115页。

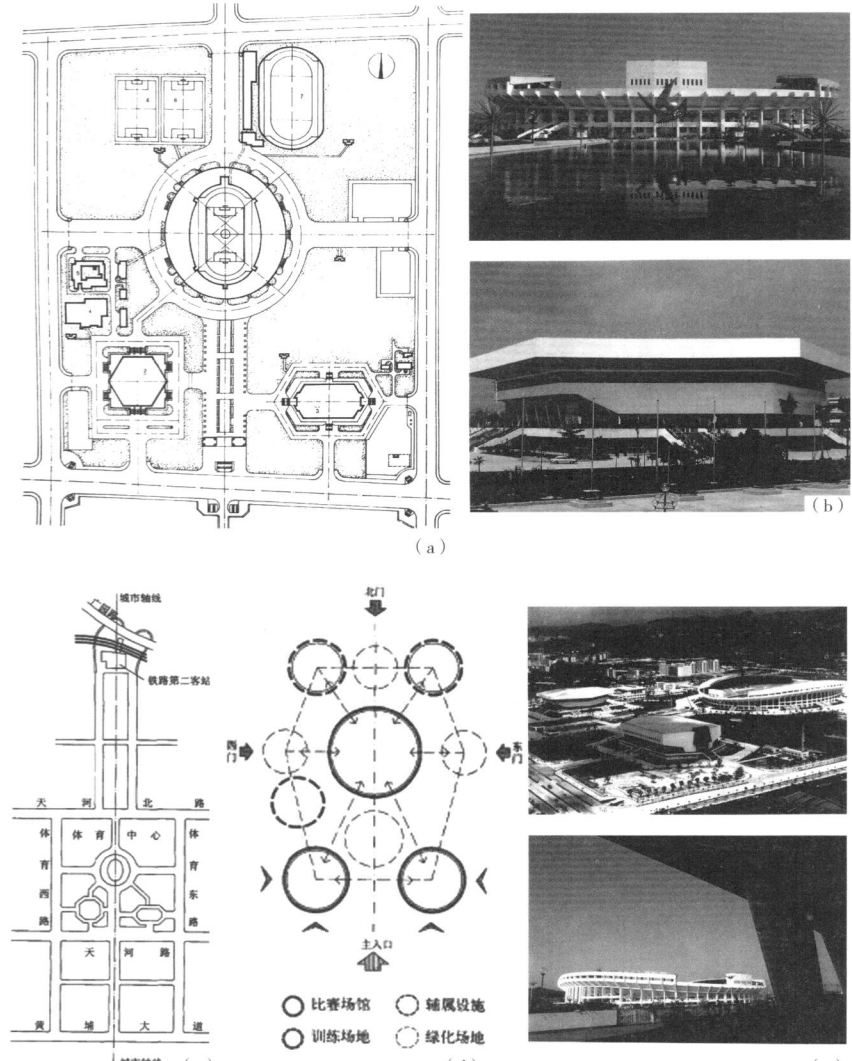

（a）天河体育中心总平面图
（b）天河体育中心体育场和体育馆
（c）广州天河体育中心与城市关系图
（d）结构分析图
（e）鸟瞰和外景
图6.17 天河体育中心

6.2.2.3 竞技性体育建筑的类型特征

现代建筑的设计原则包括功能性、真实性、理性化等原则。20世纪80年代的体育建筑，从多个方面突破了某些固定的模式，展现了时代精神。这一时期的体育建筑，超越了过去，从功能上、结构上、再到造型，进入了全面升级的阶段。

（1）场地形状多样化

体育馆的场地形状呈多样化，不仅有矩形、圆形、椭圆形等形状，还出现了三角形、八边形、六边形等形状。北京石景山体育馆采取三角形平面以适应场地，比赛厅规模采取梅季魁先生提出的34m×44m的综合场地。为了获得高使用率，座席采取不对称布局的方式。三片双曲抛物面网壳结构向中间汇聚突出场地。大连体育馆比赛场地水平旋转45°，观众席从矩形变为三角形，减少偏远座席。

（2）结构形式多样化

悬索结构、网架结构等结构形式在体育馆中逐渐普及。四川省体育馆平面为矩形，比赛空间充分利用了屋面结构形成的建筑空间。屋盖采用国内首创的单层预应力索网和拱的组合结构，造型丰富了室内空间和室外体量，展现了腾飞的动感。北京石景山体育馆采取的三片抛物面网壳结合采光带设计，丰富了采光设计的造型。

（3）"新、高、巧"的设备形式

第五届全运会的体育场馆使用了上百种体育设备和器材，具有新、高、巧的特点。器材达到国际先进水平，如上海市体育场和虹口体育场的电动记分牌屏幕，能够公布成绩和转播实况，这是国内首次使用这种先进设备。另外，游泳、举重、水上运动等比赛，采用先进电动计分和激光测距的新设备。

（4）大型竞技性体育建筑启动新区开发建设

广州天河体育中心是在机场的旧址上兴建的，是新城市中心的启动项目。它从荒地发展成为高密度城市中心，是广州新城市中心区的象征。天河体育中心是中国第一个统一规划建设的体育中心，它的模式受到各方关注。作为体育中心带动城市发展的典型，它还受益于城市东扩战略和持续的设施投入等多方面原因。

（5）总体布局：轴线对称为主，布局更加自由

这段时期的体育建筑的总体布局仍然以轴线对称为主，但布局更加自由。如北京北郊体育中心定位于对群众开放的体育公园，布局活泼，场馆围合成为一个有机地建筑群。体育场和水面一起围合成半圆形，而游泳馆、体育馆和练习馆面向水面呈弧线布局，整体感很强的总平面布局形成了一个围合的空间（表6.9）。

当然，大部分体育中心的总体布局仍然延续了之前的设计思路。如广州天河体育中心利用笔直的道路将场地分成四块，体育场占据

表 6.9　1978—1990 体育建筑总体空间布局

馆名	成都市城北体育馆（1980年）	上海黄浦体育馆（1982年）	西藏体育馆（1985年）
布局特点	顺应地形，轴线对称式布局	顺应地形，轴线对称式布局	轴线对称式布局
总平面	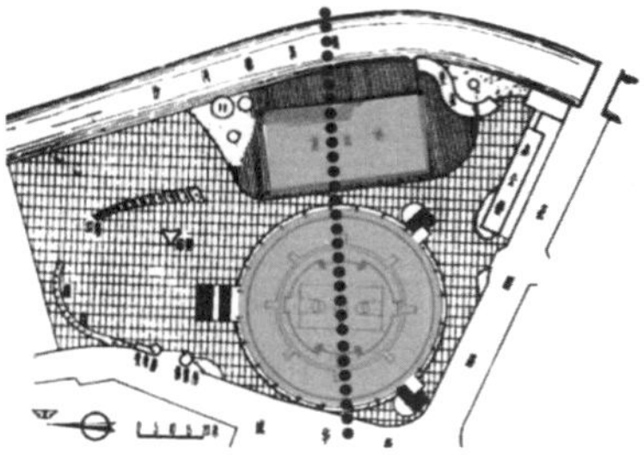	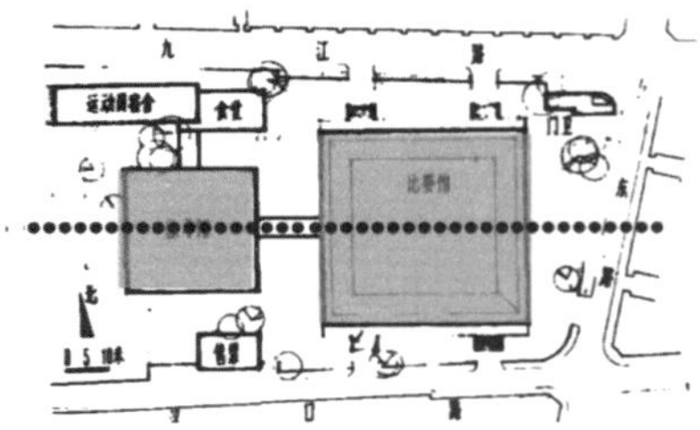	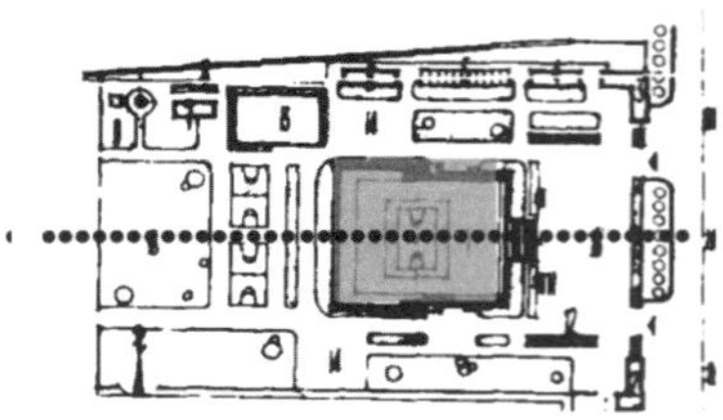
馆名	深圳体育馆（1985年）	吉林市冰上运动中心（1986年）	山东省体育中心（1987年）
布局特点	顺应场地，对称式占据场地中心	位于场地一端，轴线对称式布局	建筑布局呈"一"字形，沿轴线布局
总平面	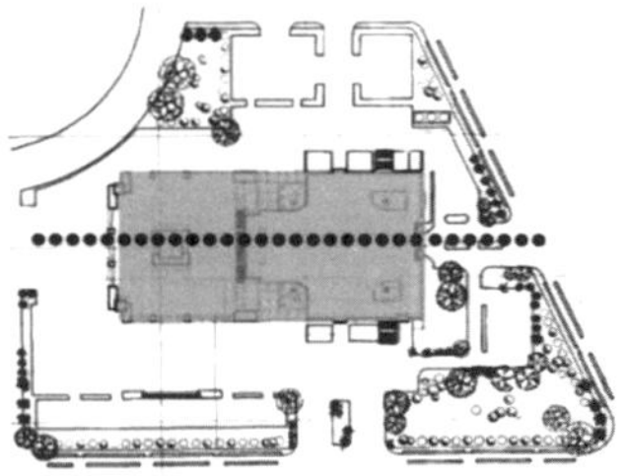	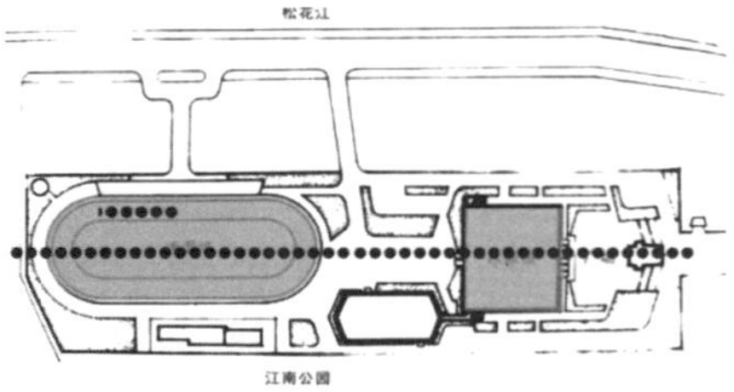	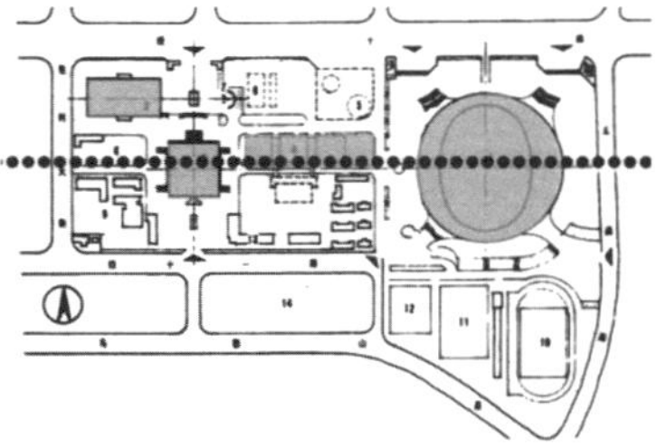
馆名	广州天河体育中心（1987年）	北京石景山体育馆（1988年）	北京朝阳体育馆（1988年）
布局特点	体育场、馆放在主轴上，游泳馆次轴上，呈"品"字形布局	顺应场地的三角形布置，三角形的体育馆占据场地的主导位置	体育馆以两条主要道路形成的夹角为主要轴线对称布置
总平面	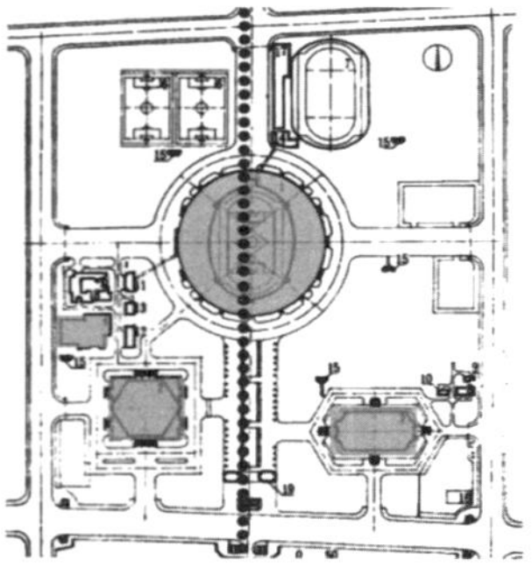	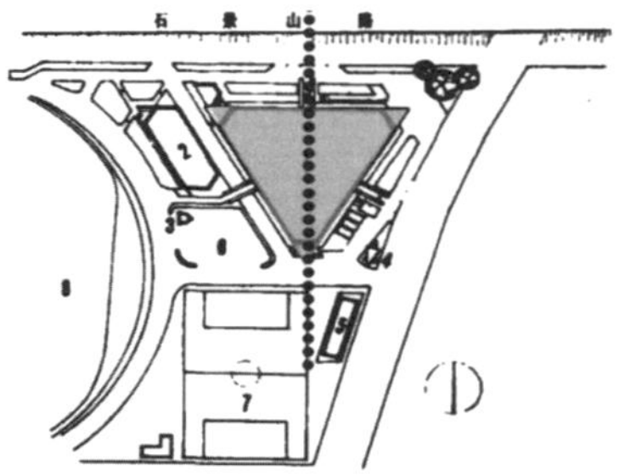	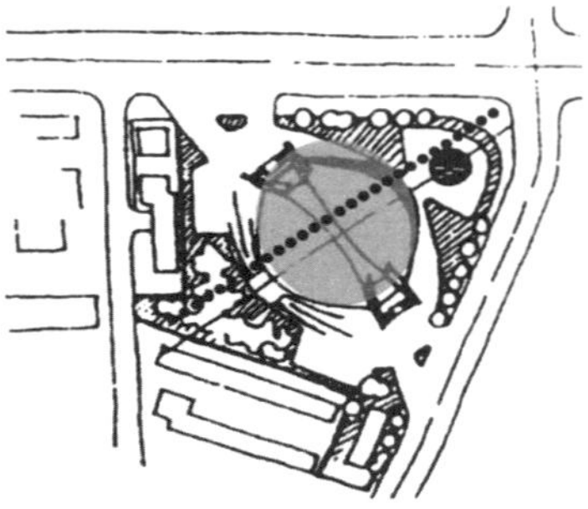

场地中心的位置，体育馆和游泳馆位于南北轴线的南端，整体呈现对称的布局。而中小型体育馆由于用地紧张，更加重视和地形的呼应。北京石景山体育馆位于三角形基地上，体育馆使用三角形平面来呼应地形，和道路平行。朝阳体育馆的用地是不规则的菱形，体育馆采用椭圆形平面，长轴和道路成夹角布置。

（6）体育场的总平面布置：田径练习场和足球场

这段时期的体育场的练习场地一般配置有田径练习场地和足球练习场地，有的还有篮球练习场等其他练习场地。练习场地一般就

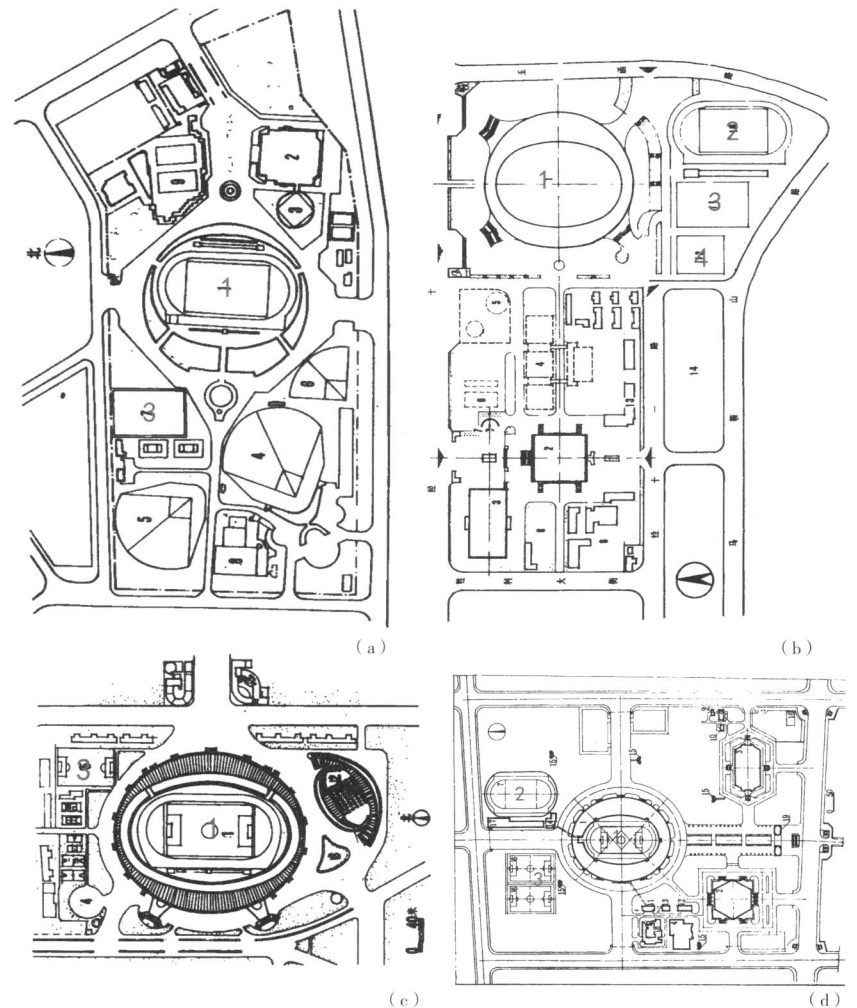

(a) 丰台体育中心体育场的田径赛场和练习场关系
(b) 山东体育中心体育场田径赛场和练习场关系
(c) 成都市体育场的田径赛场和练习场地的关系
(d) 广州天河体育中心体育场田径赛场和练习场关系

图 6.18 中国体育场的田径赛场和练习场地的关系（1978—1990）

近靠近体育场赛场布置（图 6.18）。正规的体育场比赛场地应设有 1 个田径练习场地，2 个足球场（一个设在田径场内）。练习场地应尽量靠近比赛场地，田径场宜放在西北角使运动员接近跑道起点，也可放在东北角。足球练习场放在体育场东侧，因为主席台一般在西边看台，使运动员入场能面对主席台。

6.2.3 类型细化：专项体育建筑

6.2.3.1 游泳馆

20 世纪 80 年代初，全国的竞技游泳集训急需大量室内游泳池用于训练，全国建设了一批现代化游泳馆。这段时期中国的游泳馆从数量到质量上都迅速提高，建设了包括四川省游泳馆、上海游泳馆、天河体育中心游泳馆和国家奥林匹克体育中心游泳馆在内的一批竞技性游泳馆（表 6.10）。这时期的竞技性游泳场馆的设计和建设到了崭新的时期，达到了国际先进水平。

表 6.10 中国省级以上的游泳场馆（1978—1990）

时间	场馆名称	建筑面积	座席	看台布局	赛事
1981	四川省游泳馆	12132	1800	单侧看台	跳水及游泳比赛
1983	上海游泳馆	6117	4100	双侧看台	跳水及游泳比赛
1984	广州二沙岛跳水馆	2000	无	无	跳水比赛
1986	山东省体委游泳馆	13156	2011	双侧看台	跳水及游泳比赛
1987	广州天河体育中心游泳馆	21747	3000	双侧看台	跳水及游泳比赛
1989	国家奥林匹克体育中心游泳馆	37500	6100	双侧看台	跳水及游泳比赛

(a)

(b)

(c)

(d)

(e)

(f)

(g)

（a）山东省体委游泳馆外景
（b）山东省体委游泳馆内景
（c）广州天河体育中心游泳馆外景
（d）广州天河体育中心游泳馆内景
（e）上海游泳馆内景
（f）四川省游泳馆内景
（g）国家奥林匹克体育中心游泳馆内景

图 6.19 中国省级以上的游泳场馆（1978—1990）

表 6.11 中国游泳场馆的泳池尺寸及看台布局（1978—1990）

场馆名称	游泳池尺寸（m×m×m）	跳水池尺寸（m×m×m）	训练池尺寸（m×m×m）	布局形式	训练池位置
四川省游泳馆	21×50	33×21	/	两池同厅	/
上海游泳馆	21×50	25×20×5.5	8×50×1.7	两池同厅	看台下方
广州二沙岛跳水馆	/	19×21×5	/	单厅布置	/
山东省体委游泳馆	21×50	20×25×5.5	/	两池同厅	/
广州天河体育中心游泳馆	21×50	21×25	12×50	两池同厅	看台下方
国家奥林匹克体育中心游泳馆	25×50×3	25×25×5.5	11.5×51×1.8	两池同厅	池厅一侧

游泳池的一般规格为 50m×25m，满足赛事需求。而一些小城市的游泳馆不一定以赛事为目标，一般按照乙级或丙级建设就可满足要求。而泳池的深度有 2m 和 3m 两种，区别在于是否需要举行花样游泳的比赛。但 3m 的泳池不利于赛后使用，过大的水深减少了水池内游泳的人数。跳水池有 25m×21m 或 25m×25m 两种规格。国际跳水比赛一般用 25m×25m，池深为 5.5~6m。跳水池是游泳馆中使用率最低的，大部分跳水池赛后处于闲置状态，应谨慎设置。《体育建筑设计规范》规定大型比赛训练池尺寸为 50m×12.5m×1.2m。

这时期的竞技性游泳馆的布局方式主要以跳水池和游泳池两池同厅的方式布置，且大多使用"一"字形布局，即将 50m×25m 的游泳池比赛池和 25m×25m 的跳水池一字排开，跳水池内可设置 10m、7.5m、3m 跳台和 1m、3m 的跳板（表 6.11）。

这段时期中国游泳池和跳水池的组合形式主要有四种：①两池同厅的布局模式也是 80 年代至今游泳馆常使用的泳池布局模式之一。②一馆一池的做法可以根据实际需求设计。广东二沙岛跳水馆采取跳水馆和游泳池分开建设的策略，设计者考虑两馆分开建设，建筑高度可以按照实际需要确定，不必勉强抬高游泳池部分的高度，而游泳池的水温和跳水池的温度不同，按照国际比赛标准，前者为 24℃，后者为 27℃，室内空气温度一般比水温高出 2℃。若游泳跳水合在一个馆舍，大空间联通，那么游泳区的室内温度高出水温 4°~5°，增加了供暖负荷。③一馆一池（无跳水池）也是常见的室内游泳池的做法之一。这种游泳池的体量较小，可以根据实际需求设计。④两池分厅（横列式）的布局方式出现，洪山游泳跳水馆采取的就是这种方式，游泳池和跳水池分开设置，设置在两个大厅内，看台单侧布置，训练池脱开布置，设置看台下方。两池分厅的布置方式将"一"字形布局与分厅设置相结合，较好解决设施重复建设和交通流线增加的问题，但较难满足大型赛事对座席数量的要求（表 6.12）

表 6.12 游泳池和跳水池的组合形式（1978—1990）

两池分用（两池同厅——"一"字形）	
上海游泳馆	广州天河体育中心游泳馆
游泳池和跳水池分开设置，设置在同一个大厅内，看台双侧布置，训练池脱开布置，设置看台下方	游泳池和跳水池分开设置，设置在同一个大厅内，看台双侧布置，训练池脱开布置，设置看台下方
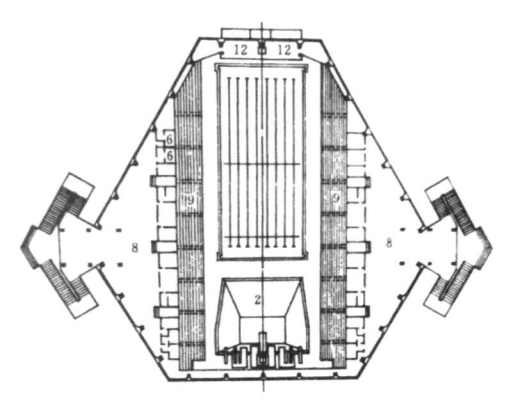	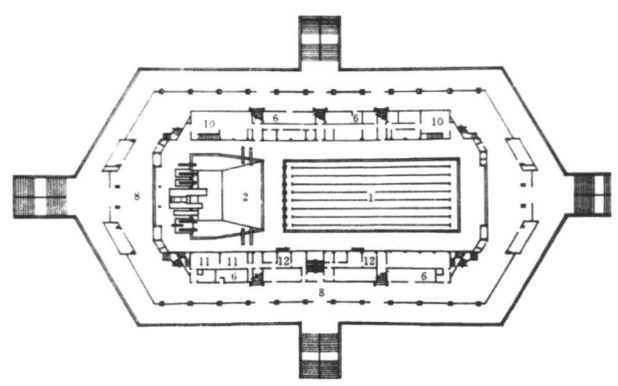
国家奥林匹克体育中心游泳馆	四川省游泳馆
游泳池和跳水池分开设置，设置在同一个大厅内，看台单侧布置，训练池与池厅平行设于一旁，训练池相对独立，灵活性较大	游泳池和跳水池分开设置，设置在同一个大厅内，看台单侧布置，没有设置训练池
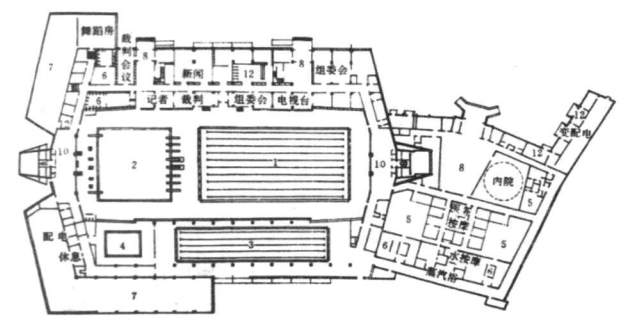	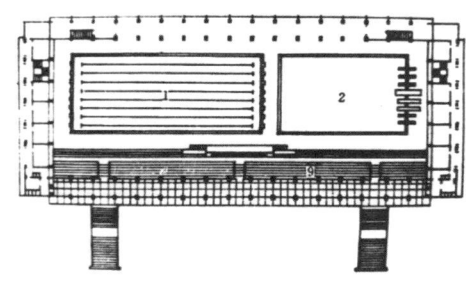
山东省体委游泳馆	
中小型游泳池，游泳池和跳水池分开设置，设置在同一个大厅内，看台双侧布置，隔池相望，无训练池	
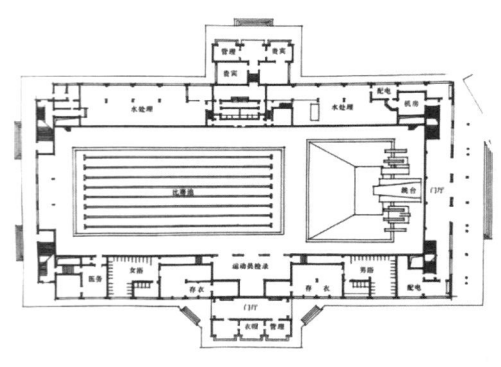	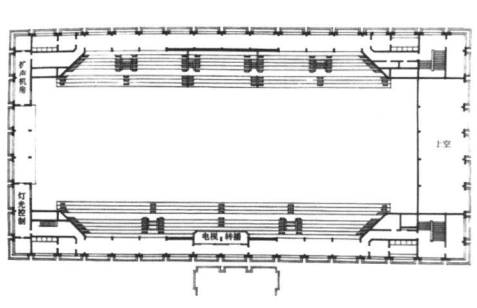

续表

特点：体量大，整体性较强、空间宽阔，方便组织竞赛功能和流线，但无法分开使用，灵活性不够，且比赛时会互相影响	适用范围：举办大型赛事的场馆，是比较常见的布局方式之一

一馆一池（无跳水池）

原上海县室内游泳池

单一场馆内只设置了游泳池，没有布置跳水池，游泳池的功能以室内训练和儿童游戏为主，训练池长25m，宽16m，6条泳道，浅水深1.3m，深水深2.1m

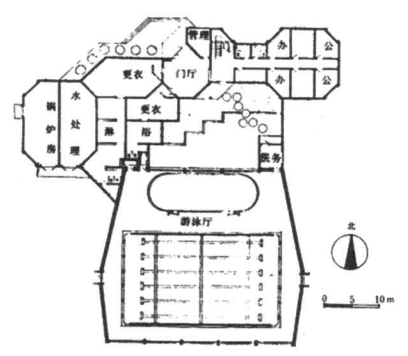 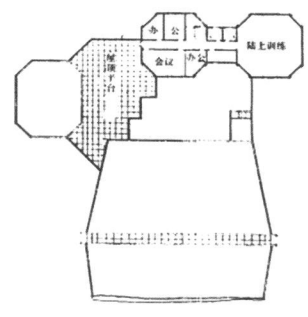

特点：特点：体量较小，建筑高度可以按照实际需要确定，不必勉强提高游泳池屋面的高度，有利于游泳池的分期建设	适用范围：单一的游泳训练场馆

两池分厅（横列式）

武汉洪山游泳跳水馆

游泳池和跳水池分开设置，设置在两个大厅内，看台单侧布置，训练池脱开布置，设置看台下方

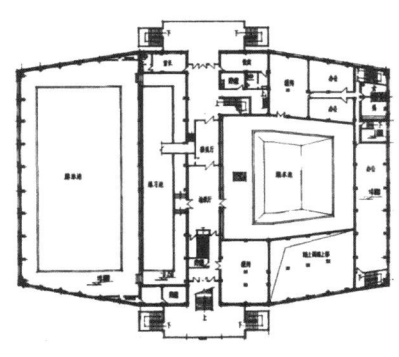 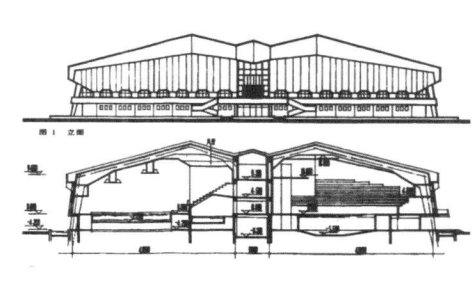

特点：将"一"字形布局与分厅设置相结合，较好解决设施重复建设和交通流线增加的问题，但较难满足大型赛事对座席数量的要求	适用范围：中小型场馆

6.2.3.2 网球馆

1985年建成的天津网球馆在建成时是当时国内最大的网球馆。广州沙面英东网球馆位于广州沙面外国古典式建筑保护区，建筑面积1800m²，平面尺寸为39.6m×35.4m，内设两个网球场。主体结构采用钢筋混凝土框架，屋盖结构为球网架。轻质隔热板的屋面上设有条形光带，建筑物立面的下部是铝合金漏光门，中间是固定的铝合金窗，上部为百叶窗，满足通风采光的需求。网球馆和沙面原有

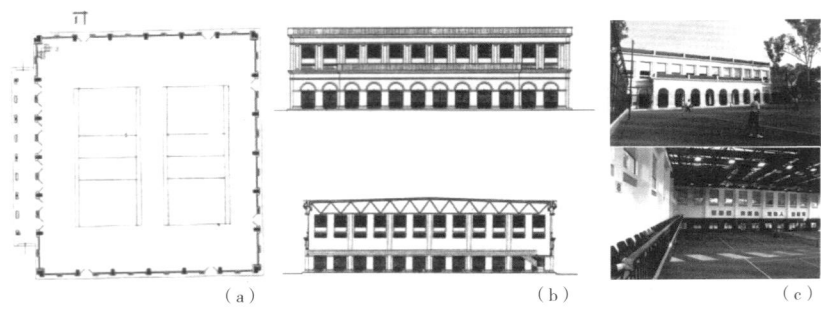

(a) 沙面英东网球馆平面
(b) 沙面英东网球馆立面
(c) 沙面英东网球馆外景和内景

图 6.20 沙面英东网球馆

建筑协调，且有南方建筑的格调。设计者从环境、布局、造型多方面考虑，用简洁的南方硬山建筑形式和绿色的琉璃瓦屋面，墙面线条和西洋建筑类似（图 6.20）。[1]

6.2.3.3 体育训练基地

从 70 年代开始，国家除了完善直属国家队训练基地外，先后和地方投资共建了 20 个训练基地，分布在华北、东北、东南、中南、西南、西北的 12 个省、自治区，总面积 3065 万亩。[2]

中国的体育训练基地分为三类：①国家体育总局投资管理的，如训练局、奥体中心、秦皇岛等大型综合性训练基地。②共建基地，国家体委投资、地方管理的。③命名基地，地方投资管理的。截至 1990 年为止，中国在全国各地兴建了一批体育训练基地（表 6.13）。

[1] 佘畯南：《佘畯南选集》，中国建筑工业出版社，1997 年，第 161 页。

[2] 国家体育总局干部培训中心中心编《市场经济与体育改革发展》，北京体育大学出版社，2002 年，第 174 页。

表 6.13 中国体育训练基地（1978—1990）

时间	城市	基地名称	体育设施
1961—1981	北京	国家集训队原崇文区训练基地	先后建成网球馆、田径馆、田径场、足球场、乒乓球馆、体操馆、羽毛球馆、举重馆
1975—1988	秦皇岛	国家体委秦皇岛训练基地	先后建成运动场、篮、排球房、网球场、健身房、柔道摔跤馆、体育馆
1978	肇庆	肇庆划船训练基地	6 条 2000m 的赛艇航道、1000m 的皮划艇专用道 9 条，4 座简易观察台，1 座终点裁判台
1979	梧州	梧州体育训练基地	全国三大足球训练基地之一，占地 284 426m²
1979 后	北京	芦城训练基地	棒球场、射箭场、空模训练场、海模训练场
1980	柳州	柳州篮球训练基地	总面积 20 100m² 可供篮球、排球、手球、乒乓球、武术、体操、艺术体操等项目训练和比赛
1982 后	北京	四块玉训练基地	手球馆、排球馆、摔跤馆、柔道馆、垒球馆、2 个体能训练房、室外垒球场、灯光手球场、200m 跑道的田径场
1985—1990	天津	韩家墅训练基地	足球场、曲棍球场、航空模型队专用柏油训练场地、健身房
1981—1990	北京	怀柔训练基地	300m 射击场、50m 射击场、25m 射击场各 1 个，50m 移动靶射击场 2 个，50m 步、手枪射击场 1 个，25m 手枪速射靶场 1 个，10m 气枪靶场 1 个，10m 移动靶射击馆 1 个，飞碟综合靶场 1 个
1980—1990	天津	傅村训练基地	射击场、摔跤馆、拳击馆、武术馆、健身房、田径场及室外身体训练场地、摩托车训练场
1985	郑州	郑州篮球训练基地	继柳州篮球训练基地之后全国第二个篮球训练基地
1987	英德	国家女子足球英德训练基地	占地面积 40 万 m²，8 个草皮足球场
1988	沈阳	辽宁省体育训练中心	占地 7 公顷，总建筑面积 31 000m²，包括 17 个子项，其中含举重馆，手球馆，武术馆，体操馆，击剑馆，棋类馆，自行车赛场等 8 个场馆，是集训练、表演、比赛为一体的体育城

建筑群体色调为白色，圆弧线是母题，各幢建筑的门、窗、入口及楼梯尽量尺度相宜，举重馆尺度较大，是整幢建筑群的中心

| 手球馆 | 体操馆 | 棋类馆 |

整个体育中心的建筑群，单体在同一中求变化，在共性中求个性，浑然一体而不失特色

（a）手球馆首层平面图　　（b）体操馆入口雕塑　　（c）棋类馆

举重馆

举重馆在中轴线上，容纳600人观众，观众厅采用六角形平面，主体沿水平方向展开，高度12m

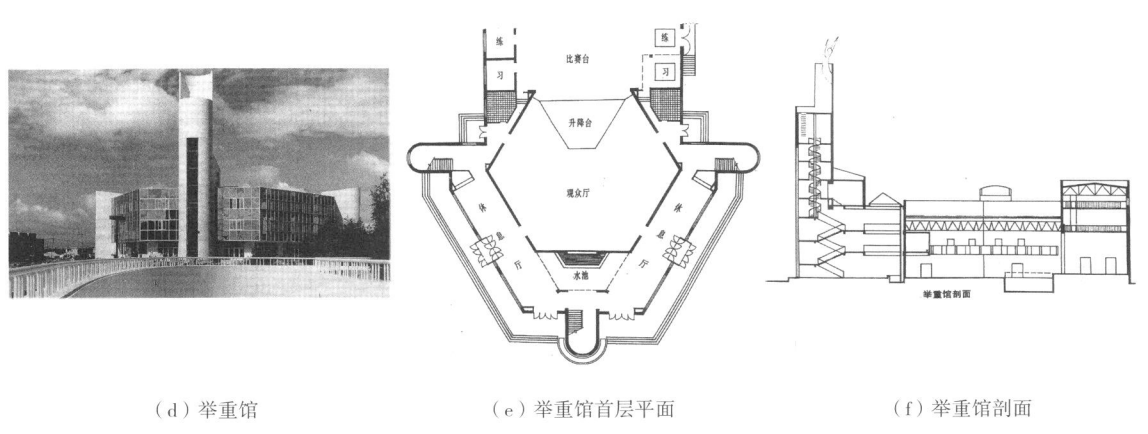

（d）举重馆　　（e）举重馆首层平面　　（f）举重馆剖面

自行车赛场

自行车赛场造型反复出现圆与弧，抛物线的拱门、流畅的雨篷一直延伸到正立面形成弧形的檐口，室外楼梯的三组大小不一的圆形柱亭具有一定功能，还赋予建筑独特的个性

（g）自行车赛场　　　　　　　　　（h）自行车赛场外景

图6.21　辽宁省体育训练中心

第6章　体育建筑的融合转型（1978—1990）

1992年6月11日，国家体委发布《体育训练基地基本建设工作管理办法》确定了体育基地的建设程序。基本建设程序包括：①编制基本建设总体规划。②根据国家体委和地方批准的运动项目，提出建设项目、建筑面积等，提出基本建设的五年计划，体育训练基地要委托设计单位对拟建设项目进行可行性研究。③体育训练基地应当和体育建筑群落统一规划，这是开展大型运动竞赛的必要条件，基地的基本结构应以群落为主，有训练、生活、通讯建筑。当然，这些体育训练基地最好和旅游、游乐等多用途建筑联系在一起，作为娱乐的基础等内容。

6.2.3.4 赛车场

1959年，北京建成了中国第一个自行车赛车场——龙潭湖赛车场，开创了中国自行车场馆建设的先河。龙潭湖赛车场看台能容纳5000名观众，主体部分的跑道是根据国外文献资料建造的。它的主要参数为：周长333.33m，主跑道宽8m，放松道宽0.7m，每侧直道长67.132m，过渡曲线长20.995m，圆曲线长57.543m。弯道最小曲率半径25m，最大横向倾角32°，直道最小横向倾角7°11′。这里所说的周长和各段长度是测定线长度。1978年，在太原建成了中国第二个自行车赛车场——山西赛车场。这个露天赛车场是山西省的重要体育项目之一。该场总建筑面积7992m^2，其中，跑道约3400m^2，看台部分约4400m^2，可容纳7000名观众。

以1979年中国的国际自行车联盟的合法地位得到恢复和山西体育场的建成为标志，中国自行车场地建设开始全面发展。1985年，郑州诞生了中国第三个赛车场——河南赛车场。该场是利用山西赛车场的设计图纸局部修改后建造的。主要的修改是取消了东看台，只设西看台，场地主体部分未做改动，全部设计参数和山西赛车场相同。

截至1990年，中国共兴建自行车场地8个，呈现以下特征：①室外场地，赛道以水泥赛道为主，尚未变成室内场地的模式。②1989年建造的北京老山自行车场将赛道从333.33m过渡到250m，奠定了现代自行车场的标准赛道模式（表6.14）。

表6.14 中国场地自行车场馆一览表

序号	场馆名称	地点	建成年份	赛道周长（m）	赛道材料	建筑形式	使用情况
1	龙潭湖自行车赛车场	北京	1959	333.33	水泥	露天	首届全运会
2	山西自行车赛车场	山西	1979	333.33	水泥	露天	专业训练
3	河南自行车赛车场	河南	1985	333.33	水泥	露天	专业训练
4	莘庄自行车赛车场	上海	1987	333.33	水泥	露天	八运会、专业训练

续表

序号	场馆名称	地点	建成年份	赛道周长(m)	赛道材料	建筑形式	使用情况
5	沈阳自行车赛车场	辽宁	1988	333.3	水泥	露天	全国锦标赛、专业训练
6	哈尔滨自行车赛车场	黑龙江	1988	333.33	水泥	露天	专业训练
7	昌平自行车赛车场	北京	1989	333.33	水泥	露天	专业训练
8	老山自行车赛车场	北京	1989	250	水泥	露天	专业训练

自行车赛车场设计的特点是由它的主体——跑道的特点决定的。为了适应自行车运动的要求，赛车场的跑道设计成特殊空间曲面体形的环状物，而且设计时构成这种特殊体形的参数变化大都没有规律（表6.15）。

表6.15 中国场地自行车场馆的发展特点

摸索阶段

北京龙潭湖赛车场是中国自行设计并建成的第一座自行车赛车场，跑道周长为333.33m

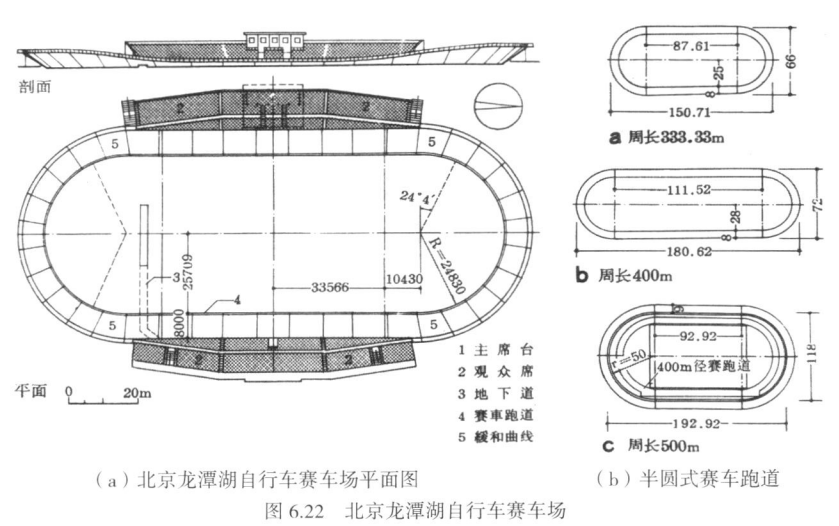

（a）北京龙潭湖自行车赛车场平面图　　（b）半圆式赛车跑道

图6.22　北京龙潭湖自行车赛车场

龙潭湖赛车场基础上优化，使用效果提升，但在赛道参数和形体、表面材料与摩擦力等方面不甚满意

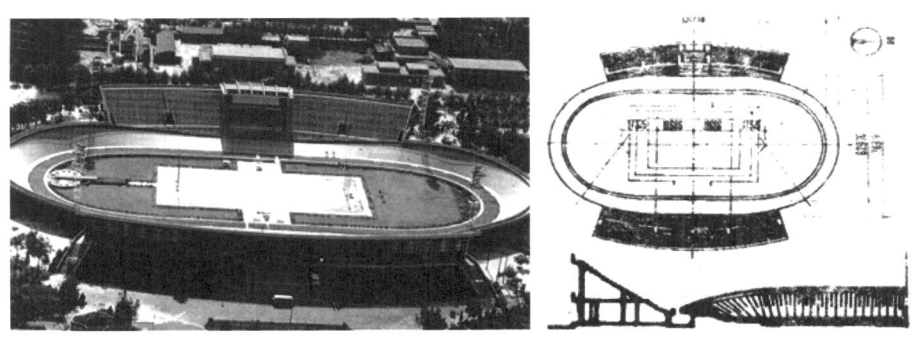

（a）山西省赛车场透视　　（b）山西省赛车场平面及剖面

图6.23　山西省自行车赛车场

探索阶段
莘庄自行车赛车场
缩短直道，加大缓和道，压小圆和道，加大赛场的安全系数，取消了内场一端加盖顶板的运动员斜坡式入口通道

图 6.24　莘庄自行车赛车场实景

发展阶段
昌平自行车场
中国第一个达到当时国际标准的自行车赛场，改变了传统看台大半径同心布置的方式，采用小半径多心的形式，采用了国内少见的四周看台的设计

 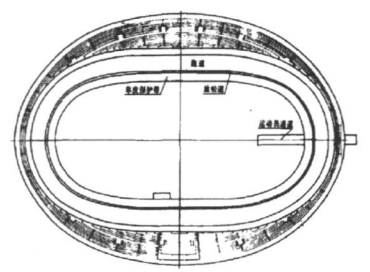

图 6.25　昌平自行车场鸟瞰和平面图

6.2.3.5　全国第一座专用滑冰馆

黑龙江省滑冰馆是全国第一座大型综合滑冰馆。举办了全国第五届冬运会。它是在原有的露天人工制冷冰球场地上加盖扩建成的符合国际比赛标准的室内滑冰场，可进行短道速滑、花样滑冰、冰球等比赛。建筑体型为矩形，尺寸为 101.2m×70.7m×20m。中央为 66m×66m 的方形观众厅。共布置 4244 个座位，东西三层看台，南北二层看台。14 个安全疏散口可以在 2.8 分钟内疏散全部观众（图 6.26）。

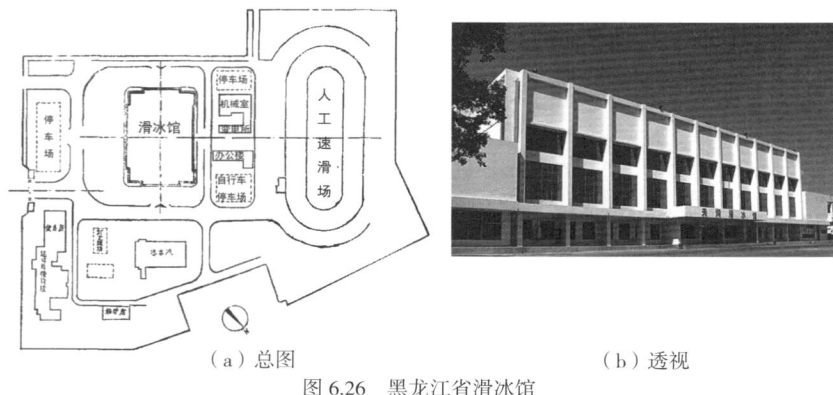

（a）总图　　　　　　　　（b）透视

图 6.26　黑龙江省滑冰馆

6.3 结构的类型特征：结构理性主义到结构表现主义

改革开放近 30 年来，国内体育建筑空间结构的研究和实践逐渐发展成熟，数量和质量都呈现指数级的增长趋势。国内举办的大型赛事为体育建筑的空间结构发展带来了契机，尤其是以 1991 年的北京亚运会和 2008 年的奥运会影响力最大。

6.3.1 网架结构和网壳结构

20 世纪 80 年代，随着软件和理论的发展，网架结构和网壳结构得到快速发展，形式和数量逐渐增加。体育建筑逐渐使用了包括球面网壳、柱面网壳、鞍形网壳、双曲扁网壳等各种异形网壳。20 世纪 90 年代中期建造了一些规模宏大的网壳结构，如 1989 年建成的北京奥林匹克中心综合体育馆，平面尺寸为 70m×83.2m，采用人字形截面双层圆柱面斜拉网壳，是当时国内跨度最大的网壳结构。

6.3.2 悬挑结构的发展

悬挑结构作为一种无端部支承的构件，一直是中国体育场常用的屋盖结构之一。悬挑结构可以采用混凝土结构，也可以采用钢结构。新中国成立前中国的体育场常采用混凝土结构，若采用混凝土的屋面板，悬挑跨度仅有数米至十余米。若采用压型钢板等结构，悬挑跨度可达二三十米。新中国成立后中国的体育场采用较多的是悬挑钢桁架结构，悬挑跨度很大，可达数十米，因而屋盖的覆盖面积和深度也大幅度提高。

体育场的悬挑罩棚具体也可分为多种类型，分别是：镰刀型罩棚、带有拉杆的罩棚、带有悬索的罩棚。首都体育馆速滑馆的屋盖四周由 60 榀预应力钢筋混凝土悬挑钢架支承，造型轻巧美观。建成于 1991 年的成都市体育场屋盖采用全封闭大悬挑挑棚，共布置了 104 榀悬挑挑棚结构（表 6.16）。

表 6.16 悬挑结构的四种类型

罩棚类型	罩棚组成	优点	缺点	示意图
镰刀型罩棚	罩棚的主梁连同支撑的柱子形成了一个外形像镰刀的式样	看台的观众上前面没有柱子，视线效果好	弯折部位的弯矩大且应力集中，传力途径较长，材料用量大	

续表

罩棚类型	罩棚组成	优点	缺点	示意图
带有拉杆的罩棚	悬挑弯矩由尾部的拉杆和支承在看台上的承压柱来平衡	结构受力明确，减少了应力集中的问题	看台观众的视线或多或少受到承压柱的阻挡	
带有悬索的罩棚	罩棚的悬挑弯矩由罩棚顶上的拉索的压力和挑梁内产生的压力来承担	避免悬挑弯矩单独作用于挑梁，减小了挑梁的截面尺寸	屋面上方有拉索且需室外保护和维修	

6.3.3 悬索结构的发展

1980年建成的成都城北体育馆屋盖为圆形，直径61m，仍采用轮辐式双层悬索结构。吉林滑冰馆（59m×79.8m）采用了预应力空间双层索系，安徽省体育馆（72m×54m）和杨浦体育馆（54m×45m）采用了横向加劲索系。①

继中国建成北京工人体育馆、浙江人民体育馆之后，中国悬索结构的发展停顿了一段时间，直到20世纪80年代，建筑师逐渐走出了平板网架的局限，追求其他的结构形式来丰富建筑造型。悬索结构正是在这种背景下再度发展的。中国相继建成了成都城北体育馆、吉林滑冰馆、安徽省体育馆、丹东体育馆、北京朝阳体育馆等建筑，采用了各种形式的悬索结构。一些体育馆采用了两个或两个以上的索网和拱、刚架等中间支承结构的混合结构。这种组合做法利用了一种结构类型的长处，避免了另一种结构的短处，改善了结构的受力性能。如四川省体育馆（平面尺寸74m×79m）采用了鞍形索网和中央大拱的组合结构，青岛市体育馆（卵形平面73m×89m）采用了落地拱结构。北京朝阳体育馆采用了索网和拱结构结合的中央索拱体系。中央索拱体系是由悬索和钢拱结构组成的混合结构体系，这种组合式结构丰富了体育建筑的造型，且能更好满足建筑功能的要求。

预应力双层索系统是解决悬索结构稳定性的另一种有效形式，它的机理类似于预应力索网，是由一系列承重索和曲率相反的稳定索组成。1966年，瑞典工程师贾韦斯（Jawerth）首先在斯德哥尔摩滑冰馆采用由一对承重索和稳定索组成被称为"索桁架"的专利体系，其后这种平面双层索系在各国获得广泛的应用。中国无锡体育馆也采用了这种体系。作为对这种体系的改进，吉林滑冰馆采用了一种新型的空间双层索系，它的承重索与稳定索不在同一竖平面内，

---

① 蓝天：《中国空间结构六十年》，《建筑结构》，2009年第9期。

而是错开半个柱距,从而创造了新颖的建筑造型,而且很好地解决了矩形平面悬索屋盖通常遇到的屋面排水问题。这一新颖结构参加了1987年在美国举行的"国际先进结构展览"。[①]但在1991年后,悬索结构的发展又处于几近停滞的状态。

6.3.4 张拉结构进一步发展

20世纪70年代后,建筑材料和技术革新导致大跨结构向轻型化发展,结构开始体现材料本身的特性。1970年大阪世博会建设了一批永久性充气膜结构建筑,美国工程师盖格尔(D. H. Geiger)在张拉整体穹顶的基础上发明了张拉整体结构——索、膜、压杆组成的"索穹顶",张拉整体结构出现在大跨建筑中。膜材因其重量轻、可变形状、良好的采光性开创了一个新的领域。

这段时间体育建筑中相继出现了弦支穹顶、张拉膜、索穹顶等结构体系,大大提升了国内空间结构的理论和实践水平,逐步向世界先进水平靠拢。国际上张拉结构逐渐成为主流的研究和实践方向,由美国工程师盖格尔首次研究开发的索穹顶结构被用于1988年韩国汉城奥运会体操馆(直径120m)和击剑馆。20世纪90年代日本兴起由受拉内环、索桁架和受压全梁组成的膜结构穹顶体系。

[①] 沈世钊:《大跨空间结构的发展——回顾与展望》,《庆贺刘锡良教授执教五十周年暨第一届全国现代结构工程学术报告会论文集》,2001年,第406页。

表6.17 中国体育建筑结构类型(1978—1990)

建筑名称	建成时间	屋盖结构	平面	结构示意
成都市城北体育馆	1980	车辐式双层悬索结构	圆形	
上海黄浦体育馆	1982	钢管网架	矩形	
上海游泳馆	1983	网架	八边形	

续表

建筑名称	建成时间	屋盖结构	平面	结构示意
深圳体育馆	1984	钢管球节点空间网架	八边形	
武汉体育学院太阳能游泳馆	1985	无黏结预应力铰线混凝土刚架	矩形	
吉林冰上运动中心滑冰馆	1986	上下索错位的索桁架	矩形	
淄博市体育馆	1986	单层平行索系	矩形	
广州天河体育馆	1987	钢管网架	长八角形	
大连体育馆	1988	正交正放网架	八角形	
四川省体育馆	1988	抛物线钢筋混凝土大拱的张力结构+正交索网	六边形	
丹东体育馆	1988	单层平行索系	六边形	
承德体育馆	1988	凸形三向网架结构	六边形	

续表

建筑名称	建成时间	屋盖结构	平面	结构示意
武汉洪山体育中心跳水游泳馆	1989	钢筋混凝土门式刚架	/	
安徽省体育馆	1989	横向加劲单层平行索系	六边形	
上海杨浦体育馆	1989	横向加劲单层平行索系	矩形	
青岛市体育馆	1990	钢筋混凝土空腹交叉拱+双层屋面悬索	卵形	
江西省体育馆	1990	拱+钢网架+钢吊索	八边形	
首都滑冰馆	1990	立体空间梭形钢网架	/	
广东潮州体育馆	1990	单层悬索体系	八边形	

6.4 功能空间和使用模式的特征：场地利用的多样化与综合化

多功能馆的场地不宜过小，以 30m×44m~32m×46m 为好。这样不仅能满足一般以一个篮球场范围的综合性活动的要求，还能适应手球、网球、大型体操和多台乒乓球比赛的要求，并为多组体育训练创造条件，根据需要可随时变换场地大小。多功能体育馆观众席包括固定座席和活动座席。固定座席以适应体育比赛为主，而活动座席则以适应集会、文艺、电影和小型场地体育项目的要求。活动座席对许多种项目来说，视觉质量良好，是多功能必不可少的设备，按一般标准要求，为设置活动座席所增加的投资并不很多。多功能体育馆观众厅的平面空间布局可多种多样，观众席在场地侧面不对称布置也值得视与探讨（表6.18）。[①]

① 张耀曾，刘振秀，郭恩章：《我国体育馆建筑的实践与问题——体育馆建筑三十五年》，《长安大学学报（建筑与环境科学版）》，1984年第6期。

表6.18 中国关于多功能场馆研究的期刊论文（1978—1990）

期刊	作者	论文	内容
《体育建筑专题研究》，1980	梅季魁，张耀曾，郭恩章	《多功能体育馆观众厅场地选型》	探讨了多功能体育馆的分类、场地规模和场地形状
《体育建筑论文集》，1980	郭恩章，梅季魁，张耀曾	《多功能体育馆观众厅的视觉质量》	指出体育馆多功能的范围和分类，把多功能观众厅设计作为基本课题，分析多功能观众厅空间布局的方式
《建筑师》，1981第9期	梅季魁	《体育馆发展方向探讨》	分析体育馆当时存在的几个问题：①未尽其用；②不尽其用；③不足其用；④收效甚少，指出体育馆多功能使用的发展趋势
《建筑学报》，1981第9期	梅季魁，郭恩章，张耀曾	《多功能体育馆观众厅平面空间布局》	调查了14个省、自治区、市的30个体育馆，对多功能体育馆的发展前景、使用功能、技术原理和建筑布局作了初步探讨
《建筑学报》，1982第9期	许振畅	《也谈多功能体育馆设计问题》	就多功能体育馆的场地、舞台规模、位置、座席布置等方面如何满足文艺使用的要求提出看法
《哈尔滨建筑工程学院学报》，1984第4期	丁先昕	《多功能比赛厅的看台利用率》	从提高比赛厅综合视觉质量和争取较高的看台利用率出发，分析比较国内外多功能比赛厅的各种布局方式，揭示了综合视觉质量和看台利用率之间的矛盾，提出适合中小型多功能比赛厅的布局方式
《建筑师》，1989第3期	梅季魁	《大空间公共建筑的未来》	探讨未来大空间公共建筑的特征：①综合的功能；②机动的布局；③分合的空间；④灵活的覆盖；⑤高层次的复归

6.4.1 比赛场地的多功能设计

6.4.1.1 多功能Ⅰ型场地的提出

以往的体育建筑功能单一，以比赛为主要内容。随着群众体育和竞技体育的并进，体育馆的设计模式正式逐步演变。20世纪50年代中国体育馆场地以篮球场地为设计标准，70年代后期的篮球场地从14m×26m扩大到15m×28m。哈工大梅季魁先生在20世纪80年代初、90年代初先后提出多功能Ⅰ型场地（34m×44m~36m×46m）和多功能Ⅱ型场地（34m×36m~52m×56m）。随后的北京石景山体育馆、亚运会朝阳馆、哈工大邵逸夫体育馆等多座中小型体育馆都使用的多功能场地，效果良好。虽然其功能结构和之前的体育馆无显著区别，前者也包含了展览、文艺等娱乐功能，但两者在活动项目的数量和平面空间布局的综合程度、场地面积有所不同（图6.27、图6.28）。

6.4.1.2 高校体育馆的三种场地尺寸

中国高校体育馆的运动大厅，有三种类型的尺寸。小型：单个篮球场作为基准。国际标准的篮球场地尺寸为34m×19m，网球场地

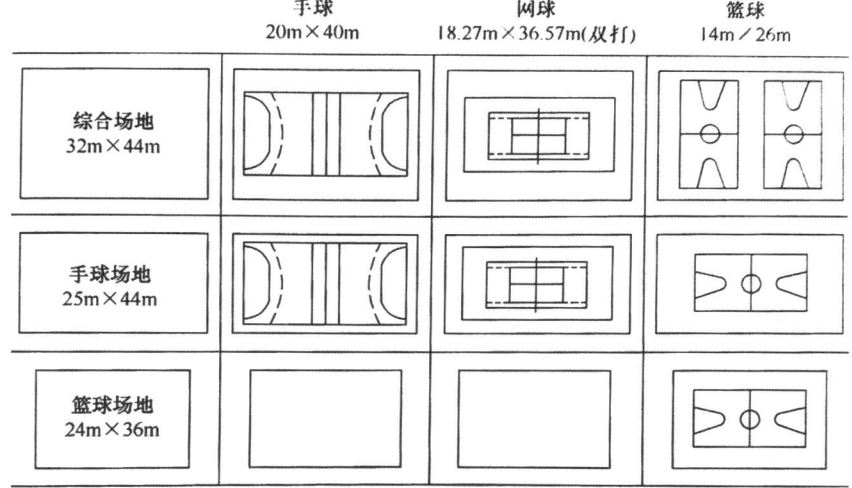

图 6.27 场地多功能布局比较分析图

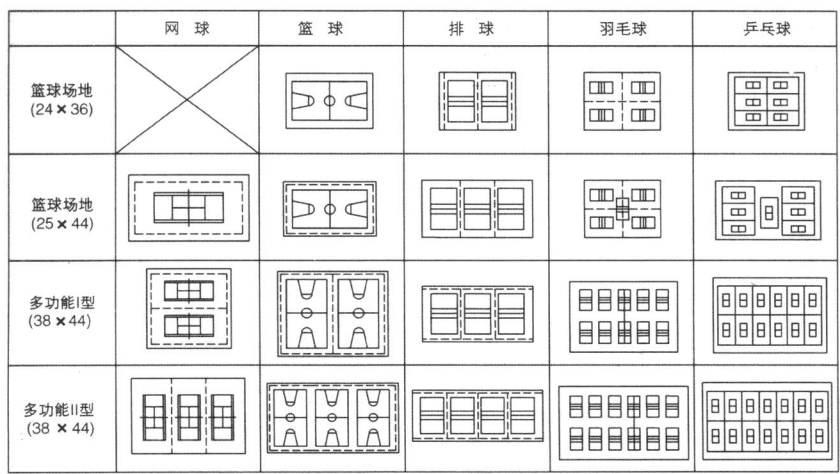

图 6.28 场地布置示意图

为 36.5m×19m。36.5m 的长度可以并排摆下 5 个羽毛球练习场或 4 个正式羽毛球场。因而小型场地以 36.5m×19m×8m 较为合适。中型：两个篮球场作为基准，尺寸为 36.5m×32m×8~9m，可布置两个篮球或者网球场或 8 个羽毛球场。正式比赛可布置成单个标准的网球场、篮球场或排球场，两侧布置少量看台。大型：三个篮球场作为基准，尺寸为 48m×32m×9~12.5m。可容纳 3 个 32m×16m 的篮球、排球、网球场或 12 个羽毛球场。正式比赛可布置单个标准手球场或篮球场。对于高等学校而言，除了运动大厅外，还应有体操、健身、武术等辅助空间，场地面积从 60m² 到 180m² 不等[①]。

6.4.1.3 符合国际标准的体育场地

游泳池的主要场地包括两个部分：一部分是举办游泳及跳水比赛的泳池，包括游泳池、跳水池，可举行游泳、跳水、水球等比赛。另一部分是训练池，训练池可供运动员在赛前作热身准备，进行训练。

① 周逸湖，宋泽方：《高等学校建筑·规划与环境设计》，中国建筑工业出版社，1994 年，第 309 页。

国际泳联详细规定了游泳馆的标准比赛池的规格,标准比赛池是指能够举办国际游泳比赛的室内外水池。其长度、宽度、水深等规格必须符合国际游泳协会制定的《2002—2005年国际游泳竞赛规则》和中国游泳协会审定的《游泳竞赛规则2003》(表6.19)。

表6.19 标准比赛池的规格

级别	适用范围	比赛池规格		
		尺寸(长×宽)(m×m)	水深(m)	泳道数(条)
一级	奥运会、世界锦标赛	50×25 或 25×25	2	10
二级	全运会、国际单项比赛	50×25 或 25×25	2	8
三级	地区性和全国单项比赛	50×21 或 25×21	2	8

6.4.2 场馆的不成熟经营:"以馆养馆"理念的初步确立

中国20世纪70年代末,许多场馆自行主动改革,开展多种活动扭转亏损局面,显著提高了场馆的社会和经济效益。当时曾有人反对,说什么"体育馆姓体不姓钱",曾几何时,这种抱残守缺、因循守旧的思想已被客观现实彻底否定。人们从更广阔的角度考虑场馆效益,用辩证的观点来看待用途。如今,主张改革,实现综合利用已成为主流。这是了不起的变化,它为大空间公共建筑的进一步发展,实现重大的质变,建立了思想基础。[①]
——梅季魁《大空间公共建筑的未来》

这时期的体育建筑开始结合商业、娱乐、办公等功能,设计时初步考虑日后的运营管理。附属空间的功能逐渐丰富,如广州天河体育中心增加了康乐、娱乐中心、会所等内容,而上海体育场也增加了商业中心、餐厅、宾馆、报告厅等功能,一层和地下还增加了1.8万 m² 的海洋世界和1.0万 m² 的展示厅。体育建筑逐步从国家运营转变为自主运营,广州六运会场馆对赛后使用重视不够,运营较为吃力。1987年到1992年间,场馆利用率不高,只用于比赛或晚会。辅助用房被改为乒乓球、桌球等娱乐用房,临街用房被改为商店。虽然运营不够充分,但管理者意识到了经营的重要性。为了提升运营能力,场馆尽可能增加铺位和停车位,但这一时期对比赛场地的发掘仍然不够[②]。

6.4.3 功能组成的综合化

6.4.3.1 **多样化的观众厅平面形状**

20世纪50—70年代的体育馆比赛厅形状多采用方形、矩形、椭

[①] 梅季魁:《大空间公共建筑的未来》,《建筑师》,1989年第3期。

[②] 刘乐怡:《第六届全国运动会体育场馆建设使用研究》,华南理工大学,2007年,第53页。

圆形、圆形等完形，70年代后80年代初体育馆的观众厅的平面形状更加多元。不同规模的体育馆采取不同的观众厅平面，结合体育馆形体，主要有正方形、矩形、多角形、圆形、椭圆形、不规则平面等平面形状。①正方形平面：正方形平面简洁，结构简便，是常用的平面形式之一。②长方形平面：长方形平面简洁，结构简便，场地纵向看台视线好，容量大，能够按照视线安排座席，适用于看台边线为长方形，场地纵轴两侧或一侧为主看台的中小型馆。③多角形平面：按照体育馆视觉质量分区图的形状分析，六角或八角形的观众厅，其座席视觉质量好，结构简单，外形完整，平面简洁，适用于大中型体育馆。④圆形、椭圆形平面：适用于大中型体育馆。⑤不规则平面：如三角形、花瓣形观众厅的造型有特点，但平面、结构较其他形状复杂。但从观众厅的座席平面而言，虽然平面形状多元化，但座席的整体布置仍然规整，对称式的布局占据主导地位（图6.29）。

（a）广州天河体育中心体育馆比赛大厅内景
（b）吉林市冰上运动中心冰球练习馆内景
（c）深圳体育馆比赛大厅内景
（d）黄浦体育馆比赛大厅内景
（e）闸北体育馆比赛大厅内景
（f）湛江体育馆比赛大厅内景
（g）辽化体育馆
（h）陕西省体育馆

图6.29 中国体育馆比赛大厅内景（1978—1990）

中国体育场馆的竞赛空间呈现高效化的态势，观众席作为场馆的核心空间，是实现场馆比赛功能的关键。比赛厅的整体氛围十分关键，特别是作为竞技使用的场馆，比赛厅要突出比赛的本质。体育场地高效运转、合理布局，和周围的休息厅等空间的连接方式要恰当。虽然体育场馆的比赛厅呈现多元化的趋势，但也没有改变以体育场地为主导的观众厅的整体布局形式（图 6.30、图 6.31）。

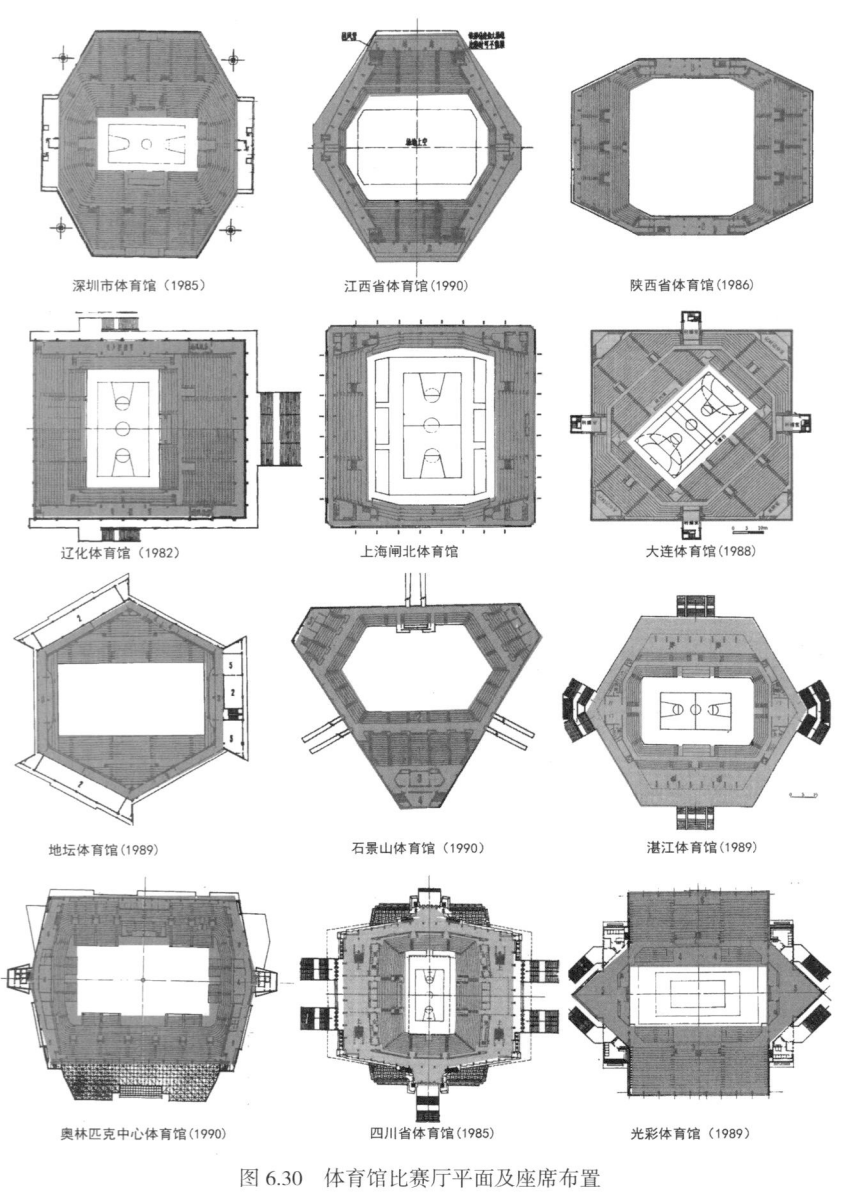

图 6.30 体育馆比赛厅平面及座席布置

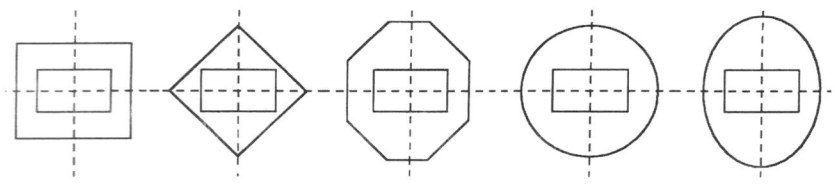

图 6.31 比赛厅平面形状示意

6.4.3.2 活动地板和活动看台

国外早已广泛采用活动地板，这几年国内也有一些尝试，如出现了可随时铺卷的塑胶地面，可随时铺放的人造草皮，形成足球场地。立支架铺地板，将游泳池改成球类和田径场地，或是人工冰场。游泳池加活动池底，可上下浮动并改变水深。可升起形成坡度的满足视线的活动座席。活动看台的形式很多且已商业化使用，有多种形式的可拼装组合的活动舞台和可以整体移动的完整的镜框式舞台。活动帷幕可以将大厅分隔成两个空间，或将比赛厅转换成文艺演出空间（表6.20）。

表6.20　国内部分体育馆座席设置情况

馆名	总座席数（座）	活动座席数（座）
北京奥林匹克体育馆	5748	1080
北京首都体育馆	8000	1200（5排）
北京清河体育馆	1335	256（4排）
北京石景山体育馆	2955	420
北京大学生体育馆	4200	2800
北京海淀体育馆	3000	250
朝阳体育馆	3380	840
光彩体育馆	3096	576
北京体育学院体育馆	2800	820
上海体育馆	1800	2000
深圳体育馆	5940	480
广州天河体育馆	7904	724
承德体育馆	2221	408

一般情况下特大型体育馆宜设1500座左右的活动座席，大中型体育馆设500~1000座左右的活动座席。梅季魁、郭恩章、张耀曾在《多功能体育馆观众厅平面空间布局》一文中指出了活动看台和体育场地变化的几种关系：体育馆一般用篮球场地作为基础场地，在基础场地的基础上利用活动座席实现场地的扩大和缩小，提供多样化的座席布局和比赛场地（图6.32、图6.33）。场地扩大的型式共四种：①向四周扩大，这种形式每侧的活动看台排数少，总高度低，经济实惠，但看台在四角交接处较为麻烦。②活动看台集中到一侧，这种布置方法排数多，高度增加，但在看台的制作和疏散观众方面较为有利。③向两端扩展看台，实际用途不多，会给视线造成困难。④向两侧扩大，这种布置方法从提供有效场地、制作活动看台和视线设计等方面来说，都较为不错。

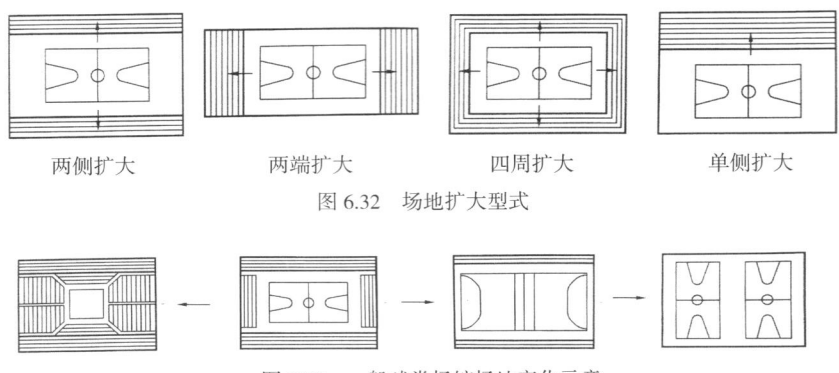

| 两侧扩大 | 两端扩大 | 四周扩大 | 单侧扩大 |

图 6.32　场地扩大型式

图 6.33　一般球类场馆场地变化示意

6.4.4　建筑功能空间和组合方式的完善

6.4.4.1　体育馆功能空间布局的三种方式

体育馆的建筑布局有以下几种方式：①二层的长轴一端设观众入口，短轴两侧分别设贵宾和运动员出入口。这种布置方式观众入口和贵宾、运动员分层布置，互不影响，且只需设置一个集散广场。②二层的长轴两端设观众入口，一层的短轴两侧设贵宾和运动员入口。这种布置方式贵宾进入主席台，观众进入场地都较为便捷。③短轴两端为观众入口，长轴两端各为贵宾和运动员的出入口。④短轴一端为观众入口，另一端设贵宾入口，长轴两端为运动员入口和工作人员的出入口（表 6.21）。

表 6.21　中国体育馆的流线设计（1978—1990）

深圳体育馆	
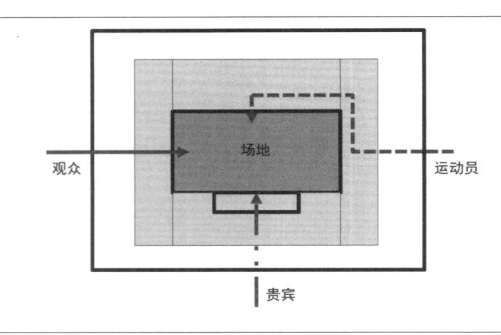	长轴一端为观众入口，观众入口位于二层，长轴两侧分别为观众疏散口，一层的短轴一侧和长轴一侧分别为贵宾入口和运动员入口
	优点：观众入口和贵宾、运动员入口分层设置，独立分区，互不影响，观众入口一个，所以只需要设置一个集散广场
	缺点：贵宾需要绕行 90°进入内场，观众进入观众厅的路线虽然明确，但在里面绕行的线路过长
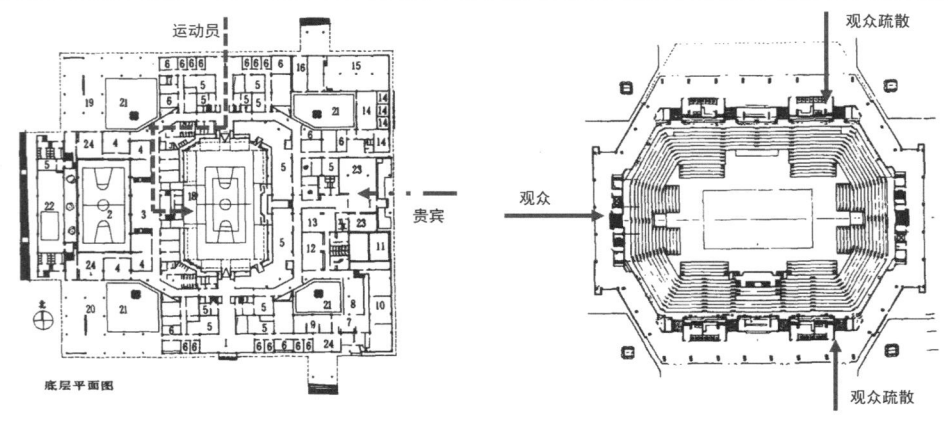	

续表

	潮州体育馆
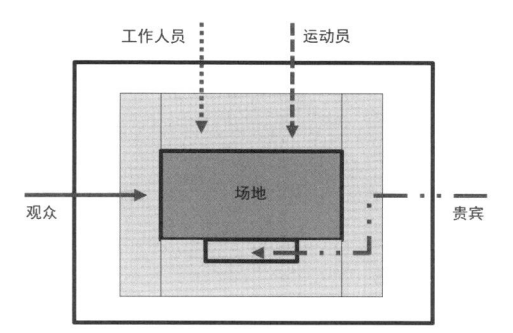	长轴一端为观众入口，另外三面为平时不使用的观众紧急疏散口，而短轴两端分别设置贵宾和运动员出入口
	优点：贵宾进入主席台，观众进入比赛场地，路线都较为便捷，观众进入观众厅的路线明确，而且可以避免大量人流在观众厅内绕行

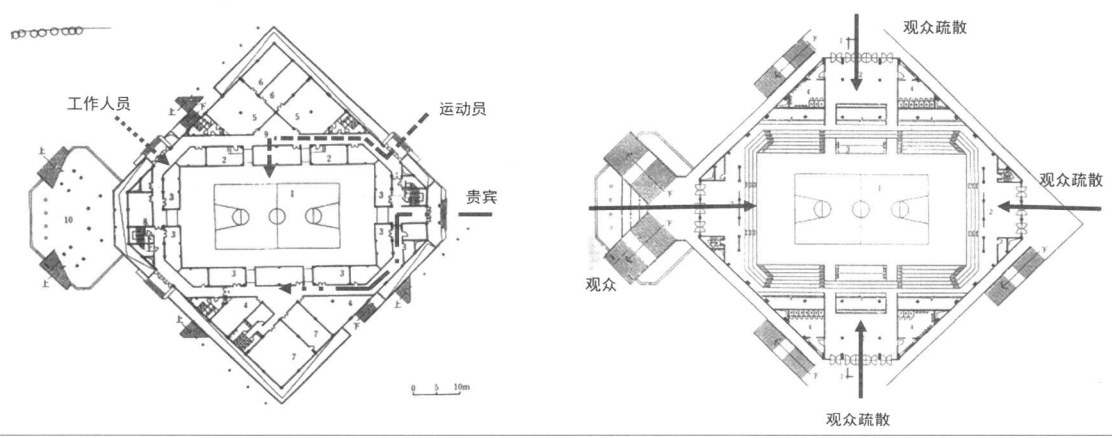

	黄浦体育馆
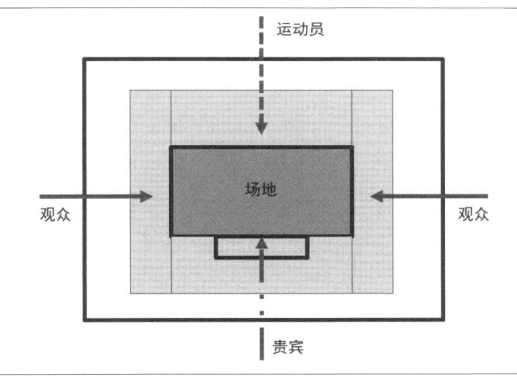	长轴两端设观众入口，观众入口设在二层，一层的短轴两端分别设置贵宾入口和运动员入口
	优点：分区明确，观众进入观众席的路线清晰，避免大量观众绕行，贵宾进入主席台的路线便捷
	缺点：两个观众出入口需要同时设置两个观众集散广场

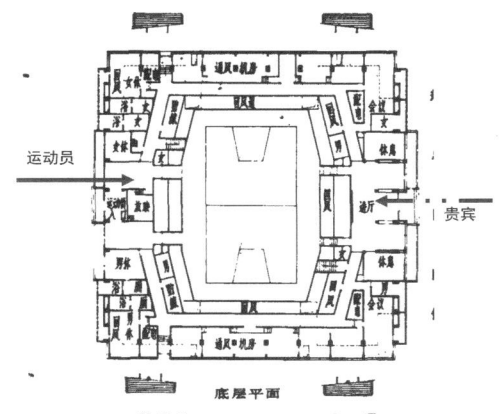 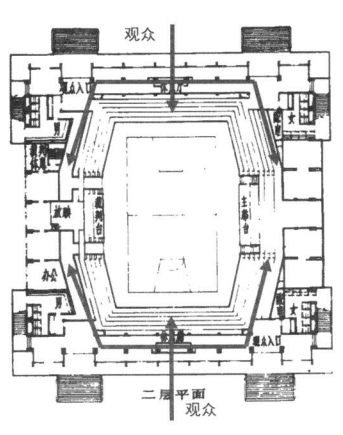

第6章 体育建筑的融合转型（1978—1990）

续表

	光彩体育馆
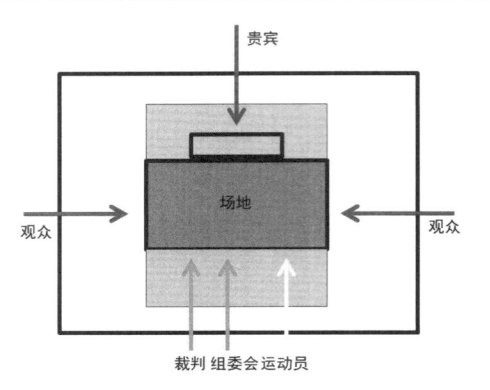	二层的长轴两侧设观众出入口，一层的短轴两侧分别设置贵宾、运动员和工作人员出入口
	优点：贵宾进入主席台、运动员进入比赛场地，路线都比较短捷。观众进入观众席的路线明确，还避免了大量人流在观众厅中绕行

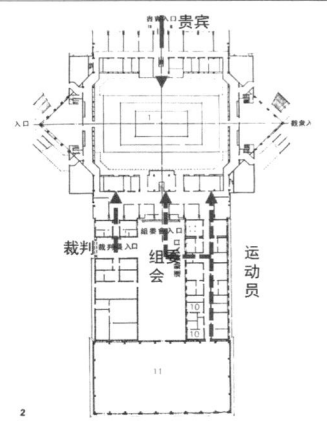 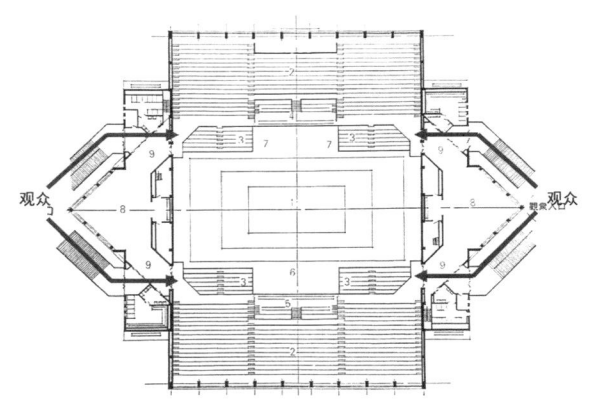

	天河体育馆
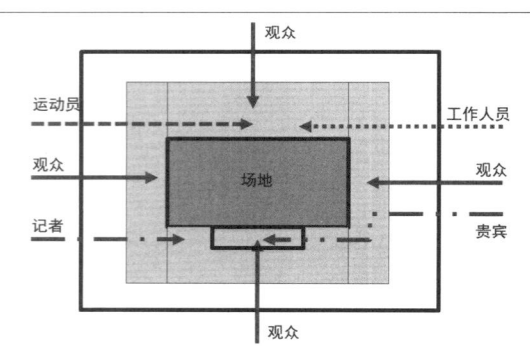	长轴和短轴的两端一共设置了6个观众出入口，运动员、工作人员、记者和贵宾出入口分布在长轴的两端
	优点：观众进入观众厅迅速和便捷，运动员入场和贵宾入场直接短捷，各种人流路线和用房都自成体系
	缺点：由于观众厅的出入口过多，导致观众疏散广场较多，总平面的疏散广场主要布置在向南的一侧

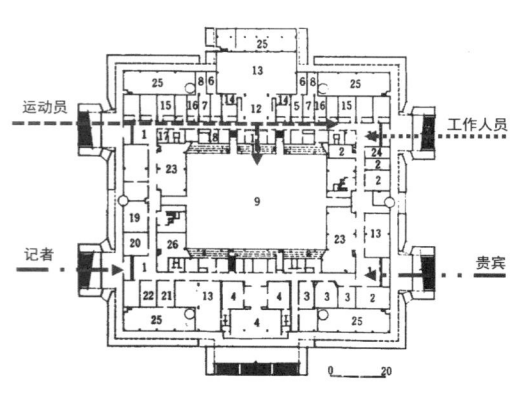 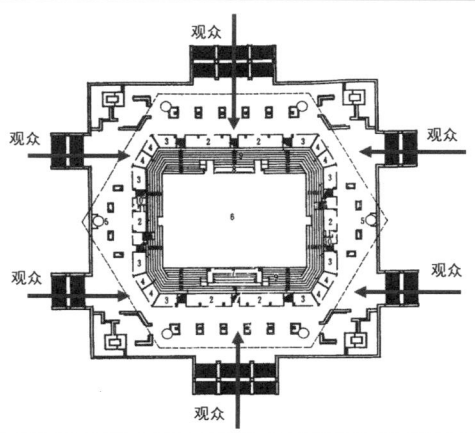

续表

大连体育馆

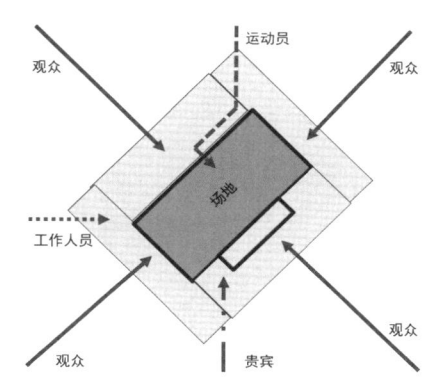

二层长轴和短轴的两侧一共设置了4个观众出入口，一层的长轴和短轴各布置了工作人员、运动员、贵宾出入口
优点：观众进入观众厅的路线便捷，观众和工作人员、贵宾、运动员和贵宾的交通可利用立交，几者形成共用一个出入口的关系
缺点：观众的出入口太多，疏散广场太多，难以管理

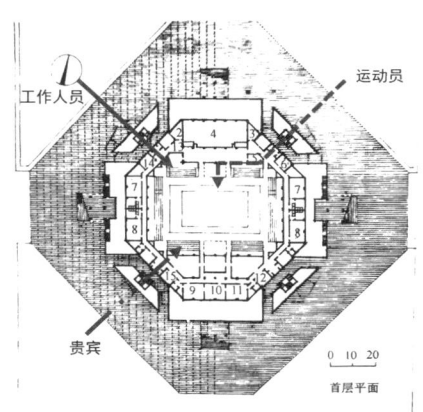
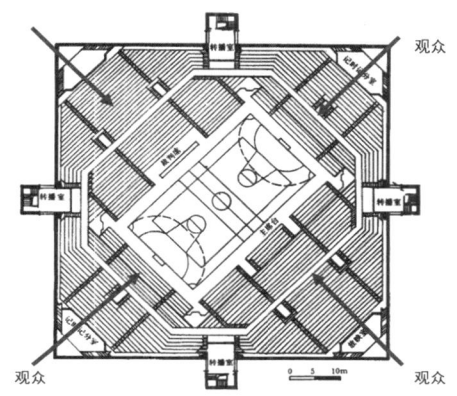

增城体育馆

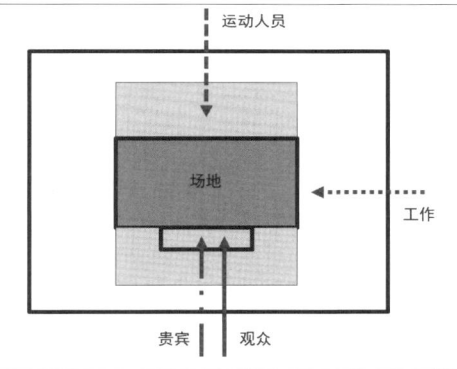

二层短轴一侧设观众入口；一层短轴一侧设贵宾入口，长轴一端和短轴一端分别设置工作人员和运动员出入口
优点：运动员入场较为直接
缺点：观众入场时，一部分观众需走到另一侧入席，路线较远且观众厅内存在大量的绕行人流，观众对服务设施的使用，入口位置使得人流的均衡侧重一面

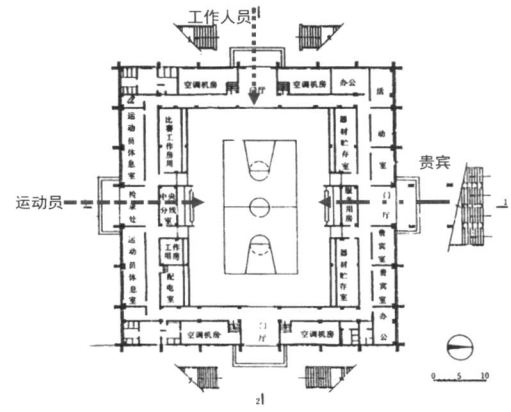
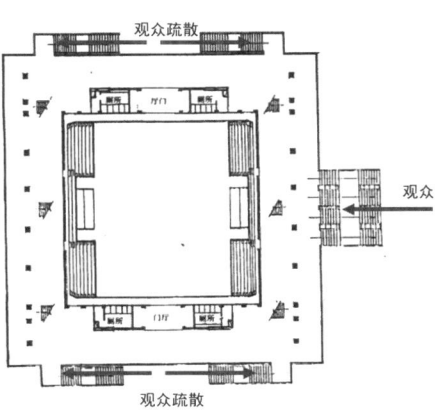

第 6 章　体育建筑的融合转型（1978—1990）　255

续表

丰台体育中心体育馆		
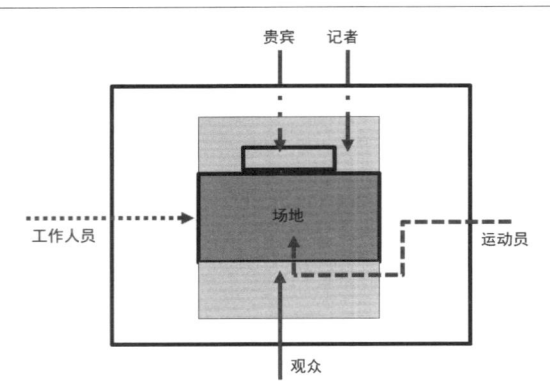	二层短轴一侧为观众主入口，长轴的两侧为疏散出入口。一层分别设置工作人员、运动员和贵宾的出入口
	优点：工作人员、贵宾、运动员的流线清晰，和观众流线立体分开，互不干扰
	缺点：观众入场时，一部分观众需走到另一侧入席，路线较远且观众厅内存在大量绕行人流

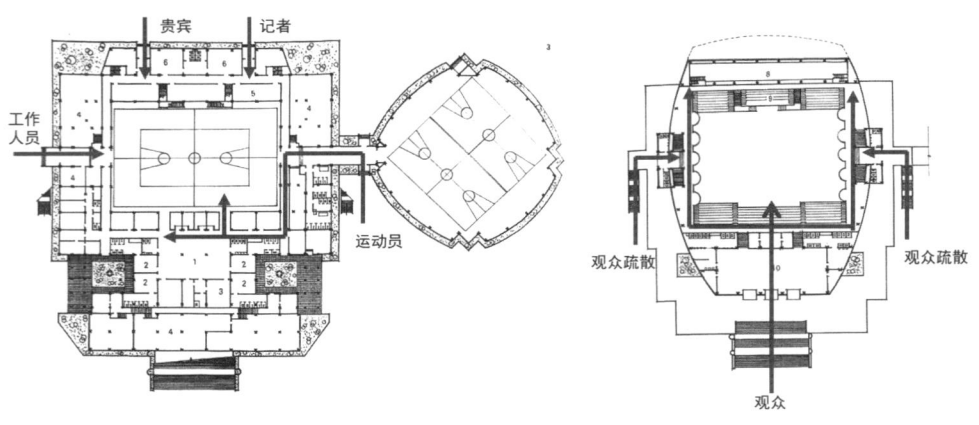

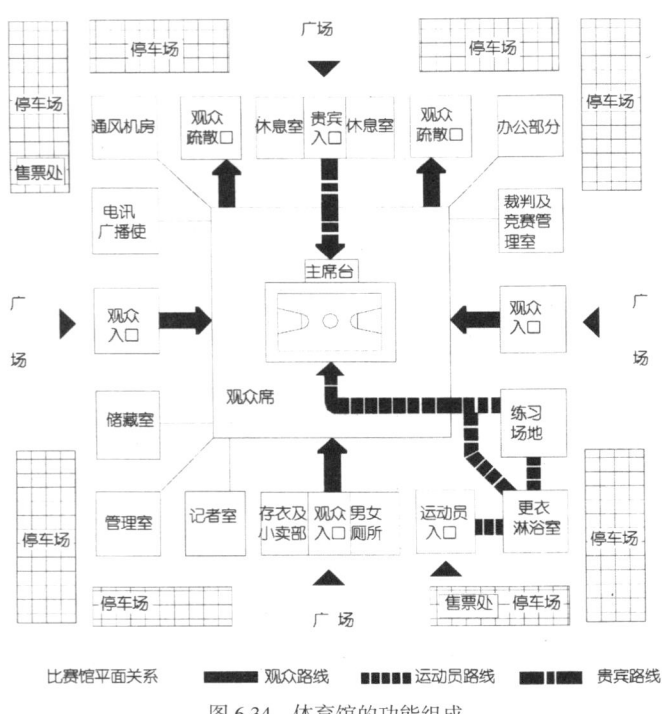

图 6.34 体育馆的功能组成　　　　　图 6.35 游泳馆的功能组成

6.4.4.2 游泳场和游泳馆的组合布置形式

《体育建筑设计》一书中指出游泳场和游泳馆的布置主要有三种方式:"一种是室外游泳场(全部游泳池在室外)布置形式。另一种是游泳馆(全部游泳池在室内)布置形式。还有一种是游泳馆和游泳场的综合布置形式。"①

室外游泳场一般有多种游泳设施,包括浅水区、深水区,两者分开,两者宜分开设单独的出入口和更衣室,西安市游泳场、成都人民游泳场就是这种布置形式。室外跳水池为了避免眩光,跳台应面北向,但在游泳比赛池上,意见并不完全一致,中国大多数比赛池长轴为南北向。但是室外游泳的问题在于不能全年全气候使用;室内游泳馆按使用性质可以分为比赛馆、室内训练池、室内公共游泳池三种。室内训练池是供运动员训练使用,分为室内跳水训练馆、室内游泳训练馆和室内游泳、跳水训练馆;还有一种是游泳场和游泳馆综合布置的形式,这种类型的布置方式使用率大大高于室外游泳场(表6.22)。

① 北京市建筑设计院:《体育建筑设计》,中国建筑工业出版社,1981年,第218页。

表6.22 游泳池和跳水池的组合形式(1978—1990)

室外游泳场	
修建室内游泳馆的投资较大,为满足人民对游泳建筑的需求,修建大量的室外游泳场显得较为必要,室外游泳场一般拥有许多室外游泳池,其中包括跳水池、比赛池、成人浅水池、儿童浅水池及儿童戏水池	
西安游泳场	成都人民游泳场
1-男儿童更衣、淋浴、厕所 2-女儿童更衣、淋浴、厕所 3-儿童游泳池 4-成人更衣、淋浴、厕所 5-比赛池50×20m 6-练习池50×25m 7-过滤 8-泵房 9-家属院	1-活动区 2-大型喷泉假山 3-浅水池 4-更衣室 5-儿童池 6-少年池 7-比赛池 8-跳水池 9-业余学校 10-室内游泳池 11-附属用房
室内游泳馆	
保证全年不受季节变化的影响,正规的游泳和跳水比赛一般在室内进行,按照使用性质可以分为比赛馆、室内训练池、室内公共游泳池三种	
室内公共游泳池	室内训练馆
面向群众、为群众进行游泳联系活动用,一般不设观众席,室内公共游泳池注意朝向,大面积玻璃窗设在南侧,有利于冬季阳光进入室内	供运动员训练使用,分为室内跳水训练馆、室内游泳训练馆和室内游泳、跳水训练馆

续表

福建省室内游泳池	北京体育馆跳水馆

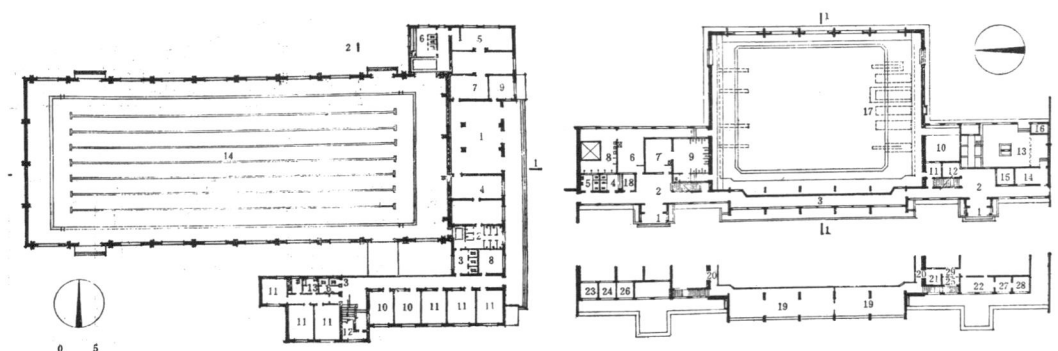

游泳场和游泳馆综合布置
游泳场和游泳馆统一布置在一个总体平面内，一年四季群众都能活动，充分利用设备和附属设施，使用上可分可合，使用灵活
北京工人体育场游泳场
室内有一个多用途池、室外设有两个游泳池、一个跳水池，以及其他附属用房环绕水池集中布置

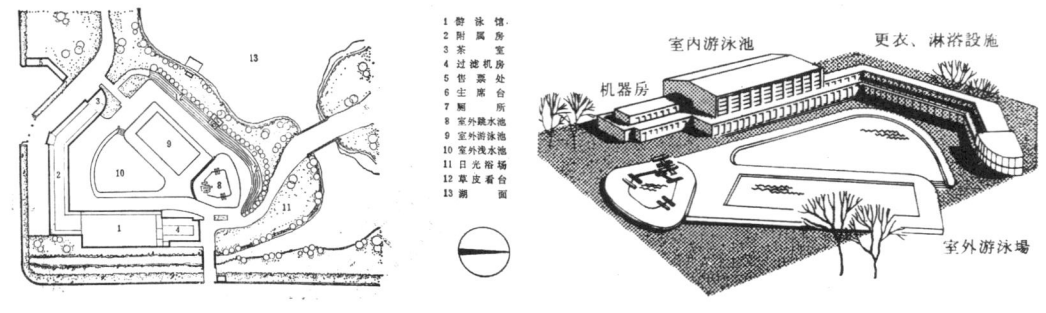

6.5 "时代特色、民族特色、地方特色"：功能和结构形式主导下的风格形式

20世纪80年代，中国建筑界开始寻求以设计的多元化替代"单一模式"。"社会主义内容、民族形式"被"时代特色、民族特色、地方特色"所替代，人们从长期的思想压抑中解放出来，创造力被大大释放，无数才华横溢的建筑师不懈地为创作中国特色的建筑形式奋斗，如著名的北京奥林匹克体育中心。①

这一时期的体育建筑的设计理念吸收了现代主义的精髓，表现为：功能主义的表达，从功能到空间的建筑形式的设计，形态自由，不强调对称。新技术、新材料、新结构在体育建筑中的应用，建筑被"净化"，反对烦琐的折中主义和装饰主义，提倡抽象的空间形态，

① 薛求理：《建造革命——1980年以来的中国建筑》，清华大学出版社，2009年，第32页。

追求明亮轻快的空间气氛，注重地域性表达，流线形式、开敞式布局等在建筑中出现。

体育建筑的设计呈现多元化的发展格局，不再局限于方正体量的建筑形式。建筑师开始追求个性化的形态表达，使用组合、拼接、变形等方式创造了大量建筑。体育建筑作为可塑性强的建筑类型之一，其创作的成功与否很大程度取决于形态的创新。设计者吸收了仿生学、形态学、类型学等建筑理论，注重体育建筑的三维表达，更多的应用曲线和曲面等建筑形态，打破了传统的地面－墙－屋顶的三维模式。体育建筑应用力感的表达，使空间形态接近自然，表现出多元化的发展趋势。

6.5.1 建筑技术与材料的彰显：高技派的新兴萌芽

"高技派"突出工业和技术成就，强调工业技术和美感。它起始于19世纪中叶，超高层使用钢结构，20世纪70年代，航天材料和技术被应用到建筑中，成为独立的建筑语言和视觉风格。20世纪80年代，高技派随着现代主义进入中国，但当时高技派的影响不大。直到20世纪80年代至90年代初，国内陆续建造了一批体育场馆，表现了高技派对技术和艺术的结合。

6.5.1.1 新型材料表现时代感

广州天河体育中心体育场临水、结构外露，白色体量显得轻巧通透，水池、现代雕塑和喷泉加以衬托，有丰富的整体。体育馆采用多种艺术手法，使得巨大的体量通透轻快，比赛大厅合理安排观众座席和相关设备，屋顶结构外露，设备吊装在屋顶结构上，几乎不作任何装饰处理。游泳馆的雕塑感强，白色的体量下部挖空，于山墙部位贯穿玻璃形体罩棚，加强了材料的对比。[①]

天河体育中心表达了体育建筑的性格。椭圆形的体育场、六角形的体育馆和八角形的游泳馆表现了鲜明的时代特征。单体建筑的大跨度和大形体赋予了建筑粗犷的形象和力的动感。体育场的屋盖随着变化的座席形成优美的马鞍形轮廓线。体育馆暴露的粗3.5m的六根大柱和游泳馆东西立面的玻璃立面和实墙面的对比，给人深刻印象。体育场和体育馆的看台下布置开敞的休息空间，体育馆和游泳馆的休息平台上为花园和露天平台，满足观众欣赏景色的需求，三者的相互位置都做了视线的推敲（图6.36）。

1985年建成的上海游泳馆为不等边六角形平面，采用三段式构图。立面上采用浅绿色面砖墙，首次采用玻璃幕墙结构，乃是当时国内的一大创新。立面采用大面积隔热玻璃幕墙和实体铝合金幕墙

---

① 邹德侬，戴路，张向炜：《中国现代建筑史》，中国建筑工业出版社，2011年，第175页。

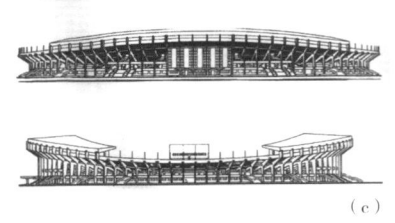

（a）天河体育中心总图与鸟瞰
（b）天河体育中心鸟瞰
（c）天河体育中心体育场立面
（d）天河体育中心体育场

图 6.36　天河体育中心

图 6.37　上海市游泳馆外景

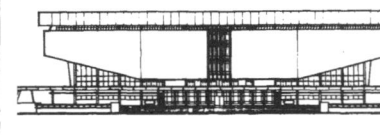

（a）武汉洪山体育馆外景　　（b）武汉洪山体育馆正立面

图 6.38　武汉洪山体育馆

的虚实对比，展现了游泳馆的建筑个性和粗犷的建筑风格。自此，玻璃幕墙逐渐得到人们的喜爱（图 6.37）。

武汉洪山体育馆为了表现体育建筑的力量感，采用实体来表达。体育馆坐西朝东，东西两面为了减少太阳辐射，以实面为主，南北采取茶色玻璃，虚实结合，形成对比。东西墙面采取乳白色交杂绿色玻璃的马赛克，体型简洁（图 6.38）。

6.5.1.2　结构外露表现时代感

进入 80 年代以来，体育建筑显示建筑结构，同时表现结构的内在力量，已成为明显的趋势，形式更加多种多样。如成都四川省人民体育馆，屋面是国内首创的单层预应力索网与钢筋混凝土拱的组合形式，建筑造型运用了结构所形成的室内空间和室外体量，有腾飞的含义。

深圳体育馆建筑结构外露，四根立柱支撑 1600t 重、90m×90m 的球节点钢网架，钢筋混凝土看台自由挑出，支柱外露，顶部包以不锈钢，建筑结构外露给人"一柱擎天"之感，体现了体育建筑的健美和强劲。[1]

这一时期的体育建筑的形体从单一的几何形体变成复杂的组合形态，立面仍采用三段式构图。深圳体育馆平面为方形，体型采取单一的正方体变形和几何体契合的手法。平面的四角各削去一部分，由四根间距63m的暴露在外的包铝立柱支承屋盖，但屋盖和看台用连续水平玻璃带隔开，表明屋盖并非以看台承重。立面的台阶、墙身和屋盖比例匀称。大面积深色玻璃和浅色实墙对比，鲜明地表现了建筑的整体形态（图6.39）。

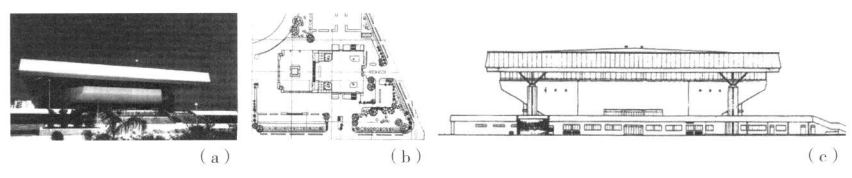

（a）深圳市体育馆透视
（b）深圳市体育馆总平面图
（c）深圳市体育馆立面图
图6.39 深圳市体育馆

国家奥林匹克体育中心的艺术造型充分考虑了体现时代特色、中国气派和体育建筑性格。两座最主要的建筑——游泳馆和体育馆造型相近，两端采用60—70m高的塔筒，以斜拉钢索吊起双坡凹面屋顶，使人产生中国传统建筑举折屋顶的联想。双坡顶上再凸起一个形似传统庑殿顶的小屋顶，形象新颖，独具个性，既加强了与传统的联系，又富有鲜明时代感。屋脊上和屋檐下的钢管结构似隐含了传统建筑屋脊装饰和檐下斗栱的韵味。[2]

国家奥林匹克体育中心体育馆平面近似六边形，屋盖近似中国传统大屋顶，占据主体地位。屋面类似传统屋盖的举折，微微起翘，两边的索塔拉起巨大的屋面。

北京体育学院体育馆由比赛馆、练习馆、艺术馆和消除疲劳中心组成。建筑群由正方形和矩形平面的单体建筑组成，构图和谐统一。比赛馆是主馆，设计采用外露结构，表达工业和建筑技术，八角形平面显得沉稳大方。上部的大面积玻璃窗和白色实墙形成虚实对比。屋盖采取有四个落地斜撑的双层扭网壳结构，以功能和美的结合表现了大跨度结构的美感（图6.40）。

图6.40 北京体育学院体育馆

6.5.1.3 形体组合展现时代感

（1）体块重叠

体育建筑的新材料、新技术使得造型手法更加多样，建筑造型

[1] 邹德侬，戴路，张向炜：《中国现代建筑史》，中国建筑工业出版社，2011年，第153页。

[2] 中国八十年代建筑艺术优秀作品评选组织委员会编《中国80年代建筑艺术》，经济管理出版社，香港建筑与城市出版社有限公司，1990年，第35页。

开始追求个性，引入的理念和样式不断更新。1986年建成的吉林冰球馆平面近似矩形，结构创造出层叠的锯齿造型，个性鲜明。锯齿状构筑物间布置采光窗，美观和实用相结合。吉林冰球馆是国内第二座，也是地方投资的第一座冰球馆。它的屋盖是双层平行错位预应力悬索和轻型钢架的组合结构，受力合理。屋盖的承重索随着看台高低变化以不同角度倾斜，与顶部采光呼应。起伏的檐口和弧形屋面很好地解决了排水问题。冰上运动中心的练习馆因投资限制，没有做保温采暖，格构式钢架覆盖瓦垄钢板和玻璃采光板，空间独特，造价经济（图6.41）。

 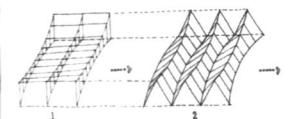 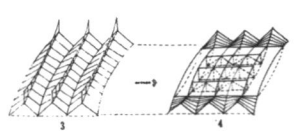

（a）吉林冰球运动中心　　（b）吉林冰球运动中心屋盖结构造型演进示意

图6.41　吉林冰球运动中心

（2）自由曲线

石景山体育馆与长安街紧邻，为第十一届亚运会摔跤场。三角形大厅与基地形状适应。采用下沉式布局，以减小体量，突出体育场，求得与环境的和谐，也有利于大量观众从地面层直接出入比赛厅。建筑造型采用三叉型钢木桁架组成空间锥体，支承三片菱形钢网架，突出屋盖特征，使人产生传统建筑坡屋顶的联想。屋盖角部悬挑13m的露明网架显示出轻快有力的性格，体现了体育建筑的精神风貌。室内空间向中央扩张，采光带交其上，明亮而舒展。[①]

体育馆的自由曲线和曲面的应用也有所进展，且较为频繁，如1986年建造的北京石景山体育馆和1989年建造的北京朝阳体育馆。前者为三角形平面，每个角对应的屋顶部分是一个双曲壳体，后者平面为椭圆形，曲线屋顶犹如马鞍（图6.42）。

  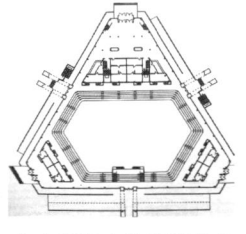

（a）石景山体育馆鸟瞰　　（b）石景山体育馆内景　　（c）石景山体育馆平面

图6.42　石景山体育馆

（3）体块旋转与切割

浙江大学华家池校区逸夫体育馆采用旋转和切割体块的现代主义造型手法。底层平台旋转45°，中间是八角形的比赛大厅，最上

① 中国八十年代建筑艺术优秀作品评选组织委员会编《中国80年代建筑艺术》，经济管理出版社，香港建筑与城市出版社有限公司，1990年，第36页。

面是方形大屋盖，三者的体块组合十分巧妙。比赛大厅的高窗和斜切的入口，凸显了悬浮的屋盖，表现了墙柱体系分离的构成手法（图6.43）。

唐山体育馆平面采取旋转45°的构思，主体大厅呈梭形，立面处理活泼新颖，形如航行的小船，是一座设施先进的多功能体育馆（图6.44）。

大连体育馆建筑在外部体量的处理上，把观众席下部的4个三角形空间削去，安排了4个入口，体量的四角翘起，支承点内移，使建筑呈现向上腾跃之势。建筑的形式源于功能，外部体量源于内部空间，内外组合自然流畅，建筑具有雕塑感和粗犷有力的北方建筑性格（图6.45）。[①]

（4）线状的造型构图

20世纪50年代，民族形式盛行的时候，体育建筑的性格被古

（a）体育馆鸟瞰　　（b）体育馆东南侧全景　　（c）体育馆西侧全景

图6.43　浙江大学华家池校区体育馆

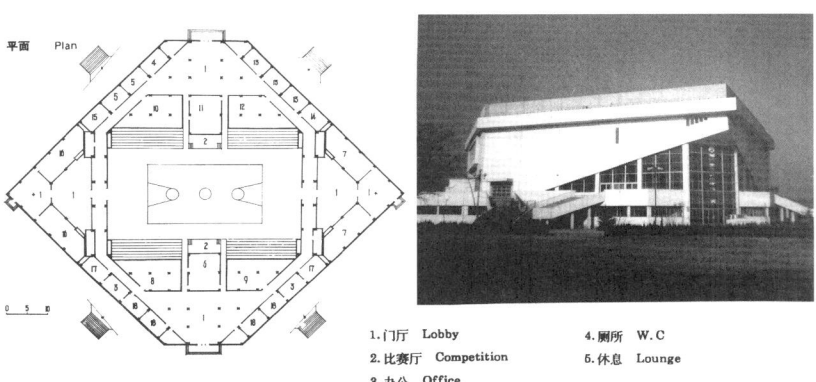

（a）唐山体育馆平面　　　　（b）唐山体育馆透视

图6.44　唐山体育馆

（a）大连体育馆外景　　　　（b）大连体育馆平面

图6.45　大连体育馆

[①] 邹德侬，戴路，张向炜：《中国现代建筑史》，中国建筑工业出版社，2011年，第177页。

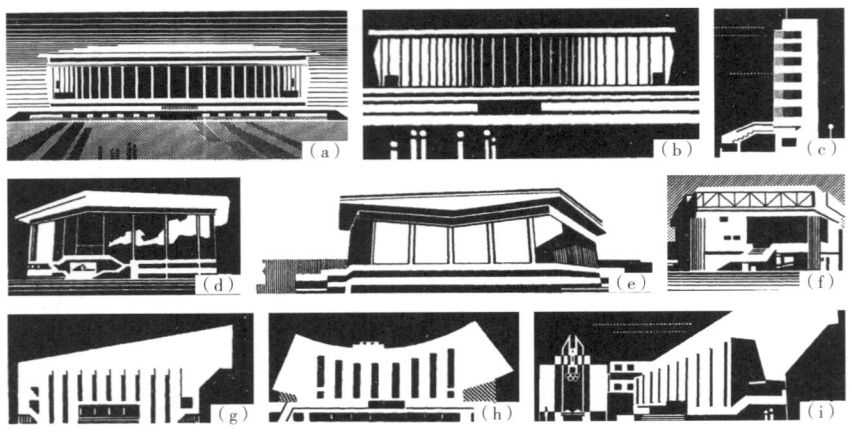

（a）上海体育馆
（b）上海体育馆
（c）上海水上运动场
（d）上海游泳馆
（e）上海游泳馆
（f）嘉定体育馆
（g）普陀体育馆
（h）杨浦体育馆
（i）普陀体育馆
图 6.46 上海的体育馆建筑

典外衣所包裹，之后的体育建筑逐渐追求"健"与"美"的表现，1978 年改革开放前的体育建筑比较简洁、轻巧，造型以简单规则的圆形或多边形为主。而进入 80 年代以来，体育建筑以显示结构为美，建筑造型也更加组合而多变，整体上出现几何元素的重组和重构，反映了体育建筑的个性。

体育建筑立面中的线状元素——包括建筑形体的天际轮廓线、体面相交的分界线、边缘线、体形转折处的棱角线和细部装饰线，这些元素都是塑造立面形象的重要组成。体育建筑中可以采用窗户的垂直线、水平线进行组合。垂直线可以表现体育建筑抵抗重力的意向作用，窗子形成的水平线可以表现建筑的平和、安定、舒展和亲切的情感和氛围（图 6.46）。

6.5.2　中国建筑的文化归依：现代主义的传统演绎

西双版纳在云南南部，地处亚热带，气候湿热，植物茂盛，有几千年历史的傣族人民以其独特的竹楼和佛寺为代表的建筑文化显示出浓郁的民族风情。力求表现傣族文脉的延续为体育馆方案之立意主旨，同时紧密结合现代功能要求，希望创作出既具傣族民族特色又具时代气息的新建筑文化。

傣族竹楼是西双版纳地方建筑的代表，抽象化的竹楼和现代体育馆有许多共通之处：①傣族竹楼是单幢的，而体育馆属于独立的大空间。②竹楼架空，而体育馆为了组织人流，室外台阶直上二层平台形成交叉形式。③竹楼是坡屋顶，而体育馆通过立体桁架也可以形成斜坡屋顶。综上所述，西双版纳体育馆表现文脉的条件初步形成。如通过室外平台解决人流交叉，室外平台作为开敞式休息厅，以利看台下部进风，采用缓坡屋顶，既节省内部空间，又利用中部陡峭屋顶采光和通风，这些与功能密切相关的处理同时又与传统傣族建筑特色——独立建筑、底层架空，坡屋顶和敞廊结合，从而赋

① 中国八十年代建筑艺术优秀作品评选组织委员会编《中国 80 年代建筑艺术》，经济管理出版社，香港建筑与城市出版社有限公司，1990 年，第 39 页。

  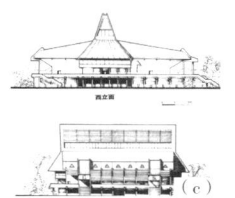

（a）西双版纳体育馆效果图
（b）西双版纳体育馆透视
（c）西双版纳体育馆立面图
图6.47 西双版纳体育馆

（a）少林寺武术馆
（b）少林寺武术馆演武厅内景
（c）少林寺武术馆总平面图
图6.48 少林寺武术馆

予现代体育馆以傣族风格（图6.47）。①

河南嵩山少林寺武术馆是为弘扬久负盛名的少林寺武术而建，选址于少林寺东800m的山坡上，利于取得与寺庙的人文联系，又不致距离太近而影响原寺风貌。总平面依山就势分为三级台地，附属旅游营业性建筑在第一级台地外围；主体建筑演武厅在第二级台地，对称布局，中央体量稍突出，四周屋顶化整为零以呼应；生活、后勤建筑在第三级台地，其主轴与一、二级台地主轴偏转45°，使其退居次要地位。各建筑单体继承传统风格，并稍加变化，尽量采用小体量、民居化，避免影响嵩山风景区诸多古建，仅演武厅建筑处理较为丰富壮观。总体风格追求朴实，加上与武术有关的铜雕、砖石雕、碑刻、唐三彩壁画等环境装饰，力求体现出少林武术刚健有力、朴实无华的性格（图6.48）。

中国援外体育建筑和当地特色结合，表达当地的地域特色。巴巴多斯体育馆和贝宁体育中心都体现了当地的文化特点和体育建筑的性格，且设计都结合了当地气候特点，后者更是采用了自然通风的开敞式看台，节约了造价。扎伊尔共和国卡马尼奥拉体育场，体育场平面椭圆形，将此庞大空间划分为24个区，建筑紧密结合地形，体现热带地区的建筑特色。

厦门大学明培体育馆的红色屋面采用锥形网架结构，形状上小下大的锥形屋盖形似火炬，非常有构造特色。屋盖为方形，四根角柱支承屋面，东西向各两部红色楼梯。中间为休息平台，通往二楼斜形顶棚的外廊。既简洁明快，又宏伟壮观（图6.49）。

（a）厦门大学明培体育馆效果图
（b）厦门大学明培体育馆实景
图6.49 厦门大学明培体育馆

第6章 体育建筑的融合转型（1978—1990）

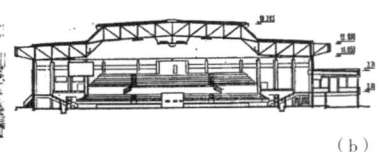

（a）透视图
（b）剖面图
图 6.50 承德体育馆

承德体育馆既体现了民族传统，又显示了现代体育建筑的风格。它体现了承德市的避暑旅游文化和历史古城的风貌，比赛大厅采用的"凸"字形的网架结构利用凸起部分的侧窗满足大厅的自然采光，还降低了观众席上方网架的标高，减少上部空间，节约能源，同时体育馆的屋顶形式让人联想到中国传统屋盖的形式，是民族形式和现代主义的完美结合。

6.5.3 援外建筑的现代性：现代主义的地域尝试

肯尼亚综合体育设施体育馆采用八角形平面，呈花瓣型，平面满足功能和审美的一致性。观众厅由比赛场地和周围的八个花瓣形观众席空间组成，这种花瓣形的体量布置使得屋盖跨度从 76m 减小到 66m，观众视觉状态良好，疏散路线短而直接。体育馆的造型犹如盛开的花朵，显得轻盈和漂浮，摆脱了大跨建筑常有的厚重感。

扎伊尔共和国卡马尼奥拉体育场运用尺度巨大的看台板和挡风墙板，和框架斜梁和"V"字形支柱结合，成为有韵律的花卉形象，装饰表现了当地民族特点。采用暴露结构和清水钢筋混凝土表面凿毛的手法，突出了建筑的粗犷有力。

叙利亚体育馆和摩洛哥综合体育中心满足一馆多用，前者兼具会堂和宴会厅的功能，后者的比赛场地除满足体育活动外，还提供文艺演出、杂技表演等。巴巴多斯体育馆是加勒比地区一流的现代化体育馆，平面分区明确，大型平台有 6 个出入口与比赛大厅相连，平面分区明确，流线清晰互不干扰。

巴基斯坦体育综合设施原来为第八届亚运会的项目要求设计，后因经济形势，不能如期举办。该项目占地面积 60 公顷，建设项目包括体育馆、体育场、游泳池、运动员招待所、带少量座席的室内练习馆。1984 年，全部竣工建成。体育馆 1 万座席，建筑面积 19 685m²，体育场 5 万座席，建筑面积 41 600m²，练习馆 500 座席，建筑面积 2014m²，运动员招待所 200 床位，建筑面积 5632m²，总建筑面积为 71 260m²。巴基斯坦综合体育设施体育馆采用 4 根柱子支承 94.4m×94.4m 的空间网架结构，柱子跨度 64.22m，形成巨大而灵活的使用空间，既可满足大型比赛要求，又适宜中小型比赛活动。

尼日尔尼亚美国家综合体育场位于尼日尔共和国首都尼亚美，

其主要建设项目为：①容纳3万名观众看台的体育场一座；②3千座席的体育馆一座；③100床位的运动员宿舍一栋；④室外练习场地：包括田径足球场、篮球场、排球场、手球场和网球场等；⑤停车场三处，可停放1千辆小汽车。总建筑面积为11 165.61m²，其中体育场27 624m²，体育馆8090.58m²，运动员宿舍3777.39m²。

利比里亚综合体育场工程由3万人体育场、3千人体育馆、100床位的运动员宿舍和室外辅助联系场地以及相关的附属建筑组成。总建筑面积35 867m²，体育场24 053m²，场址总占地面积21.68公顷。坐落在首都蒙罗维亚市佩恩斯沃德区，建成后为该国的体育中心，可供国内、国际体育竞赛使用。

表6.23 中国援外体育场馆

巴基斯坦体育综合设施	利比里亚综合体育场	尼日尔尼亚美国家综合体育场
结合环境、使用功能以及交通集散将场、馆、池、运动员招待所分成四个区	结合地形分成两区，小山坡上的体育馆区和坐落在平地上的体育场、运动员宿舍区，两区高差4m	体育场为中心，体育馆及田径练习场分别布置在南北轴线的南北方，体育场西面为广场，停车场设置在东南角、西南角及西侧三处
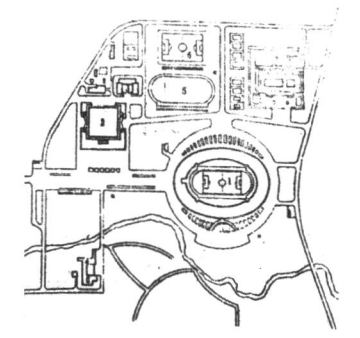	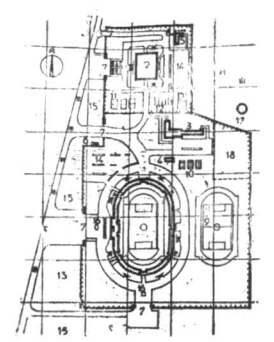	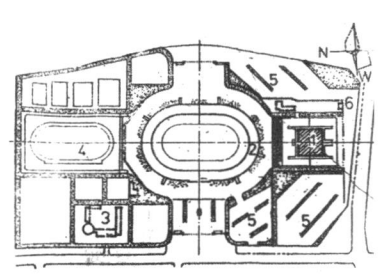
贝宁体育中心		
贝宁体育中心也称贝宁友谊体育场，占地面积31ha，建筑面积48 043m²，布局上，以体育场、体育馆、游泳场组成一个完整的建筑空间，室外联系场地布置在东北侧		

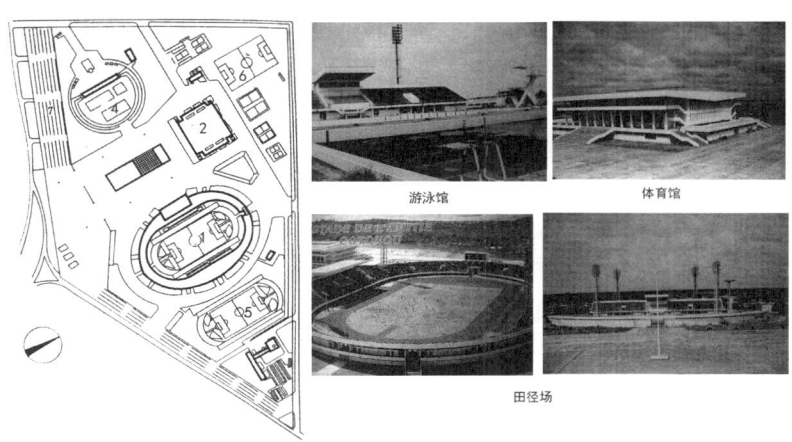

续表

津巴布韦国家体育场

建筑用地17hm^2，总建筑面积52 118m^2，其中看台23 923座，房屋建筑面积28 195m^2。设计注意利用地形，将未来的体育中心分为"静区"和"闹区"，在空间构图上，贵宾和观众立交隔离，观众和车、残疾人车、小卖车等均可直接驶上22m标高观众层。全部柱子采用清水混凝土，不做饰面

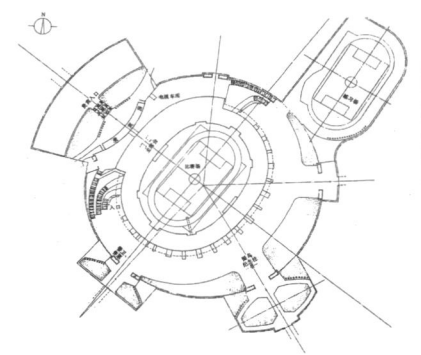

毛里塔尼亚伊斯兰共和国国家体育场

体育场布置在场地西侧，西南二侧均临干道，以方便集散。室外场地布置在场地北侧，靠近体育场，以方便使用。运动员招待所布置在场地西北部，与练习场地联系方便，临西侧干道均有单独出入口，有利于平时兼作城市旅馆用

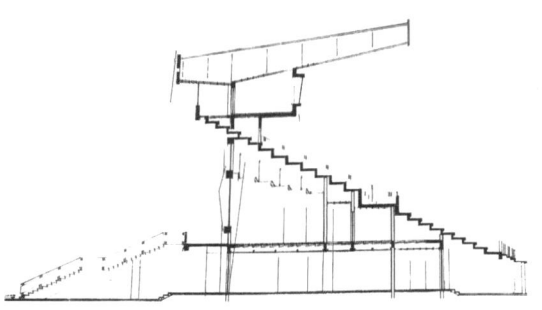

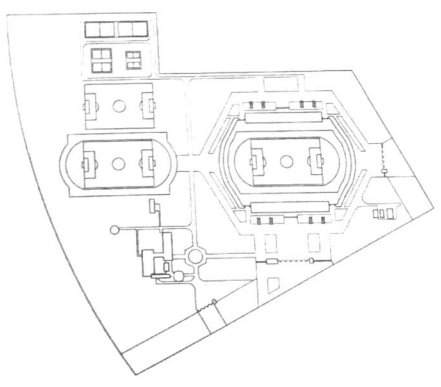

津巴布韦国家体育场是中国援建津巴布韦的项目之一。体育场位于新、老市区之间，距市中心5km，西、北、南三面紧邻城市干道和国际干道，东侧为马林巴河。场址与朝鲜援建的英雄纪念碑组群，南斯拉夫援建的喜来登饭店组成三足鼎立之势，成为全市突出的三个点。

贝宁体育中心的主要建筑有四部分，分别是：①体育场：建筑面积为23 015m^2，400m田径场，环道8条，中间为68m×105m草皮足球场，看台可容纳3万名观众。②体育馆：建筑面积为14 015m^2，看台可容纳5000名观众。馆内为44m×26m的硬木地板场地。③游泳场：由比赛池、练习池、跳水池、跳台及看台、围廊组成，总建筑面积为5910m^2。比赛池为21m×50m，水深2~2.4m，设有8条标准泳道。练习池为21m×50m，水深1.2~1.8m，设有8条泳道。跳水池为21m×21m，水深5m的人工造波池。看台设在比赛池西侧，可容纳1500名观众。④运动员宿舍及附属工程：运动员宿舍为3层楼房，总建筑面积为2983m^2。

1982年建成的毛里塔尼亚伊斯兰共和国国家体育场位于首都努瓦克肖特北部近郊，离海边约4.5km，用地40hm^2。第一期主体建筑为1万名观众席的运动场及100床位运动员招待所，用地面积为19.5hm^2，建筑面积为21 000m^2。体育场东西两侧看台为直线形，南北两侧辅助建筑呈弧线形。直线形看台和二层弧线辅助建筑相接，形成了具有特色的体育场形式。造型结合气候，外封闭内开敞形式，东西向正立面均为暴露钢筋混凝土骨架，观众休息厅为半开敞式，均配以竖向遮阳及具有当地特色的贝壳饰面之遮阳墙。外墙为白色，与深蓝色的天空及黄色沙土形成鲜明对比，明朗端庄。[1]

---

[1] 蔡镇钰：《蔡镇钰建筑选——公共建筑》，中国建筑工业出版社，2007年。

第 7 章　体育建筑的关键转折（1990 年）

1982 年在印度新德里举办的第九届亚运会上，中国的金牌数首次超过日本，在亚运会历史上把日本拉下了"亚洲老大"的位置。中国在这之前连续参加了三次亚运会。1983 年 8 月 23 日，中国奥委会正式向亚洲奥林匹克理事会提出申请，希望由北京承办 1990 年第十一届亚运会，而后正式踏上了承办亚运会的征途。

中国参加的大规模体育赛事促进了中国体育建筑的建设，从 1984 年重返奥运会，到 1990 年北京第十一届亚运会。1990 年为亚运会兴建的国家奥林匹克体育中心等体育建筑都是由国内建筑师设计完成的，其中国家奥林匹克体育中心获得了国际体育休闲建筑协会（IAKS）的银奖，表明中国的体育建筑的设计水平受到国际认可。

7.1　亚运会建筑的空间布局

7.1.1　体育设施对城市的作用和影响研究

1985 年，清华大学赵大壮的博士论文《北京奥林匹克建设规划研究》就提出了有关北京城市发展的亚运战略和奥运战略，这是国内较早的关注体育建筑和城市发展关系的研究。文中强调奥林匹克设施的建设应当和城市发展紧密结合，从城市规划的角度提出了"分散和集中相结合、以分散为主"的建设模式。他还研究了北京奥林匹克设施的组织模式、投资估算、经济效益以及赛事性体育建筑的后续利用问题，[①] 他提出的有关北京城市发展的亚运战略和奥运战略为后来北京成功举办亚运会奠定了基础，也对举办类似大型赛会的城市规划建设产生了影响。

7.1.2　亚运会体育建筑的规划布局原则和场馆分布特征

第十一届亚运会是中国第一次在本土举办大型国际性综合赛事，并由此建设了一批高水平体育建筑。这次亚运会共设 27 个比赛项，2 个表演项目。新建场馆 25 个，扩建和改造场馆 8 个，总建筑面积

① 赵大壮：《北京奥林匹克建设规划研究》，清华大学博士论文，1985 年。

43万 m²。这是新中国成立来当时国内最大规模的体育场馆建设项目。

历届亚运会的设施布置大多采用集中和分散相结合的策略。而北京亚运会也曾经考虑过"集中和分散结合，以集中为主"，"分散与集中相结合，以分散为主"，"集中与分散结合，大中小结合，均匀分布"，"分散为主，适当集中，均衡分布，形成多级和大中小结合的设施"等策略（图7.1）。[①]北京亚运会场馆布局以分散为主，在城市中均衡分布。

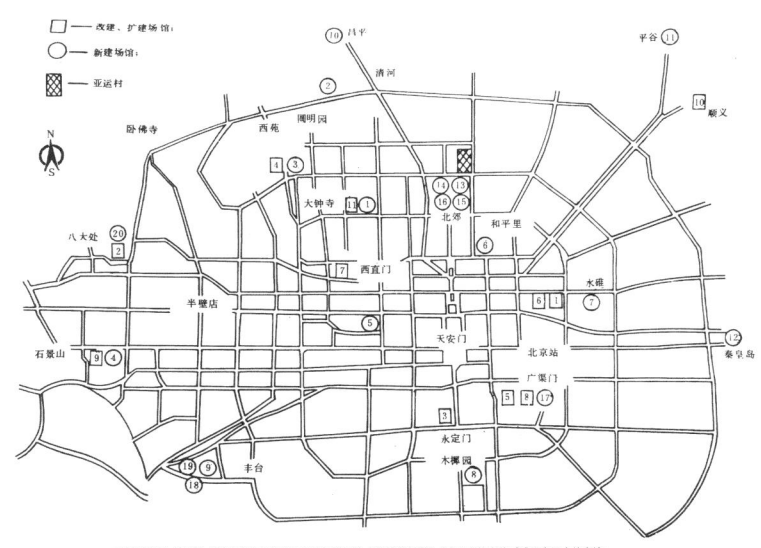

[1]北京工人体育场；[2]北京射击场；[3]先农坛体育馆；[4]海淀体育馆；[5]北京体育馆；[6]北京工人体育馆；[7]首都体育馆；[8]北京体育馆游泳池；[9]石景山体育馆；[10]顺义高尔夫球场；[11]北京体育师范学院体育场
(1)北京大学生体育馆；(2)北京体育学院体育馆；(3)海淀体育馆；(4)石景山体育馆；(5)月坛体育馆；(6)地坛体育馆；(7)朝阳体育馆；(8)光彩体育馆；(9)丰台体育中心棒垒球场；(10)昌平自行车场；(11)金海湖水上运动场；(12)秦皇岛海上运动场；(13)国家奥林匹克体育中心游泳馆；(14)国家奥林匹克体育中心体育馆；(15)国家奥林匹克体育中心田径场；(16)国家奥林匹克体育中心曲棍球场；(17)北京国际网球中心；(18)丰台体育中心体育馆；(19)丰台体育中心体育场；(20)北京射击场射箭场

图7.1 第十一届亚运会比赛场馆分布图

为了保证亚运会期间交通畅通，北京的城市道路进行了系统建设，包括"一横两竖三立交"。拓宽了西起学院路，东到机场路全长10km的北四环，新开辟了北起北四环南到土城北路的全长1.2km的北中轴路，打通了北起成府路南到北三环的全长2.7km的道路。三个立交指的是安慧立交桥、昌四立交桥、双北立交桥。除道路系统的修建外，同时还整修了地下过街道和管线（图7.2）。[②]

工人体育场是开闭幕式主场馆，并集中建设了手球、自行车、游泳等专业性较强的比赛场馆。33个场馆中除设在河北秦皇岛市的海上运动场外，其余32个分散在北京市城区和郊县的18处地方。[③]分散布置的中小型体育设施可以更好地为城区的居民服务（图7.3）。

7.2 亚运会体育建筑的类型及特征

7.2.1 单一到多元：建筑类型的多样化

亚运会的体育场馆建设遵循两个基本原则：①利用现有的和正在建设的体育设施共8项。分别是北京工人体育场、北京体育馆、

[①] 马国馨：《体育建筑论稿——从亚运到奥运》，天津大学出版社，2007年，第8页。

[②] 朱燕吉：《第十一届亚运会工程规划设计》，《城市规划》，1988年第10期。

[③] 杨嘉丽：《新中国体育场馆60年》，国家体育总局编《拼搏历程 辉煌成就——新中国体育60年》，人民出版社，2009年，第116页。

第7章 体育建筑的关键转折（1990年）

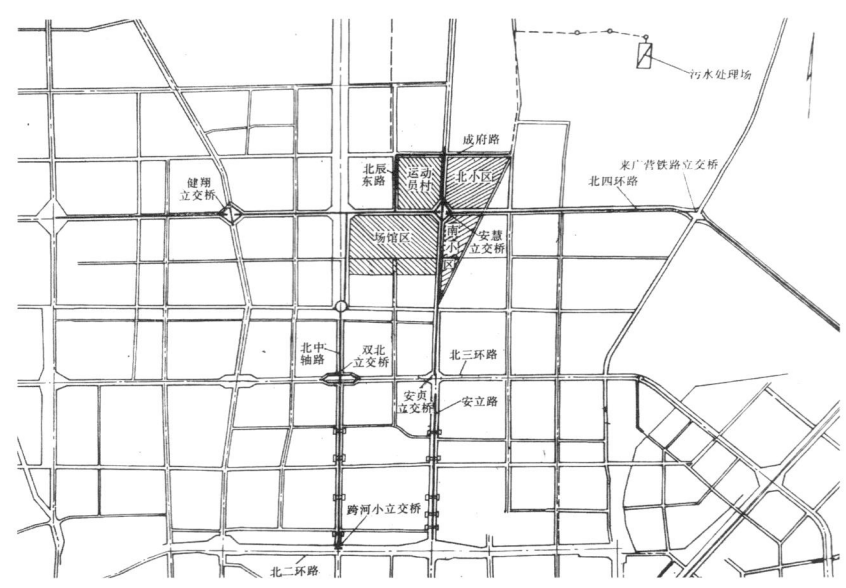

图 7.2 第十一届亚运会道路桥平面示意图

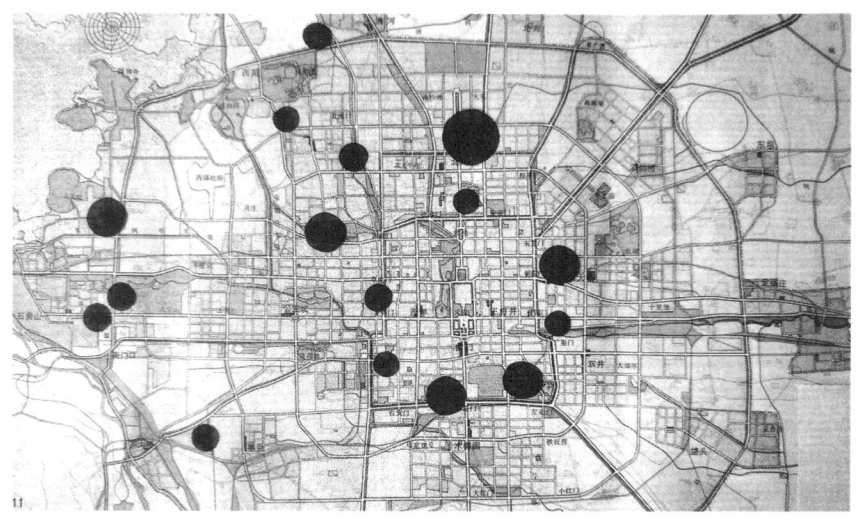

图 7.3 第十一届亚运会体育场馆分布图

先农坛体育场、首都体育馆、北京射击场、石景山体育场、北京国际网球中心、顺义高尔夫球场。②拟新建三类体育设施。分别是 A 类：中小型体育馆，包括北京大学生体育馆、北京体育学院体育馆、地坛体育馆、月坛体育馆、朝阳体育馆、海淀体育馆、石景山体育馆、木樨园体育馆。这些体育馆按照城市规划安排布置，规模以 3000 座左右的中小型体育馆为主，搭配设置了练习馆，大多处于城市中心区域，方便群众使用。B 类：专用比赛场地，包括自行车赛车场、垒球场、水上运动场、海上运动场等特定的体育竞技类型的比赛场地。C 类：国家奥林匹克体育中心，国家奥林匹克体育中心是功能和形式合一的典范，兼具现代和传统的设计风格于一体①，注重单体和整体的环境关系，保持环境的连续性。体育中心用系统论的思想指导设计，打破了国内体育中心封闭对称的布局模式。体育中心采用不

① 朱燕吉：《第十一届亚运会工程规划设计》，《城市规划》，1988 年第 10 期。

对称布置的手法，中心是人工湖，环状道路、建筑围绕布置，用绿化和小品点缀设计。它特色鲜明，是20世纪90年代北京的地标性建筑（表7.1）。

表7.1 北京亚运会利用、改造、扩建、新建场馆一览表

举办地点		年份	面积（m²）	体育设施	观众数	区域	赛事及训练
北京工人体育场		1988	80000	8条400m跑道、足球场110×74	70000	朝阳区	主会场、足球
北京先农坛体育场		1988	15376	8条400m跑道、足球场106×68	30000	永定门西内街	足球
石景山体育场		1986	2500	8条400m跑道、足球场105×70	25000	石景山区八角	足球
海淀体育场		1989	2500	8条400m跑道、足球场105×70	8000	海淀	足球
首都体育馆		1968	40000	88×40	18000	海淀区白石桥	体操
北京体育师范学院体育场		1989	3033	足球场104×69	3000	海淀区北三环	卡巴迪
北京工人体育馆		1959	30000	60×40	14600	朝阳区	乒乓球
北京体育馆		1955	18000	36×22	6000	原崇文区	羽毛球
北京体育馆水球馆		1989	2500	游泳池50×25×2.2	/	原崇文区	水球
北京射击场	50m靶场	1987	3188	150×70	400	西郊	射击
	移动靶场		2087	76×70	200		
	飞碟靶场		1000	350×150	400		
	25m手枪靶场		2200	104×38	300		
	10m气枪靶场		2000	84×21	200		/
北京高尔夫球俱乐部			3000	18洞	/	顺义	高尔夫球
公路（昌平到蟹子石）		/	/	35km	/	/	180km自行车
公路（怀柔到密云）		/	/	25km	/	/	100km自行车
北京射击场、射箭场		1987	500	180×160	600	西郊福田寺	射箭
北京大学生体育馆		1988	11972	50×36×14	4153	海淀区北三环	篮球
北京体育学院体育馆		1988	9865	48×33×12.5	2782	海淀区	拳击
朝阳体育馆		1988	8535	44×34×13	3384	朝阳区	排球
地坛体育馆		1988	12590	44×24×15.5	2912	东城区	举重
石景山体育馆		1988	9778	44×34×13	2955	石景山区	摔跤
海淀体育馆		1988	11430	44×24×14	3100	海淀镇	武术
光彩体育馆		1988	10032	46×31×13	3096	永定门	击剑
月坛体育馆		1988	10038	44×24×13.5	2880	阜成门	柔道
北京国际网球中心体育馆		1989	8680	60×40×14	1000	原崇文区	网球
北京国际网球中心体育场		1989	1617	40×24	2000	原崇文区	网球
昌平自行车赛车场		1989	4520	跑道333.33	6100	昌平	自行车
金海湖水上运动场		1989	4399	航道2000×131	1200	平谷海子水库	皮划艇、赛艇
秦皇岛海上运动场		1989	4143	A场地：直径2100 B场地：直径2850	/	秦皇岛市	帆船、帆板
丰台体育中心体育场		1989	24872	8条400m跑道、足球场104×68	33560	丰台	足球
丰台体育中心体育馆		1990	10209	44×26×14	3563	丰台	藤球
丰台体育中心棒垒球场		1988	2100	中线长121.91 边线长97.54	3223	丰台	棒垒球

第7章 体育建筑的关键转折（1990年）

续表

举办地点	年份	面积（m²）	体育设施	观众数	区域	赛事及训练
国家奥林匹克中心体育馆	1989	28508	70×40×15.5	5948	北郊	手球
国家奥林匹克中心游泳馆	1989	37589	游泳池 50×25×3 跳水池 25×25×5.5	6128	北郊	游泳、跳水
国家奥林匹克中心曲棍球场	1989	2129	91.4×55	1969	北郊	曲棍球
国家奥林匹克体育中心田径场	1989	16634	10条400m跑道，足球场105×68	19359	北郊	田径

7.2.2 个体与环境：多元化的总体布局

考虑到多层次的环境要求，这些体育场馆所处的地段不同，限制条件不同，场馆的总体布局形成不同类型的设计，总体布置方式呈现多样化态势。主要有以下几种布局方式：①体育公园式的布局。北京国家奥林匹克中心按照公园的形式将单一的场馆设置在独立地块上，用道路环绕，用大面积的广场、绿化、水面、室外活动场地加以分隔。同时在广场和场馆之间增添了一些文化娱乐设施以及一些雕塑和小品。这种类型的布局形式较为自由，道路和绿化将各点连接起来。这种布局满足了人们物质、视觉、生态需求，也满足了人们的精神需求。体育公园以建设开放性为目标，结合城市绿化，主次分明，对绿化做了大色块、大面积的简洁处理，北京国家奥林匹克中心的绿化和水面占总体用地的39%，绿化层次和水平都较高。②以单一场馆为主的体育中心，一般在自然资源较好或者对运动场地有特殊要求的位置，中心的主体建筑往往只有一座或者两座，总平面的布局方式是围绕主体建筑来布局。如北京国际网球中心是以网球比赛为主，兼有棋院及相应服务设施为主的体育中心。北京体育学院体育馆，基地南面有70m宽的城市绿化带，绿地以南有小清河流过，西临大片松树林。总体布局考虑人流、车流的集散以及与周围环境的协调，将主馆（比赛馆）布置在西侧，直通圆明园东路，其他各馆安排在东侧，与比赛馆围合成一个完整的建筑群体空间，并形成向南开放的体育文化休息广场，建筑和城市环境绿化结合，环境优美。③"品"字形或者"一"字形布局，这种布局方式在以往的体育中心中应用较多。体育场、体育馆、游泳池三个主体建筑中，一般以体育场或体育馆为主进行轴线式布局。北京朝阳体育馆则用地较紧，地形不规则，采取椭圆形平面和下沉式布局以适应环境。这些场馆的类型、规模、结构、平面、环境不同，针对具体条件采取的体育公园式、单一式、或"品"字形的总体布局反映了体育建筑单体和环境的呼应和对比关系，凸显了多元化的体育场馆的总体布局方式（图7.4）。

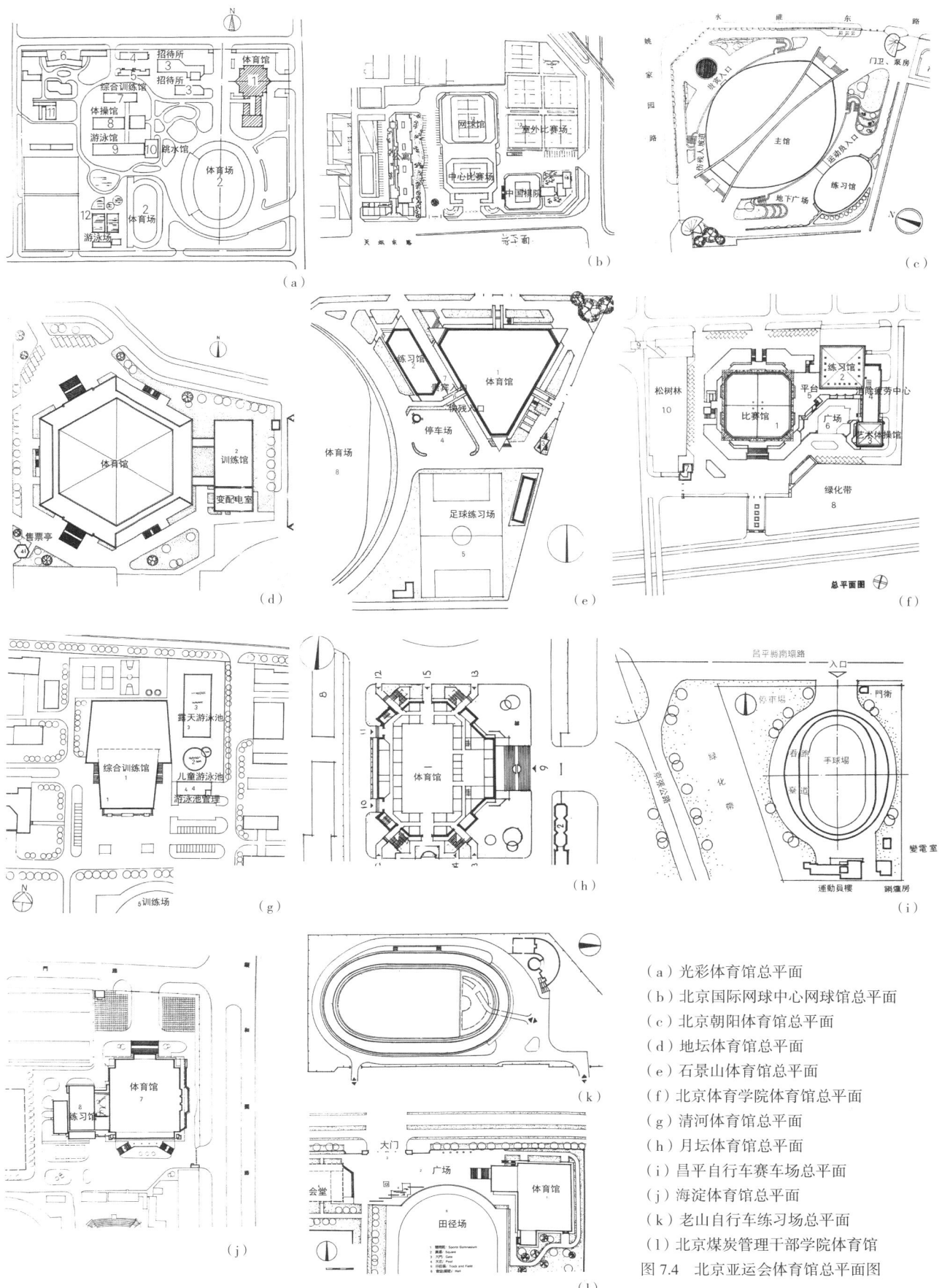

(a) 光彩体育馆总平面
(b) 北京国际网球中心网球馆总平面
(c) 北京朝阳体育馆总平面
(d) 地坛体育馆总平面
(e) 石景山体育馆总平面
(f) 北京体育学院体育馆总平面
(g) 清河体育馆总平面
(h) 月坛体育馆总平面
(i) 昌平自行车赛车场总平面
(j) 海淀体育馆总平面
(k) 老山自行车练习场总平面
(l) 北京煤炭管理干部学院体育馆

图 7.4 北京亚运会体育馆总平面图

7.2.3 本土与西化：建筑方案的比较

马国馨先生在《体育建筑论稿——从亚运走向奥运》一书中指出了北京市建筑设计院的工程技术人员在第十一届亚运会场馆设计历程中建设了自己的力量，文中提到：

早在1983年6月中，北京市建筑设计院副院长周治良即召集了院一室、七室、技术室、管理室、情报组有关同志，传达了初步设想，准备院内成立技术领导小组，将来由一室、七室或再增加别的室承担设计任务，院内负责协调，先由刘开济、金东霖、马国馨等人专题小组先行一步。同年8月24日中国奥委会主席钟师统正式提出申请举办1990年的亚运会，10月我院专题小组完成了《亚运会若干问题》的综合材料，首次汇集了与亚运会有关的较全面的背景材料。[①]

书中还描述了国家奥林匹克体育中心的方案深化和比较的历程。第一阶段：1983年，北京市建筑设计院首次提出国家体育中心的方案设想和模型，进行了三个方案的比较，最后正式提交了第三方案。第二阶段：1986年，亚运会工程设计领导小组在北郊的用地内初步将体育场、体育馆、游泳馆等几个较大的场馆的布置关系和道路作了一些分析，分成3种类型共16种设想。第三阶段：1986年6月，设计组就总图布置的不同方式提出了5个方案，最后确定以第一方案为基础的规划构想。第四阶段：1986年9月，设计组归纳了2个方案提交指挥部，经指挥部批准，按方案一的总体布置深入第一期的建设和个体方案（表7.2）。

梅季魁先生曾经有感于中国大跨结构多元化不够，同国外差距较大，在20世纪80年代撰文呼吁此事。第十一届亚运会排球馆和摔跤馆拓宽了建筑创作技术手段的设计实践。《自律至善、情理相依——第十一届亚运会排球馆和摔跤馆设计构思》一文记录了梅先生设计朝阳馆和石景山馆的结构选择，就如同美国耶鲁大学冰球馆、日本代代木体育馆、岩手县体育馆的结构创作一样，平面形式和结构形式另辟蹊径。由此可见，设计者在设计体育场馆的过程中，无不是殚精竭虑，多种方案比较研究，从中选择最优方案。

7.3 亚运会体育建筑结构的类型特征

7.3.1 个性与共性

北京亚运会体育场馆的共性结构大多数采用了网架结构。体育建筑的造价成本是限制创作个性的"障碍"，建筑师想运用新型结构形式来塑造具有个性的体育建筑更加困难。出于经济考虑，体育建筑设计经常放弃一些创意，这对追求体育建筑的个性是不利的。

---

① 马国馨：《体育建筑论稿——从亚运到奥运》，天津大学出版社，2007年。

表 7.2　北郊体育中心的方案设计的几个主要阶段

第一阶段
1984 年，北京市建筑设计院提出国家体育中心的规划方案设想及模型，提出了若干比较方案

方案一：比赛设施沿东西轴线布置，大体育场位于东侧，其他设施东西轴线西北布置，主入口与北中轴线垂直	方案二：与城市北中轴成 45° 的斜向轴线线性布置，将主体育馆置于用地北侧，在中轴线与运动员村相对处布置组委会办公	方案三：在方案二的基础上，保留原有斜交轴线，将除大体育场外的主要场馆围绕一个中心广场布置，为最后提交亚洲奥理事会的方案
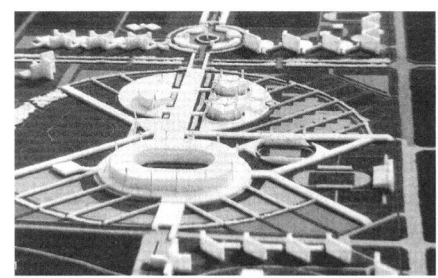		
方案一	方案二	方案三

第二阶段
1986 年，北京市建筑设计院成立了亚运会工程设计领导小组，设计组在北郊 120hm² 的用地内初步将体育场、体育馆、游泳馆等几大件的布置关系和道路作了一些分析，分成 3 种类型共 16 种设想

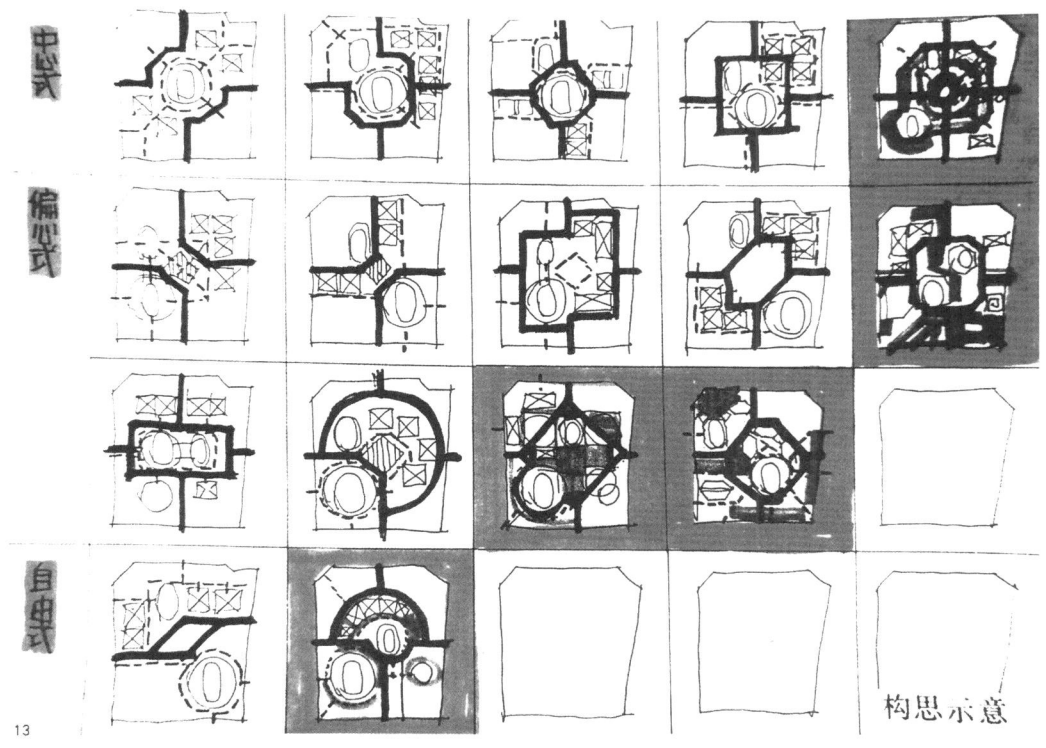

北郊体育中心的三种布置类型

第三阶段
1986 年 6 月 18 日，向指挥部和局委汇报了总图进展情况后，6 月 24 日指挥部下达了有关北郊体育场馆规划设计任务的通知，设计组就总图布置的不同方式提出了 5 个方案
7 月 11—12 日，首都建筑艺术委员会、工程总指挥部联合召开会议，对体育中心的 5 个总体方案讨论，多数人倾向第一个方案，其次是第五个方案，7 月 21 日向亚运会基建领导小组汇报后，确定了第一方案为基础的规划构想

续表

北郊体育场馆 1986 年深化方案一

北郊体育场馆 1986 年深化方案二

北郊体育场馆 1986 年深化方案三

北郊体育场馆 1986 年深化方案四

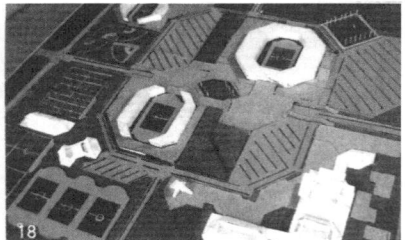
北郊体育场馆 1986 年深化方案五

第四阶段
设计院发动各所的建筑师提出草图和设想，提出了十几种造型和组合的方案，由院总工程师胡庆昌会同研究所结构组的结构负责人交换看法和提出建议，最后在 9 月初归纳了 2 个方案提交指挥部
9 月 10—12 日，工程总指挥部邀请全国的建筑设计专家对北郊体育中心和运动员村的总体设计方案评议，规划局和工程总指挥部在 1986 年 11 月 8 日联合发文，批准方案

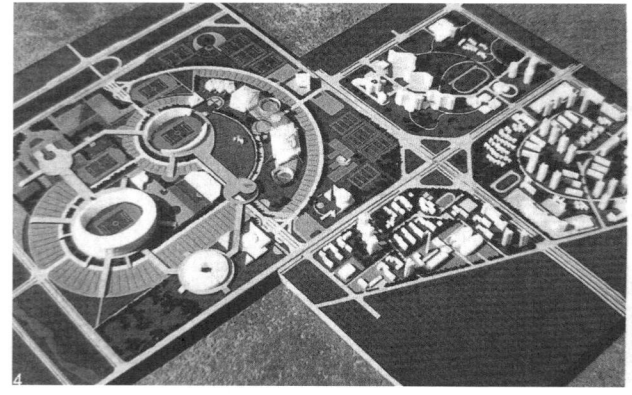
指挥部最后审定方案一

指挥部最后审定方案二

续表

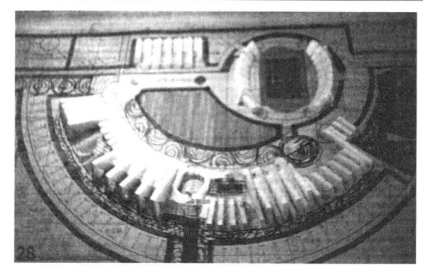
体育中心群体方案一

体育中心群体方案二

体育中心群体方案三

体育中心群体方案四

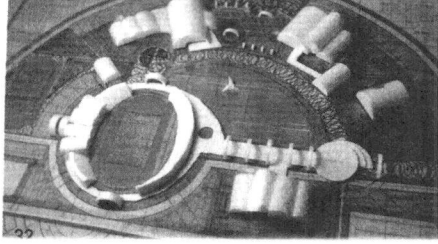
体育中心群体方案五

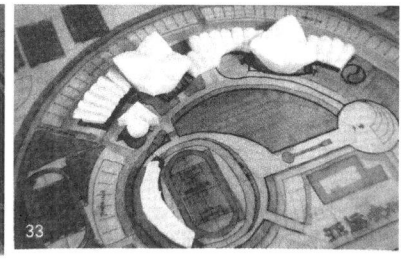
体育中心群体方案六

体育中心群体方案七

体育中心群体方案八

转化这种不利的条件并非无计可施，设计者可充分使用艺术手法，吃透各种结构型式的适用条件，结合体育建筑本身的体型和尺度，采用恰当的结构选型，在有限的条件下刻画个性的形象。

北京朝阳体育馆和石景山体育馆反映文脉的同时，都采用了新的结构形式。朝阳体育馆以居中索桥连接抛物面屋盖，兼顾自然采光。石景山体育馆受到地段限制，平面为等边三角形切角形成的六边形平面，屋盖用三片直边抛物面壳（扭壳）组成，壳体相交的位置设采光带。轻快、新颖不俗，增加了文脉的亲切感。国家奥林匹克体育中心体育馆采用了国内首创的斜拉双曲面组合网壳，屋盖的平面尺寸为80m×112m，利用斜拉索拉住屋脊处的立体桁架。亚运会的体育场馆结构和而不同，针对不同的平面结构和建筑体量，采用不同的组合结构形式，具备独特的个性（图7.5）。

(a) 国家奥林匹克体育中心体育馆比赛大厅内景
(b) 国家奥林匹克体育中心游泳馆比赛大厅内景
(c) 朝阳体育馆比赛大厅内景
(d) 石景山体育馆内景
(e) 北京体育学院体育馆比赛厅内景
(f) 光彩体育馆内景
(g) 朝阳体育馆观众席
(h) 北京煤炭管理干部学院体育馆内景
(i) 朝阳体育馆比赛大厅内景
(j) 地坛体育馆比赛大厅内景
(k) 月坛体育馆比赛大厅内景
(l) 丰台体育中心体育馆比赛大厅内景
(m) 海淀体育馆比赛厅内景
(n) 大学生体育馆比赛厅内景

图 7.5 北京亚运会的体育场馆的比赛大厅

7.3.2 形态与结构

随着改革开放，西方的建筑思潮涌入中国，冲击了原有的建筑设计观念和设计手法。如国外的体育馆开闭顶技术（如多伦多体育中心开合式穹顶等）和其他众多现代化体育建筑的先进技术，使中国建筑界受到巨大的思想冲击。中国体育建筑现代化发展的成就之一就是大跨度体育馆。如1987年建成的广州天河体育中心，由椭圆形体育场、六角形体育馆和长八角形游泳馆构成。建筑单体突出大空间、大跨度，用大尺度的悬挑、体块等赋予建筑明显的竞技特征。为举办亚运会而兴建的北京国家奥林匹克体育中心，其游泳馆的屋顶重160多吨，跨度达117m，体育馆采用了国内首创的斜拉双曲面组合网壳，整个屋盖的平面尺寸为80m×112m。1985年建成的深圳体育馆，采用边长达90m×90m方形空间网架屋盖结构，体现出体育建筑的雄健和力度（表7.3）。[①]

1982年至1992年是中国建筑空间结构的成长发展期。空间结构的应用主要还主要局限于体育场馆，期间以各省会城市和直辖市的中型体育场馆建设为主。1990年，北京召开的第十一届亚运会新建场馆采用的结构包括悬索结构、网架结构、网壳结构、混合结构等。这一时期中，体育发展得到高度重视，但限于经济实力，体育馆的跨度一般为70~80m，体育场开始采用挑棚，大多为单向悬挑形式，悬挑长度为25~30m。

① 邹德侬：《中国建筑五十年》，中国建材工业出版社，1999年。

表7.3 北京亚运会新建体育场馆屋盖结构

体育馆名称	竣工时间	结构形式	平面（m×m）及尺寸	高度或厚度（m）	用钢量（kg/m²）	施工安装方法
北京大学生体育馆	1988	两向正交斜放网架	方形64×64，悬挑6m	4.2	85	地面拼装整体吊装
地坛体育馆	1988	三向网架	正六边形，边长60m	3.75	74	满堂脚手高空散装
光彩体育馆	1988	星形四角锥网架	矩形46.8×67.6	3.5	46	分段吊装滑移就位
海淀体育馆	1988	正放四角锥网架	矩形48×52	4.0	40	分三段吊装滑移就位
月坛体育馆	1988	斜放四角锥网架	八角形57×66，悬挑4.2~4.5m	3.8	50	地面拼装整体吊装
北京国际网球中心网球馆	1989	斜放四角锥网架	矩形60×60，悬挑3m	3~4.5	55	分段吊装积累滑移
国家奥林匹克体育中心田径场看台	1989	正放四角锥网架	扇形	2.3~2.7	35	满堂脚手高空散装
丰台体育中心体育场看台	1989	两向正交正放网架	扇形17.2~35.5×167.8		50	满堂脚手高空散装
丰台体育中心体育馆	1990	两向正交正放网架	蛋形平面54.6×76.6		55	满堂脚手高空散装
北京体育学院体育馆	1988	四块组合型双曲抛物面网壳	方形52.2×52.2 悬挑3.5m		52	地面小拼高空总拼
北京石景山体育馆	1988	三叉形钢架支承双曲抛物面网壳	正三角形边长99 计算跨度按40m计	1.5	67.8	满堂脚手高空散装
朝阳体育馆	1988	索拱支承鞍形索网	椭圆66×78		52.2	
国家奥林匹克体育中心体育馆	1989	斜拉人字形圆柱面网壳	矩形70×83.2	3.3	60	四支点三滑道积累滑移
国家奥林匹克体育中心游泳馆	1989	斜拉索双坡屋面	矩形85.8×70			

在这些中型体育场馆中，焊接空心球节点空间网格结构是其主要结构形式，虽大部分以平板网架为主，但结构形式也开始了多样化。如北京体育学院体育馆四角为落地斜撑的四块组合双层扭网壳（59.2m×59.2m），石景山体育馆采用了双层网壳，国家奥林匹克体育中心体育馆采用斜拉网壳（72m×83m），开启了双层网壳结构与斜拉结构的研发与应用。

这一时期另一特点是多个体育馆采用了悬索结构，如吉林滑冰馆采用预应力索桁架（59m×79.8m），安徽体育馆采用横向加劲单曲悬索体系（54m×72m），北京朝阳体育馆采用索拱与索网组合，四川省体育馆与青岛体育馆都采用混凝土落地拱与索网组合等。但比较遗憾的是1992年潮州体育馆（54m×72m，采用横向加劲单曲悬索体系）落成后，国内体育场馆设计基本上再也没有采用索网结构，分析主要原因可能是索网结构的分析较麻烦，边缘构件设计较复杂（表7.3）。①

北京朝阳体育馆屋盖采用两片预应力鞍形索网组合而成，索网悬挂在中央索—拱结构和外缘的周边构件之间，创造出中间高两端低的比赛厅空间，采光和造型得到完美的解决，克服了日本代代木游泳馆的不稳定的柔性脊梁结构带来的用钢量大的刚性索网的缺点。石景山体育馆采取了三叉形钢架支承双曲抛物面网壳。

亚运会的体育场馆设计采用了大量的新结构和新技术，确保了中国体育场馆的设计水平达到了国际标准。这次的体育建筑是中国历史上前所未有的，真正体现了"快、好、省"，三者结合得非常好，钢结构的设计十分成功，采用了现代的形式，体现了建筑的精神（表7.4）。

① 赵基达，蓝天：《中国空间结构三十年的进展与今后展望》，《第十四届空间结构学术会议论文集》，2012年，第2页。

表7.4 北京亚运会体育建筑结构类型

场馆名称	建成时间	屋盖结构类型	平面	结构示意图
地坛体育馆	1988	三向网架	正六边形	
光彩体育馆	1988	星形四角锥网架	/	

续表

场馆名称	建成时间	屋盖结构类型	平面	结构示意图
北京大学生体育馆	1988	两向正交斜放网架	矩形	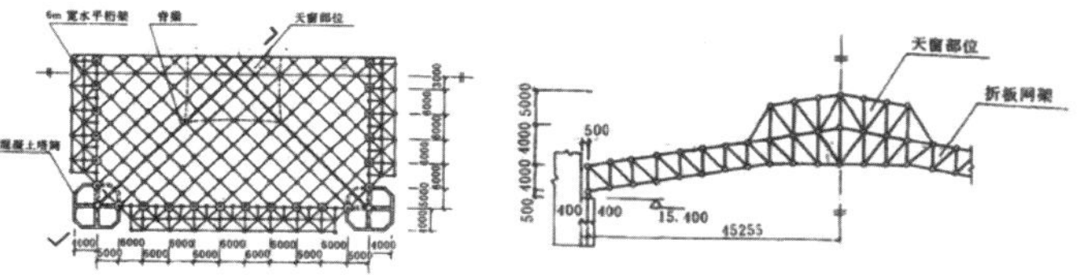
海淀体育馆	1988	正放四角锥网架	矩形	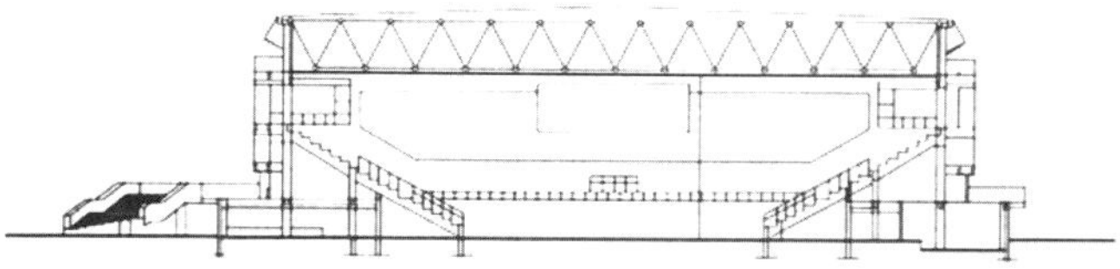
月坛体育馆	1988	斜放四角锥网架	八角形	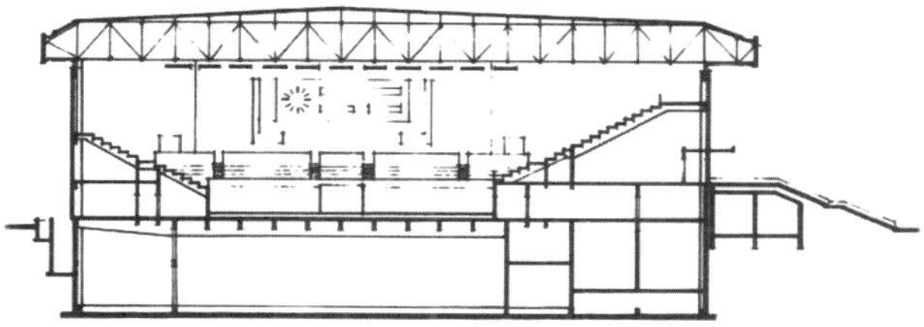
石景山体育馆	1988	三叉形钢架支承双曲抛物面网壳	三角形	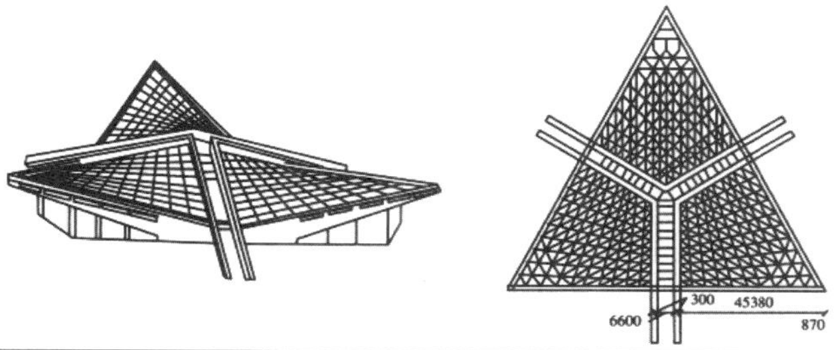
体育学院体育馆	1988	四块组合型双曲抛物面网壳	矩形	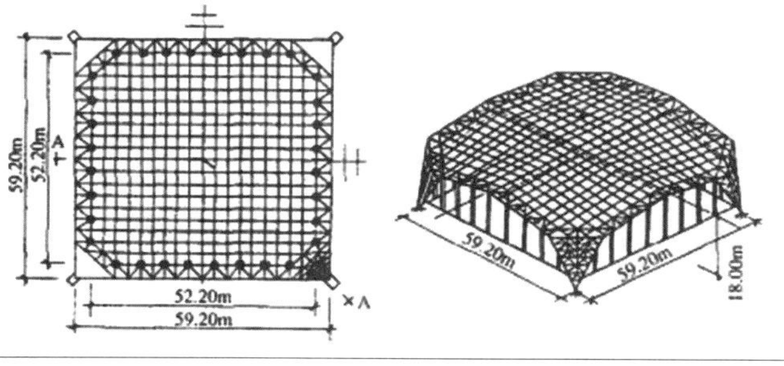
朝阳体育馆	1988	中央主支承结构——立体式索拱体系	近似椭圆	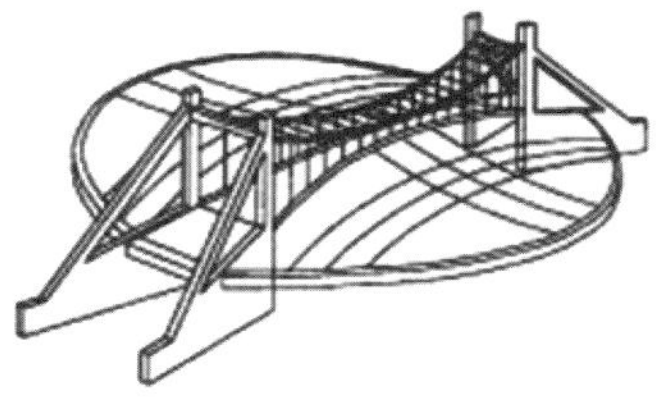
北京国际网球中心网球馆	1989	斜放四角锥网架	矩形	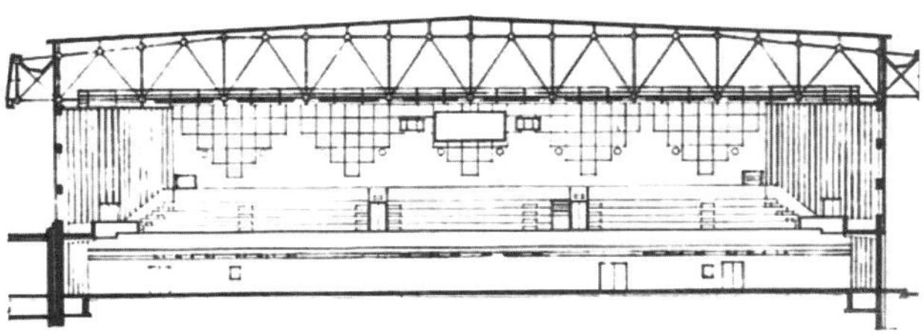

第 7 章 体育建筑的关键转折（1990 年）　283

续表

场馆名称	建成时间	屋盖结构类型	平面	结构示意图
国家奥林匹克体育中心田径场	1989	正放四角锥网架	椭圆形	
丰台体育中心体育场	1989	两向正交正放网架	椭圆形	
国家奥林匹克体育中心体育馆	1989	斜拉人字形圆柱面网壳	矩形	
国家奥林匹克体育中心游泳馆	1989	斜拉人字形圆柱面网壳	矩形	
丰台体育中心体育馆	1990	两向正交正放网架	蛋形	

7.4 多元化建筑思潮的开端：百花齐放的建筑形式

7.4.1 民族性和现代性结合的形态隐喻：大屋盖的抽象继承

传统和现代是矛盾的，但我们在找寻建筑现代化的过程中，能找到其中的联系。建筑设计中，来自传统的建筑形式、工艺和材料和来自外来文化的建筑形式、工艺和材料是有区别的。虽然现代建筑的原则不同于传统建筑，但在现代建筑中，可以用传统建筑的元素来表达现代建筑。建筑师学习传统建筑的组合、细部和施工，还需将设计赋予时代的使命。建筑师要找到一种和现代建筑的新方法使得现代建筑的理念和传统建筑结合。传统建筑的特点在现代建筑中自然形成。而体育建筑的设计中，这一点相对困难，传统建筑作为一种态度，主要通过现代方法和时空的整合来营造空间。

我认为国家奥林匹克中心的创作最重要的启示就是传统建筑文化对当代建筑创作仍然具有的意义，是传统的基因在现代的一次突进。说是一次突进，指的是在文脉的延续、现代感的突出和类型风格的体现这几个并不总是同一的指向体系中，创作者的明智弃取，使作品最终达到了多元和谐共生，即既具有鲜明的现代感和体育建筑的个性，又具有显著的民族特色。也是指以上三者的表现并不是生硬的混合，而是无间的融合。[1]

——萧默《建筑谈艺录》

中国传统建筑的外观特征主要表现为大屋盖，体育建筑的大屋盖的结构形式和传统屋顶并不完全相同。然而建筑师可以利用现代结构——悬索、壳体、网架等创造体现民族性的现代形象，使得建筑能够传承民族特征，利用现代技术来反映体育建筑和传统建筑的内在联系。国家奥林匹克体育中心建筑物的个体设计中采用了具有强烈东方特色的凹曲形坡屋顶，造型新颖又富含民族气息。最引人注目的是体育馆和游泳馆，形成了体育中心的视觉中心。体育馆的两坡屋顶上增加了类似庑殿屋顶的中间凸起部分，顶部天窗的凹凸变化，使屋脊线不显单调平淡。体育馆和游泳馆的造型相近，两端耸立高达60~70m的钢筋混凝土塔筒，高耸的塔筒微微内侧的收分以及它和斜拉索、与屋脊形成的起伏轮廓，暗含了中国传统建筑侧脚和屋脊起翘的意蕴。塔筒作为结构构件，结合斜拉钢索吊起双坡凹曲屋顶，形似中国传统庑殿式的屋顶舒展气派。刚柔并济的形象体现了体育建筑的力度和智慧，隐含着与传统的联系。屋脊的钢管结构似脱胎于传统建筑中的屋脊装饰。檐口下暴露的钢网架节点形成的三角形轮廓使人联想到中国屋顶的传统构件——斗栱。而整体的屋顶、墙身、基座的比例也和传统建筑相符合。游泳馆和体育馆

[1] 萧默：《建筑谈艺录》，华中科技大学，2009年，第205页。

的屋顶、屋脊和檐口的细部处理，近似传统建筑，檐口和屋脊的大红色金属构件，建筑平台的多层台基，都使人联想到传统建筑的色彩和常用做法。在创造新建筑形似的同时，又有中国特色，表达了现代建筑中的传统中国建筑的常见特征，这种建筑形象和北京的文化古都的环境吻合。

国家奥林匹克体育中心的体育馆和游泳馆将初期对传统建筑的折中式表达转变为隐喻的手段。没有做传统形式的简单重复，更多地将传统构件通过变形、隐喻将以使用。高耸的塔筒、斜拉索和曲面网架表达了体育建筑的力量和速度，而银灰色的双坡和出檐隐喻了中国传统建筑中大屋顶的形象。这一时期建筑对民族性和现代性的结合从简单的拼贴转变为对大体量形体的隐喻，亚运会建筑的传统形象在尝试建构空间的地域性。体育中心的规划设计从整体到局部，也探索了一些现代和传统的结合。体育中心位于向北衍生的中轴线起点，用地的主次轴线和环形道路结合，形成体育中心的主要骨架，和城市的总体格局协调。另外，运用传统的群体组合手法，环形车行道作为交通骨架，用建筑物配置、步行道路和广场形成整体轴线，形成方格网与圆形、半圆形的组合。

7.4.2 现代技术和建筑文脉的结合：现代建筑的地域化

建筑需和当地的文脉和特色呼应，中国以木构架为主的传统结构体系和现代结构体系迥异，与以钢筋混凝土为代表的大跨度现代体育建筑也大相径庭，提取一些建筑符号，概括传统建筑的特征有助于技术和文脉的结合。建筑个体是环境的主体，与周围的建筑和环境相互映衬和比照，在设计中不仅要考虑建筑自身的风格，还要考虑其与周围和谐一致。国家奥林匹克体育中心的游泳馆、体育馆、练习馆、田径场都与亚运村的国际会议大厦、写字楼、酒店等四个中心建筑形成和谐的整体，这是建筑群体意识的体现。

国家奥林匹克体育中心还是对外开放的体育公园，其群体组合形象受到人们的关注，以往中国的体育中心配置较为固定，而奥体中心作为综合性体育中心，更加活泼和自由，注重群体组合，而不是突出单个建筑物。它的目的是形成有序的整体，单个建筑物又不失自己的个性。奥体中心的绿化和水面占用地的39%，紧密结合的人工景观和自然景观使其成为花园式的体育中心。田径比赛场的两片马鞍型看台和外围的高架平台形成巨大的体量。游泳馆、体育馆、练习馆等通过扇状布置，形成互相关联的整体，多样中保持统一。

建筑物的轮廓和尺寸是群体设计的重要内容，游泳馆和体育馆的钢筋混凝土塔筒斜拉索方案，塔筒高度达60m和70m，形成了高耸有变化的轮廓线，凹曲面的屋盖减少了大屋盖的压迫感。奥体中心较好地处理了个体和环境的关系，轮廓对比和建筑之间的呼应带给人们不同的观感。[①] 环境设计中还注意了连续性及环境与建筑的关系。如雕塑、路灯、喷水池、灯具、构筑物的设计中，充分考虑了人的心理特征，通过人工景观和自然景观的结合，加强了景观的完整性和连续性。

奥体中心的每个场馆都有共同的基本元素和重复的母题，形成了一个完整的开放式体育公园，设计风格互相过渡和呼应。丰台体育中心以西高东低的体育场为主体，建筑群此起彼伏，形成团结的环境氛围。地坛体育馆的六角形形体层层退进，产生"似塔非塔"的联想，醒目的红色屋顶和古老的地理环境相映成趣。朝阳体育馆和石景山体育馆的色彩和四周交相辉映。朝阳体育馆的主旨是"弧"，平面、立面、空间、结构都以圆弧处理，色彩处理颇费心思，蔚蓝色的屋面和雪白的墙面交相辉映。石景山体育馆以墨绿和白色为色彩主调，墨绿色的双曲面屋顶和白色的三叉钢架互相映衬。朝阳体育馆在有限的占地中布置一个多功能体育馆和一个练习馆，条件苛刻。建筑师结合基地条件将体育馆下沉 5m，流畅的圆形平面和收敛的建筑体型，两片马鞍型悬索屋面中间用索桥连接，形成一定的通透感，下沉式的空间布局克服了建筑和环境之间的矛盾（图 7.6）。

① 马国馨：《体育建筑论稿——从亚运到奥运》，天津大学出版社，2007年，第73-75页。

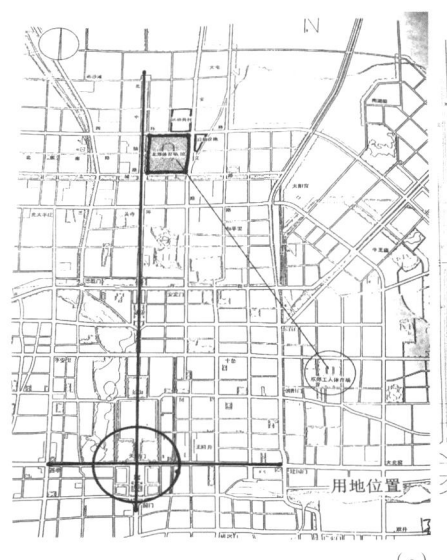
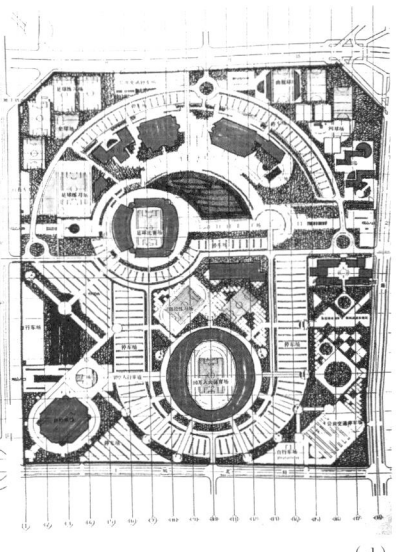

（a）国家奥林匹克中心模型
（b）国家奥林匹克体育中心鸟瞰
（c）北郊体育场馆的位置
（d）总体规划图
图 7.6 国家奥林匹克体育中心的总体规划

7.4.3 从政治形象到经济形象的形象演变：建筑造型的多元化

中国的国家形象从新中国成立初的政治形象转变到改革开放后的经济形象，再到近年来的文化形象。初期的以北京工人体育场、天津人民体育馆为代表的体育建筑的形象被注入了劳动人民的意识。宏大的尺度表现了社会的进步，改革开放后经济利益上升为主要矛盾，宏大而权威的建筑能体现国家的国富民强，结构的力度能反映国家的形象和科技势力。亚运会的体育建筑着重表达了建筑结构和技术的设计表达。

北京亚运场馆无论从平面，还是结构造型、立面处理手法上，都丰富多彩。建筑的群体组合不仅反映了群体意识，更加突出了独立意识和自己的特点。石景山体育馆得到"三角王国"的美称，三角形平面和尾部翘起的三个三角形白色钢架给人展翅的动感。地坛体育馆的六角形形体给人地坛风格的联想，层层推进犹如华丽的皇冠。国家奥林匹克中心体育馆和游泳馆犹如两艘巨轮，曲棍球场用浅米色外墙和灰色挑棚与主馆呼应。球场利用直面和曲面、直面和斜面、实墙和玻璃幕墙的对比丰富场馆造型。立面的方窗和条窗呼应，突出曲棍球场的个性。北京体育学院体育馆的八角形平面和外露的落地刚架结构、四周悬挑的网架给人深刻的印象，表达了大跨度建筑的结构之美。白色网架、红色金属屋面、大片玻璃幕、白色实墙形成虚实对比，构筑新颖的造型。朝阳体育馆是椭圆形的悬挂式的悬索结构。海淀体育馆以"蓝色宝石"为别称，四面悬挑的大块实墙表现了建筑力度，端部斜翘表现蓬勃的气势。光彩体育馆被誉为"水景世界"，长方形体和蓝色玻璃幕的三角锥结合，虚实变化展现独特的气质。这些场馆展现了独特的风格和现代意识，丰富了北京建筑的形式，满足了精神和建筑的要求。显示了"独立融于群体，群体中见独立"的设计思想（图7.7）。

(a) 奥体中心体育馆
(b) 奥体中心游泳馆
(c) 奥体中心曲棍球场
(d) 奥体中心田径场
(e) 北京大学生体育馆
(f) 北京国际网球中心
(g) 光彩体育馆
(h) 地坛体育馆
(i) 月坛体育馆
(j) 北京体育学院体育馆
(k) 朝阳体育馆
(l) 石景山体育馆
(m) 丰台体育中心垒球场
(n) 丰台体育中心体育馆
(o) 丰台体育中心体育场
(p) 昌平自行车场
(q) 海淀体育馆
(r) 秦皇岛海上运动场

图 7.7 第十一届亚运会比赛场馆

第 7 章 体育建筑的关键转折（1990 年） 289

第 8 章　中国近现代体育建筑发展演变的影响因素解析

8.1　文化动因：西方体育文化的传播与吸收

8.1.1　文化冲突：租界内的体育娱乐和青年会的体育活动

在很长的时期里，中国把西方叫作泰西，西方把中国叫作远东。泰西和远东实际上代表了欧亚大陆的东西两端。历史地说，西方看东方也好，东方看西方也好，都曾经是遥遥相隔的天涯一端，来自彼地的种种传说中既包含着可靠的真知，也包含着离奇的臆想。①

鸦片战争前后中国社会的巨变，通商口岸中外国租界区的产生与发展对中国近代史产生重要影响。在华西侨为了追寻其迁出地的生活与情感体验，在租界内将西方的文化作了大规模的横向移植，其中当然包括体育文化和各种运动项目，使得租界内的各领域洋溢着西方色彩，这种体育文化是以租界为特征的，体育活动逐渐在租界中开展。

如果要追溯建造了近代体育建筑的代表性城市，可以当时第一次鸦片战争和第二次鸦片战争之后签订的不平等条约《南京条约》《天津条约》《北京条约》《瑷珲条约》等开放的通商口岸为例。广州、福州、厦门、宁波、上海、海口（琼州）、南京、汉口、镇江、天津等城市中，外国殖民势力陆续设置租界和居留地、并将西方的市政建设和生活方式引入中国，包括西方的体育活动，体育作为娱乐和竞技项目首先在租界兴起，开辟了近代体育的先河。西侨是最早的体育运动参与者，英国为最早侵入中国并设立租界的国家，国人在英租界中接触到了英式的竞技项目，包括盛行于 19 世纪中叶的赛马、划船、板球、足球、打弹子（保龄球、台球）等竞技项目，这些项目也有很强的娱乐性（图 8.1）。

鸦片战争后上海被迫开埠通商，使它从一个小县城迅速转变成国际大都市，市政设施快速发展。西侨青年在上海可以选择比伦敦或其他国际大城市更多的户外体育活动，可以在草坪打网球，在板

---

① 陈旭麓：《近代中国社会的新陈代谢》，中国人民大学出版社，2015 年，第 19 页。

(a) 清末虹口娱乐场的侨民运动会
(b) 1911年的虹口娱乐场靶子场的射击比赛
(c) 上海跑马厅的观众
(d) 申园足球场及田径场
图 8.1 租界内的体育运动项目

球场打板球，去划船总会划船。汉口开埠后形成商业中心，侨居武汉的外国商人率先开辟了马道子球场，进行跑马、打高尔夫球等运动，跑马之风便始于此。詹姆斯·贝特兰"对汉口第一印象很为良好"，他觉得汉口像上海和天津一样——三个最受国外影响的城市——是有一种现代化的景象。[①] 与上海、天津、汉口相比，广州与厦门的地理位置相对偏远，影响更多局限于本地区范围之内，随着沙面租界的形成和发展，西方侨民在沙面广泛开展网球、羽毛球、足球、游泳等西方近代体育活动。

基督教青年会在西方体育的引进、运动场地的建设、竞赛活动的组织等方面，发挥了重要作用，在中国近代体育史上有特殊地位。青年会推广社会体育活动，普及了中国的大众体育，引进了西方的体育运动，如篮球和排球等运动。此外，津、沪等地青年会还经常组织体育表演。基督教青年会组织了早期的学校和地区之间的体育竞赛，1910年和1914年的两届全国运动会和1913年、1914年在北京举行的体育竞赛都是基督教青年会发起或负责的。

基督教青年会不仅建造体育馆、游泳池等体育设施，还设立体育部，保证每个城市的会所都有体育场地和设施。天津、北京、武昌、汉口、长沙、成都、苏州、上海、福州、厦门、广州、宁波、昆明等地都建有青年会会所，会所内的体育馆和体育场地是当时最早的体育建筑之一。

8.1.2 文化输入：教会学校和新式学堂推广体育竞技

西侨开展的竞技体育运动逐渐跨出西方人的生活圈，最先在侨民创办的中小学、基督教青年会中寻到知音。19世纪末20世纪初，传教士在中国各地广泛开展传教活动，各地因此修建了大批教会学校。教会学校主要集中在五个开放的通商口岸，以及香港和澳门。如武昌的文华大学（1871年）、上海的圣约翰书院（1879年）、东吴大学（1899年由中西、博习两书院合并而成）、沪江大学（1903年）、

[①] 海峰：《武汉建市前后的汉口》，皮明麻，吴勇：《汉口五百年》，湖北教育出版社，1999年，第121页。

北京的汇文书院、济南的齐鲁大学、南京的金陵大学、汉口的博学书院（1895年）等。① 它们可以辐射全国，据统计，截至1920年，基督教创办的教会学校的学生数量达到245 049人。这些开埠城市纷纷成立的新式学校（包括教会学校）在西方体育文化的输入中承担关键角色，成为传播近代体育的重要阵地，国人通过教会学校接触并了解西方体育。教会学校的传教士大都受过西方高等教育，他们认为体育运动的普及和文化知识的普及一样重要。

学生们都认为这是很明智的决定，并注意遵守。他们知道必须同旧时代的老学究对体育锻炼的传统看法决裂。那些老学究们只知道死读书，室内或室外运动对他们全然是不屑之事，因此他们很容易患上肺病和其他病。②

以上描述的是学生对体育运动的看法，体育运动最早在教会学校中开展，教会学校校园内的体育场所开创了中国学校体育场地的先河。19世纪80年代至民国成立之前的这段时间，上海、汉口、天津、广州等政治、经济中心地区的教会学校出现了最早的一批学校体育场地，这些场地设施较好，课内外常开展田径、球类等体育运动，是西方田径、球类传入中国的主要途径之一，它们还举行了中国近代最早的运动会。北京的汇文书院在1895年就创办了棒球队，1901年就有了足球队。1907年，汇文书院还和通州协和书院举办过棒球赛和足球赛。1890年5月20日，上海圣约翰书院举办的以田径为主的校运会被公认是中国近代史上的第一次运动会，正式标志着西方竞技体育运动项目的传入。当时由西方传教士李蔼门在学校礼堂前的广场上组织的。③ 1904年11月24日，圣约翰与南洋公学、东吴学堂、中西书院四校在圣约翰运动场举行第一次校际运动会。圣约翰大学建设了正规的田径和足球场地以满足比赛需要，较早将田径、游泳、球类等项目引入中国。

面对西方体育文化的强势输入，中国采取了将体育本土化的方式，并逐渐成为发展主流。19世纪70年代后，具有先进思想的国人决定学习西方国家以便"救亡图存"，改良主义思想由此诞生，改良派提倡学习近代体育的思想内容。1901年，晚清政府迫于压力宣布实施"新政"。之后的改革了包括教育、体育、军事等方面，并创建了体育学校和体操科。他们将体育作为一门教育学科，纳入学校制度的体系中，承认体育文化在社会组织和结构中的存在位置。这也意味着晚晴主流社会对近代体育教育制度的认同。

洋务派以"强兵"为主，提倡西学，兴办教育。19世纪末20世纪初，洋务派在全国创办了不少新式学堂及军事学堂，有北洋水师学堂、天津武备学堂、广东陆师学堂、广东水师学堂、湖北武备学堂等。这些军事学堂引进了日本兵式体操和欧洲柔软体操、器械体操以及

---

① 龚飞，梁柱平：《中国体育史简编》，西南交通大学出版社，2010年，第108页。

② 董黎：《中国教会大学建筑研究》，珠海出版社，2000年，第44页。

③ F.L.Hawks Pott, A Brief History Sketch of the History of St.John's College, Shanghai: 16.

篮球、排球和田径运动，修建了简易的篮球场、排球场和田径场。留学生们也带回了包括体操、田径、游泳、球类等近代体育项目。这些措施促进了体育场地的建设，影响了晚清中国体育场地及设施的发展。

8.1.3 文化拼贴：苏联体育建筑理论

新中国成立初期，苏联援建工业建筑的技术恰好提供了中国所不熟悉的体育建筑的建设经验。从体育场和体育馆的规划，到单体场地和看台的设计、场地的工艺标准、附属用房的面积指标，都借鉴了苏联较为成熟的制度。当时由于中国体育建筑尚未形成自己的规范和标准，从苏联翻译了许多体育建筑的著作。如苏联部长会议国家建设委员会审定的、蒋树泰翻译的《苏联运动建筑物设计标准：体育场和体育馆》，该书系统性地介绍了苏联体育场和体育馆的规格标准及附属房屋、卫生、采暖、采光、防火等各项应有的配备和规定，供当时中国各级体育组织修建体育场和体育馆设计时参考。《苏联学校体育场地建筑与用具》一书则叙述了如何修建学校运动场和制造体育用品，还介绍了学生如何自己修建运动场和制造一些简单的设备和用具。

中国也出版了体育场地的相关书籍。根据苏联的《核心运动场设计规划》和《学校体育建筑与用品》两本书编写的《田径运动场建筑设计》一书指出了标准田径运动场的条件，给出了半圆形400m跑道、运动场地面、田径场排水等做法。但是，该书的关注点主要在场地本身，较少涉及建筑本身，如看台等附属用房（图8.2）。

这时期关于体育建筑类的书籍主要关注点在体育场地的绘制上

（a）《体育场地设备图解》封面
（b）《田径运动场建筑设计》封面
（c）《体育场地设备图解》目录页
（d）《田径运动场建筑设计》目录页
（e）《苏联学校体育场地建筑与用具》封面
（f）《体育场地与器材》封面
（g）《儿童体育场地设备》封面
（h）《简易田径场地测画》封面

图8.2 中国关于体育场地的部分书籍封面及目录（1949—1978）

面，讲述了不同类型的跑道，包括半圆式径赛跑道、篮曲式径赛跑道，田径赛场地设备，篮球场、排球场、足球场、棒球场、乒乓球场、水球场、体操设备等具体的体育场地的尺寸及设备布置，而较少关注体育场的建筑物的建造原则和标准（表 8.1）。

表 8.1 中国关于体育场地的书籍（1949—1978）

作者	书籍	出版	时间
汪洋	《儿童体育场地设备》	中国青年出版社	1953
新体育社	《体育场地设备图解》	中国青年出版社	1953
马瑜	《田径运动场建筑设计》	人民体育出版社	1954
弗·波利卡尔波夫著教育部专家工作室、天津市中苏友好协会、俄文图书馆翻译组，合译	《苏联学校体育场地建筑与用具》	人民体育出版社	1955
苏联部长会议国家建筑委员会审定 蒋树泰译	《苏联运动建筑物设计标准（体育场和体育馆）》	人民体育出版社	1955
陈世崇	《农村怎样准备简便的体育场地和设备》	人民体育出版社	1956
赵瑞麟	《简易田径场地测画》	山东人民出版社	1973
叶国栋	《体育场地与器材》	人民体育出版社	1976

8.2 社会动因：体育先决的业界波澜

新中国成立后，党和政府非常重视体育运动的开展，毛泽东同志在 1952 年为中华全国体育总会成立大会题词"发展体育运动，增强人民体质"。1954 年年初，党中央批转了中央体委党组《关于加强人民体育运动工作的报告》，并批示："改善人民健康状况，增强人民体质是党的一项重要政治任务"。1954 年，中央体委正式颁布《准备劳动与卫国》。[①] 政府的重视和《劳卫制》的推行促进了运动和竞赛的推广和体育场地的兴建。

8.2.1 竞技体育的举国体制成立与改革

20 世纪 50 年代中期到 60 年代中期，在苏联体育体制的影响下，中国初步建立了自己的体育体制，在学校体育、群众体育得到较大发展的同时，具有中国特色的竞技体育体制开始形成。其基本结构为：以国家体委为中心的竞技体育管理体制；以全运会为中心的竞赛体制；以国家集训队、各省级专业运动队和各县级业余体校为"一条龙"的训练体制。[②]

虽然中国竞技体育比赛活动在新中国成立初期就有了，但 50 年代尚未形成竞赛制度，以单项运动为主，1956 年开始作为比赛制度稳定下来。全国综合性运动会每 4 年举行一次，还有一些全国性的单项比赛，1951 年 5 月 4—18 日在北京举办了全国篮球、排球比赛，

[①] 谷世权：《中国体育史》，北京体育大学出版社，2002 年，第 342 页。

[②] 郝勤主：《中国体育通史第六卷（1980-1992）》，人民体育出版社，2008 年，第 1 页。

这是新中国成立以后举行的第一次全国大型体育比赛。1951年12月1—9日，在天津举办了第一次全国足球比赛大会。1952年9月14—16日，在广州举行了全国游泳比赛大会。①

1956—1959年，竞技体育比赛形成了新中国成立后第一次高潮。1956年6月7日，陈镜开在上海陕西路体育馆举行的"中、苏举重友谊赛"中创造了新中国的第一个世界纪录。为迎接第一届全运会，各省、市都举行了运动会。"大跃进"之后，中国调整发展路线，全国继续以田径、体操、游泳、足球、篮球、排球、乒乓球、射击、举重、速度滑冰等10项运动项目为重点。1963年，全国性和区域性的竞技体育比赛逐渐增加，以1965年第二届全国运动会的召开为标志，竞技体育形成了第二个高潮（表8.3）。② 以第一届全运会为开端，1949年到1990年间举办的六届全运会的项目数比较稳定，一直稳定在40个左右，且举办场地每次在一个城市内。全运会作为一个全国范围的竞技性比赛，促进了体育建筑的建设（表8.2）。

① 傅砚农：《中国体育通史第五卷（1949—1979）》，人民体育出版社，2008年，第114页。

② 傅砚农：《中国体育通史第五卷（1949—1979）》，人民体育出版社，2008年，第133、174、245页。

表8.2 新中国历届全运会项目数及分布城市数量

届次	一	二	三	四	五	六
大项数	36	33	38	36	25	44
分布城市数	1	1	1	1	1	1

表8.3 1949—1956年中国单项运动协会加入国际单项体育联合会情况

序	项目	承认为正式会员的国际体育组织	致函中华全国体育总会或代表大会通过时间	说明
1	游泳	国际业余游泳联合会	1952-4-25	
2	篮球	国际业余篮球联合会	1952-5-7	
3	足球	国际足球联合会	1952-6-14	
4	乒乓球	国际乒乓球联合会	1953-3	在罗马尼亚布加勒斯特举行的第20届世乒赛期间举行的联合会代表大会上被接纳为会员。1952-10-12被亚乒联接纳为会员
5	网球	国际草地网球联合会	1953-8-4	
6	排球	国际排球联合会	1953-8-4	1952-10-28为临时会员
7	自行车	国际自行车联合会	1954-3-6	在法国巴黎召开的代表大会上通过
8	摔跤	国际业余摔跤联合会	1954-5-20	在日本东京召开的代表大会上通过。1953-10-25为临时会员
9	田径	国际业余田径联合会	1954-8-24	在瑞士伯尔尼召开的代表大会上通过
10	射击	国际射击联合会	1954-9-8	
11	举重	国际举重与健身联合会	1955-10-12	1955年代表大会通过
12	滑冰	国际滑冰联合会	1956-6	联合会理事会议通过
13	体操	国际体操联合会	1956-8	在奥地利维也纳举行的第35届代表大会上通过

1978年的全国体育工作会议确定了体育发展的目标，包括拥有现代化的体育设施。1978—1980年的三次体育工作会议确立了中国以竞技体育为中心的举国体制。1985—1994年强化了竞技体育的体制，加快了体育建筑的建设。

20世纪80年代，中国竞技体育的战略决策是"侧重抓提高"，继于50年代末60年代初确定了10个优势项目重点发展之后。并且于1979年国际奥委会恢复了中国的合法席位，根据奥运会设项和国内群众的喜爱将乒乓球、羽毛球、田径、游泳、跳水、体操、举重、足球、篮球、排球、射击、射箭、速度滑冰共13个项目列为全国重点发展项目。

1986年4月15日颁布的《国家体委关于体育体制改革的决定（草案）》加快了中国体育场馆的建设。

全国运动会制度化、竞赛安排合理化。全运会、青少年运动会、少数民族运动会、城市运动会每4年一次，全国性运动会的竞赛地点安排在全国不同地市进行。1983年在上海举办的第五届全运会是新中国成立以来第一次在首都以外的城市举行，体现了竞赛改革的成果，是以后在各省、自治区、直辖市轮流举办全运会的一个良好开端。①

20世纪80年代以后，中国的竞技运动得到了空前的发展。1993年，国家体委出台的《关于竞赛体制改革的意见》中提出拓宽竞赛投资渠道，推进竞赛的社会化、制度化和多样化，建立全国性竞赛的申办制度。对于全运会和城运会采取申办制度，对于全国性单项竞赛采取计划安排与承办意向相结合的办法。②竞赛体制改革促使各级政府建设体育场馆的热情日益高涨，十运会打破了全运会由北京、上海、广州轮流承办的限制，由江苏省获得承办权，投入数百亿资金用于场馆的建设。

8.2.2 高校院系调整和扩招

院系调整是新中国成立初期高等教育建设的一项重要举措，1951年下半年，逐步在全国范围开展了有计划、有重点的院系调整。在院系调整中，中国按照苏联模式建立了单科制的体育学校。1952年11月8日，新中国第一所体育学院——华东体育学院成立；1953年11月1日，中央体育学院成立；1953年11月8日，南昌成立了中南体育学院；1954年3月10日、9月1日、9月20日分别在成都、沈阳、西安成立了西南体育学院、东北体育学院、西北体育学院。六大体院的建立③，配套建立了相关的体育设施，缓解了新中国对学校体育建筑的需求。

① 郝勤：《中国体育通史第六卷（1980—1992）》，人民体育出版社，2008年，第113页。

② 国家体委：《关于深化体育改革的意见》，1993年。

③ 华东体育学院1956年改名为上海体育学院，中央体育学院1956年改名为北京体育学院，中南体育学院1955年迁至武汉，1956年改名为武汉体育学院，西南体育学院1956年改名成都体育学院，东北体育学院1956年改名沈阳体育学院，西北体育学院1956年改名西安体育学院。

1955—1966年期间，中国高等体育院校从原有的6所，增至18所。这一时期，迅速恢复和建立了一批综合院校的体育系，如北京师范大学体育系、杭州大学体育系、延边大学体育系、河南大学体育系、山西大学体育系、湖北大学体育系。同时，地、市级师范学校也相应办起了中等师范体育班。[①]

8.2.3 体育产业化和体育消费需求

1985年国务院颁布的《国民生产总值的计算方案》，正式把体育事业明确地列入第三产业，从此"体育产业"这一概念开始使用。当时全国的改革开放还处在起步阶段，体育场馆的经营更是少人涉足。广东省体育场首次将西侧看台底的三间房间租给雅马哈摩托车维修部，经营摩托车配件和维修业务。同时将西北角的一个篮球场改建成溜冰场，主席台大厅装修成音乐茶座，二楼房间装修成招待所和运动服装经营部，开展体育场的经营创收业务。[②]

体育产业是指为社会提供体育产品的同一类经济活动的集合以及同类经济部门的综合。体育产业作为国民经济一个部门的理念的转变意味着体育场馆和社会商业性活动的紧密联系。为了保证体育产业的高效性特征，应进行合理的体育产业结构调整，扶持体育休闲、娱乐、健身行业发展，带动体育产业的快速发展。

1992年，中共中央、国务院发布《关于加快发展第三产业的决定》和1993年国家体委印发《关于培育体育市场，加快体育产业化进程的意见》。从那时起，中国的体育产业快速发展。体育产业作为第三产业的一种类型，其结构调整的目的也是提高效率，提高体育产业的重点在于提升体育休闲、健身、娱乐等在体育建筑中的比率。高校也认识到发展体育产业的必要性，利用体育建筑设备等方面的优势，和社会经营相结合，"以教为本，多种经营"作为发展战略，由事业型向经营型转变，为社会提供多样化的体育服务。学校体育馆在市场经济的作用下转变经营模式，取得经济效益。体育场馆的使用模式和体育空间是体育产业化的重要保证。

8.3 社会动因：设计理想和设计需求的发展与提升

8.3.1 体育专家的特色实践：非专业设计者的特色实践

8.3.1.1 体育专家主导体育场馆设计

有意思的是，中国第一批体育建筑原型的第一助力并不是发自建筑师的手，而是与体育运动项目相关的体育专家们。"以世界运动会为标准"，以奥运会场馆为典范来建设中国全运会乃至华北运

---

① 傅砚农：《中国体育通史第五卷（1949—1979）》，人民体育出版社，2008年，第71、130页。

② 广东省人民体育场：《走过百年——广东省人民体育场史1906—2006》，第67页。

动会的会场，显示了主办者们以国际标准来凸显民族体魄的宏愿。近代中国早期的体育场多由体育专家主导设计，如汉口青年会干事郝更生在武昌体育场的设计及建造过程发挥了重要作用。郝更生是全运会的筹委会主要成员，负责体育设施的筹备工作。第四届全国运动会的设计者是时任之江大学教授的舒鸿①。他作为第四届全运会的设计股股长，承担比赛的场地建设，指定竞赛规则，承担赛事、运动员的裁判工作（图8.3）。

（a）郝更生　　　　（b）舒鸿　　　　（c）宋君复

图8.3　中国的体育专家

青岛市体育场由市政府组织青岛市体育场建筑委员会主持，划定建筑地址，并设计制图测量及监工等事项，均由建筑委员会设计组会议决定，其设计制图测量等事项，均由工务局担任，监工则由建筑委员会监工组及市政府指定派之人员担任。青岛市市长沈鸿烈于1932年召集教育、工务部分及体育专家商议筹建青岛市体育场时，中国教练宋君复②刚参加美国洛杉矶举行的第十届奥运会归来，带回了洛杉矶体育场的图样。会议决定采用洛杉矶体育场的图样，规模比其缩小一些。

张学良在东北执政期间，倡导、资助修建了一批体育设施。"九一八"事变前仅在沈阳一地，张学良就修建了东大体育场、同泽中学体育馆、北陵高尔夫球场、网球场等等，初步形成了一个体育设施群体。其中的东大体育场的设计标准在全国首屈一指，总面积达10万m²，全部用钢筋混凝土结构，场内有500m跑道、200m直道，有容纳万余观众的看台。这个体育场和同泽中学体育馆，至今仍在使用。③

（1）奥运会上的中国首位篮球裁判——舒鸿

舒鸿教授1925年来到杭州在之江大学执教，他在距离钱塘江边约一百米的地方兴建了杭州第一个标准游泳池，即1930年第四届全运会的比赛用池。舒鸿教授在杭州城内外踏勘，最后选中的大营盘作为比赛用地。体育场后扩建为浙江省立体育场，由场长陈柏青主持规划，他为筹建创立体育场做了大量工作。④

上述文字描述了舒鸿教授参与浙江省立体育场设计和筹建的过程，这也说明了民国时期体育专家有效参与了体育场馆的设计。舒

---

① 舒鸿1923年毕业于美国著名的体育学府斯普林菲尔德大学，获硕士学位，他是奥运会史上第一位中国籍裁判员。浙江省政府主席张静江找到了中国的国际裁判员舒鸿先生并邀请他担任第四届全运会的设计股股长。1936年3月离任后还赴欧洲考察英国、德国、意大利各国体育场设施及体育运动。

② 宋君复是山东大学体育教授，也是青岛市体育协进会负责人之一。

③ 国家体委体育文史工作委员会，全国体总文史资料编审委员会：《体育史料（第14期）》，人民体育出版社，1989年，第18页。

④ 杭州市体育局，中国体育博物馆杭州分馆：《杭州体育百年图史》，杭州出版社，2008年，第293页。

鸿于1917年求学于上海圣约翰大学，1919年到美国斯普林菲尔德学院体育系学习，毕业后于1925年获克拉克大学卫生学硕士学位。同年回国，先后任教于大夏大学、之江文理学院、东南大学、浙江大学的体育系教授。他是中国最早的国际级篮球裁判。1934年他任教于浙江大学，他利用自然水域开辟游泳场，1937年在杭州开始建造游泳池，1938年在江西泰和的赣江边开辟了天然游泳场。他想尽一切办法解决体育设施资源不足的问题。

主持举办第四届全国运动会的国立杭州运动场和时任浙江省主席张静江和舒鸿教授有着密切关系。张静江邀请舒鸿先生做第四届全国运动会设计股的股长，承担场地建设和指定规则。舒鸿先生先后找到了金衙庄、下马坡巷、省公众体育场，但对场地的大小都不满意，最后选定了大营盘作为体育场新场址所在。舒鸿按照自己的设计施工，设计了体育场和周围的新的汽车道。1930年，舒鸿教授设计的国立杭州运动场落成，后来这条道路还被定名为"体育场路"。

（2）郝更生

郝更生是江苏淮安人，曾在美国的春田大学深造，研究体育，获得学士学位。1961年获得了母校的名誉博士学位。郝先生于1923年（民国十二年）回国，先后在东吴大学、清华大学、北师大、东北大学、山东大学体育系任教。1932年在教育部任督学，兼国民体育委员会主任委员。先后主办过第三、五、六届全国运动会。抗战时期，曾为发展滑翔运动、空中列车表演运动，参与兴建了中国第一座跳伞塔——重庆跳伞塔。

（3）吴蕴瑞

吴蕴瑞字麟若，1915年毕业于江苏师范学院，1918年毕业于南京高等师范学院体育科。后在哥伦比亚大学教育学院研究体育，获教育硕士学位。1927年回国，任中央大学体育系第一任系主任，1930年被张学良聘为东北大学体育科教授，担任了体育建筑与设备等课程的教学，他是中国最早从事运动生物力学的研究者，著有《运动学》《人体机动学》等著作。《体育建筑与设备》更是中国近代最早阐述体育建筑的著作之一。

8.3.1.2 体育专家记录世界体育场馆

陆翔千撰文观察了世界各国体育建筑的建设状况，《从政治上观察世界各国的提倡体育》指出："意大利已经建造设备完美的健身房一千三百六十六所，及新辟地游戏场一千三百十五处。苏联政府为提倡全国体育计，已经计划好在今年的政费中拨款四千万卢布，专供本年内建筑体育馆及运动场的费用，在莫斯科预计建筑一大体育场可容纳观众十二万五千人，在喀可夫能容纳十万人的体育场，已经在兴工建筑中了。其他如列宁格拉及中亚西亚的矿区，均将有同样的建筑，可以出现。在巴库还有一水上运动场，国际劳动者的运动会，将于一九三三年在莫斯科举行。"①

马约翰在 1933 年《大学与体育》一文中分析："关于设备者：1. 宽 50 尺长百尺之健康室一所；2. 16 头之喷水浴室一所（冷热水管兼备）；3. 较大之储藏室一所；4. 为足球、棒球、运动场及四百米竞赛用之广场一所；5. 六网球场（亦可做篮球场之用）；6. 三排球场；7. 二手球场；8. 较大之男子竞技室一所以备练习国术，摔角及西洋拳术之用。"②

王健吾在 1935 年的《中国应如何举行运动会》中指出，运动会是象征社会意识的工具，中国运动会应以中国的福利为标准，中国今后运动会的方针："中国今后的运动会，应当是少建看台，多辟运动场，应当是如何使国民走向运动场，不是如何使国民走向看台，现在的中国运动会，却是设法使国民走向看台，并未设法使国民走向运动场。所可惜的即此仅容数万人之看台，每逢举行运动会之时，并不能使之场场满座，走向看台之目的亦未能达到，尚不如开封民俗运动会之能挤破看台了。"③

8.3.2　调和中西以创新风：第一代建筑师的专业活动

中国的体育建筑设计，是在体育事业的大好形势中从无到有，从知之甚少而逐步与国际接轨，从少数人掌握设计而逐渐发展成庞大的设计队伍。早期中国的体育设施多由外国人设计，新中国成立后的 60 年间，无论是体育设施和场馆的数量、质量、类型、现代化水准、艺术造型都有极大的飞跃和提高。这里凝聚了几代建筑师的筚路蓝缕，薪火传承。由出生于 20 世纪初的第一代建筑师如杨廷宝、杨锡谬、董大酉、林克明，经出生于 20 世纪一二十年代的徐尚志、汪定曾、欧阳骖、周治良、葛如亮等，到出生于 20 世纪 30 年代前后的刘振秀、梅季魁、熊明、魏敦山、张家臣、周方中、黎佗芬等前辈，到此后体育建筑设计队伍的不断壮大④。

——马国馨《礼士路札记》

中国留学国外的留学生回国成为中国第一批的建筑师，设计了包括中央体育场、上海市体育场在内的体育建筑。下文描述了详情：

中国近代土木工程师的出现先于专业建筑师的出现。大约从 1910 年以后，逐渐有一些国外学校建筑的留学生回国，进行建筑设计业务，形成了中国第一批的建筑师。⑤

中国第一代建筑师大多接受了良好的中国和西方的建筑教育，

---

① 国家体委体育文史工作委员会，全国体总文史资料编审委员会：《中国近代体育文选·体育史料第 17 辑》，人民体育出版社，1992 年，第 192-193 页。

② 马约翰：《大学与体育》，国家体委体育文史工作委员会，全国体总文史资料编审委员会《中国近代体育文选·体育史料第 17 辑》，人民体育出版社，1992 年，第 223 页。

③ 王健吾：《我国应如何举行运动会》，国家体委体育文史工作委员会，全国体总文史资料编审委员会编《中国近代体育文选·体育史料第 17 辑》，人民体育出版社，1992 年，第 326 页。

④ 马国馨：《礼士路札记》，天津大学出版社，2012 年，第 177 页。

⑤ 中国建筑史编写组：《中国建筑史》，中国建筑工业出版社，1982 年，第 269 页。

他们大多20世纪20年代晚期回国执业，完成大量项目。如董大酉利用先进经验和专业知识，设计了上海市体育场，解决了全运会的功能需求。建筑师带来了体育建筑的设计方法，促进了体育建筑的发展。国民政府时期最重要的体育建筑有南京中央体育场（杨廷宝设计，1933年建成）和上海市体育场（董大酉设计，1935年建成），这两个体育场开启了国人自己设计体育场馆的历史。庄俊在上海设计的南洋公学体育馆是新古典主义风格的代表，虽不严守法式，却合乎古典建筑的比例和精神，关以舟、余清江设计了国立中山大学体育馆，这些都是中国建筑师创作体育建筑的第一批实例。20世纪30年代形成的建筑师的专业力量，设计了一批水平较高的体育建筑（图8.4）。中国最早的体育场馆也是由这些留学国外的及本土培养的第一批建筑师设计的（表8.4、表8.5）。

（a）杨廷宝　　　（b）董大酉　　　（c）庄俊

图 8.4　部分在中国设计了体育场馆的第一代建筑师

表 8.4　近代时期本土培养的建筑师体育建筑实践

建筑师	生卒年份	就读学校	主要体育建筑作品
钱聊寿	1908—？	1925年苏州工业专门学校建筑科 1927—1930年转入中央大学建筑工程系	南京中央陆军军官学校室内游泳池、田径场（总建筑师）
杨润玉	1892—？	1911年（上海）徐家汇土山湾工艺学校毕业	上海公共体育场（1916）
杨锡镠	1899—1978	1922年（上海）南洋大学土木科	上海南洋大学体育馆（1922—1925）
杨卓成	1915—2006	1935—1939年西南联合大学机械工程系 1939—1941年中山大学建筑工程系	重庆体育场

表 8.5　留学归国建筑师的近代体育建筑实践

建筑师	生卒年份	就读学校	主要体育建筑作品	归国时间（年）
庄俊	1888—1990	1910年美国伊利诺伊大学 1923年美国哥伦比亚大学进修	清华大学体育馆 东南大学老体育馆	1914 1924
沈理源	1890—1951	1909年意大利拿波里奥工业大学	清华大学体育馆扩建（1931）	1915
杨宽麟	1891—1971	1916年美国密歇根大学土木工程（铁路工程）系硕士毕业	工人体育场	1917
关颂声	1892—1960	1914年美国麻省理工（建筑学） 1917年美国哈佛大学（市政管理）	南京中央体育场	1919
阎书通	1892—1973	1914—1919年香港大学土木工程系毕业	耀华中学体育馆	1920

续表

建筑师	生卒年份	就读学校	主要体育建筑作品	归国时间（年）
李宗侃	1901—1972	1912年赴法，1923年（法）巴黎建筑专门学校建筑工程师	南京中央军事学院体育馆（1935）	1925
杨廷宝	1901—1972	1921年美国宾夕法尼亚大学	南京中央体育场	1927
董大酉	1899—1973	1922年美国明尼苏达大学建筑学士 1925年美国明尼苏达大学建筑及城市设计硕士 1926年美国哥伦比亚大学研究生院美术考古博士	上海市体育场、体育馆、游泳馆 西北体育场	1928
关以舟	1902—？	1925年美国加利福尼亚大学土木科学士	中山大学（今华南理工大学石牌校区）体育馆	1929
陈荣枝	1902—1979	1926年美国密歇根大学建筑科毕业，在美实习4年	广东省立勤勤大学校园规划及体育馆	1930
陈伯齐	1903—1973	1930年日本东京高等工业学校特设预科 1934—1939年德国柏林工业大学建筑系	重庆浮图关体育场	1940

8.3.2.1 双重身份的设计者：关颂声

南京中央体育场的设计表达了建筑师关颂声的民族情怀，"欲恢复民族地位与精神，须先养成健全之体格，故体育一端，比较德智育尤为重要。"国民政府高度关注竞技体育，蒋介石在1930年的第四届全运会后提出要在南京建造大型体育场举办全国运动大会，随后，民国政府成立了新一届全国运动会的筹委会，并经国务会议指定了场址，不过它当时还是一片荒地。随后南京中央体育场聘用基泰工程师作为设计者，建筑师关颂声和杨廷宝成为体育场的设计者，《首都中央体育场建筑述略》记载："会于是约聘基泰工程司，担任绘图设计，及监督工作，以其曾经设计体育场多处，颇有经验，其建筑师关颂君①，又为体育专家，计时三月，全部图样，绘画完竣。"②

关颂声1920年创办了天津基泰工程司，关颂声不仅是基泰工程司的创建者，是著名的建筑设计大师，他还有体育场馆的设计经验。关颂声先生还曾是国内著名的运动员，1913年，他作为马尼拉远东运动会足球与田径代表，获银牌两面。1916年，他曾获留美中国同学会田径比赛的冠军。基泰工程司的业务遍布沈阳、北京、南京、上海、重庆、广州、香港等地，是近代中国建筑师创办的最负盛名的事务所之一。为了使全国运动会能顺利地在中央体育场举办，他和杨廷宝在短时间内就设计出了绝妙的场馆。1949年他去台湾之后，还设计过台北综合运动场、台中省立体育场等。关颂声设计的台北敦化北路的综合运动场采取折中主义风格，门楼是仿古代牌坊的，两边以角楼护卫，形式对称，门楼采用混凝土浇制，有现代主义的气息，门楼前的铜鼎又凸显了传统风格。

李朴生在《我可佩的华侨朋友》的《体育伟人关颂声先生》一文中，记述了关颂声先生，"关先生因为对运动有兴趣，对建筑运动场便有研究。中国几个大运动场，如沈阳、南京、北平的运动场，

---

① 关颂声在天津的一处建筑代表作是现在的百货大楼旧楼。这位麻省理工学院的建筑学学士，在1949年后到台湾继续从事建筑设计，爱好体育运动的他还设计了台北综合运动场和台中省立体育场。

② 《首都中央体育场建筑述略》，《中国建筑》，1933年第1期第3卷。

都是他建筑的。上海、青岛的运动场，他是任顾问。我们广东的运动场准备建筑，他很卖力气，做好设计，不幸广州沦陷，便不成事实。在台湾，他建筑了一个粗具规模的综合运动场。"①文中还记录了关颂声先生在学期间的体育成就及其对体育运动的支持和帮助。由此可见，关先生不仅擅长体育运动，同时在体育运动场的设计上颇有成就。

东北大学体育场（汉卿体育场）是由张学良捐资建造的，由时任东北大学建设委员会会长关颂声先生设计。东北大学校友何秀阁在《"九一八"前的东北大学琐忆》一文中有如下记述："关颂声先生为名建筑家，民国十五六年间，曾在天津设立基泰建筑公司，招揽工程，时闻东大在大兴土木，关君曾亲往参观，归后，就所见绘制一套校地设计之蓝图，分寄东大土木系所有师生以见志，嗣校长张汉公促加速建设，土木系主任张多福以关绘蓝图急应卯，自是关先生打入东大，基泰公司得以承建体育场而大展。关君更热心体育，凡有关体育活动，无役不参与，在台湾并以发掘及培育杨传广而负赞誉云②。"

关颂声借鉴奥林匹克运动会的竞技场图形，按照马蹄形设计体育场，设计了中国第一座现代化的校园体育场，场内有8条200m直道，8条500m曲线跑道。

8.3.2.2 中央体育场的设计者之一——杨廷宝

杨廷宝也是中央体育场的建筑师之一，杨廷宝秉持着要保持中国传统建筑特色的理念："中国古代建筑有着自己的传统特色，而现代建筑都是从欧美搬过来的。建筑文化和技术输出过程是十分复杂的，一定要消化成为我们自己的建筑文化，那才有生命力。"③为了表达中国传统建筑的特点，他在中央体育场的各个建筑物中用传统元素进行装饰，场馆的入口采用牌楼突出表达。中央体育场的建造工程获得了政府的大力支持，承造方动用了三千多名员工不分昼夜地施工。

8.3.3 国内企业的梯队崛起：建筑师主体意识的觉醒

8.3.3.1 第一批设计单位的体育建筑实践

1952年7月2日至17日，第一次全国建筑工程会议召开，会议提出了"设计方针必须注重适用、安全、经济的原则，在国家经济条件许可下，适当照顾建筑外形的美观，克服单求形式美观的错误观点。"这可看作是日后"十四字建筑方针"的原型。④

——邹德侬《中国现代建筑二十讲》

① 李朴生：《我可佩的华侨朋友》，（台湾）正中书局，1958年，第148页。

② 东北大学史志编研室：《东北大学校志·第1卷（上）》，东北大学出版社，2008年，第77页。

③ 王建国：《1927—1997杨廷宝建筑论述与作品选集》，中国建筑工业出版社，1997年。

④ 邹德侬：《中国现代建筑二十讲》，商务印书馆，2015年，第100页。

1952年"三反运动"后建筑领域集中整治，中国的建筑设计力量被纳入政府的管理。第一次全国建筑工程会议结束后全国建立了建筑业的行政主管部门和设计单位。1952年5月，由11个在京的中央建筑单位合并，成立了"中央直属设计公司"，后改称"中央设计院""建筑工程部设计院"演变至今，为中国建筑设计研究院（集团）之前身。1952年，全国建立了第一批设计单位，如天津市建筑设计院、四川省建筑勘察设计院。[1]

为了适应20世纪50年代后期严峻的经济形势，1955年2月4—24日，建工部召开370余人参加的设计及施工工作会议，以期在全国范围内对全苏建筑工作者会议做出反应。会议突出批判了"设计工作中的资产阶级形式主义和复古倾向"。"反浪费运动"之后，建筑界正式形成了一个"建筑设计方针"，即"适用、经济、在可能条件下注意美观"。[2]这个原则和国际上广泛接受的评判标准相符合，这个原则自20世纪60年代一直贯彻至今。

虽然中国第一代建筑师受到过现代建筑的洗礼，但中国建筑和国际现代主义运动隔绝了约二十年，中国建筑师与现代建筑"隔而不绝"，根据中国的国情，体育建筑运用现代主义的原则和手法表达了现代性。

8.3.3.2　设计单位重点发展体育建筑设计

改革开放后，中国参加国际比赛和交流的机会越来越多，国内赛事的水平也越来越高。1978—1990年的12年中，体育建筑设计还是由国内建筑师来完成。[3]

这时期建造的代表性建筑有广州天河体育中心和国家奥林匹克体育中心。建筑师除了应对建筑本身复杂的技术，进一步拓展了群体造型、交通组织、空间处理、景观布局等内容。这两个大型项目完全是由国内建筑师完成的，并获得了国际体育休闲建筑协会（IAKS）的银奖，是中国体育建筑设计的重要里程碑，表明中国的体育建筑设计得到了国际体育设计界的认可。

体育建筑的大规模和影响性使得很多设计单位重点发展体育建筑设计。一些大型设计院有专门的体育建筑设计部门从事相关设计研究。北京市建筑设计研究院主编了《体育建筑设计》（1981年）、《体育建筑设计规范》（2013年），并和哈尔滨建筑大学一起编了《建筑设计资料集》体育建筑部分。国内的资深建筑师马国馨、魏敦山、葛如亮、梅季魁、张家臣、黎佗芬等对体育建筑的发展做出过巨大贡献。

---

[1] 邹德侬：《中国现代建筑二十讲》，商务印书馆，2015年，第100页。

[2] 邹德侬：《中国现代建筑二十讲》，第146-147页。

[3] 马国馨：《体育建筑一甲子》，《城市建筑》，2010年第9期。

8.3.4 境外机构的本土扩张：主观设计需求的多样化

近代体育建筑是中国近代建筑发展历程中的一个分支，其形式和建筑风格与当时的建筑设计思潮是一致的。外国建筑师在早期体育建筑的专业舞台上占有重要地位，多个国内的体育场馆都由外国建筑师设计。美国建筑师设计的清华大学西体育馆（1919年建成），凯尔斯设计的宋卿体育馆（1936年建成）。后随着20世纪30年代体育比赛的完善，大型运动会对场地提出更加严格的要求，体育场馆的设计者逐步从体育专家转变为职业建筑师。

体育建筑最早的引入境外机构的作品有中日青年交流中心游泳馆，是日本建筑师黑川纪章设计的（图8.5）。两片组合球壳形成了游泳馆屋盖，中间设置带状天窗，内部设置符合国际标准的游泳池。改革开放初期的体育建筑类型还较少使用境外机构。20世纪90年代后期，中外开始合作设计体育建筑。广州作为改革开放的前沿，筹办九运会时，开展了国际竞赛，包括广州新体育馆、广州奥林匹克体育场、深圳宝安体育中心、福田体育馆等。而北京申奥成功后，更是吸引了大批境外设计师参与设计，涉及的国家和地域相当广泛，包括日本、欧洲、北美、韩国的设计师都参与竞争。

（a）中日青年交流中心　　（b）中日青年交流中心室内游泳场

图8.5　中国最早的引入境外机构的体育建筑设计作品

虽然1990年中国建筑师设计了亚运会的所有设施，然而在加入世界贸易组织（WTO）之后，中国的体育建筑设计市场吸引了更多的境外机构和西方建筑师。2002年的北京奥林匹克公园和五棵松文化体育中心国际竞赛中，境外机构占总体数量177家的70%。13家中外设计机构提出了国家体育场的设计方案，10家机构提出了国家游泳中心的设计方案，最后北京的25个新建场馆除了国家体育场和国家游泳馆是中外机构合作完成，其他18个项目由国内的设计机构完成。

8.4 主体动因：学术研究的务实发展

8.4.1 设计经验的交流

8.4.1.1 全国体育馆建筑设计经验交流会议

1980年10月，中国建筑学会、国家建工总局、国家体委在苏州联合召开了全国体育馆建筑设计经验交流会议。回顾了新中国成立以来体育馆建筑设计与研究工作的成就，探讨了体育馆建筑设计理论中的若干问题，研究了今后的发展方向。研究的侧重点有几个：①体育馆的视觉质量与空间布局的问题；②对体育建筑的多功能使用进行初步关注；③体育馆的使用频率问题。同时，还评选了由城乡建设环境设计局和国家体委计划司举办的全国中小型体育馆的建筑设计竞赛的方案，共有173个递交方案，主要设计对象是3000~5000座之间的中小型体育馆（图8.6）。①

得出的结论是：除了必须城市的大型体育馆建设，尽量减少大馆建设，增加中、小型体育馆的建设量，中小型体育馆在使用频率、

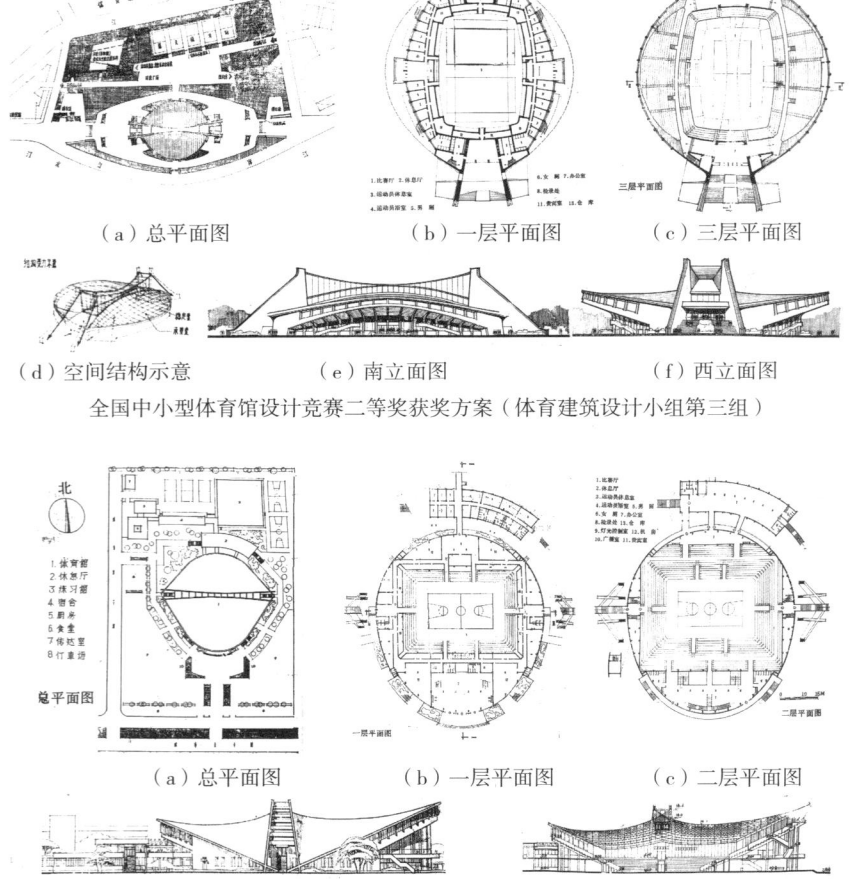

（a）总平面图　（b）一层平面图　（c）三层平面图

（d）空间结构示意　（e）南立面图　（f）西立面图

全国中小型体育馆设计竞赛二等奖获奖方案（体育建筑设计小组第三组）

（a）总平面图　（b）一层平面图　（c）二层平面图

（d）西立面图　（e）剖面图

全国中小型体育馆设计竞赛二等奖获奖方案（丁先昕）

① 《体育建筑专业委员会成立同时评选全国中小型体育馆竞赛方案》，《建筑学报》，1984年第12期。

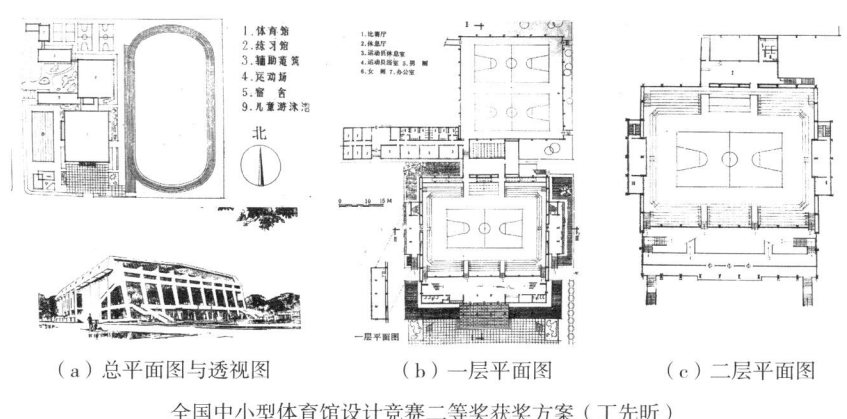

(a)总平面图与透视图　　(b)一层平面图　　(c)二层平面图

全国中小型体育馆设计竞赛二等奖获奖方案（丁先昕）

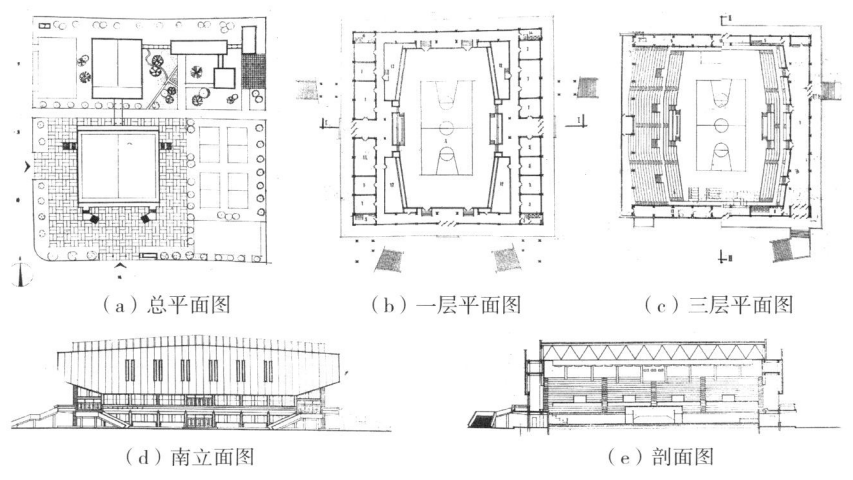

(a)总平面图　　(b)一层平面图　　(c)三层平面图

(d)南立面图　　(e)剖面图

全国中小型体育馆设计竞赛二等奖获奖方案（张家臣，魏世萍，徐健，吴建明）

图8.6　全国小型体育馆设计竞赛获奖方案

造价、适应性上均优于大型体育馆。经过对体育馆多功能使用的探讨，得出的结论是活动座席的设置可以提高空间的适用性，在场地尺寸选择合适的情况下，尽可能安排体育馆的多功能使用可以提高体育馆的使用效率。

8.4.1.2 《建筑学报》与体育建筑

这些与体育建筑相关的文章都直接或间接提到了与体育建筑有关的各种影响因素，笔者进一步梳理全部文章，筛选出文献中提到的影响体育建筑设计的若干影响因素，进行了分类和归纳。

选取了《建筑学报》中1954—2016年间的体育建筑的相关研究作为文献来源。《建筑学报》自1954年创刊以来，已经发行了500多期。笔者对所发行的全部期刊进行了检索和统计，发现以体育建筑为研究内容的文章268篇，内容包括体育建筑实例的评述、体育建筑设计方法的探讨和体育建筑相关设计影响因素等方面的研究（表8.6、表8.7）。

第8章　中国近现代体育建筑发展演变的影响因素解析　307

表 8.6 《建筑学报》杂志中有关体育建筑的研究

序号	研究方向	文献数量（篇）
1	体育建筑设计实例介绍与评述	181
2	体育建筑设计与城市	19
3	体育建筑设计实例技术研究	11
4	体育建筑设计方法探讨	33
5	国外体育建筑设计作品及设计理念	10
6	体育建筑的创作感受	14

表 8.7 《建筑学报》杂志中有关体育建筑的研究

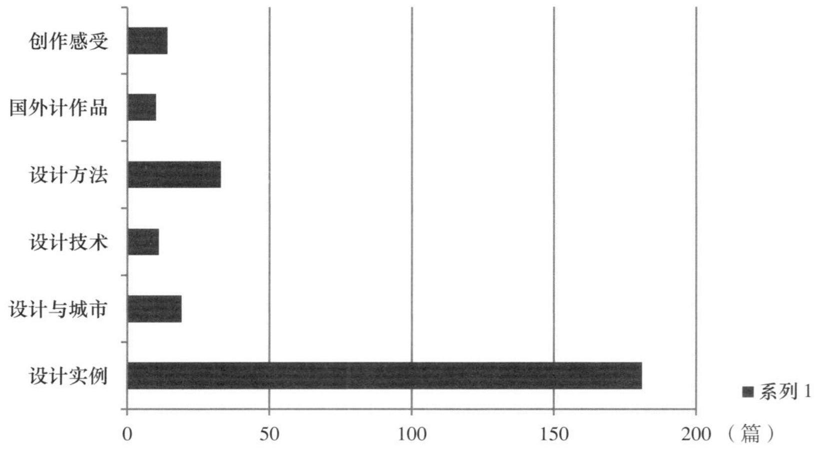

8.4.2 专业机构的成立

8.4.2.1 国际体育建筑学科组织

第二次世界大战后，体育建筑发展到一个崭新的阶段，体育建筑学正式从建筑学中独立出来。20 世纪 60 年代，国际上成立两个专门进行体育建筑研究的国际学术组织，即体育和休闲建筑研究组（IAKS）和国际体育建筑工作组。1983 年，意大利弗朗斯思科撰写的《传统的空间》论文，深入阐述了体育和建筑的关系。1985 年，美国弗林编著的《体育运动和娱乐设施规划》一书，明确将规划纳入体育建筑学范畴，比以前的体育建筑学有所突破。①

8.4.2.2 建筑学会体育建筑专业委员会

中国体育建筑学的研究起步相较国际较晚。1980 年 10 月，当时的中国建筑学会、国家建工总局和国家体委联合召开了全国体育馆建筑设计经验交流会，总结新中国成立以来体育场馆建筑设计与研究的成果，探讨体育建筑设计理论方面的问题，研究未来体育场馆的发展趋势。1985 年，在时任国家体委副主任陈先同志促成下，

---

① 苏仕君，李启明：《体育场地建筑工艺》，人民体育出版社，2009 年，第 3 页。

成立了中国体育科学学会中国建筑学会体育建筑专业委员会①（现改为中国体育科学学会中国建筑学会体育建筑分会）。会员吸纳了国内体育建筑方面的专家、学者、工程技术人员和体育管理人员，推动了体育场馆的建筑设计开始向理性和成熟的方向发展。

李寿棠在会上指出为使中国达到举办亚运会和奥运会的条件，应加快体育建筑的科研。体育建筑的专业委员会集合了全国的科技人员，推广经验。陈先同志在会上指出中国的体育设施建设要向体育强国学习，并应注重小区的体育设施建设和农村的体育设施建设。他提出体育建筑要注重系统性和协调性，并根据相关经验进行科研攻关。

根据不同时期，中国体育建筑设施建设中涌现出的优秀设计者、管理者、施工指挥者以及设备革新创造者等经相关单位推荐，最后经中国体育科学学会理事会审查通过，任期四年。体育建筑会分委员由第一届的26名委员至第八届41名委员。第八届委员的中年专业技术人员委员占66%，文化程度都是大专学历以上，其中中国工程院院士4名，中国建筑设计大师9名，专业包含面扩大，共有14个专业（表8.8）。

表8.8 体育建筑分会成立及委员人数

	成立时间	主任委员	委员人数
第一届体育建筑分会	1985	陈先	26
第二届体育建筑分会	1989	陈先	33
第三届体育建筑分会	1993	张发强	34
第四届体育建筑分会	1997	张昊	34
第五届体育建筑分会	2000	张昊	33
第六届体育建筑分会	2004	张昊	38
第七届体育建筑分会	2009	杨嘉丽	41
第八届体育建筑分会	2015	钱锋	41

8.4.2.3 体育建筑工艺、器材及配套设施的设计单位

1999年2月，经国家体育总局统同意，建设部批准成立中体建筑设计所，它是新中国成立50年来，首家经建设部批准成立的专门从事体育建筑工艺、体育器材及配套设施的设计单位。②

8.4.2.4 国家体育总局体育设施建设和标准办公室

体育设施标准化是规范体育设施建设市场的重要环节。2002年国家体育总局批准成立了国家体育总局体育设施建设和标准办公室（简称体建办）。使中国体育设施适应国际体育设施的发展，规范

---

① 由中国建筑学会和中国体育科学学会双重领导的体育建筑专业委员会，1984年4月21日至27日在河北省承德市召开成立大会。会议选举国家体委副主任陈先为主任委员，国家体委计划司副司长李寿棠、北京市建筑设计院副院长周治良为副主任委员。

② 苏仕君，李启明：《体育场地建筑工艺》，人民体育出版社，2009年，第3页。

场馆建设，满足奥运会的需求。该部门主要负责中国体育设施建设标准的研究、拟定，保障2008年奥运会场馆的建设，推动中国体育设施的建设水平、工艺水平和国际标准接轨。体建办学习并吸收了国外的体育设施标准，建立和相关企业的合作关系，使得体育设施的标准化具有国际性和更强的适应性。由于中国体育设施的标准化工作起步晚，制定规范的体育设施标准迫在眉睫。

8.4.3 设计竞赛的创作

改革开放后，市场经济体制对体育建筑的设计提出了新标准和新要求，国际竞赛为体育建筑的创作带来了先进的理念和创作方法。从20世纪80年代起，国外设计机构开始参与中国体育场馆的投标。国际竞赛帮助中国选取了不少大中型体育建筑的方案，欧美等国家的建筑师拥有出色的设计理念，对于群体环境分析，空间组合的应对，体量的推敲，建筑语言的使用都有独到的见解和处理方法。国外尖端科技的发展为我们带来启发，如国外大跨度建筑结构体系使用的张拉结构、巨型结构体系都较为普遍的使用，而中国体育场馆却较少采用。境外设计师的参与使得中国的设计体制和设计体系发生了改变，中国的建筑师和境外设计师一起分工合作完成中国建筑的设计。

8.4.4 专业书籍的出版

和体育建筑的设计创作相关的设计思想这里特指建筑师对建筑哲学的思考和方法论。民国时期开始产生了工业化主导下的体育建筑的设计思想，当然设计思想的形成是循序渐进的。当时的建筑学专业杂志《中国建筑》和《建筑月刊》中也刊登了体育建筑的相关内容。体育建筑作为一种大跨度的建筑类型，是新科学技术的产物（图8.7）。

1962年4月，建筑工程部北京工业建筑设计院成立《建筑设计资料集》编辑委员会，编写了第一部供建筑设计使用的大型工具书。这一套《建筑设计资料集》一共三大本，是建筑师们不能离手的工具书。其中第2辑中和体育建筑相关的部分，是新中国成立后几十年内第一部，也是唯一一部关于体育建筑的设计资料，此后长期指导体育建筑的设计。随着时代发展，这套资料集的许多内容需要补充和修订，后由北京市建筑设计研究院和哈尔滨建工学院承担的有关体育部分的修订和重编（图8.8）。

1980年，北京市建筑设计院编著的《体育建筑设计》一书系统

（a）《中国建筑》创刊号封面　　（b）《建筑月刊》创刊号封面

图 8.7　民国时期中国建筑杂志

 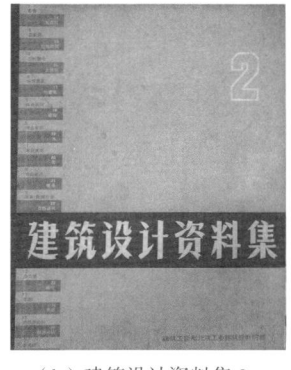 

（a）建筑设计资料集 1　　（b）建筑设计资料集 2　　（c）体育建筑设计

图 8.8　中国有关体育建筑设计的书籍

地总结了新中国成立以来中国体育建筑设计和一些国外体育建筑设计的实践经验，其中对体育馆、体育场、游泳场（馆）的特点和设计手法做了详细的分析和论述，并对其他体育运动项目的场地、设施要求做了一般性介绍，全书共分五章：体育建筑基地的选择和布局、体育馆建筑设计、体育场建筑设计、游泳建筑设计、其他体育设施等。书后还附有实例图录，编入了 15 个体育馆、4 个体育场、11 个游泳场（馆）的实例及设计方案。《体育建筑设计》一书在中国体育建筑事业的发展上起到过重要的作用，留下了重要的足迹（图 8.8）。

中国早期关于体育建筑的书籍多发表于民国时期，直到新中国成立后中国陆续出版了系统性的研究读物。民国时期的书籍着重点在体育场的布局和设计，关于建筑本身的书籍只有吴蕴瑞先生的《体育建筑及设备》。新中国成立后中国通过编写资料集合《体育建筑设计》等书籍使读者能够一窥体育建筑的全貌（表 8.9）。

表 8.9 中国关于体育建筑的书籍（1912—1990）

作者	书籍	出版	年份	内容
王庚	《公共体育场》	浙江省立图书馆	1931	介绍社会体育的理论、体育场的实际问题与编者在民教院的实验工作
王壮飞	《体育场指南》	勤奋书局	1931	分学校体育和社会体育、公共体育场与社会问题、公共体育场的工作
王复旦①	《运动场建筑法》	勤奋书局	1931	田径场、篮球场、网球场、足球场、排球场、棒球场的场地布置及看台设计
吴蕴瑞	《体育建筑及设备（上）》	勤奋书局	1933	体育建筑历史、各国体育建筑状况、运动场建筑、分各种球场及各级学校体育建筑面积之标准
吴邦伟	《国民学校运动场之设计》	正中书局	1948	分五部分，阐述运动场的面积与环境、设计与支配、建筑与保管等
阮蔚村	《田径场之建筑与设备》	勤奋书局	1949	世界各国的田径场的形状、样式等及其附属建筑
汪洋	《儿童体育场地设备》	中国青年出版社	1953	介绍儿童田径运动场和儿童体育场游戏器械设备的种类和布置方法
马瑜	《田径运动场建筑设计》	人民体育出版社	1954	书中前半部分根据苏联出版的《核心运动场设计计划》和《学校体育建筑与用品》两书编写，后半部分给出了场地画线的原理
人民体育出版社编	《体育运动场地设备图解》	人民体育出版社	1955	分场地类型：田径赛场地、滑冰场地、球类运动场地、体操的场地与设备布置
弗 波利卡尔波夫著 教育部专家工作室、天津市中苏友好协会、俄文图书馆翻译组，合译	《苏联学校体育场地建筑与用具》	人民体育出版社	1955	论述了苏联学校运动场地的平面、绿化、设备、房屋设计，附录了苏联修建七年制学校和中等学校运动场地的指示，包括了场地的总平面设计和运动场类型选择
苏联部长会议国家建筑委员会审定 蒋树泰译	《苏联运动建筑物设计标准（体育场和体育馆）》	人民体育出版社	1955	介绍了苏联体育场和体育馆的规格标准及附属房屋、卫生、采暖、采光、防火、排水等各项应有的配备和规定，供中国设计时参考
陈世崇	《农村怎样准备简便的体育场地和设备》	人民体育出版社	1956	提供几种运动场地的划法和设备
赵瑞麟	《简易田径场地测画》	山东人民出版社	1973	这本书介绍了200m、250m、300m、400m等几种不同长度的半圆式田径场地的设计与测画
叶国栋	《体育场地与器材》	人民体育出版社	1976	介绍体育场地、器材的设计步骤、计算原理和一般的测画、制作及维修方法
建筑工程部	《建筑设计资料集》	中国建筑工业出版社	1973	论述了关于体育中心、体育馆、体育场、游泳馆的建筑设计、技术、设备等相关问题
同济大学"五七公社"	《电影院建筑设计附体育馆建筑》	同济大学"五七公社"	1976	介绍了电影院建筑类型和体育馆建筑类型的设计研究
北京市建筑设计院	《体育建筑设计》	中国建筑工业出版社	1980	系统总结了新中国成立以来中国体育建筑设计和一些国外体育建筑设计的实践经验

8.5 政治动因：体育建筑政策的完善

8.5.1 民国时期的体育建筑政策（1912—1927）

1902 年，清政府派刑部尚书张百熙为管学大臣，掌管学务兴革大计。其拟定的《钦定学堂章程》规定："小学、中学和高等堂每周均要有体操课，且高等学府要建置室内外体操场。"② 1907 年，颁

① 王复旦先生是我国著名的体育教育家，早年毕业于东南大学体育科，对于田径比赛和运动场建筑研究尤深。著有《运动场建筑法》《小学竞技运动教材与教法》等书。

② 何启君：《中国近代体育史》，北京体育学院出版社，1989年，第71页。

布的《女子小学堂章程》中对体育场地、设备的规定"须适应学堂之规模，于道德卫生上均无妨害且便利儿童学之所"；《女子师范学堂章程》提出"体育场地要分室内、室外两种"。①这些《章程》的出台使得教育制度和体系确立了起来，并为体育、女子体育及体育设施在学校的发展创造了一个基本的生存和保障条件。

1904年，清政府公布并实施《奏定学堂章程》，该《章程》对中国近代教育制度产生了重大影响。在体育场地设施方面，该《章程》规定："初等小学堂之体操场，应为室内、室外两式以备风雨。除室外一式必备外，室内即借学生聚集处用之。此外，还要备用体操所用之器具；中等学堂的体操场，必宜分屋外、屋内两处，教授体操的所用器具则均宜全备，且须符合教授中学堂程度者；高等学堂体操场也是宜分屋外、屋内两处，凡教授体操用器具均宜全备。"②清朝政府为了顺利推行体操课教学，还颁布了《操场规则》，共7项，其中对操场提出了具体的要求，这一《规则》落实了《奏定学堂章程》中关于体育工作和场地设施的具体要求。

新文化运动和五四运动促使学校体育事业进入新的发展时期，学校体育中以体操为主要内容的体育课，转变为以球类、田径等为主要内容的体育活动，这为球类、田径等相关场地设施的建设提供了有利条件。1912年9月，教育部颁布《壬子癸丑学制》说明："强健体质，活泼精神，兼养成守纪律尚协同的习惯，并要学校应有体操场，该场地除非常突变外，不得作为他用。"③

北洋政府于1915年10月4日行文各省"于省城内筹设公众体育场"。文中强调"公共运动场所足以养成多数国民之体力，关系甚重，亦当设法阻止于省城内先行筹设以为模范，再行饬属渐次做行。"④1919年4月14日，教育部颁布的《推广体育计划案》中明确规定，特设公共体育场，公共体育场以及学校运动场的开放为国民之健身提供场地保证。其中对社会体育的改进提出了设备的建议："特设公共体育场，（各省治、道治地方可先组织模范体育场，逐渐推行于县治及镇集。），利用公园，开放学校运动场，利用庙宇教练场等隙地。"1919年10月10日，全国教育会联合会第五次会议通过的《改进学校体育案》推动了中国学校体育建筑的建设，其规定："注重女校体育，完善女校体育设备。"⑤

8.5.2 国民政府时期的体育建筑政策（1927—1949）

国民政府成立后设立了相关的各级体育行政管理机构，比北洋政府时期的体育建设相比取得进步。1927年12月全国体育指导委员会在南京成立。它以拟定整顿和管理公共体育场的条令作为依据，

① 《大清光绪新法令》（第13册），中平书局，1986年，第35-40页。

② 何启君：《中国近代体育史》，北京体育学院出版社，1989年，第66页。

③ 谭华：《体育史》，高等教育出版社，2005年，第264页。

④ 广东省人民体育场：《走过百年——广东省人民体育场史1906—2006》，广东省人民体育场，2006年，第13页。

⑤ 国家体委体育文史工作委员会：《中国近代体育议决案选编》，人民体育出版社，1990年，第9-10页。

对不符合规定者，即予以取缔或制裁。1929年1月，国民政府训练总监部通令全国各县、市教育每县、市至少有设备较完全的公共体育场，并在此背景下产生了《各县市公共体育场暂行规定》，内容共计16条。该《规定》要求："各县应至少设立公共体育场一处，逐渐推至市镇乡村"。[1] 该规定使得各地开始建设公共体育设施，但是主要在较发达的地区集中建设，但是这时候国民政府的大众体育基础设施建设比北洋政府时期已经获得进步。

1929年4月16日颁布的《国民体育法》是中国第一部体育法，它明确了中国各乡镇市区必须建设公共运动场。它是中国体育设施建设的法律依据，是"依法建场"的雏形。之后相继颁布的《各县市公共体育场暂行规定》和《各省、市、县运动会举行办法大纲》细化规定了相关体育场地的建设问题，使得《国民体育法》有了重要补充。

1932年出台的《国民体育实施方案》规定："各省、市体育场的面积至少应有80亩，县体育场面积至少应为30亩，儿童乐园应设置儿童游戏器械及引起儿童兴趣的器具，并规定在一、二年，三、四年和第五年内各大城市、各县和各乡村应逐步设立体育场，除对体育场的大小、规模、推行办法和分期实施计划做了具体规定外，对体育设备、器械配置，各将、市、县体育经费的划拨和使用都做出了具体规定，并将体育经费预算列入政府的预算之中。"[2]

1932年的《国民体育实施方案》有关民众体育实施办法规定："各级体育场负责宣传和指导各界民众的日常体育活动、举办民众业余竞赛、组织各种集团以增进社会闲暇生活之兴趣、联络和襄助体育团体或学校，以扩大提倡体育之力量。"[3] 它还规定了全国各地开展球类、体操、田径、游泳等项目，要每两年举行一次全国运动会，每年举办一次省、市级别的运动会，推进了中国竞技体育场地的建设。

1939年9月国民政府颁布的《体育场规程》《体育场工作大纲》和《体育场辅导各地社会体育大纲》等几个重要的文件规定了场地的经营管理问题。1942年4月，教育部颁布了《分期设置国民体育场办法要点》并令各将市从该年起，按照要点，拟定设置规划，限期完成，务必达到一乡设置一个简易体育场。

抗战前夕的1944年，中华民国教育部颁布了《体育场工作实施方案》，它是国民政府时期颁布的最后一部和体育场相关的政策法规，显示了对体育设施的重视。1945年，中华民国行政院核准《国民体育实施计划》再次规定，除教育部应设一所国立体育场外，各省市及县应分别在一年和三年内至少建成一所体育场，各乡镇也应设立简易体育场。

---

[1] 中国第二历史档案馆编《中华民国史档案资料汇编第五辑第一编文化（二）：南京》，江苏古籍出版社，1994年，第932-941页。

[2] 何启君：《中国近代体育史》，北京体育学院出版社，1989年，第242页。

[3] 中国第二历史档案馆：《中华民国史档案资料汇编·第五辑》，江苏古籍出版社，1994年，第932-941页。

表 8.10 国民党政府统治时期的体育法规

阶段 1：学校体育场地的建设

颁布时间	主要规范、制度和措施名称	具体做法	备注
1912-9	《壬子癸丑学制》	学校应有体操场，该场地除非常突变外，不得作为他用	促进学校操场的建设
1919-4	《推广体育计划案》	特设公共体育场，公共体育场以及学校运动场的开放为国民之健身提供场地保证	促进学校运动场及公共体育场的建设
1919-10	《改进学校体育案》	完善女校体育设备	促进学校体育场馆的建设

阶段 2：体育场地的建设从学校走向社会

颁布时间	主要规范、制度和措施名称	具体做法	备注
1929-8	《各县市公共体育场暂行规定》	各县应至少设立公共体育场一处，逐渐推至市镇乡村	促进较发达的地区和市县的体育场馆的建设
1929-4	《国民体育法》	各自治之乡镇区市必须设立公共运动场	国家公布的第一个体育法，是近代中国最早、层次最高的体育法令。促进体育设施以法律为依据
1929-8	《各省市县运动会举行办法大纲》	规范了运动会的举办，并制定了各省、市县体育长久发展的方案	促进体育场地使用问题的细化规定
1932-2	《民众教育馆暂行规程》	市立民众教育馆，须择人口稠密之地设立之，每市至少须设立一所，县要在县属繁盛市镇设立，逐渐推至农村	
1932	《国民体育实施方案》	对《国民体育法》的内容和精神进行了详细的注释和说明，提出了包括体育组织、体育设施和经费保证等方面的具体的措施	促进国民体育包括学校体育设施、公众体育设施的发展
1939	《体育场章程》	提出体育场管理方面的措施	
1939	《体育场工作大纲》	要求各级体育场肩负起社会体育的发展重担，通过提高工作效力，促进民众体育的发展	促进各级体育场地的发展
1941	《国民体育实施方针》	强调体育增进健康、培养国民自卫能力和提高运动技能的作用，对国民体育实施中的人才培养、经费预算和使用、场地器械等方面要求	企图扭转《国民体育实施方案》出现的不利局面
1942	《分期设置国民体育场办法要点》	并令各市从该年起，按照要点，拟定设置规划，限期完成，务必达到一乡设置一个简易体育场	
1944-8	《体育场工作实施方案》	体现国民政府对体育场建设的重视，始终坚持兴办体育场以促进社会体育的发展	国民政府最后一部关于体育场的政策法规
1945	《国民体育实施计划》	除教育部应筹设一所国立体育场外，各省市及县应分别在一年和三年内至少建成一所体育场，各乡镇也应设立简易体育场	

8.5.3 新中国成立至改革开放以前的体育建筑政策（1949—1978）

1949 年 4 月 17 日，中国新民主主义青年团第一次全国代表大会上通过的《中国新民主主义青年团工作纲领》第六项第三条规定："与职工会和民主妇联会以及人民教育机关共同组织儿童的野营、儿童俱乐部、儿童体育场……"。[①] 1949 年 10 月 26 日，在新中国全国体育工作者代表大会报告中，冯文彬同志指出，为了提倡国民

① 傅砚农：《中国体育通史·第五卷（1949—1979）》，人民体育出版社，2008 年，第 79 页。

体育，建议政府恢复公共娱乐场所，建筑体育场所并逐渐充实各种体育设备。① 1952年6月24日，中华全国体育总会颁布章程："本章程其任务是制定全国体育运动计划，设计并审查全国重要运动场地建设及运动用品。"②

1952年8月21日，荣高棠上书党中央，提出5条对中国体育工作的建议：其中一条是："建议在各地酌量增设体育场及体育设备，在北京修建大型运动场。"邓小平对荣高棠作了5点指示，其中一条是："关于体育场：要建立，但不要离市区太远，否则交通工具接不上，所以先农坛体育场要立即进行设计。"③ 在1954年，由中华全国总工会与中央体委联合召开的全国职工第一次体育工作会议上荣高棠副主任提出："基本建设，很难普遍照顾，只能着重在几个重点城市进行体育场地的修建，要求各地应掌握：①因陋就简，尽量利用自然条件修建一般的运动场地供群众活动；②和各地青年团配合发动青年义务劳动修建场地；③运用各方面力量进行建筑，如工会文教费，各产业部门补助等。"④

由于中国经费紧张和技术水平的限制，1953年开始中国第一个五年计划之时，在勤俭节约原则的指导下，重点城市建造少数供专业训练及比赛用的社会体育馆的建议得到支持，只能在大城市和重点地区建造，各地发动社会力量参与体育场馆的建设。

1955年1月19日，中华全国总工会指定了《关于开展职工体育运动暂行方法纲要》。纲要就厂矿企业职工体育的方针任务，组织建设工作，宣传教育工作，运动竞赛工作，运动场地、设备的修建、保管和利用，体育运动经费，奖励七个方面提出了具体明确的要求。1956年3月23日，国务院常务会议批准了《体育运动委员会组织简则》，里面指出："体育运动委员会的任务是……规划全国体育场馆的建设。"⑤

1958年2月25日—3月11日，国家体委在北京召开了全国体育工作会议，制定了《体育运动十年发展纲要》。其中关于体育场地提出了规划要求："从1958年起，到1967年为止，全国管辖市以上公共性体育场地将由1957年预计达434个，发展到1023个。省辖市以上城市均将具有可供竞赛用的体育场地一个以上。"⑥

体育领域的"大跃进"和"左倾"错误思想影响，对中国体育事业和体育设施的发展造成了严重影响。1961年，《全国体育工作会议纪要》等文件提出体育场地建设实行因陋就简，土洋结合的办法解决，以更好地贯彻执行"调整、巩固、充实、提高"的中央体育工作八字方针⑦。

中国非常重视学校体育设施的建设，1955年就出版了学校体育设施建造的有关书籍。1956年2月16日，高等教育部会同国体

---

① 国家体委政策研究室：《体育运动文件汇编（1949—1981）》，人民体育出版社，1982年，第164页。

② 傅砚农：《中国体育通史·第五卷（1949—1979）》，第42页。

③ 熊晓正，钟秉枢：《新中国体育60年》，北京体育大学出版社，2010年，第17页。

④ 中央体委：《中央体委召开三十三个省市体委工作座谈会纪要》，《体育工作通讯》，1954年第3期。

⑤ 熊晓正，钟秉枢：《新中国体育60年》，北京体育大学出版社，2010年，第18页。

⑥ 傅砚农：《中国体育通史第五卷（1949—1979）》，人民体育出版社，2008年，第160页。

⑦ 国家体委政策研究室：《体育运动文件汇编（1949—1981）》，人民体育出版社，1982年，第63页。

委、原卫生部和团中央下发了《关于加强领导进一步开展高等学校体育运动的联合指示》，其对场地设备等问题做了具体的规定要求。如对高校体育运动的场地要求是："4000人以下的，平均每人有 $15m^2$，4000m 以上的平均每人有 $12m^2$。"凡"不能满足规定要求的学校，必须积极设法增设体育运动场地"。对"风雨较多和寒冷季节较长地区的学校"，要求"在不可能建筑体育馆时，可修建简单的能避风雨的体育场"，以保证体育教学和训练工作的正常进行。[1]

这些出台的学校体育场地的设施虽然在一定程度上促进了学校体育的发展，但劳卫制作为衡量学校体育的主要指标，一些地区对该项政策的贯彻不利，没能达到理想效果。

8.5.4　改革开放后的体育建筑政策（1978—1990）

8.5.4.1　"两场一房一池"

这 10 年余间，全国小型体育场馆的普及程度较高。《中华人民共和国国民经济和社会发展第六个五年计划（1981—1985）》的三十四章《卫生、体育事业》规定，要"适当加强体育场地建设"。[2] 国务院1983年10月28日颁布的《国务院批转国家体委关于进一步开创体育新局面的请示的通知》中指出了六五计划后三年的主要工作是：

> 按照国家六五计划规定："适当加强体育场地建设"，一方面，努力提高现有场馆使用率，逐步配套，充分发挥效益；一方面，兴建供群众活动和运动队训练的简易场地，争取在全国有百分之十左右的县建成"两场一房一池"，没有体育馆的七个省会要争取建成体育馆，其他城市的场地设施也应适当加强。为了争取1990年举办亚运会，应即着手在北京筹建国家体育中心。应将体育场地建设纳入各地经济、社会发展计划和城市建设规划，切实执行1980年原国家建委颁发的《城市规划定额指标暂行规定》中运动场面积的规定。新建学校应根据有关规定建设，体育场地。重视少数民族聚居区和边远城镇的体育场地建设，这些地区应在国家支援少数民族和不发达地区补助资金中安排体育投资，坚决制止侵占体育场地，过去侵占的应尽快归还。[3]

《国务院批转国家体委关于进一步开创体育新局面的请示的通知》指出20世纪的奋斗目标是"建成可以举办亚运会和奥运会的场地，凡承担全运会任务和有条件的省会所在城市建设一套能举办综合性全国运动会的比赛场地，县基本上达到'两场一房一池'（即田径场、带看台的灯光球场、训练房、游泳池或人工冰场）。"[4]

---

[1] 傅砚农：《中国体育通史第五卷（1949—1979）》，人民体育出版社，2008年，第60页。

[2] 荣高棠：《当代中国体育》，中国社会科学出版社，1984年，第557-558页。

[3] 《国务院批转国家体委关于进一步开创体育新局面的请示的通知》，1983年10月。

[4] 《国务院批转国家体委关于进一步开创体育新局面的请示的通知》，1983年10月。

8.5.4.2 运动场地面积定额指标

1984年10月发布的《中共中央关于进一步发展体育运动的通知》[①]第四部分对体育事业经费和基建投资提出了明确的要求：

> 为了保证体育事业的大发展，必须逐步增加体育事业经费和基建投资，纳入各级政府的国民经济和社会发展计划。必须增加体育设施的数量，提高质量。必须坚决纠正占用体育场地的现象。各地一定要认真落实国家对体育场地建设的要求和城市规划关于运动场地面积的定额指标。体育场馆要布局合理，避免过分集中。要增加群众活动的体育场所，重点增加学校体育设施。体育场馆要改善管理，提高使用率，既要成为开展群体活动和培训体育人才的基地，又要讲究经济效益，积极创造条件实行多种经营，逐步转变为企业、半企业性质的单位。[②]

文件指出要增加体育设施的数量，并尽量建设全运会级别的赛事的体育设施和高校的体育场馆。

1986年中国城乡建设环境保护部和国家体委联合颁布了《城市公共体育运动设施定额指标暂行规定》，规定了城市的公共体育场和居住区的体育用地定额，它为中国落实场地建设起到了铺垫作用。这是中国第一次规定和城市规划相关的体育设施的面积和数量。这个规定在推进城市化的同时，积极建设体育设施。

8.5.4.3 学校体育场地面积指标

教育部在1980年《教计基字023号文件》中规定：中学应有一个300m环形跑道的田径场和若干个篮排球场地，小学应有一个250m环形跑道的田径场和若干个篮排球场。[③]

1984年，《中共中央关于进一步发展体育运动的通知》下达后，各级地方党政领导机关和教育主管部门，拨款为学校修建了一批体育场地，缓解了学校体育场地的困难。在经济较发达的沿海和东部地区，不少中、小学有了标准的田径场、游泳馆、训练房。《中共中央关于教育体制改革的决定》下发后，基础教育归地方管理，极大地调动了地方政府和广大人民群众办学的积极性，学校及其运动场地的建设有了很大改观，尤其是将全国大、中学生运动会放在校园中举办的改革出台后，使学校体育场地和设施得到了明显改善，为体育教学和学生锻炼提供了保证。[④]

学校体育场建设的规定，是1986年国家计委批准实行的，它要求运动场能容纳全校学生同时做课间操，小学每个学生不宜小于$2.3m^2$，中学每个学生不宜小于$3.3m^2$。但是，当时中国大部分城市的学校达不到规定的标准。因此，场地建设的任务还很重。[⑤]

1986年，上海市政府批转市教育局、市体委《关于进一步加强

---

① 这是中共中央发布的改革开放以来党中央发布的第一个有关发展体育运动的重要文件。《通知》为新时期中国体育的发展指出了方向，对推动中国体育事业的发展产生了深远的影响。

② 郝勤：《中国体育通史第六卷（1980—1992）》，人民体育出版社，2008年，第97页。

③ 谢晨：《新中国成立以来上海学校体育场地设施建设回顾》，沈建华主编《操场风雨历程60年——上海学校体育回顾与展望》，华东理工大学出版社，2009年，第102页。

④ 郝勤：《中国体育通史第六卷（1980—1992）》，人民体育出版社，2008年，第165页。

⑤ 曹守和：《中国体育通史第七卷（1993—2005年）》，人民体育出版社，2008年，第116页。

中小学体育工作的若干意见》中明确规定：凡与新建住宅区配套的学校，体育场地必须按照原教育部颁发的校舍场地面积规定，中学要有250m和400m、小学要有200m的环形跑道和若干篮、排球场和机械区。如果因征地面积达不到上述要求，教学楼的底层应开辟体育活动场所。拆并、改建的学校，要积极创造条件、扩大体育场地，争取达到中学人均有 $3.2m^2$、小学人均有 $2.2m^2$ 的体育活动场地的标准。

1986年颁布的《中小学校建筑设计规范》（GBJ99-86）是中国第一次编制的和中小学校建筑设计相关的规范，其中第二章《选址和总平面布局》的第二节学校用地，和第三章《教学与教学辅助用房》的第十节风雨操场规定了学校体育设施的相关技术要求。由于当时中国没有相关的体育设施的设计规范，缺乏参考的资料，这个规范的编制较为困难，因而在《中小学校建筑设计规范》中只是规定了基本的人均运动场地面积、田径场地的尺寸类别、风雨操场室内高度等基本要求，没有详细明确更细致的要求，给设计人员带来很多不便。

为了解决中小学校的体育场地的问题。1989年，国家教委颁布印发了《小学体育器材配备目录》和《中学体育器材配备目录》，加快了学校体育器材的配备。1990年，国家教委在颁布学校验收工作标准中，详细规定了中小学校的体育场地的设施和器材。

参考文献

中文专著

[1] 北京市建筑设计院.体育建筑设计.北京：中国建筑工业出版社，1981.
[2] 北京亚运建筑编辑委员会.北京亚运建筑.北京：世界建筑导报社，1990.
[3] 北京市建筑设计院.国外建筑实例图集体育建筑.北京：中国建筑工业出版社，1979.
[4] 北京市建筑设计院技术供应室.首都体育馆.北京：水利电力出版社，1977.
[5] 北京市建筑设计院，中国建筑西北设计院.建筑实录.北京：中国建筑工业出版社，1985.
[6] 《北京高等学校建筑图集》编委会.北京高等学校建筑图集.北京：航空工业出版社，1995.
[7] 毕沅.关中胜迹图志.西安：三秦出版社，2004.
[8] 陈国坚.华南理工大学人文建筑之旅.广州：华南理工大学出版社，2011.
[9] 陈旭麓.近代中国社会的新陈代谢.北京：中国人民大学出版社，2015.
[10] 陈昌怡、谭华.古代体育寻踪.北京：人民体育出版社，1990.
[11] 陈保胜.中国建筑四十年——建筑设计精选.上海：同济大学出版社，1992.
[12] 陈元欣.国外体育场馆运营案例集锦.武汉：华中师范大学出版社，2014.
[13] 陈李波，徐宇甦，余格格.武汉近代教育建筑.武汉：武汉理工大学出版社，2016.
[14] 承载，吴健熙.老上海百业指南——道路机构厂商住宅分布图·增订版.上海：上海社会科学院出版社，2016.
[15] 蔡镇钰.蔡镇钰建筑选——公共建筑.中国建筑工业出版社，2007.
[16] 崔乐泉.图说中国古代体育.上海：兴界图书出版公司，2007.
[17] 崔乐泉.中国古代体育文化源流.贵阳：贵州民族出版社，2011.
[18] 崔乐泉.中国近代体育史话.北京：中华书局，1998.
[19] 崔世昌.天津小洋楼.天津：天津科学技术出版社，1995.
[20] 崔瑞华.中国公共体育场馆建设与布局的经济学分析.大连：东北财经大学出版社，2016.
[21] 曹守和.中国体育通史第七卷（1993—2005年）.北京：人民体育出版社，2008.
[22] 曹永康.南洋筑韵——上海交通大学历史建筑品读.上海：上海交通大学出版社，2016.
[23] 董新光.全民健身大视野.北京：北京体育大学出版社，2003.
[24] 重庆市规划局.重庆市优秀近现代建筑.重庆：重庆大学出版社，2007.
[25] 邓庆坦，常玮，刘鹏.图解中国近代建筑史.武汉：华中科技大学出版社，2012.
[26] 邓卫.清华史苑.北京：清华大学出版社，2011.
[27] 丁洁民.同济大学建筑设计研究院（集团）有限公司作品集2008—2012.上海：同济大学出版社，2013.
[28] 当代中国建筑艺术展组织委员会.当代中国建筑艺术精品集.北京：中国计划出版社，1999.
[29] 董黎.中国教会大学建筑研究.珠海：珠海出版社，2000.
[30] 司马迁.史记.上海：上海古籍出版社，2005.
[31] 费成康.中国租界史.上海：上海社会科学院出版社，1991.
[32] 服部纪和，陶新中.体育设施.牛清山，译.北京：中国建筑工业出版社，2004.
[33] 傅砚农.中国体育通史第五卷（1949—1979）.北京：人民体育出版社，2008.
[34] 方拥.藏山蕴海——北大建筑与园林.北京：北京大学出版社，2013.
[35] 龚德顺，邹德侬，窦以德.中国现代建筑史纲（1949—1985）.天津：天津科学技术出版社，1989.
[36] 龚飞，梁柱平.中国体育史简编.成都：西南交通大学出版社，2010.
[37] 葛元煦，黄式权，池志征.沪游杂记·淞南梦影录·沪游梦影.上海：上海古籍出版社，1989.
[38] 葛如亮.葛如亮建筑艺术.上海：同济大学出版社，1995.
[39] 高时良，黄仁贤.中国近代教育史资料汇编·洋务运动时期教育.上海：上海教育出版社，2007.

[40] 顾馥保.中国现代建筑100年.北京:中国计划出版社,1999.
[41] 顾渊彦.体育社会学.南京:南京师范大学出版社,1999.
[42] 国家基本建设委员会建筑科学研究院.建筑设计资料集.北京:中国建筑工业出版社,1978.
[43] 国家体育总局职业技能鉴定指导中心.体育场地工(基础理论篇).北京:高等教育出版社,2010.
[44] 国家体育总局编.拼搏历程 辉煌成就——新中国体育60年(项目卷).北京:人民出版社,2009.
[45] 国家体委政策研究室.体育运动文件汇编(1949—1981).北京:人民体育出版社,1982.
[46] 国家体委体育文史工作委员会,中国体育史学会.中国近代体育史.北京:北京体育学院出版社,1989.
[47] 国家体委体育文史工作委员会.中国近代体育议决案选编.北京:人民体育出版社.1990.
[48] 国家体委体育文史工作委员会,全国体总文史资料编审委员会.体育史料第14辑.北京:人民体育出版社,1989.
[49] 国家体委体育文史工作委员会,全国体总文史资料编审委员会.中国近代体育文选·体育史料第17辑.北京:人民体育出版社,1992.
[50] 国家体委体育文史工作委员会,全国体总文史资料编审委员会.华北运动会(1913—1934年)体育史料第15辑.北京:人民体育出版社,1990.
[51] 国家建委建筑科学研究院,建筑情报研究所.建筑实录——广西体育馆.
[52] 《公共建筑图集》编写组.公共建筑图集.北京:中国建筑工业出版社,1986.
[53] 高仲林.天津近代建筑.天津:天津科学技术出版社,1990.
[54] 谷世权.中国体育史.北京:北京体育大学出版社,2002.
[55] 黄国新,沈福煦.老建筑的趣闻——上海近代公共建筑史话.上海:同济大学出版社,2005.
[56] 何启君.中国近代体育史.北京:北京体育学院出版社,1989.
[57] 韩晶.城市消费空间.南京:东南大学出版社,2014
[58] 韩庆华.大跨建筑结构.天津:天津大学出版社,2014.
[59] 杭州市体育局,中国体育博物馆杭州分馆.杭州体育百年图史.杭州:杭州出版社,2008.
[60] 胡榴明.武汉百年建筑经典:三镇风情.北京:中国建筑工业出版社,2011.
[61] 胡斌,吕元,岳兵,等.复合型体育设施设计.北京:中国商业出版社,2011.
[62] 郝勤.中国体育通史第六卷(1980—1992).北京:人民体育出版社,2008.
[63] 湖北省建设厅.湖北近代建筑.北京:中国建筑工业出版社,2005.
[64] 湖北省建设厅.湖北现代建筑.北京:中国建筑工业出版社,2006.
[65] 胡绳.中国共产党的七十年.北京:中共党史出版社,1991.
[66] 荆其敏,张丽安.建筑师之笔:天津建筑启示录.北京:机械工业出版社,2011.
[67] 荆其敏,荆浩.天津的建筑文化.北京:机械工业出版社,2011.
[68] 金坤.综合·高效·专业·多元——公共体育场馆建筑设计特征研究.杭州:浙江大学出版社,2015.
[69] 建筑创作杂志社.建筑中国六十年1949—2009——人物卷.天津:天津大学出版社,2009.
[70] 建筑设计资料集编委会.建筑设计资料集(第二版).北京:中国建筑工业出版社,1995.
[71] 建筑工程部北京工业建筑设计院.建筑设计资料集1.北京:中国建筑工业出版社,1964.
[72] 建筑工程部北京工业建筑设计院.建筑设计资料集2.北京:中国建筑工业出版社,1966.
[73] 江苏省建设厅,江苏省体育局,江苏省土木建筑学会.中国江苏体育建筑.北京:中国建筑工业出版社,2007.
[74] 金汕.当代北京体育场馆史话.北京:当代中国出版社,2015.
[75] 梁思成.拙匠随笔.北京:中国建筑工业出版社,1991.
[76] 李海清.中国建筑现代转型.南京:东南大学出版社,2004.
[77] 李海清,汪晓茜.叠合与融通——近代中西合璧建筑艺术.北京:中国建筑工业出版社,2015.
[78] 李玲玲、杨凌.体育建筑.哈尔滨:黑龙江科学技术出版社,2014.
[79] 李季芳等.中国古代体育史简编.北京:人民体育出版社,1984.
[80] 李志实,梁林.学校体育设施.北京:北京体育大学出版社,2004.
[81] 李金梅,夏阳.中国马球史.兰州:甘肃教育出版社,2009.
[82] 李陀.上海酒吧——空间、消费与想象.南京:江苏人民出版社,2001.
[83] 李林,周登嵩,等.中国学校体育发展研究报告.上海:化学工业出版社,2013.
[84] 李百浩.湖北近代建筑.北京:中国建筑工业出版社,2005:68.
[85] 李学文,彭富臣.开封之最.郑州:中州古籍出版社,1994.
[86] 李军编.近代武汉(1861—1949年)城市空间形态的演变.武汉:长江出版社,2005.
[87] 刘伟,钱锋.真实与诗意的构筑——当代体育建筑的材料运用.北京:人民交通出版社股份有限公司,2016.
[88] 刘加平,马斌齐.体育建筑概论.北京:人民体育出版社,2009.
[89] 刘先觉.中国近现代建筑艺术.武汉:湖北教育出版社,2004.
[90] 刘先觉,张复合,村松伸,寺原让治.中国近代建筑总览——南京篇.北京:中国建筑工业出版社,1992.
[91] 刘晓霞,张剑,雷喜宁.公共文化体育设施条例释义.北京:中国法制出版社,2003.

[92] 刘青.体育场馆的经营与管理.北京：人民体育出版社，2014.
[93] 林峰，赵冬梅，曹永康，刘杰.上海交通大学人文建筑之旅.上海：上海交通大学出版社，2012.
[94] 林克明.世纪回顾——林克明回忆录.广州：广州市政协文史资料委员会编，1995.
[95] 罗时铭.中国体育通史（第三卷）.北京：人民体育出版社，2008.
[96] 罗兴国.湖南省体育史资料.长沙：湖湘文库编辑出版委员会，湖南人民出版社，2010.
[97] 卢元镇.体育社会学.北京：高等教育出版社，2001.
[98] 娄承浩，薛顺生.消逝的上海老建筑.上海：同济大学出版社，2002.
[99] 马国馨.体育建筑论稿——从亚运到奥运.天津：天津大学出版社，2007.
[100] 梅季魁.现代体育馆建筑设计.哈尔滨：黑龙江科学技术出版社，1999.
[101] 梅季魁，等.体育建筑设计作品选.北京：中国建筑工业出版社，2010.
[102] 梅季魁，王奎仁，姚亚雄，等.体育建筑设计研究.北京：中国建筑工业出版社，2010.
[103] 梅季魁，等.大跨建筑结构构思与结构选型.北京：中国建筑工业出版社，2003.
[104] 德克思.健身狂想曲——非运动生活的幸福.比亚，译.广州：花城出版社，2011.
[105] 南京工学院建筑研究所.杨廷宝建筑设计作品集.北京：中国建筑工业出版社，1983.
[106] 《南京建筑三十五年》编辑组.南京建筑三十五年（1949—1984）.南京：《南京建筑三十五年》编辑组，1984.
[107] 皮明庥，吴勇.汉口五百年.武汉：湖北教育出版社，1999.
[108] 钱海平，杨晓龙，杨秉德.中国建筑的现代化进程.北京：中国建筑工业出版社，2002.
[109] 乔治·维加雷洛.体育神话是如何炼成的.乔咪加，译.北京：中国人民大学出版社，2015.
[110] 任海.中国古代体育.北京：商务印书馆，1996.
[111] 阮伟著.赛事：城市动态传播之灵魂.北京：社会科学文献出版社，2014.
[112] 阮元校刻.十三经注疏·礼记正义.北京：中华书局，2009.
[113] 荣高棠.当代中国体育.北京：中国社会科学出版社，1984.
[114] 佘畯南.佘畯南选集.北京：中国建筑工业出版社，1997.
[115] 邵松，乔监松.岭南近现代建筑1949—1979.广州：华南理工大学出版社，2013.
[116] 邵松，李笑梅.岭南当代建筑.广州：华南理工大学出版社，2013.
[117] 四川省教育厅.硕果——四川高校体育场馆建筑集锦.成都：四川美术出版社，2000.
[118] 宋秀兰，郑州市文物考古研究院.郑州市中心城区优秀近现代建筑.北京：科学出版社，2011.
[119] 苏仕君，李启明.体育场地建筑工艺.北京：人民体育出版社，2009.
[120] 利亚布申，谢什金娜.苏维埃建筑.吕富珣，译.北京：中国建筑工业出版社，1990.
[121] 上海圣约翰大学校史编辑委员会组，徐以骅.上海圣约翰大学1879—1952.上海：上海人民出版社，2009.
[122] 上海图书馆.老上海风情录（四）体坛回眸卷.上海：上海文化出版社，1998.
[123] 上海通社.上海研究资料.上海：上海书店，1984.
[124] 上海市体委文史办公室，上海市体委计划财务处，上海市体育场馆协会.上海体育志资料汇编（二）体育场地.上海：上海市新闻出版局，1990.
[125] 上海市体育宣传教育中心.上海著名体育建筑文化——凝·动.上海：上海科学技术文献出版社，2015.
[126] 上海市体育局.上海市体育建筑.上海：同济大学出版社，2000.
[127] 上海建筑施工志编委会.东方"巴黎"——近代上海建筑史话.上海：上海文化出版社，1991.
[128] 上海市历史博物馆.都会遗踪 第3辑.上海：学林出版社，2011.
[129] 世界体育大事典编委会.世界体育大事典.北京：中国致公出版社，1993.
[130] 首都规划建设委员会办公室，第十一届亚运会工程总指挥部，北京市建筑设计研究院，世界建筑导报社.北京亚运建筑.北京：世界建筑导报社，1990.
[131] 孙海麟.中国奥运先驱张伯苓.北京：人民出版社，2007.
[132] 沈福煦，沈燮癸.透视上海近代建筑.上海：上海古籍出版社，2004.
[133] 孙海根，等.间渡·北京近现代优秀建筑艺术形态暨空间生态考辨.北京：中国书籍出版社，2013.
[134] 沈建华.操场风雨历程60年——上海学校体育回顾与展望.上海：华东理工大学出版社，2009.
[135] 汤国华.广州沙面近代建筑群——艺术·技术·保护.广州：华南理工大学出版社，2004.
[136] 天津市政协文史资料研究委员会.近代天津图志.天津：天津古籍出版社，2004.
[137] 体育文史资料编审委员会.体育史料第四辑.北京：人民体育出版社，1981.
[138] 体育文史资料编审委员会.体育史料第六辑.北京：人民体育出版社，1982.
[139] 体育文史资料编审委员会.体育史料第七辑.北京：人民体育出版社，1982.
[140] 体育文史资料编审委员会.体育史料第十辑.北京：人民体育出版社，1984.
[141] 谭华.体育史.北京：高等教育出版社，2005.
[142] 田银生，刘韶军.建筑设计与城市空间.天津大学出版社，2000.

[143] 王建国. 杨廷宝建筑论述与作品选集 1927—1997. 北京：中国建筑工业出版社，1997.
[144] 王新英，崔殿尧，宋志强. 长春建筑寻踪. 北京：清华大学出版社，2014.
[145] 王国平. 博习天赐庄——东吴大学. 石家庄：河北教育出版社，2003.
[146] 王国平. 东吴大学简史. 苏州：苏州大学出版社，2009.
[147] 王斌. 体育建筑设计研究与案例分析. 北京：中国建筑工业出版社，2014.
[148] 王云. 上海近代园林史论. 上海：上海交通大学出版社，2015.
[149] 王国泉. 建筑实录 4. 北京：中国建筑工业出版社，1993.
[150] 武汉市档案馆. 汉口跑马场史料选辑. 武汉：武汉市档案馆，1992.
[151] 吴永发，戴叶子，钱晓冬. 苏州大学百年建筑. 苏州：苏州大学出版社，2014.
[152] 吴友如，等. 点石斋画报·大可堂版（第 1 册）. 上海：上海画报出版社，2001.
[153] 吴友如，等. 点石斋画报·大可堂版（第 14 册）. 上海：上海画报出版社，2001.
[154] 熊月之，周武主编. 圣约翰大学史. 上海：上海人民出版社，2007.
[155] 薛求理. 建造革命——1980 年以来的中国建筑. 北京：清华大学出版社，2009.
[156] 徐苏斌，伍江，赖德霖. 中国近代建筑史（第四卷）摩登时代——世界现代建筑影响下的中国城市与建筑. 北京：中国建筑工业出版社，2016.
[157] 徐以骅，韩信昌. 海上梵王渡：圣约翰大学. 石家庄：河北教育出版社，2003.
[158] 熊晓正，钟秉枢. 新中国体育 60 年. 北京：北京体育大学出版社，2010.
[159] 雨儿，合金，等. 北大向左，清华向右. 北京：北京大学出版社，2013.
[160] 约瑟夫·马奎尔，凯文·扬. 理论诠释体育与社会. 陆小聪，译. 重庆：重庆大学出版社，2012.
[161] 颜绍沪，周西宽. 体育运动史. 北京：人民体育出版社，1990.
[162] 于永慧. 中国体育设施发展的制度分析. 北京：北京体育大学出版社，2010.
[163] 杨秉德. 中国近代中西建筑文化交融史. 武汉：湖北教育出版，2003.
[164] 杨秉德. 中国近代城市与建筑. 北京：中国建筑工业出版社，1993.
[165] 杨永生，顾孟潮. 20 世纪中国建筑. 天津：天津科学技术出版社，1996.
[166] 燕京大学校友校史编写委员会. 燕京大学史稿. 北京：人民中国出版社，1999.
[167] 章乃炜. 清宫述闻. 北京：古籍出版社，1988.
[168] 张驭寰. 中国城市史. 北京：中国友谊出版公司，2009.
[169] 张奕. 教育学视阈下的中国大学建筑. 青岛：中国海洋大学出版社，2006.
[170] 赵晓阳. 基督教青年会在中国：本土和现代的探索. 北京：社会科学文献出版社，2008.
[171] 张燕. 南京民国建筑艺术. 南京：江苏科学技术出版社，2000.
[172] 邹德侬. 中国现代建筑史. 北京：机械工业出版社，2003.
[173] 邹德侬. 中国现代建筑二十讲. 北京：商务印书馆，2015.
[174] 邹德侬，戴路，张向炜. 中国现代建筑史. 北京：中国建筑工业出版社，2011.
[175] 邹德侬. 中国现代建筑艺术论题. 济南：山东科学技术出版社，2006.
[176] 邹德侬. 中国建筑五十年. 北京：中国建材工业出版社，1999.
[177] 邹德侬. 中国现代美术全集——建筑艺术（三）. 北京：中国建筑工业出版社，1998.
[178] 翟睿. 新中国建筑艺术史 1949—1989. 北京：文化艺术出版社，2015.
[179] 张润武，薛立. 图说济南老建筑——近代卷. 济南：济南出版社，2007.
[180] 张化纯. 天津公共建筑. 天津：天津科学技术出版社，1989.
[181] 张复合. 图说北京近代建筑史. 清华大学出版社，2008.
[182] 张汝栋. 体育设施建设指南——体育场. 北京：人民体育出版社，2005.
[183] 张汝栋. 体育设施建设指南——游泳、冰上及水上游泳设施. 北京：人民体育出版社，2005.
[184] 张汝栋. 体育设施建设指南——建设标准与竞赛场地规格大全. 北京：人民体育出版社，2005.
[185] 张燕. 南京民国建筑艺术. 南京：江苏科学技术出版社，2000.
[186] 庄景辉，贺春旎. 集美学校嘉庚建筑. 北京：文物出版社，2013.
[187] 庄景辉. 厦门大学嘉庚建筑. 厦门：厦门大学出版社，2011.
[188] 周其凤. 燕园建筑. 北京：北京大学出版社，2013.
[189] 周逸湖，宋泽方. 高等学校建筑·规划与环境设计. 北京：中国建筑工业出版社，1994.
[190] 曾建明. 中国大型体育赛事场馆的空间布局研究. 北京：北京体育大学出版社，2016.
[191] 曾涛. 体育建筑设计手册. 北京：中国建筑工业出版社，2003.
[192] 张丽萍. 华西协和大学——相思甲西坝. 石家庄：河北教育出版社，2003.
[193] 中国体育科学学会，中国建筑学会体育建筑专业委员会，国家体委计划司. 体育建筑图集——全国中小型体育馆设计竞赛方案选辑. 北京：北京大兴包头营印刷厂印刷，1985.

[194] 中国近代建筑史料汇编编委会.中国近代建筑史料汇编第一辑 第七册.上海：同济大学出版社，2014.
[195] 中国近代建筑史料汇编编委会.中国近代建筑史料汇编第一辑 第八册.上海：同济大学出版社，2014.
[196] 中国第二历史档案馆.中华民国史档案资料汇编第五辑第一编文化（二）.南京：江苏古籍版社，1994.
[197] 中国体育年鉴编辑委员会.中国体育年鉴（1979）.北京：人民体育出版社，1981.
[198] 中国人民政治协商会议河南省委员会，文史资料研究委员会.河南文史资料第十八辑.1985.
[199] 中国八十年代建筑艺术优秀作品评选组织委员会.中国八十年代建筑艺术.北京：经济管理出版社，香港建筑与城市出版社有限公司，1990.
[200] 中国建筑标准设计研究院.体育场地与设施（一）.北京：中国计划出版社出版，2010.
[201] 中国建筑设计研究院.国家网球馆.北京：中国建筑工业出版社，2012.
[202] 中国体育科学学会.中国体育科学学会史1980—2010.北京：人民体育出版社，2010.
[203] 《中国建筑史》编写组.中国建筑史.北京：中国建筑工业出版社，1982.
[204] 周桂发，朱大章，章华明.上海高校建筑文化.上海：复旦大学出版社，2014.

学位论文

[1] 白涛.高校体育建筑多功能化设计研究.西安：西安建筑科技大学，2008.
[2] 常永志.20世纪早期天津的体育运动会.天津：天津师范大学，2009.
[3] 陈元欣.综合性大型体育赛事场馆设施供给研究.武汉：华中师范大学，2008.
[4] 陈宁.南京中央体育场建筑设计研究.南京：南京艺术学院，2012.
[5] 陈晓明.高校体育馆设计研究.长沙：湖南大学，2001.
[6] 丁桂月.游泳馆建筑设计研究初探.上海：同济大学，2004.
[7] 樊可.多元视角下的体育建筑研究.上海：同济大学，2007.
[8] 关英健.天津建筑名家虞福京研究.天津：天津大学，2012.
[9] 高山兴.中国绿色体育建筑设计策略研究.上海：同济大学，2014.
[10] 刘珽.1949—1964中国建筑思潮.天津：天津大学，1988.
[11] 刘碧波.体育场馆多功能化设计研究.重庆：重庆大学，2005.
[12] 刘乐怡.第六届全国运动会体育场馆建设使用研究.广州：华南理工大学，2007.
[13] 连旭.大跨体育有效地域文本研究.哈尔滨：哈尔滨工业大学，2010.
[14] 林大卫.体育综合体功能组合研究.上海：同济大学，2012.
[15] 楼嘉军.上海城市娱乐研究（1930—1939）.上海：华东师范大学，2004.
[16] 彭展展.民国时期南京校园建筑装饰研究.南京：南京师范大学，2014.
[17] 任磊.百年奥运建筑.上海：同济大学，2006.
[18] 饶洁.体育场馆国际设计竞赛创作理念研究.哈尔滨：哈尔滨工业大学，2008.
[19] 孙成林.中国体育设施政策演进及优化.武汉：华中师范大学，2013.
[20] 孙璐.民国全运会研究.扬州：扬州大学，2014.
[21] 孙杨栩.华南理工大学校园早期建筑文脉研究.广州：华南理工大学，2014.
[22] 孙逊.冰雪体育建筑生态化设计研究.哈尔滨：哈尔滨工业大学，2014.
[23] 田志生.中国古代蹴鞠发展演变的研究.北京：北京体育大学，2010.
[24] 谭威.建国10年建筑思潮研究.长沙：湖南大学，2006.
[25] 唐文昊.南京国民政府体育教育政策研究.天津：天津师范大学，2014.
[26] 唐超龙.基于易建性的体育建筑参数化设计策略初探.广州：华南理工大学，2015.
[27] 汪奋强.基于可持续性的体育建筑设计策略研究.北京：中国建筑工业出版社，2016
[28] 王西波.互动/适从——大型体育场所与城市的关系研究.上海：同济大学，2007.
[29] 王军.蒙古族现代赛马场地设计研究.呼和浩特：内蒙古农业大学，2012.
[30] 王彦.上海高校体育建筑发展研究.上海：同济大学，2007.
[31] 吴杰.武汉大学近代历史建筑营造及修复技术研究.武汉：武汉理工大学，2012.
[32] 王景丽.张伯苓学校体育思想及实践研究.北京：首都体育学院，2010.
[33] 王一鸣.中国体育馆建筑造型研究.上海：上海交通大学，2010.
[34] 王艳文.高校体育馆整合设计策略研究.哈尔滨：哈尔滨工业大学，2007.
[35] 韦奕然.厦门市高等院校体育设施发展研究.泉州：华侨大学，2014.
[36] 徐子文.体育会展综合功能建筑研究.广州：华南理工大学，2014.
[37] 徐婧.城市体育建筑多元化发展趋势研究.哈尔滨：哈尔滨工业大学，2010.
[38] 肖鞞.中国体育建筑总体设计历史演化研究.上海：同济大学，2014.
[39] 武艳红.武汉近代教育建筑设计研究.武汉：武汉理工大学，2008.

[40] 姚星.跑马场与近代汉口社会.武汉：华中师范大学，2009.
[41] 姚敏.体育救国—民国时期全运会研究.武汉：华中师范大学，2011.
[42] 杨军.上海市的体育建筑研究].上海：同济大学，2004.
[43] 张波.古代中国和希腊体育竞赛历史文化研究——以先秦射礼竞赛与古希腊竞技会为例.上海：上海体育学院，2013.
[44] 张晓军.近代国人对西方体育认识的嬗变1840—1937.吉林：吉林大学，2010.
[45] 赵军.从"保国强种"的体育场到"救亡图存"的烽火台——上海公共体育场研究（1917—1949）.上海：上海师范大学，2011.
[46] 郑皓怀.城市社区体育设施建设研究.上海：同济大学，2008.
[47] 钟靖.空间—权利与文化的嬗变上海人民广场文化研究.上海：华东师范大学，2014.
[48] 曾高.民国时期广州社会体育初探（1912—1938）.广州：暨南大学，2010.
[49] 张丹.上海理工大学前沪江大学校园风貌价值与保护策略研究.上海：同济大学，2007.
[50] 宗轩.中国高校体育建筑发展趋向与设计研究.上海：同济大学，2008.

期刊论文

[1] 北京亚运会新建体育场馆屋盖结构.建筑科学，1990（3）.
[2] 安徽省建委设计院.安徽省手球场.建筑学报，1978（1）：51.
[3] 艾侠.多重语境下的体育建筑创作实践.城市建筑，2009（11）：14-17.
[4] 北京市建筑设计院首都体育馆设计小组.首都体育馆.建筑学报，1973（1）：5.
[5] 蔡凌.中国近代教会大学的学院哥特式建筑.建筑科学，2011（1）：108.
[6] 陈刚.教会学校体育对中国近代体育发展的影响.体育文化导刊，2007（6）：93.
[7] 陈杰.跑马厅：盛大之赌.中华遗产，2010（5）.
[8] 董大西.上海市体育场设计概况.中国建筑，1934，2（8）：6-8.
[9] 董石麟.空间结构的发展历史、创新、形式分类与实践应用.空间结构，2009（9）：24.
[10] 答恕之.汉口华商跑马场.武汉文史资料，1983（2）.
[11] 福建省工业民用建筑设计院.福建省体育馆，1978（1）：47.
[12] 霍丽明.初探近代体育在广州的兴起和发展.广州体育学院学报，1990（2）：66.
[13] 胡振宇.新中国体育建筑发展历程初探.南方建筑，2006（4）.
[14] 胡兴安，魏敦山.中国体育建筑60年回顾——魏敦山院士访谈.城市建筑，2010：11-12.
[15] 黄治林.广东体育场地设备的起始.广东体育史料，1983（1）：32.
[16] 侯叶，杜庆.体育建筑与城市发展的适应性策略性研究.华中建筑，2014（9）：7-12.
[17] 侯叶，孙一民，杜庆.启蒙——近代中国体育建筑的内化演变.新建筑，2017（5）：83-87.
[18] 江苏省建筑设计院，南京工学院建筑系.南京五台山体育馆.建筑学报，1976（1）：20.
[19] 赖德霖.梁思成"建筑可译论"之前的中国实践.建筑师，2009（1）.
[20] 赖德霖."构图"与"要素"——学院派来源与梁思成"文法——词汇"表述及中国现代建筑.建筑师，2009（6）.
[21] 刘芳，田庆平，何本贵.清华大学西体育馆的保护修缮技术.工业建筑，2011（12）：130.
[22] 李重申，韩佐生.敦煌体育文物概述.体育文史，1992（1）.
[23] 李治镇.百年欧式俱乐部建筑——原汉口西商赛马场调查纪实.武汉春秋，2001（1）.
[24] 林家奕，李文红，姜文艺."有机更新"理论指导旧老建筑更新改造初探——记华南理工大学旧体育馆更新改造设计.长安大学学报（建筑与环境科学版），2004（3）：44.
[25] 陆景兴.湖北省洪山体育馆简介.建筑学报，1986（7）：25-29.
[26] 蓝天.建国以来大跨度结构的发展.建筑结构，1984（4）：9.
[27] 蓝天.中国空间结构六十年.建筑结构，2009（9）：26.
[28] 辽宁工业建筑设计院.辽宁体育馆.建筑学报，1978（1）：45.
[29] 梅季魁.大型体育馆的型式、采光及视觉质量问题.建筑学报，1959（12）：16-21.
[30] 梅季魁.大空间公共建筑的未来.建筑师，1989（3）.
[31] 梅季魁.建筑与环境的对立统一.哈尔滨建筑工程学院学报，1989（2）：79-87.
[32] 马国馨.体育建筑一甲子.城市建筑，2010（9）：7.
[33] 内蒙古体育馆比赛馆.建筑学报，1977（4）.
[34] 宋镇豪.从新出甲骨金文考述晚商射礼.中国历史文物，2006（1）：10-18.
[35] 尚树梅.民众体育理论方面的研究.勤奋体育月报，1934（3）：11-14.
[36] 沈世钊.大跨空间结构的发展——回顾与展望.土木工程学报，1998（6）：7.
[37] 山东省建筑设计院体育馆设计组.山东体育馆.建筑学报，1980（5）：42.
[38] 上海市民用建筑设计院上海体育馆现场设计组.上海体育馆.建筑学报，1976（1）：24.

[39] 童仲屏.大赌场—汉口西商赛马会.武汉文史资料,1983(1).
[40] 汤朔宁,赵孔,谭杨.融合与共生——大中型体育中心的复合化设计研究.城市建筑,2016(11).
[41] 魏敦山.上海游泳馆设计.建筑学报,1984(6):36-44.
[42] 汪晓茜.移植和本土化的二重奏.东吴大学近代建筑文化遗产对我们的启示.新建筑,2006(1):67.
[43] 王文武,王岗.传统文化制约古代体育的竞技性发展.山西师范大学体育学院学报.1996(6):90.
[44] 王锦芳.论中国皇家宫苑建筑的体育功能.北京体育大学学报,2004(2):171-173.
[45] 王世仁.中国近代建筑与建筑风格.建筑学报,1978(4):30.
[46] 王昕,杨谦.创作中国建筑之路——以近代建筑师探索为例.建筑与文化,2011(1):73.
[47] 王俊,赵基达,蓝天,钱基宏,宋涛.大跨度空间结构发展历程与展望.建筑科学.2013(11):4.
[48] 袭晓东.青岛历史空间的重塑——青岛第一体育场设计.建筑设计管理,2004(6):42.
[49] 许桂清.见证历史沧桑的小河沿体育场.兰台世界,2007(2):55.
[50] 杨锡镠.北京体育馆设计介绍.建筑学报,1955(3):37.
[51] 周新民.中国古代体育建筑研究.体育文化导刊,2015(2):168.
[52] 张岚.上海旧校场版画考.都会遗踪,2010(2):22.
[53] 赵玉亭.中国古代体育的特点及其表现形式.体育文史.1999(9):31.
[54] 张天洁.20世纪上半期全国运动会场馆述略.建筑学报,2008(7).
[55] 周鼎,姜玲.西方审美与中国古典元素的建筑组合——燕园大学校园建筑的折中主义体现.中华民居,2011(11):76.
[56] 周庆伟,孙明明.民国建筑大师杨廷宝的南京情怀.兰台世界,2015(11):23.
[57] 庄晓蓉.天泰体育场的前世今生.走向世界,2009(14):59.
[58] 张耀曾,刘振秀,郭恩章.中国体育馆建筑的实践与问题——体育馆建筑三十五年.长安大学学报(建筑与环境科学版),1984(6):73.
[59] 朱燕吉.第十一届亚运会工程规划设计.城市规划,1988(10):27-31.

历史文献、档案

[1] 青年界:天津青年会之新会所.青年(上海),1913(10):254.
[2] 首都中央体育场建筑述略.中国建筑,1933,1(3):14.
[3] 夏行时.中央体育场概况.中国建筑,1933,1(3):8.
[4] 竹村毅成.第一公园游泳池开幕专页:记天津第一公园游泳池开幕.天津商报每日画刊,1936,Vol.19(21):2.
[5] 上海档案馆馆藏档案.上海社会局关于第一公共体育场留职停薪滞留上海职员名册.卷宗号:Q6-18-21:2.
[6] 青岛市工务局编.青岛名胜游览指南.青岛:青岛市工务局出版,1935:22.
[7] 青岛市政府招待处.青岛概览.1937:71.
[8] 青岛市工务局编印.工务纪要(1934年).青岛:青岛市工务局出版,1935:238.
[9] 国民政府教育部.第一次中国教育年鉴(1948-12).上海:开明书店,1934:1288-1289.
[10] 阮蔚村.田径场之建筑与设备.上海:勤奋书局,1949:21.
[11] 吴蕴瑞.体育建筑及设备.上海:勤奋书局,1933:32.
[12] 王复旦.运动场建筑法.上海:勤奋书局,1931:25.
[13] 安徽省立公共体育场编辑.两年来之安徽省立公共体育场.合肥:安徽省立公共体育场,1934(8):27.
[14] 全国运动大会纪念册.上海:中华书局,1933.
[15] 满洲国建国十周年纪念式典场.满洲建筑杂志,1942(10).
[16] 大连工业学校.满洲建筑杂志,1940,20(4).
[17] 1939(11).
[18] 中山克己.新京综合运动竞技场计画.满洲建筑杂志,1939,19(9).
[19] 宫地二郎.新京神武殿建筑设计要旨.满洲建筑杂志,1939,19(9).
[20] 宫地二郎.新京体育馆设计要旨.满洲建筑杂志,1939,19(9).
[21] 奉天体育馆.满洲建筑杂志,1939,19(9).
[22] 奉天体育馆.满洲建筑杂志,1938(9).
[23] 满洲建筑杂志,1936,16(8).
[24] 满洲国国都建设计画概要.满洲建筑杂志,1933,13(11).
[25] 满洲国国都建设计画概要.满洲建筑杂志,1933(5).
[26] 新抚顺市街计画及其建筑.满洲建筑杂志,1933,13(1).
[27] 新抚顺市街计画及其建筑.满洲建筑杂志,1931(12).
[28] 大连运动场.满铁建筑杂志,1928,8(10).
[29] 满洲国建国十周年纪念式典场写真及图面.满洲建筑杂志,1942,22(10).

论文集

[1] 张天洁.塑造民族体格：武昌体育场的创出与发展（1924—1937 年）// 张复合，刘亦师.中国近代建筑研究与保护（9）.北京：清华大学出版社，2014：68-70.

[2] 张复和，李蕴楠.清华大学西体育馆研究 // 张复合，刘亦师.中国近代建筑研究与保护（六）.北京：清华大学出版社，2014：375.

[3] 董聪，王丽水，刘宪明.大跨体育场馆的研究与发展 // 中国力学学会.第十二届全国结构工程学术会议论文集第1册.北京：清华大学出版社，2003：10.

[4] 沈世钊.大跨空间结构的发展——回顾与展望 // 庆贺刘锡良教授执教五十周年暨第一届全国现代结构工程学术报告会论文集，2001：404.

[5] 许振畅，吴观张，刘振秀.北京三个体育馆调查 // 葛如亮.体育馆建筑论文集.北京：体育馆建筑论文集编委会，1981：27-28.

方志

[1] 安徽省地方志编纂委员会.安徽省志·体育志.合肥：安徽人民出版社，1990.

[2] 江苏省地方志编纂委员会.江苏省志·体育志.南京：江苏古籍出版社，1998.

[3] 陕西省地方志编纂委员会.陕西省志第七十三卷体育志.西安：陕西人民出版社，1993.

[4] 南京市地方志编纂委员会.南京体育志.北京：方志出版社，2002.

[5] 李润波，冯艺，冯建忠.中国体育百年图志.福州：中国华侨出版社，2008：20-21.

[6] 福建省地方志编纂委员会.福建省志·体育志.福州：福建人民出版社，1993：21-128.

[7] 武汉地方志编纂委员会.武汉市志·城市建设志.武汉：武汉大学出版社，1996：845-846.

[8] 湖北省体育运动委员会.湖北省体育志.北京：中国文史出版社，1992：5-610.

[9] 天津市地方志编修委员.天津通志·体育志.天津：天津社会科学院出版社，1994：485-509.

[10] 上海体育志编纂委员会.上海体育志.上海：上海社会科学院出版社，1996.

[11] 广东省地方史志编纂委员会.广东省志·体育志.广东：广东人民出版社，200：890.

[12] 贵州省地方志编纂委员会.贵州省志·体育志.贵州：贵州人民出版社，2001：394.

[13] 山东省地方史志编纂委员会.山东省志·体育志.济南：山东人民出版社，1993：576.

[14] 南市区地方志办公室.南市区志.上海：上海社会科学院出版社，1989：211.

[15] 广州市体育运动委员会.广州体育志.内部资料，1993：1-141.

[16] 袁继成.汉口租界志.武汉：武汉出版社，2003：345.

内部资料

[1] 广东省人民体育场.走过百年——广东省人民体育场史1906—2006.广东省人民体育场，2006：1-13.

[2] 中华人民共和国体育运动委员.全国体育场地统计资料汇编1949—1978.1979.

图片来源

第 2 章

图 2.1 中国古代的体育活动　　　来源：（a）-（c）崔乐泉.图说中国古代体育.西安：世界图书出版西安公司，2007.（d）昵图网 http://www.nipic.com/index.html.

图 2.2 历史上的马球活动　　　来源：福建省博物馆"博·戏——中国古代体育文物展"

图 2.3 唐代太极宫平面中的马球场　　　来源：作者自绘

图 2.4 唐华清宫马球场　　　来源：（a）毕沅.关中胜迹图志.西安：三秦出版社，2004：193-194.改绘（b）张健.中外造园史（第 2 版）.武汉：华中科技大学出版社，2013：80.改绘

图 2.5《郑国京城平面图》中的教场　　　来源：张驭寰.中国城市史.北京：中国友谊出版公司，2009：30，154.改绘

图 2.6《南宋钓鱼城平面图》中的教场　　　来源：郭黛姮.南宋建筑史.上海：上海古籍出版社，2014.改绘

图 2.7 来源同图 2.5

图 2.8 明崇祯十二年（1639）《长沙府志》中的教场　　　来源：《长沙府志》改绘

图 2.9 团城演武厅　　　来源：健锐练精旅·清朝健锐营演武厅纵览.大众考古，2013（11）.

图 2.10 郑成功演武场　　　来源：https://mp.weixin.qq.com/s?__biz=MjM5MjMzMjc0MA==&mid=400216135&idx=1&sn=3749dcfa3dc72281cd4d6fe4a5b49f39&scene=6#wechat_redirect）

图 2.11 金明池平面及宝津楼　　　来源：（a）梁济海.中国古代绘画图录·宋辽金元部分（一）.北京：人民美术出版社，1991：135.（b）安志刚的博客.关于《金明池争标图》的三个问题.http://blog.sina.com.cn/s/blog_493d23150100t21x.html（c）台北故宫博物院藏图片

图 2.12 明代《北京城图》中的太液池　　　来源：马正林.中国城市历史地理.济南：山东教育出版社，1998：235.

图 2.13 清《冰嬉图》　　　来源：北京故宫博物院馆藏图片

图 2.14 北海漪澜堂之遥望　　　来源：云志艺术馆 http://www.yzysg.com/index.aspx

图 2.15《宁夏卫城图》中射圃和操场　　　来源：嘉靖《宁夏新志》

图 2.16 教场和射殿　　　来源：（a）佟裕哲.陕西古代景园建筑.西安：陕西科学技术出版社，1998：64.（b）周应合.景定建康志.南京：南京出版社，2009.改绘

图 2.17 体育史学者唐豪绘《汉代宫苑内检阅蹴鞠竞赛示意图》　　　来源：刘秉果.中国古代体育史话.四川人民出版社，2007.

第 3 章

图 3.3 虹口娱乐场的历史演进　　　来源：（a）上海公共租界工部局年报（1903）（b）上海公共租界工部局 – 外文档案 U1-1-973-1008 （c）上海公共租界工部局年报（1903）

图 3.4 汇山公园设计平面图　　　来源：王云.上海近代园林史论.上海：上海交通大学出版社，2015：114.

图 3.5 20 世纪 30 年代末的胶州公园平面图　　　来源：《上海百业指南·上册二》

图 3.6《点石斋画报》绘"西人抛球"　　　来源：薛理勇.老上海娱乐游艺.上海：上海书店出版社，2014：261.

图 3.7 虹口娱乐场内的少年高尔夫球俱乐部部址　　　来源：上海图书馆.老上海风情录（四）体坛回眸卷.上海：上海文化出版社，1998：32.

图 3.8 19 世纪 80 年代的上海划船总会和"西人赛船"　龚德庆　　　来源：张仁良.静安历史文化图集.上海：同济大学出版社，2011：206.

图 3.9 赛马场在城市中的位置　　　来源：杨秉德.中国近代城市与建筑.北京：中国建筑工业出版社，1993.

图 3.10 上海跑马场场地范围示意　　　来源：郑时龄.上海近代建筑风格.上海：上海教育出版社，1995.

图 3.11 上海跑马场场地变迁示意　　　来源：陈杰.跑马：盛大之赌.中华遗产，2010（05）.．

图 3.12 1862 年建成的上海跑马总会大楼　　　来源：（a）张晓栋.洋泾浜：上海往事.上海：上海大学出版社，2010：85.（b）上海之建筑.上海：图画日报，1909.

图 3.13 上海跑马场的历史变迁　　　来源：上海市历史博物馆.上海旧影.上海：上海书画出版社，2010：34-37.

图 3.14 汉口西商跑马场　　　来源：武汉市档案馆.老房子的述说：武汉近现代建筑精华集萃.武汉：武汉出版社，2016.

图 3.15 沙面游泳池　　　来源：汤国华.广州沙面近代建筑群——艺术·技术·保护.广州：华南理工大学出版社，2004：194，255，256.

图 3.16 教会学校的操场　　　来源：承载，吴健熙.老上海百业指南——道路机构厂商住宅分布图（增订版）.上海：上海社会科学院出版社，2016：27，47.

图 3.17 京师大学堂总平面图　　　来源：肖东发，李云，沈弘.风骨：从京师大学堂到老北大.北京：北京图书出版社，2003：19.

图 3.18 清华学堂1914年前的总平面图　　　来源：苗日新.熙春园·清华园考.北京：清华大学出版社，2010：388.

图 3.19 云南讲武堂整体布置及操场　　　来源：作者自摄

图 3.20 操场和操房　　　来源：苏云峰著.三（两）江师范学堂——南京大学的前身（1903—1911）.中央研究院近代史研究所，1998.

图 3.21 广州基督教青年会会所首层平面、二层平面、三层平面　　　来源：彭长歆，彭晓光，田伊.社会改良与空间设计——广州基督教青年会的创建.南方建筑，2016（6）.

图 3.22 天津基督教青年会　　　来源：天津市历史风貌建筑保护委员会，天津市国土资源和房屋管理局.天津历史风貌建筑：公共建筑卷.天津：天津大学出版社，2010：129，124.

图 3.23 江湾跑马厅　　　来源：上海图书馆.老上海风情录（四）体坛回眸卷.上海：上海文化出版社，1998：181.

图 3.24 上海跑马场总会　　　来源：（a）（b）陈杰.跑马厅：盛大之赌.中华遗产，2010（5）.（c）承载，吴健熙.老上海百业指南——道路机构厂商住宅分布图（增订版）.上海：上海社会科学院出版社，2016：43.

图 3.25 汉口西商和华商跑马场平面图　　　来源：（a）武汉地方志编纂委员会.武汉市志·城市建设志.武汉：武汉大学出版社，1996：846.（b）汉市档案馆.汉口跑马场史料选辑.武汉：武汉市档案馆，1992：16.

图 3.26 1860年的上海跑马场及跑道　　　来源：（a）上海图书馆.老上海风情录（四）体坛回眸卷.上海：上海文化出版社，1998：15.（b）陈杰.跑马厅：盛大之赌.中华遗产，2010（05）.

图 3.27 天津赛马场看台　　　来源：（英）雷穆森.天津租界史.许逸凡，赵地 译.天津：天津人民出版社：72，73.

图 3.28 汉口华商跑马场　　　来源：（a）（c）（d）杨朝伟.武汉市档案馆馆藏辛亥革命档案资料汇编.武汉：武汉出版社，2013：268-269.（b）武汉市档案馆.汉口跑马场史料选辑.武汉：武汉市档案馆，1992：18.

图 3.29 西商跑马场　　　来源：（a）李治镇.百年欧式俱乐部建筑——原汉口西商跑马场调查纪实.武汉春秋，2001（1）：117.（b）-（e）湖北省建设厅.湖北近代建筑.北京：中国建筑工业出版社，2005：68-69.

图 3.30 20世纪30年代西侨公共体育场场地安排　　　来源：上海体育志编纂委员会.上海体育志.上海：上海社会科学院出版社，1996.

第 4 章

图 4.1 浙江省立体育场　　　来源：杭州市体育局，中国体育博物馆杭州分馆.杭州体育百年图史.杭州：杭州出版社，2008.

图 4.2 上海市立公共体育场　　　来源：上海图书馆.老上海风情录（四）体坛回眸卷.上海：上海文化出版社，1998：183.

图 4.3 南京中央体育场所处的城市区域　　　来源：全国运动大会纪念册

图 4.4 上海市体育场所处的城市区域　　　来源：魏枢.《大上海计划》启示录.上海：同济大学，2007.

图 4.5 民国时期学校中体育场馆的空间分布特征　　　来源：（a）尹维真.荆楚建筑风格研究.北京：中国建筑工业出版社，2015.（b）王建国.杨廷宝建筑论述与作品选集1927—1997.北京：中国建筑工业出版社，1997：17.（c）罗森.清华大学校园建筑规划沿革（1911—1981）.新建筑，1984：2-14.（d）（e）张复合.图说北京近代建筑史.北京：清华大学出版社，2008：241.（f）李沄璋，张磊，卢丽洋.四川大学近现代建筑.成都：四川大学出版社，2016：9.（g）复旦大学体育图片展（h）冯刚，吕博著.中西文化交融下的中国近代大学校园.北京：清华大学出版社，2016：25.

图 4.6 伪满洲国《国都建设计划图》中的赛马场和高尔夫球场　　　来源：满洲国国都建设计画概要.满洲建筑杂志，1933，13（11）.

图 4.7 新京高尔夫球场和赛马场　　　来源：渡桥的博客.http://blog.sina.cn/s/blog_48b3cedd01010fhd.html

图 4.8 近代中国学校体育馆（1912—1949）　　　来源：（a）（b）上海图书馆编.老上海风情录（四）体坛回眸卷.上海：上海文化出版社，1998：196.（c）陶祎珺，娄承浩.走近上海高校老建筑.上海：同济大学出版社，2017：41.（d）陈帆，王卡，曹震宇.浙大景影.杭州：浙江大学出版社，2017：164.（e）王国平.东吴大学简史.苏州：苏州大学出版社，2009：125.（f）（h）上海图书馆.老上海风情录（四）体坛回眸卷.上海：上海文化出版社，1998：197-198.（g）张复合.图说北京近代建筑史.北京：清华大学出版社，2008：243.（i）中国建筑设计研究院建筑历史研究所.北京近代建筑.北京：中国建筑工业出版社，2008：186.（j）钱海平，杨晓龙，杨秉德.中国建筑的现代化进程.北京：中国建筑工业出版社，2002：155.（k）王建国.杨廷宝建筑论述与作品选集1927—1997.北京：中国建筑工业出版社，1997：24.（l）汪坦，中国近代建筑史研究会，藤森照信，日本亚细亚近代建筑史研究会.中国近代建筑总览·广州篇.北京：中国建筑工业出版社，1992：197.

图 4.9 中国近代学校内的游泳池　　　来源：（a）（b）上海市历史博物馆.都会遗踪 第3辑.上海：学林出版社，2011：124.（c）王国平.东吴大学简史.苏州：苏州大学出版社，2009：126.（d）郑高赦.集美.北京：中央文献出版社，2005：171.（e）（f）复旦大学光华楼图片展

图 4.10 东北大学体育场　　　来源：（a）沈阳市城乡建设委员会网站.http://www.syjs.gov.cn/index.aspx.（b）陈伯超.沈阳都市中的历史建筑汇录.南京：东南大学出版社，2010：67.（c）王建国.杨廷宝建筑论述与作品选集1927—1997.北京：中国建筑工业出版社，1997：23.

图 4.11 集美学校的体育场地　　　来源：庄景辉，贺春旋.集美学校嘉庚建筑.北京：文物出版社，2013.

图 4.12 厦门大学运动场　　　来源：庄景辉.厦门大学嘉庚建筑.厦门：厦门大学出版社，2011.

图 4.13 厦门大学群贤楼前的运动场　　　来源：庄景辉.厦门大学嘉庚建筑.厦门：厦门大学出版社，2011.

图 4.14 中国的学校运动场　　　来源：复旦大学光华楼图片展

图 4.15 同泽女子中学平面图　　来源：陈伯超.沈阳都市中的历史建筑汇录.南京：东南大学出版社，2010：67.

图 4.16 抚顺市东七条小学校平面图　　来源：新抚顺市街计画及其建筑.满洲建筑杂志，1933，13（1）.

图 4.17 大连工业学校首层平面图　　来源：大连工业学校.满洲建筑杂志，1940，20（4）.

图 4.18 江苏省立公共体育场　　来源：(a) 叶兆言.老明信片·南京旧影.南京：南京出版社，2012：267.（b）卢海鸣，杨新华.南京：南京大学出版社，2001：210.

图 4.19 安徽省立公共体育场　　来源：安徽省立公共体育场.两年来之安徽省立公共体育场.合肥：安徽省立公共体育场，1934.

图 4.20 虹口游泳池　　来源：上海市虹口区档案馆.虹口.上海：上海人民出版社，2017：214.

图 4.21 高桥海滨浴场　　来源：上海市历史博物馆.都会遗踪 第 3 辑.上海：学林出版社，2011：129.

图 4.22 上海近代私人建设的游泳池　　来源：上海市历史博物馆.都会遗踪 第 3 辑.上海：学林出版社，2011：125-128.

图 4.23 会员制的游泳池　　来源：(a) 朗净.近代体育在上海：1840—1937.上海：上海社会科学院出版社，2006：37.（b）高仲林.天津近代建筑.天津：天津科学技术出版社，1990：176.

图 4.24 民国第五届全运会比赛场馆　　来源：王建国.1927—1997 杨廷宝建筑论述与作品选集.北京：中国建筑工业出版社，1997.

图 4.25 上海市体育场　　来源：(a)(b) 上海近代文献馆 杨浦区政府网站 (d)(f) 上海市工务局.上海市工务局十年.上海：上海市工务局 1937：120-121.(c)(e) 董大西.上海市体育场设计概况.中国建筑，1934，2（8）:6-8.

图 4.26 江南第一次联合运动会会场　　来源：吴文忠.中国体育发展史.台北：国立教育资料馆，1981.

图 4.27 中华运动场　　来源：(a) 上海市体委文史办公室，上海市体委计划财务处，上海市体育场馆协会.上海体育志资料汇编（二）体育场地.上海：上海市新闻出版局，1990：509.（b）(c) 上海图书馆.老上海风情录（四）体坛回眸卷.上海：上海文化出版社，1998：186.

图 4.28 新京综合运动竞技场　　来源：中山克已.新京综合运动竞技场计画.满洲建筑杂志，1939，19（9）.

图 4.29 新京体育馆　　来源：宫地二郎.新京体育馆设计要旨.满洲建筑杂志，1939，19（9）.

图 4.30 奉天体育馆　　来源：奉天体育馆.满洲建筑杂志，1939，19（9）.

图 4.31 "（伪）满洲国建国十周年"的新京综合运动竞技场　　来源：（伪）满洲国国十周年纪念式典场写真及图面.满洲建筑杂志，1942，22（10）.

图 4.32 大连运动场　　来源：大连运动场.满铁建筑杂志，1928，8（10）.

图 4.33 新京赛马场　　来源：满洲建筑杂志，1936，16（8）.

图 4.34 上海回力球场　　来源：娄承浩，薛顺生.消逝的上海老建筑.上海：同济大学出版社，2002：107.

图 4.35 天津回力球场　　来源：高仲林.天津近代建筑.天津：天津科学技术出版社，1990：170-171.

图 4.36 神武殿　　来源：宫地二郎.新京神武殿建筑设计要旨.满洲建筑杂志，1939，19（9）.

图 4.37 上海市体育场游泳池和运动场钢骨水泥详图　　来源：俞楚白.上海市体育场工程设计.中国建筑，1934，2（8）.

图 4.38 宋卿体育馆　　来源：中国近代建筑史料汇编委员会.中国近代建筑史料汇编第一辑 第七册.上海：同济大学出版社，2014：3377-3387.

图 4.39 构件的演进　　来源：（英）麦克唐纳.结构与建筑.陈治业，童丽萍，译.北京：中国水利水电出版社，2003.

图 4.40 中国传统木框架结构和水晶宫　　来源：刘敦桢.中国古代建筑史.北京：中建出版社，1984. 叶康宁，徐凡，徐阳.艺术设计简史.重庆：西南师范大学出版社，2014：1.

图 4.41 清华大学体育馆前馆剖面图　　来源：张复合.图说北京近代建筑史.北京：清华大学出版社，2008：152.

图 4.42 阿姆斯特丹证券交易所钢桁架　不详

图 4.43 东南大学体育馆　　来源：江苏省建设厅，江苏省体育局，江苏省土木建筑学会.中国江苏体育建筑.北京：中国建筑工业出版社：158-159.

图 4.44 南洋公学体育馆室内　　来源：http://tiyuxi.sjtu.edu.cn/info/info.asp?info_ID=20.

图 4.45 上海市体育馆和宋卿体育馆的三铰拱结构　　来源：董大西.上海市体育场设计概况.中国建筑，1934，2（8）：7-17. 建筑月刊，1936，4（2）：7-15.

图 4.46 宋卿体育馆三铰拱结构　　来源：陈李波，徐宇甦，余格格.武汉近代教育建筑.武汉：武汉理工大学出版社，2016：41-48.

图 4.47 建造看台的几种方式　　来源：张汝栋.体育设施建设指南——体育场.北京：人民体育出版社，2005：29.

图 4.48 1936 年的新京综合运动场的田径运动场土坡看台　　来源：渡桥的博客：http://blog.sina.com.cn/s/blog_48b3cedd01010qob.html.

图 4.49 东北大学体育场　　来源：陈伯超.沈阳都市中的历史建筑汇录.南京：东南大学出版社，2010：67.

图 4.50 山东省第一公共体育场　　来源：张润武，薛立.图说济南老建筑——近代卷.济南：济南出版社，2007：375-376.

图 4.51 中央体育场田径场平面图　　来源：南京工学院建筑研究所.杨廷宝建筑设计作品集.北京：中国建筑工业出版社，1983：46.

图 4.52 河北省体育场田径场平面图　　来源：《第十八届华北运动会总报告》

图 4.53 武昌体育场新建及扩建平面图　　来源：湖北省档案馆（LS10-1-1215）.

图 4.54 河南省体育场总平面图　　来源：中国人民政治协商会议河南省委员会，文史资料研究委员会.河南文史资料第 18 辑.郑州：中国人民政治协商会议河南省委员会，1986：180.

图 4.55 青岛市体育场总平面图　　来源：《第十七届华北运动会总报告》

图 4.56 上海市体育场总平面图　　来源：全运会特辑

图 4.57 中央体育场总平面图　　来源：全国运动大会纪念册.上海：中华书局，1933.

图 4.58 观众席布置的基本类型（虚线表示以足球场为主的体育场）　　来源：张汝栋.体育设施建设指南——体育场.北京：人民体育出版社，2005：29.

图 4.59 体育馆的主要用途　　来源：复旦大学体育图片展

图 4.60 中国近代体育馆功能空间的五类模式　　来源：作者自绘

图 4.61 清华大学体育馆平面图　　来源：张复合.图说北京近代建筑史.北京：清华大学出版社，2008：149-150.

图 4.62 奉天体育馆平面图　　来源：奉天体育馆.满洲建筑杂志，1939，19（9）.

图 4.63 新京体育馆平面图及剖面图　　来源：宫地二郎.新京体育馆设计要旨.满洲建筑杂志，1939，19（9）.

图 4.64 华南理工大学老体育馆平面图　　来源：（a）谢小梅.广州高校近代建筑保护现状的调查研究.广州：华南理工大学，2013.（b）孙杨栩.华南理工大学校园早期建筑文脉研究.广州：华南理工大学：29.

图 4.65 上海市体育场体育馆　　来源：董大西.上海市体育场设计概况.中国建筑，1934，2（8）.

图 4.66 宋卿体育馆　　来源：（a）-（c）中国近代建筑史料汇编编委会.中国近代建筑史料汇编第一辑 第七册.上海：同济大学出版社，2014：3377-3387.（d）-（g）陈李波，徐宇甦，余格格.武汉近代教育建筑.武汉：武汉理工大学出版社，2016.

图 4.67 亚令比亚体育馆平面及剖面图　　来源：中国近代建筑史料汇编编委会.中国近代建筑史料汇编第一辑 第八册.上海：同济大学出版社，2014：4031-4041.

图 4.68 南洋公学体育馆　　来源：曹永康.南洋筑韵——上海交通大学历史建筑品读.上海：上海交通大学出版社，2016：107-109.

图 4.69 东南大学体育馆　　来源：刘先觉，张复合，村松伸，寺原让治.中国近代建筑总览——南京篇.北京：中国建筑工业出版社，1992：20-25.

图 4.70 翟雅阁健身所　　来源：（a）-（c）华中师范大学档案馆藏《文华大学50周年纪念册》（d）-（h）陈李波，徐宇甦，余格格.武汉近代教育建筑.武汉：武汉理工大学出版社，2016：41-48.

图 4.71 神武殿一层平面图　　来源：宫地二郎.新京神武殿设计要旨.满洲建筑杂志，1939，19（9）.

图 4.72 上海市体育场游泳池平面图　　来源：董大西.上海市体育场设计概况.中国建筑，1934，2（8）.

图 4.73 上海市体育场游泳池平面图手绘示意　　来源：上海文献汇编编委会.上海文献汇编·文化卷22.天津：天津古籍出版社，2013.

图 4.74 青岛栈桥作为水上游泳的赛场　　来源：https://tieba.baidu.com/p/600410869

图 4.75 司马德体育馆原设计图　　来源：吴永发，戴叶子，钱晓冬.苏州大学百年建筑.苏州：苏州大学出版社，2014：33.

图 4.76 清华大学体育馆东立面及南立面复原图　　来源：张复合.图说北京近代建筑史.北京：清华大学出版社，2008：151.

图 4.77 南洋公学体育馆立面图　　来源：林峰，赵冬梅，曹永康，等.上海交通大学人文建筑之旅.上海：上海交通大学出版社，2012：12.

图 4.78 东南大学体育馆立面图　　来源：刘先觉，张复合，村松伸，等.中国近代建筑总览——南京篇.北京：中国建筑工业出版社，1992：20-25.

图 4.79 司马德体育馆材料及主入口　　来源：吴永发，戴叶子，钱晓冬.苏州大学百年建筑.苏州：苏州大学出版社，2014：35.

图 4.80 东南大学体育馆透视及门廊　　来源：张燕.南京民国建筑艺术.南京：江苏科学技术出版社，2000：47.

图 4.81 天津回力球场立面图　　来源：（a）荆其敏，荆浩.天津的建筑文化.北京：机械工业出版社，2011：124.（b）高仲林.天津近代建筑.天津：天津科学技术出版社，1990：170.

图 4.82 东北大学体育场立面图　　来源：陈伯超.沈阳都市中的历史建筑汇录.南京：东南大学出版社，2010：67-68.

图 4.83 东南大学体育馆大样图　　来源：刘先觉，张复合，村松伸，等.中国近代建筑总览——南京篇.北京：中国建筑工业出版社，1992：20-25.

图 4.84 宋卿体育馆西面景观　　来源：杨秉德.中国近代中西建筑文化交融史.武汉：湖北教育出版社，2003：285.

图 4.85 宋卿体育馆南立面图及屋顶图　　来源：中国近代建筑史料汇编编委会.中国近代建筑史料汇编第一辑 第七册.上海：同济大学出版社，2014：3377-3387.

图 4.86 北京大学第一体育馆及第二体育馆　　来源：周其凤.燕园建筑.北京：北京大学出版社，2013：30-31.

图 4.87 翟雅阁健身所　　来源：（a）李百浩.湖北近代建筑.北京：中国建筑工业出版社，1999：98.（b）蓝青.武汉老房子老巷子——优秀历史建筑.武汉：武汉出版社，2010：105.

图 4.88 翟雅阁健身所透视及细部　　来源：武汉市住房保障和房屋管理局官方网站.http://119.97.201.28:7500/index.aspx

图 4.89 宋卿体育馆立面图　　来源：中国近代建筑史料汇编编委会.中国近代建筑史料汇编第一辑 第七册.上海：同济大学出版社，2014：3377-3387.

图 4.90 华南理工大学老体育馆　　来源：陈国坚.华南理工大学人文建筑之旅.广州：华南理工大学出版社，2011：45-46.

图 4.91 中央体育场田径赛场立面图　　来源：中国近代建筑史料汇编编委会.中国近代建筑史料汇编第一辑 第九册.上海：同济大学出版社，2014.

图 4.92 上海市体育场的立面　　来源：董大西.上海市体育场设计概况.中国建筑，1934，2（8）：6-8.

图 4.93 上海市体育场的材料　　来源：网络

图 4.94 上海市体育场的立面局部及图 4.95 上海市体育场体育馆的立面　　来源：董大西.上海市体育场设计概况.中国建筑，1934，2（8）：6-8.

图 4.96 中央体育场装饰细节　　来源：张燕.南京民国建筑艺术.南京：江苏科学技术出版社，2000：134-137.

图 4.97 青岛市第一体育场大门楼立面图　　来源：第十七届华北运动会总报告

图 4.98 上海市基督教青年会　　来源：（a）Poy G.Lee family Archives（李锦沛家族档案）（b）梅占奎.上海建筑秀.上海：学林出版社，2009：68.

第 5 章

图 5.1 集美学校体育馆　　来源：庄景辉，贺春旎. 集美学校嘉庚建筑. 北京：文物出版社，2013：209-212.
图 5.2 厦门大学上弦场（1956）　　来源：庄景辉. 厦门大学嘉庚建筑. 厦门：厦门大学出版社，2011.
图 5.3 武汉体育学院乒乓球馆　　来源：公共建筑图集编写组. 公共建筑图集. 北京：中国建筑工业出版社，1986：27.
图 5.4 北京体育学院　　来源：（a）-（c）、（f）-（i）《北京高等学校建筑图集》编委会. 北京高等学校建筑图集. 北京：航空工业出版社，1995：173.（d）（e）建筑工程部北京工业建筑设计院. 建筑设计资料集 2. 北京：中国建筑工业出版社，1966：70.（j）（k）建筑工程部北京工业建筑设计院. 建筑设计资料集 2. 北京：中国建筑工业出版社，1966：83.
图 5.5 天津体育学院　　来源：（a）建筑工程部北京工业建筑设计院. 建筑设计资料集 2. 北京：中国建筑工业出版社，1966：70.（b）-（e）天津市建筑设计院. 天津体育学院田径馆. 建筑学报，1978（1）：34.
图 5.6 上海师范大学球类馆　　来源：林放. 上海市高校体育馆功能设计策略研究. 上海：上海交通大学，2013：19.
图 5.7 同济大学球类馆　　来源：作者自摄
图 5.8 风雨操场　　来源：建筑工程部北京工业建筑设计院. 建筑设计资料集 2. 北京：中国建筑工业出版社，1966：70.
图 5.9 学校的风雨操场的平面及尺寸及图 5.10 学校田径运动场尺寸及类型　　来源：建筑工程部北京工业建筑设计院. 建筑设计资料集 1. 北京：中国建筑工业出版社，1964：427-429.
图 5.11 广东韶关 5000 人露天球场实例　　来源：曾涛. 体育建筑设计手册. 北京：中国建筑工业出版社，2003：489.
图 5.12 场地一般尺寸　　来源：曾涛. 体育建筑设计手册. 北京：中国建筑工业出版社，2003：488.
图 5.13 北京工人体育场平面　　来源：北京市规划管理局设计院体育场设计组. 北京工人体育场. 建筑学报，1959（10）：61-68.
图 5.14 北京工人体育场透视　　来源：北京市建筑设计院. 故韵新声：改扩建奥运场馆. 北京：中国建筑工业出版社，2009：66.
图 5.15 武汉新华路体育场透视　　来源：湖北省建设厅. 湖北现代建筑. 北京：中国建筑工业出版社，2006.
图 5.16 南京五台山体育场　　来源：（a）曾涛. 体育建筑设计手册. 北京：中国建筑工业出版社，2003.（b）江苏省地方志编纂委员会. 江苏省志·体育志. 南京：江苏古籍出版社，1998.
图 5.17 广州越秀山体育场　　来源：（a）《广东》画册编辑委员会. 广东 1949—1979. 广州：广东人民出版社，1979：131.（b）（c）中华. 岭南风云——新中国成立前后广东档案秘闻. 广州：华南理工大学出版社，2009：132.
图 5.18 安徽省体育场和合肥市体育场　　来源：安徽省地方志编纂委员会. 安徽省志·体育志. 合肥：安徽人民出版社，1990.
图 5.19 北京市体育馆　　来源：（a）（b）杨锡镠. 北京体育馆设计介绍. 建筑学报，1955（3）.（c）（d）由袁苓摄影
图 5.20 北京工人体育馆透视　　来源：陈保胜. 中国建筑四十年——建筑设计精选. 上海：同济大学出版社，1992：40.
图 5.21 北京工人体育馆首层平面和看台层平面　　来源：北京市建筑设计院. 体育建筑设计. 北京：中国建筑工业出版社，1981.
图 5.22 首都体育馆平面　　来源：北京市建筑设计院技术供应室. 首都体育馆. 北京：水利电力出版社，1977.
图 5.23 浙江人民体育馆平面及剖面　　来源：金坤. 综合·高效·专业·多元——公共体育场馆建筑设计特征研究. 杭州：浙江大学出版社，2015：276.
图 5.24 射击场　　来源：（a）曾涛. 体育建筑设计手册. 北京：中国建筑工业出版社，2003：56.（b）内蒙古射击场. 建筑学报，1977（4）：37.
图 5.25 上海市风雨操场　　来源：建筑工程部北京工业建筑设计院. 建筑设计资料集 2. 北京：中国建筑工业出版社，1966:70.
图 5.26 新中国成立初期的哈尔滨滑冰场　　来源：http://blog.sina.com.cn/s/blog_8775da890100ws38.html
图 5.27 内蒙古赛马场　　来源：建筑工程部北京工业建筑设计院. 建筑设计资料集 2. 北京：中国建筑工业出版社，1966：59.
图 5.28 双层面交叉索网体系（鞍形悬索）　　来源：叶献国. 建筑结构选型概论. 武汉：武汉理工大学出版社，2003：167.
图 5.29 体育馆多功能使用　　来源：张汝栋. 体育设施建设指南——体育馆. 北京：人民体育出版社，2005.
图 5.30 体育馆三种尺寸场地的布置方式　　来源：张汝栋. 体育设施建设指南——建设标准及竞赛场地规格大全. 北京：人民体育出版社，2005：64-65.
图 5.31 首都体育馆场地平面　　来源：北京市建筑设计院技术供应室. 首都体育馆. 北京：水利电力出版社，1977.
图 5.32 北京工人体育馆首层平面图　　来源：北京市建筑设计院北京工人体育馆设计组. 北京工人体育馆的设计. 建筑学报，1961（5）：2-5.
图 5.33 上海体育馆首层平面图　　来源：上海市民用建筑设计院上海体育馆现场设计组. 上海体育馆. 建筑学报，1976（1）：24-32.
图 5.34 视线缺陷分析图　　来源：梅季魁，王奎仁，姚亚雄，等. 体育建筑设计研究. 北京：中国建筑工业出版社，2010：70.
图 5.35 中国体育馆比赛大厅内景（1949—1978）　　来源：（a）-（d）邹德侬. 中国现代美术全集——建筑艺术（三）. 北京：中国建筑工业出版社，1998.（e）国家建委建筑科学研究院，建筑情报研究所. 建筑实录——广西体育馆. 北京：水利电力出版社，1977.（f）北京市建筑设计院技术供应室. 建筑实录——首都体育馆. 北京：水利电力出版社，1977.（g）内蒙古体育馆. 建筑学报，1977（4）：35-36.（h）山东省建筑设计院体育馆设计组. 山东体育馆. 建筑学报，1980（5）：4246.
图 5.37 体育馆比赛厅平面及座席布置　　来源：北京市建筑设计院. 体育建筑设计. 北京：中国建筑工业出版社，1981. 改绘
图 5.38 体育场看台布局形式　　来源：建筑工程部北京工业建筑设计院. 建筑设计资料集 2. 北京：中国建筑工业出版社，1966.
图 5.39 首都体育馆场地和活动看台　　来源：张汝栋. 体育设施建设指南——体育馆. 北京：人民体育出版社，2005：51，25.
图 5.40 几种活动看台的形式　　来源：国家基本建设委员会建筑科学研究院. 建筑设计资料集. 北京：中国建筑工业出版社，1978：482.
图 5.41 首都体育馆场地变化示意　　来源：北京市建筑设计院技术供应室. 首都体育馆. 北京：水利电力出版社，1977.
图 5.42 练习馆与体育馆的布置　　来源：北京市建筑设计院. 体育建筑设计. 北京：中国建筑工业出版社，1981.

图 5.43 典型的练习馆平面及功能组织　　来源：建筑工程部北京工业建筑设计院.建筑设计资料集 2.北京：中国建筑工业出版社，1966：65.
图 5.44 练习馆平面　　来源：建筑设计资料集编委会.建筑设计资料集（第二版）.北京：中国建筑工业出版社，1995：149.
图 5.45 体育馆休息厅的三种布置方式　　来源：张汝栋.体育设施建设指南——体育馆.北京：人民体育出版社，2005：80.
图 5.46 视距及视角分区图　　来源：梅季魁.大型体育馆的型式、采光及视觉质量问题.建筑学报，1959（12）：16-21.
图 5.47 视距图　　来源：林深.建筑设计资料图典.郑州：河南科学技术出版社，2008：503.
图 5.48 游泳池观众席设计视点选择　　来源：建筑工程部北京工业建筑设计院.建筑设计资料集 2.北京：中国建筑工业出版社，1966：74.
图 5.49 浙江省人民体育馆平面视觉质量示意图及图 5.50 大型体育场平面视觉质量示意图
来源：金坤.综合·高效·专业·多元——公共体育场馆建筑设计特征研究.杭州：浙江大学出版社，2015：150.
图 5.51 视觉质量分区图 图 5.52 最小升高折线法及图 5.53 视线计算公式　　来源：葛如亮.葛如亮建筑艺术.上海：同济大学出版社，1995：8-12，11-12，47-49.
图 5.54 体育场方向　　来源：张汝栋.体育设施建设指南——体育场.北京：人民体育出版社，2005：11.
图 5.55 卢日尼基中央体育场　　来源：（苏）利亚布申，谢什金娜.苏维埃建筑.吕富珣，译.北京：中国建筑工业出版社，1990:140-141.
图 5.56 北京市体育馆　　来源：翟睿.新中国建筑艺术史 1949—1989.北京：文化艺术出版社，2015：99.
图 5.57 重庆市体育馆透视　　来源：（a）重庆市设计院，《中国建筑文化遗产》编辑部.重庆建筑地域特色研究.北京：中国建筑工业出版社，2015：98.（b）重庆市规划局.重庆市优秀近现代建筑.重庆：重庆大学出版社，2007：12.
图 5.58 天津市人民体育馆全景　　来源：高仲林.天津近代建筑.天津：天津科学技术出版社，1990.
张荷顺.津沽建筑光影：一位老建筑师的故乡情怀.天津：南开大学出版社，2014.
图 5.59 长春市体育馆　　来源：王亮，张萌.吉林省当代建筑概览.长春：吉林大学出版社，2014：11.
图 5.60 广州体育馆　　来源：邵松，乔监松.岭南近现代建筑 1949—1979.广州：华南理工大学出版社，2013：95-96.
图 5.61 布鲁塞尔博览会的悬索结构　　来源：龚正洪.1958 年布鲁塞尔国际博览会.建筑学报，1959（6）.
图 5.62 河南省体育馆外景　　来源：宋秀兰，郑州市文物考古研究院.郑州市中心城区优秀近现代建筑.科学出版社，2011.
图 5.63 首都体育馆　　来源：北京市建筑设计院技术供应室.首都体育馆.北京：水利电力出版社，1977.
图 5.64 浙江人民体育馆外景　　来源：邹德侬.中国现代美术全集（34）建筑艺术（三）.北京：北京市建筑设计院，1998：142.北京市建筑设计院.体育建筑设计.北京：中国建筑工业出版社，1981.
图 5.65 中国体育建筑的三段式立面构图　　来源：北京市建筑设计院.体育建筑设计.北京：中国建筑工业出版社，1981.
图 5.66 上海体育馆外景　　来源：国家建委建筑科学研究院，建筑情报研究所.建筑实录·上海体育馆.
图 5.67 南京五台山体育馆外景　　来源：国家建委建筑科学研究院，建筑情报研究所.建筑实录·南京五台山体育馆.
图 5.68 北京工人体育场外景　　来源：（a）http://www.nipic.com/index.html.（b）https://tuchong.com/.（c）http://pp.163.com/square/
图 5.69 意大利尤尔（EUR）体育中心体育馆透视及剖面　　来源：北京市建筑设计院.国外建筑实例图集体育建筑.北京：中国建筑工业出版社，1979：137.
图 5.70 北京工人体育馆室外和室内　　来源：北京市规划委员会，北京市建筑设计研究院.2008 奥运·建筑.天津：天津大学出版社，2008：164.
图 5.71 北京工人体育馆立面图　　来源：北京市建筑设计院北京工人体育馆设计组.北京工人体育馆的设计.建筑学报，1961（5）：2-11.
图 5.72 内蒙古赛马场　　来源：张海峰.内蒙古赛马场介绍.建筑学报，1959（12）：22-23.
图 5.73 广西体育馆外景　　来源：国家建委建筑科学研究院，建筑情报研究所.建筑实录·广西体育馆.
图 5.74 广西体育馆敞开式的通风式看台　　来源：余庆康.建筑与规划.北京：中国建筑工业出版社，1995：198.
图 5.75 山西省体育馆　　来源：太原市历史文化名城保护委员会.龙城古韵——太原市历史文化遗存资料集.北京：中国建筑工业出版社，190.

第 6 章

图 6.1 厦门大学明培体育馆　　来源：周逸湖，宋泽方.高等学校建筑·规划与环境设计.北京：中国建筑工业出版社，1994.
图 6.2 暨南大学逸夫体育馆　　来源：王国泉，曲士蕴，徐纺.建筑实录 4.北京：中国建筑工业出版社，1993：387-390.
图 6.3 中山大学英东体育馆　　来源：佘畯南.佘畯南选集.北京：中国建筑工业出版社，1997：158-160.
图 6.4 武汉水利电力大学体育馆　　来源：《全国高等教育建筑设计作品集》编委会.全国获奖教育建筑设计作品集.北京：中国建筑工业出版社，2001：77-78.
图 6.5 北京大学五四体育中心　　来源：（a）《北京高等学校建筑图集》编委会.北京高等学校建筑图集.北京：航空工业出版社，1995.（b）陈晓明.高校体育馆设计研究.长沙：湖南大学，2001：11.
图 6.6 浙江大学华家池校区体育馆　　来源：浙江农业大学邵逸夫体育馆.杭州新建筑.杭州：浙江大学出版社，1997.
图 6.7 浙江大学玉泉校区体育馆　　来源：周逸湖，宋泽方.高等学校建筑·规划与环境设计.北京：中国建筑工业出版社，1994：315.
图 6.8 贵州师范大学体育馆　　来源：贵州省教育委员会.贵州省高等学校建筑图集.贵州：贵州教育出版社，1992：68.
图 6.9 集美体育学院训练馆和竞武馆　　来源：（a）（c）ttp://www.cnss.com.cn/html/2011/tssj_0530/54653.html.（b）（d）韦奕然.厦门市高等院校体育设施发展研究.泉州：华侨大学，2014：65.
图 6.10 武汉体育学院太阳能游泳馆　　来源：陆景兴.武汉体育学院太阳能游泳馆.华中建筑，1984（4）：18-21.

图 6.11 北京体育学院体育馆　　　来源：陈保胜.中国建筑四十年——建筑设计精选.上海：同济大学出版社，1992：58-59.

图 6.12 南京体育学院的体育建筑　　　来源：（a）（b）江苏省地方志编纂委员会.江苏省志·体育志.南京：江苏古籍出版社，1998.（c）-（h）《南京建筑三十五年》编辑组.南京建筑三十五年（1949—1984）.南京：《南京建筑三十五年》编辑组，1984.

图 6.13 香港理工大学逸夫体育馆　　　来源：香港理工大学网站.https://www.polyu.edu.hk/cpa/campus_guide/tc/sscx.php.

图 6.14 北京体育师范学院体育建筑　　　来源：《北京高等学校建筑图集》编委会.北京高等学校建筑图集.北京：航空工业出版社，1995：28-29.

图 6.15 五运会体育场馆　　　来源：上海市体委文史办公室，上海市体委计划财务处，上海市体育场馆协会.上海体育志资料汇编（二）体育场地.上海：上海市新闻出版局.

图 6.16 上海市水上运动场外景　　　来源：（a）邹德侬.中国现代美术全集（34）建筑艺术（三）.北京：建筑工业出版社，1998：152.（b）上海市体育局.上海体育建筑.上海：同济大学出版社，2000：42.

图 6.17 天河体育中心　　　来源：（a）（b）陈保胜.中国建筑四十年——建筑设计精选.上海：同济大学出版社，1992：52-54.（c）（d）北京市城市规划设计研究院.城市规划资料集第 6 分册城市公共活动中心.北京：中国建筑工业出版社，2003：243.（e）邹德侬.中国现代美术全集编辑委员会.中国现代美术全集——建筑艺术 3.北京：中国建筑工业出版社，1998：155-156.

图 6.18 中国体育场的田径赛场和练习场地的关系（1978—1990）　　　来源：（a）蒋其芳.丰台体育中心.建筑学报，1990（9）：60-63.（b）张培根，陈严之.山东省体育中心体育场设计.建筑学报，1989（12）：44-47.（c）成都市体育场.建筑学报，1993（1）：25-27.（d）陈保胜.中国建筑四十年——建筑设计精选.上海：同济大学出版社，1992：52-54.

图 6.19 中国省级以上的游泳场馆（1978—1990）　　　来源：（a）（b）王国泉，曲士蕴.建筑实录 3.北京：中国建筑工业出版社，1991：406.（c）（d）邹德侬.中国现代美术全集——建筑艺术（三）.北京：中国建筑工业出版社，1998：163-154.（e）（f）北京市建筑设计院，中国建筑西北设计院.建筑实录.北京：中国建筑工业出版社，1985.（g）刘振秀.奥林匹克体育中心游泳馆.建筑学报，1990（9）：20-25.（h）曹庆涵.大庆游泳馆.建筑学报，1986（9）：62-64.

图 6.20 沙面英东网球馆　　　来源：《建筑师》编委会.中国百名一级注册建筑师作品选（3）钟新权作品选.北京：中国建筑工业出版社，1998.

图 6.21 辽宁省体育训练中心　　　来源：王国泉，曲士蕴.建筑实录 3.北京：中国建筑工业出版社，1991：418-420.

图 6.22 北京龙潭湖自行车赛车场　　　来源：建筑工程部北京工业建筑设计院.建筑设计资料集 2.北京：中国建筑工业出版社，1966：60.

图 6.23 山西省自行车赛车场　　　来源：山西省地方志编纂委员会.山西通志（第四十二卷）体育志.北京：中华书局，1995.

图 6.24 莘庄自行车赛车场实景　　　来源：上海市体育局.上海体育建筑.上海：同济大学出版社，2000.

图 6.25 昌平自行车场鸟瞰和平面图　　　来源：王显秀，张太林.昌平自行车场.建筑学报，1990（9）：31-32.

图 6.26 黑龙江省滑冰馆　　　来源：（a）高群儒.黑龙江省滑冰馆建筑设计.低温建筑技术，1983（7）：11-13.（b）http://www.china.com.cn/photochina/2007—04/10/content_8094713.htm.

图 6.27 场地多功能布局比较分析图　　　来源：梅季魁，王奎仁，姚亚雄，等.体育建筑设计研究.北京：中国建筑工业出版社，2010：71.

图 6.28 场地布置示意图　　　来源：张汝栋.体育设施建设指南——建设标准与竞赛场地规格大全.北京：人民体育出版社，2005:66.

图 6.29 中国体育馆比赛大厅内景（1978—1990）　　　来源：（a）（b）邹德侬.中国现代美术全集——建筑艺术（三）.北京：中国建筑工业出版社，1998：155，161.（c）建设部勘察设计司，中国建筑工业出版社.中国建筑设计精品集锦 2.北京：中国建筑工业出版社，1999：17.（d）上海市体育局.上海体育建筑.上海：同济大学出版社，2000：135.（e）张文德，李佑棠.上海闸北体育馆.建筑学报，1984（8）：67-69.（f）王国泉.建筑实录 4.北京：中国建筑工业出版社，1993：392.（g）张绍良，赵德志，蒋录.辽化体育馆.建筑学报，1984（7）：53-55.（h）刘绍周.陕西省体育馆.建筑学报，1985（6）：24-26.

图 6.30 体育馆比赛厅平面及座席布置　　　来源：作者自绘

图 6.31 比赛厅平面形状示意　　　来源：梅季魁.现代体育馆建筑设计.哈尔滨：黑龙江科学技术出版社，1999：70.

图 6.32 场地扩大型式　　　来源：梅季魁，王奎仁，姚亚雄，等.体育建筑设计研究.北京：中国建筑工业出版社，2010：62.

图 6.33 一般球类场地变化示意　　　来源：梅季魁，王奎仁，姚亚雄，等.体育建筑设计研究.北京：中国建筑工业出版社，2010：62.

图 6.34 体育馆的功能组成　　　来源：张汝栋.体育设施建设指南——体育馆.北京：人民体育出版社，2005：2.

图 6.35 游泳池的功能组成　　　来源：张汝栋.体育设施建设指南——游泳、冰上及水上游泳设施.北京：人民体育出版社，2005：47.

图 6.36 天河体育中心　　　来源：（a）（b）郭明卓.郭明卓建筑作品选.北京：中国建筑工业出版社，2011：31.（c）（d）石安海.岭南近现代优秀建筑 1949—1990.北京：中国建筑工业出版社，2010.

图 6.37 上海市游泳馆外景　　　来源：上海市体育局.上海市体育建筑.上海：同济大学出版社，2000：37-39.

图 6.38 武汉洪山体育馆　　　来源：（a）湖北省建设厅.湖北现代建筑.北京：中国建筑工业出版社，2006：129.（b）陆景兴.湖北省洪山体育馆简介.建筑学报，1986（7）：25-29.

图 6.39 深圳市体育馆　　　来源：建设部勘察设计司，中国建筑工业出版社.中国建筑设计精品集锦：2.北京：中国建筑工业出版社，1999：16.

图 6.40 北京体育学院体育馆　　　来源：周畅.新时代 新经典——中国建筑学会建筑创作大奖入围奖作品集.北京：中国城市出版社，2012：185.

图 6.41 吉林冰球运动中心　　　来源：梅季魁.体育建筑设计作品选.北京：中国建筑工业出版社，2010：1-2.

图 6.42 石景山体育馆　　　来源：梅季魁.体育建筑设计作品选.北京：中国建筑工业出版社，2010：8-12.

图 6.43 浙江大学华家池校区体育馆　　　来源：金坤.综合·高效·专业·多元——公共体育场馆建筑设计特征研究.杭州：浙江大学出版社，2015：72-79.

图 6.44 唐山体育馆　　　来源：陈保胜.中国建筑四十年——建筑设计精选.上海：同济大学出版社，1992：55.

图 6.45 大连体育馆　　　　来源：（a）邹德侬，中国现代美术全集编辑委员会.中国现代美术全集—建筑艺术 3.北京：中国建筑工业出版社，1998：176.（b）建设部勘察设计司，中国建筑工业出版社.中国建筑设计精品集锦 2.北京：中国建筑工业出版社，1999：210.

图 6.46 上海的体育馆建筑　　　　来源：李树德.上海建筑博览——上海建筑物，城市雕塑，园林装饰画.上海：上海科学普及出版社，1995：53-55.

图 6.47 西双版纳体育馆　　　　来源：中国八十年代建筑艺术优秀作品评选组织委员会.中国 80 年代建筑艺术.北京：经济管理出版社，香港建筑与城市出版社有限公司，1990.

图 6.48 少林寺武术馆　　　　来源：中国八十年代建筑艺术优秀作品评选组织委员会.中国 80 年代建筑艺术.北京：经济管理出版社，香港建筑与城市出版社有限公司，1990.

图 6.49 厦门大学明培体育馆　　　　来源：不详

图 6.50 承德体育馆　　　　来源：（a）顾馥保.中国现代建筑 100 年.北京：中国计划出版社，1999：170.（b）房国民，何健丽.承德体育馆简介.建筑结构学报，1985（2）：70-71.

第 7 章

图 7.1 第十一届亚运会比赛场馆分布图及图 7.2 第十一届亚运会道路桥平面示意图　　　　来源：王慧仪.亚运会工程荟萃——亚运会工程建设、科技、QC 成果.北京：中国建筑工业出版社，1990：3，4.

图 7.3 第十一届亚运会体育场馆分布图　　　　来源：马国馨.体育建筑论稿——从亚运到奥运.天津：天津大学出版社，2007：13.

图 7.4 北京亚运会体育场馆总平面图　　　　来源：北京亚运建筑编辑委员会.北京亚运建筑.北京：世界建筑导报社，1990.

图 7.5 北京亚运会的体育场馆的比赛大厅　　　　来源：（c）（d）（g）邹德侬.中国现代美术全集——建筑艺术（三）.北京：中国建筑工业出版社，1998.（a）（b）（e）（f）（h）-（n）北京亚运建筑编辑委员会.北京亚运建筑.北京：世界建筑导报社，1990.

图 7.6 国家奥林匹克体育中心的总体规划　　　　来源：马国馨.体育建筑论稿——从亚运到奥运.天津：天津大学出版社，2007：63-72.

图 7.7 第十一届亚运会比赛场馆　　　　来源：首都规划建设委员会办公室，第十一届亚运会工程总指挥部，北京市建筑设计研究院，世界建筑导报社.北京亚运建筑.北京：世界建筑导报社，1990.

第 8 章

图 8.1 租界内的体育运动项目　　　　来源：上海图书馆.老上海风情录（四）体坛回眸卷.上海：上海文化出版社，1998：31，33，179，185.

图 8.2 中国关于体育场地的部分书籍封面及目录（1949—1978）　　　　来源：孔夫子旧书网

图 8.3 中国的体育专家　　　　来源：（a）上海年华. http://memory.library.sh.cn/node/42781.（b）（c）杭州市体育局，中国体育博物馆杭州分馆.杭州：杭州出版社，2008：310-312.

图 8.4 部分在中国设计了体育场馆的第一代建筑师　　　　来源：（a）（b）汪晓茜.大匠筑迹——民国时代的南京职业建筑师.南京：东南大学出版社，2014：216，77.（c）李克欣.中国留学生在上海.上海：东方出版中心，2013：85.

图 8.5 中国最早的引入境外机构的体育建筑设计作品　　　　来源：邹德侬.中国现代美术全集——建筑艺术（三）.北京：中国建筑工业出版社，1998：82-84.

图 8.6 全国小型体育馆设计竞赛获奖方案　　　　来源：中国体育科学学会，中国建筑学会体育建筑专业委员会，国家体委计划司.体育建筑图集——全国中小型体育馆设计竞赛方案选辑.北京：北京大兴包头营印刷厂印刷，1985.

图 8.7 民国时期中国建筑杂志　　　　来源：钱海平，杨晓龙，杨秉德.中国建筑的现代化进程.北京：中国建筑工业出版社，2002.

图 8.8 中国有关体育建筑设计的书籍　　　　来源：（a）建筑工程部北京工业建筑设计院.建筑设计资料集 1.北京：中国建筑工业出版社，1964.（b）建筑工程部北京工业建筑设计院.建筑设计资料集 2.北京：中国建筑工业出版社，1966.（c）北京市建筑设计院.体育建筑设计.北京：中国建筑工业出版社，1981.

其他未说明的图片均为作者自绘